U0319024

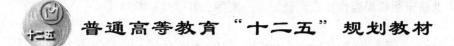

普通高等教育"十二五"规划教材

熔融电解质的物理化学分析

【斯洛伐克】 Vladimír Daněk （V. 丹耐克） 著

高炳亮 胡宪伟 石忠宁 王兆文 译

北 京

冶金工业出版社

2014

北京市版权局著作权合同登记号　图字：01-2014-0253 号

This edition of *Physico- Chemical Analysis of Molten Electrolytes* by Vladimír Daněk is published by arrangement with

ELSEVIER BV of Radaweg 29，1043 NX Amsterdam，Netherlands

@ 2006 ELSEVIER B. V. All right reserved

V. 丹耐克所著《熔融电解质的物理化学分析》由位于荷兰阿姆斯特丹，1043NX，Radaweg 29 的 ELSEVIER BV 公司授权出版

ISBN 978-0-444-52116-3

图书在版编目（CIP）数据

熔融电解质的物理化学分析／（斯洛伐克）丹耐克著；高炳亮等译．—北京：冶金工业出版社，2014.3
普通高等教育"十二五"规划教材
ISBN 978-7-5024-6460-8

Ⅰ.①熔…　Ⅱ.①丹…　②高…　Ⅲ.①熔融—电解质—物理化学分析—高等学校—教材　Ⅳ.①O646.1

中国版本图书馆 CIP 数据核字（2014）第 015531 号

出 版 人　谭学余
地　　　址　北京北河沿大街嵩祝院北巷 39 号，邮编 100009
电　　　话　(010)64027926　电子信箱　yjcbs@ cnmip. com. cn
责任编辑　李　梅　于昕蕾　美术编辑　吕欣童　版式设计　孙跃红
责任校对　李　娜　责任印制　牛晓波
ISBN 978-7-5024-6460-8
冶金工业出版社出版发行；各地新华书店经销；三河市双峰印刷装订有限公司印刷
2014 年 3 月第 1 版，2014 年 3 月第 1 次印刷
787mm×1092mm　1/16；18.5 印张；441 千字；276 页
44.00 元
冶金工业出版社投稿电话：(010)64027932　投稿信箱：**tougao@cnmip. com. cn**
冶金工业出版社发行部　电话：**(010)64044283**　传真：**(010)64027893**
冶金书店　地址：北京东四西大街 46 号(100010)　电话：**(010)65289081**(兼传真)
（本书如有印装质量问题，本社发行部负责退换）

译 者 的 话

熔融盐在工业中具有广泛的应用，例如在电解制备金属、非金属和一些合金材料工业，电解精炼金属工业，电镀工业，以及燃料电池、热电池中作为熔融电解质；核工业均相反应堆中作为燃料溶剂和传热介质；太阳能光热转换中作为蓄热和传热介质；管道化溶出中作为传热介质；生物质能热化学转化中作为热载体、催化剂和分散剂；金属熔铸过程中作为精炼剂、覆盖剂和变质剂等。

近年来，我国尽管在熔盐应用的传统和新兴领域都取得了一定的研究进展，但在熔盐的物理化学性质、结构等基础研究方向缺乏重视，相关的研究相对匮乏，这越来越成为限制熔盐应用的瓶颈，阻碍了熔盐的进一步应用。

Vladimír Daněk 博士是世界著名的熔盐化学家，其所在的斯洛伐克科学院无机化学研究所是世界著名的熔盐研究机构。经过数十年的沉淀，该研究所在熔盐的基础研究方面积累了丰富的经验并取得了许多优秀的研究成果。《熔融电解质的物理化学分析》一书，总结了作者及所在的斯洛伐克科学院无机化学研究所在熔盐物理化学研究方面取得的成果，包括对主要在近三十年以来所发表的、关于熔盐物理化学分析的重要论文、论著所进行的综述，并对所涉及的理论背景、实验方法和研究成果进行了详细的介绍（包括一些重要的熔渣体系）。对从事熔盐研究的科研工作者、大专院校有关专业的师生具有一定的参考价值。

本书的翻译及校对工作由东北大学熔盐电解课题组的高炳亮、胡宪伟、石忠宁和王兆文完成，具体分工如下：

第 2 章和第 3 章由高炳亮译；

第 4 章、第 5 章、第 8 章、第 10 章和第 11 章由胡宪伟译；

第 7 章和第 9 章由石忠宁译；

第 1 章和第 6 章由王兆文译。

全书由高炳亮校对并整理。

本书在翻译期间，得到了东北大学熔盐电解课题组的刘正、李扬、曲俊月、王小宇和李金泽等研究生的大力协助，在此表示感谢。

本书的原作者 Vladimír Daněk 博士在提交了原著初稿后，于 2005 年 11 月因病去世，在此表示沉痛悼念。

译者在翻译的过程中，对原书存在的一些格式、引用上的不当及作者的笔误进行了修改。

由于译者的水平有限，书中难免存在不当之处，恳请广大读者批评指正。

译　者

2013 年 9 月

原出版者的话

Vladimír Daněk

1940 年 4 月 6 日 ~ 2005 年 11 月 28 日

我们传递一个悲痛的消息，Vladimír Daněk 博士提交了这本书的初稿后，于 2005 年 11 月因病去世。

1963 年，Daněk 博士加入了位于布拉提斯拉瓦的斯洛伐克科学院无机化学研究所。1991 ~ 1994 年期间，他任该研究所的所长。他的主要研究领域是熔融盐体系的物理化学，特别是熔融盐成分、特性和无机熔体结构之间相互关系的研究。他发展了测定氟化物熔融盐的电导率的测量方法。他提出了适用于硅酸盐熔体的热力学模型，并将其用到许多二元和三元的硅酸盐体系。他还开发了熔融盐混合物的解离模型，并将其应用到许多不同类型的无机盐体系。他最近的工作包括在熔融盐体系中化学合成双氧化物，从天然矿石中电化学沉积金属、钼的电化学沉积、过渡金属硼化物的合成以及铝电解等过程所用电解质的物理化学性质的研究。

在 Daněk 博士的职业生涯中，他曾担任过熔盐系的主任、研究所科学委员会的主席、斯洛伐克科学院化学科学学科的科学管理委员会主席、执委会主席团委员、斯洛伐克共和国教育部化学学部委员会主席等职务。

1994 年，Daněk 博士当选为纽约科学院院士。他所取得的卓越成就被授予了多项科学奖。1968 年，获得捷克斯洛伐克科学院奖；分别在 1972 年、1986 年和 1989 年获得斯洛伐克科学院奖；1990 年获得 Dyonýz Štúr 自然科学银奖；2000 年获得 Dyonýz Štúr 自然科学金奖。在他卓越的职业生涯过程中，在国际杂志和国际会议上总计发表了超过 200 篇文章。

我们向 Daněk 博士的妻子 Maria 和其家人致以衷心的慰问。

致谢

Marián Kucharík 博士承担了校对本书清样的工作，Zdeněk Pánek 博士编辑了书籍的索引，向他们表示感谢。

Preface for Chinese Edition

In May 2013, having heard that the book "Physico-Chemical Analysis of Molten Electrolytes" by Dr. Vladimír Daněk would be translated and published in Chinese, we at our institute were all surprised as well as very pleased, and supported this work. The main translator of this book, Dr. Bingliang Gao, suggested that we wrote a brief preface for the Chinese edition, which we accepted gladly. The original English edition of the book was published in 2006 by Elsevier. Unfortunately, right after submitting the manuscript in 2005, Dr. Vladimír Daněk passed away after a brief illness in November 2005.

Vladimír Daněk joined the Institute of Inorganic Chemistry of the Slovak Academy of Sciences in 1963. His main field of interest was high temperature physical chemistry and physical metallurgy of molten systems. During his work at our institute Dr. Daněk became the head of the Department of Molten Systems and chairman of the Scientific Collegium for Chemical Sciences of the Slovak Academy of Sciences. He was also the director of the institute in the period 1991-1994, and in 1994 he was elected an active member of the New York Academy of Sciences. During his distinguished career he received numerous awards and achievements and he published more than 240 papers and conference proceedings.

Molten salt chemistry and technology are important branches of science. This is because molten salts are ionic, non-aqueous media where metal oxides or halides may be dissolved and electrolytic reduction may be carried out more rapidly. In addition, molten salts also provide a unique working environment for synthesis, power generation and power storage. This book includes selected topics on the measurement and evaluation of physico-chemical properties of molten salts. It describes the features, properties, experimental apparatus and calculation of different physico-chemical properties of salts used as high temperature electrolytes. It includes phase equilibria, density (molar volume), enthalpy (calorimetry), surface tension, vapor pressure, electrical conductivity, viscosity as well as brief introduction into direct high temperature instrumental techniques like XRD, infrared and Raman spectroscopy and NMR.

Since we think that Chinese scientists, students and public readers can get a better understanding of Dr. Daněk's book from translated Chinese version, we just wish to express our appreciation to all those who participated in this endeavor. We would like to do that on behalf of our deceased colleague Dr. Vladimír Daněk, too. We hope this book will serve as a useful and valuable guide for students, scientists as well as people working in the industry in high temperature chemistry, electrochemistry and metallurgy in China.

Miroslav Boča   Michal Korenko

General Director   Slovak Chemical Society

Institute of Inorganic Chemistry   Institute of Inorganic Chemistry

Slovak Academy of Sciences   Slovak Academy of Sciences

中文版序言

2013 年 5 月，我们得知 Vladimír Daněk 博士编著的《熔融电解质的物理化学分析》一书将会翻译成中文并出版，感到非常惊讶和高兴，我们非常支持这项工作。本书的主要译者、高炳亮博士建议我们为本书的中文版撰写序言，我们欣然接受。本书的英文原版于 2006 年由 Elsevier 出版发行。遗憾的是，Vladimír Daněk 博士在 2005 年提交完本书的手稿后，于当年 11 月份不幸因病去世。

Vladimír Daněk 博士于 1963 年开始在斯洛伐克科学院无机化学研究所工作，主要致力于高温物理化学和熔融体系的物理冶金研究。Daněk 博士在本所工作期间，曾担任熔融体系系主任和斯洛伐克科学院化学科学执行管理委员会主席。1991~1994 年，Daněk 博士也曾担任本研究所所长，并在 1994 年被选为纽约科学院活跃院士。在他杰出的研究生涯中，获得了许多奖项和成就，并发表了 240 余篇期刊和会议论文。

熔盐是离子性的非水溶液媒介，在熔盐中，金属氧化物或卤化物溶解得更快，其电解还原也进行得更快；而且，熔盐为合成、发电和能量存储提供了不可替代的工作环境。因此，熔盐化学与技术是科学的重要分支。本书包括熔盐物理化学性质的测量和计算方面的精选专题，阐述了作为高温电解质的熔盐不同物理化学性质的特征、实验设备和计算，包括相平衡、密度（摩尔体积）、焓（量热法）、表面张力、蒸气压、电导率、黏度等章节，并简要介绍了如 X 射线衍射、红外和 Raman 光谱以及 NMR 的直接高温测量技术。

我们相信中国的学者、学生和大众读者能够通过翻译的中文版本更好地理解 Daněk 博士的著作，因此向所有为本书编译工作做出贡献的人致以谢意。我们也愿意代表已故的同事 Vladimír Daněk 博士表达这份谢意。我们希望本书能够给中国从事高温化学、电化学和冶金研究的学生、学者和工厂工作人员提供有用的帮助。

Miroslav Boča

斯洛伐克科学院

无机化学研究所

所长

Michal Korenko

斯洛伐克化学协会

斯洛伐克科学院

无机化学研究所

前　言

写这本书的初衷是，我在国际会议上遇到很多从事熔盐研究的年轻博士研究生，他们中的许多人非常渴求学习熔盐领域的新知识。他们中的许多人使用复杂的并且非常昂贵的设备来研究课题中需要解决的问题，而很少考虑对所研究体系的结构的认识。另外，许多研究者尽管采用量子化学和分子动力学等方法进行结构的计算机模拟，他们对无机熔体的物理化学方面的知识却很缺乏。

在大学，我们看到了其他令人鼓舞的进展。在 20 世纪 90 年代末期，东、西方之间恢复交流，许多来自东欧和亚洲的年轻科学家到西欧的大学做短期或长期访问，或者从事博士研究工作。而在东欧和亚洲，研究者们更多地倾向于开展物理化学性质的测量，这主要是由于他们缺少西欧和美国的同行所使用的复杂昂贵的大型仪器，在西欧和美国，研究者们更注重使用高技术设备开展研究。

这本书有选择性地探讨了熔融电解质的一些物理化学性质的测量和估算。本书描述了熔盐电解质体系不同物理化学性质的特征、特性和实验测量方面的内容。熔盐电解质一般用于金属生产和金属电沉积，以及发生反应的介质，例如，用于制备功能和结构陶瓷的双氧化物的沉积、钢生产和铜生产的特殊构件等。

从技术应用的角度而言，相平衡、密度（摩尔体积）、焓（量热学）、表面张力、蒸气压、电导率和黏度等物理化学性质是熔盐电解质最重要的参数。对于每一种特性，其理论背景、实验技术，以及最新知识的举例和最重要熔盐体系的处理等内容都将在本书中涉及。绝大多数举例来源于作者已发表的科研成果。

本书的目的不仅仅是给大家提供熔盐体系不同性质的研究进展和测量方法，还涉及了开展熔盐模拟的可能性，这将使我们有可能根据纯组元的特性来预测混合物电解质的性质，从而避免所需要的实验研究。在大多数情况下，实验测量的费用是很贵的。本书还涉及了研究熔盐电解质结构（离子组成）的直接方法。

在 20 世纪的最后十年中，实验方面，尤其是计算方面取得了显著进展。

于是出现了一些新的实验方法和对数据处理的数学分析方法。这些新的信息并没有以系统的完整的方式给出，所以从事这一领域的很多人对此并不了解。因此这本书填补了这一科学领域的空白。这本书还提供了熔盐化学领域最新研究进展的文献，以及一些使用 X 射线衍射技术、X 射线吸收精细结构（XASF）方法、拉曼光谱分析和核磁共振等技术研究熔盐所取得的新结果和新见解。

此外，本书的目的不是给大家提供一些过去二三十年开展的熔盐物理化学研究的文献综述。如果这样，就肯定超出了本书的框架。熔盐电化学也不会在本书中涉及。本人认为，基于熔盐电化学的复杂性和其应用的价值，应当写一本这方面的专著。本书也未涉及量子化学和分子动力学模拟方面的内容。

当然，近年来已经有一些这方面的书籍，例如俄罗斯作者 Antipin 和 Vazhenin（1964 年）的著作、美国作者 Blander（1964 年）的著作、Sundheim（1964 年）的著作、Mamantov 等人（1969 年）的著作、Lumsden（1966 年）的著作、Lowering 和 Gate（1983 年）的著作。自那以后，关于熔盐体系的物理性质的文章仅限于零散的杂志文章。

这本书可作为熔盐化学领域的研究者的工具书使用。对于做毕业论文的本科生、做博士论文的研究生、大学里的教师、研究所和学术机构的科学家、工业界的科学家等，都可以从本书获得该领域的最新知识。

在此，我要向我的指导老师 Milan Malinovsky 教授表示感谢，他教授给我熔融盐的理论；向 Kamil Matiasovsky 教授表示感谢，他教授我实验技术；向 Ivo Provks 博士表示感谢，他帮助我理解了一些热力学方面的知识。同时，我还要向斯洛伐克技术大学的 Pavel Fellner 教授致以诚挚的谢意，在本书的创作过程中，他提供了很多宝贵的建议和意见，从而使本书得以完善。

我还要感谢斯洛伐克科学院无机化学研究所的同事，在我职业生涯中，感谢他们所提供的帮助，感谢我们之间的友谊。

最后，我要感谢我深爱的妻子，没有她的耐心、支持和帮助，我是无法完成这本书的写作的。

Vladimír Daněk

2005 年

目　录

1 简　介

无机离子熔体代表了一类无水熔剂和熔液，无论从基础研究的角度还是它在技术实践中现在和未来的应用都引起了人们的关注。目前，它在许多领域得到了应用，例如，作为电解质用于生产铝、镁、碱金属和耐火金属；在黑色冶金中，它们以熔渣的形式聚集钢铁生产过程中产生的废弃物和反应产物。熔盐电解质可以用于电化学金属电镀，例如，铝电镀、渗硼或者用于难熔性金属层电沉积（钛、钼、铌等）。碱金属卤化物和锆、钍、铀、铍的混合物还可以作为储热介质用于核电站的一级回路中。

储能介质需要相当高的熔化焓，碱金属卤化物和氢氧化物的混合物在储能方面有潜在应用的能力。碱金属碳酸盐可以在碳酸盐燃料电池中作为电解质。氧化物熔体最主要的应用是在玻璃制造业，这主要归因于氧化物熔体易于处于过冷态和易于形成玻璃态。

近来，熔体作为化学和电化学反应的中间媒介的重要性也在不断增加，主要用于功能性和结构性陶瓷所需化合物的合成方面。例如，具有尖晶石和钙钛矿结构的双氧化物；具有共价键性质的二元混合物，这种混合物主要集中在过渡金属的硼化物和碳化物。

为了判断某一熔体是否适用于技术实践，对于熔体的物理化学性质的深入了解是必不可少的。目前，无机熔盐性质的数据库的范围是相当广泛的。我们已经知道很多熔盐体系的性质，例如相平衡、熔化焓、热容量、密度、电导率、黏度、表面张力以及许多熔盐原电池的电动势，这些熔体的性质是为满足技术应用的需要才测量的。

然而，发表的这些有关熔盐体系的物理化学性质常常是不完整的，并且在一些情况下，不同的作者给出的结果也或多或少的有些不同。其原因是实验测量的熔盐体系的物理化学性质有时候是不充分的：首先，缺乏昂贵的结构材料；其次，测试成本相当高，主要是制造用于性质测量的特殊仪器成本昂贵。

显然，我们在具体的应用中应该选择一个适当的熔盐，通常该熔盐是一个多组分混合物，选择的原则是依据给定温度下的最优的物理化学性质。考虑到直接测量在实验方面的困难性，利用一些使用方便的结构模型来预测某种具体熔盐的物理化学性质将比直接测量更便宜，这些模型通常基于熔体组元纯物质的基本性质来预测混合物熔盐体系的理化性质。因此有必要知道这些性质与成分、温度等因素之间的函数关系。这种关系的具体形式通常是由熔盐体系的结构（离子组成）决定的，然而在很多情况下我们对熔盐体系的结构知识还知之甚少。最近，对无机熔盐结构的研究得到了迅速发展。这主要得益于实验技术的发展，尤其是高科技电子技术和电子计算机技术方面的实质性的改善。然而，现阶段我们对熔盐体系物理化学性质的知识的了解程度要高于对其的解释。首先，这是由于我们缺乏对熔盐结构的了解。尽管我们将高温 X 射线衍射技术应用于液相分析，但是这种技术还不能对熔盐的结构进行解析，这主要是由于我们依然缺乏结构分析的合适方法。近年来出现了一些相比较而言更成功的分析方法，例如高温红外光谱、拉曼光谱，NMR、MAS NMR 等复杂仪器分析法，以及一些数值方法，主要是量子化学方法和分子动力学方法。

对于最后提到的研究方法，它所需的测量设备在市场上是可以买到的，并且只需要做少许修改就可满足对熔盐测量的适应性。对于测量熔体物理化学性质的这些设备在市场上根本无法获得。这些测量，特别是其精度取决于科学家和实验室的工作人员的技能。例如，要想构建高温扭摆黏度计，需要对这项技术的许多方面有深入的了解才行。在这里还必须强调，科学研究结果的准确度和精密度必须比工业应用所需的至少高1个数量级。另外，采用常规性的知识许多工业测量是没有必要的，因为许多数据都可以很好地估测出来。

通常，任何一种电解质都是由溶剂和溶质构成的。溶剂通常是碱金属卤化物，溶质通常是沉积金属的化合物。此外，电解质中还有可能含有其他添加剂，这些添加剂可以提高电解质的性质，或是有助于改善金属沉积。

对于某种特殊用途，必须使用某种特定的熔盐体系。例如，金属在电沉积时，我们需要测定几种不同类型的熔盐体系。依据文献分析和使用的电活性物质种类，这些电解质可以分为两大类：

（1）含有沉积金属的卤化物体系；

（2）含有沉积金属的氧化物或含氧化合物体系。

在所有的研究系统中，最重要的任务之一就是要找到一种适合的电解质，这种电解质不仅要具有适合的理化性质，同时有助于我们得到希望的电沉积产品。所有的问题都与电解质的真实结构密切相关，也就是熔体的离子组成。

最近人们开始关注氧化物的作用。这种氧化物或者作为电活性物质、或者作为杂质、或者作为添加剂用于过渡金属的电沉积过程中。例如，在钼的电沉积过程中，无论采用 K_2MoO_4 还是 $KF\text{-}K_2MoO_4$ 混合物都无法得到金属钼沉积物。然而如果向熔体中加入少量的氧化硼或是氧化硅时，就可以获得质地光滑且附着力好的钼沉积物。同样，在铌、钽的电沉积过程中，氧的存在将有助于纯金属的电沉积。这些氧或者来自于水分，或者有目的的加入。氧的引入在熔体中形成了复杂的氧卤复杂化合物。这些化合物低的结构对称性降低了金属电沉积的能量状态，使得纯金属在阴极更容易沉积。

因此，可以将本书作为一个熔盐物理化学性质的测量指南，这是本书的主要目的。同时，本书还对多种熔盐体系的性质和结构做了简要的描述。这本书只讨论了直接测量方法和数据的不同处理方法，对计算机模拟法没有涉及。

2 熔盐体系的主要特征

从固态到液态的转变过程是很普遍的，古代的学者们就已经开始解释这些现象了。16～17世纪自然科学的发展使人们对这些现象有了更深刻的理解，尤其是人们找到了合适的测量方法来测量体积和热量。最早将热力学原理用于物质的熔化过程的实验大约发生在发现第二热力学定律的时候，也就是19世纪中叶。

众所周知，经典热力学的主要优点在于不需要知道研究系统的结构。在我们对物质的原子结构还缺乏统一认识时，就已经得到了很多重要的熔化过程的经典热力学结论。然而，后来观察发现，物质的熔化过程受结晶态的结构影响。由于晶体结构的多变性，需要对物相转变过程中的特征进行研究。显然，今天如果对固体物质的晶体结构没有透彻的了解，就不可能对熔体的结构进行研究。需要强调的是尽管X射线结构分析已被广泛应用于固体晶体的结构研究，可是这种分析方法还不能用于解释熔盐状态的所有结构方面的问题。为了更深刻地理解熔体的结构，我们需要开发新的实验方法和理论方法。

根据一般的结构分类法，晶体物质可以分为四类：

（1）分子晶体；

（2）离子晶体；

（3）金属晶体；

（4）空间网状结构的原子晶体。

在熔化过程中，每种类型的晶体都有自己的熔体形式。当然，有些熔体有可能同时包含两种熔体类型，例如，硅酸盐熔体中既包含属于原子晶体的熔体类型，也包含属于离子晶体的熔体类型。

虽然无机熔盐的熔体结构相对简单，但是我们对其还没有完全理解。早期的计算和简单的熔盐模型相当程度上是凭直觉建立起来的。然而这些却是我们开展更加复杂的研究方法的第一步。

一般来说，无机熔体熔化时它们的体积会增加。在熔化时体积会减少的物质的数量是很少的。比较常见的体积减小的物质有 Sb、Bi、Ga、H_2O 和 $RbNO_3$。这些物质的特征是原子的配位数低，固体的结构呈"开放"形式（固体内部结构有断裂的孔洞）。在熔化时，物质的部分结构崩溃，同时伴随着体积的收缩。

在足够高的温度下，熔盐体系可以以任何比例混合，在较低的温度下只具有一定限度的互溶性。部分无限混融熔盐混合物是由两种类型的熔盐组成的，一种是主要以共价键形成的多价金属的卤化物熔盐，像 Al、Bi、Sb 等；另一种是熔体中离子键的比例较高的熔盐，例如 $CaCl_2$ 和 KCl。利用某种性质与组成的关系曲线的形状可以提供这些混合物的结构信息。例如，对比碱金属卤化物的混合物的摩尔体积和碱金属卤化物与 $PbCl_2$ 的混合物的摩尔体积。在前一种情况下，摩尔体积的变化几乎具有加和性，这表明在混合物中，阳离子和阴离子的排列或多或少等同于其在纯盐中的排列。在后一种情况下，摩尔体积随组成变化的这种加和性，只有在 NaCl-PbCl$_2$ 系统中才发生，从钾到铯，总是出现一个非常明显的最小值。这些趋势表明，熔体结构的变化是导致偏离理想行为的原因。

然而，熔盐混合物的摩尔体积通常不会因为结构的变化而受到太多影响，这主要是因为离子排列的变化不会很大。而变化情况更加敏感的是电导率，其表现为电导率随着组成上的变化而大幅度地改变。人们还不知道电导率与组成之间的关系的加和性。例如在碱金属卤化物的体系中，与摩尔体积相比，电导率与浓度的关系偏离加和性，表现出负偏差的特征。这种效应支持了熔体中可能形成复合粒子的假说，从而导致了熔体中导电离子数量的减少。即使到目前为止，也没有更进一步的数据来支持这些观点，很显然，在大小不均匀的阳离子之间存在很强的相互作用。

熔盐混合物的"配合"概念与溶质在水或有机溶剂中的情形有一些不同。在水溶液中，每个离子都被溶剂化的离子所分割。离子，不管是简单还是复杂，它们仅仅是通过弱相互作用力影响的，每个离子的行为是独立的。

在熔融盐中，阴、阳离子是相互接触的，并且它们之间的相互作用力是很大的。除了 [SO$_4$]$^{2-}$、[NO$_3$]$^-$ 等稳定的阴离子之外，其他配合阴离子的生成热的数量级只有几千焦每摩尔。这些阴离子的生成热值比其扩散活化能要低，所以熔体中离子的移动速度相对较快。因此我们产生了这样的想法，即在卤化物熔盐中配合离子会快速生成和分解。若在熔体中能够检测到配合离子，那么必须保证它的寿命将比单个离子热振动的振动周期（10^{-13}s）长，同时也比单个阴阳离子相互接触的平均时间（10^{-10}s）要长。在 KBr–CdBr$_2$ 体系中，[CdBr$_3$]$^-$ 的平均离子寿命是 10^{-2}s，因此可以认为这是一个配合离子。

任何一种纯的碱金属卤化物或碱土金属卤化物熔体中，阳离子的第一个配位层上是阴离子，第二个配位层上是阳离子。这样的排列是由于阴、阳离子之间存在着库仑力。

在简单的二元单价体系 AX-BX 中（例如 NaCl-KCl），A$^+$ 阳离子第一个配位层上是 X$^-$ 阴离子，在第二个配位层上是 A$^+$ 或 B$^+$ 或两者共存。但是，个体的这种排列变化是很快的，寿命一般很短（小于 10^{-13}s），因此无法用光谱方法检测到。

与理想行为的较大的偏差、混合焓值的最小值，以及电荷-非对称性二元体系的偏摩尔熵上的拐点都是由于离子的特殊排列产生的。简单的结构模型表明，这些影响效果是由熔体中存在配合离子引起的。对于含二价阳离子的二元混合物，人们提出了存在化学计量的 [MeX$_4$]$^{2-}$ 离子。根据适合的结构模型，计算出偏摩尔熵的 S 形曲线和在 x(MeX$_2$) = 0.33 处混合焓的值最小。在含有三价阳离子的系统中，利用最小混合焓值计算出存在 [MeX$_6$]$^{3-}$ 复合阴离子。一系列的光谱研究为这种"复合"的观点提供了依据。

对 MX-MeX$_2$ 混合盐而言，每一个组元的纯盐状态都有一个特定的结构，这种结构由它第一个和第二个配位层上的平均原子个数来决定。M$^+$ 阳离子的第一个配位层上是 X$^-$ 阴离子，第二个配位层上是 M$^+$ 阳离子。同样的情况也出现在 MeX$_2$ 熔盐中。

在混合熔体中，Me^{2+} 和 M$^+$ 阳离子在第一个配位层上同时被普通的 X$^-$ 阴离子所包围，但是在它们的第二个配位层上会有 Me^{2+} 和 M$^+$ 或两者共存的阳离子存在。在 MeX$_2$ 的稀熔盐混合物中有过量的 M$^+$ 阳离子。与 M$^+$ 阳离子相比，二价阳离子 Me^{2+} 具有更高的场强。因此，为了使其配位层达到最大值，Me^{2+} 会吸引更多的 X$^-$ 阴离子。这种效应会被第二层存在的 M$^+$ 所抑制。另外，在 M$^+$ 阳离子第二个配位层可能存在两个或更多的 Me^{2+} 阳离子的概率很小。因此第一个和第二个配位层决定了"配合"阴离子的形状。

当 MeX_2 的浓度达到足够高时，"配合"阴离子第二配位层上的 M^+ 阳离子就会不够，一个新的熔体的显微结构将出现，这就导致混合热焓发生变化。对于 $MX-MeX_2$ 系统，混合热焓变化的成分范围在 $0.3<x(MeX_2)<0.35$；而对于 $MX-MeX_3$ 系统，混合热焓发生变化的成分范围是 $0.2<x(MeX_2)<0.25$。然而，在一些体系的相图中并没有出现加成化合物 M_2MeX_4，但这并不表明在熔体中不存在 $[MeX_4]^{2-}$ 阴离子。熔体中存在这种配合阴离子已经为拉曼和红外光谱所证实。

在 X^- 阴离子氛中，一些失去 d 电子后形成的二价阳离子，例如 Mn、Fe、Co、Ni、Cu、Zn 等，当与碱金属卤化物混合时，会表现出一定程度的共价键特征。这种 d 电子的剥离导致了能量的增加，这种能量被称为配位场稳定能量（LFSE）。这种 d 电子的剥离程度随着阳离子配位层的对称性程度而变化。阳离子配位的改变以及它的热力学稳定性都受到配位场稳定能量的影响。这些影响效果可以在很多体系的相图中显现。

例如在 $MF-MgF_2$ 体系中，其中 M 可以是 Li、Na、K、Rb 和 Cs，在第二配位层上的离子强度和碱金属阳离子的排斥力影响了配合物在单一体系中的稳定性。M^+ 阳离子的极化能力越低，配合阴离子在体系中越容易形成，同时也越稳定。

Li^+ 是碱金属中具有最高极化能力的阳离子。因此在 $LiF-MgF_2$ 体系中不会形成配合物，此体系是一个连续固溶体溶液。在 $NaF-MgF_2$ 体系中，形成 $NaMgF_3$ 和 Na_2MgF_4 两种化合物，熔化过程的不一致性是由于 Na^+ 阳离子依旧具有较高的极化能力。在 $KF-MgF_2$ 系统中，同样形成 $KMgF_3$ 和 K_2MgF_4 化合物，由于 K^+ 离子具有相对低的极化能力，因此其熔化过程是一个同分熔融过程。同样的情况也出现在 $RbF-MgF_2$ 系统，但是与 $KF-MgF_2$ 比较，它主要形成两种结晶化合物 $RbMgF_3$ 和 Rb_2MgF_4。Cs^+ 阳离子具有最低的极化能力。在 $CsF-MgF_2$ 系统中，形成四种配合物，有三种同分熔融化合物，Cs_3MgCl_5、Cs_2MgCl_4 和 $CsMgCl_3$，一个异分熔融化合物 $CsMg_3Cl_7$。

从结构测量可以得到 MgF_2 结晶类型属于四方晶系。含量最多的 $MMgF_3$（M=Li、Na、K、Rb、Cs）配合物的结晶类型也是四方结构。另外，配合物 M_2MgF_4（M = Na，K，Rb，Cs）的结晶类型属于立方晶系中的八面体空间群。相似的热力学行为也存在于其他的 $MCl-MeCl_2$ 系统中。因此可能得出结论，纯过渡金属的氯化物熔体的内聚能受配位场稳定能量影响。当与碱金属卤化物混合时，过渡金属的阳离子的配位作用不会改变，也就是说在纯的 $MeCl_2$ 和 $MCl-MeCl_2$ 混合物中阳离子的配位作用是相同的。

考虑到电荷非对称性的二元体系的热力学行为，可以得出以下一般规律。

（1）对离子熔体的 Temkin 模型而言，$MX-MeXn$ 体系偏离理想行为，呈负偏差，偏离的程度与如下因素有关：

1）随碱金属阳离子的尺寸增加而加大（例如，Na^+ 被 K^+ 所取代）；

2）随多价阳离子的尺寸减小而加大（例如，Ca^{2+} 被 Mg^{2+} 所取代）；

3）随碱金属或/和多价阳离子极化性的增加而加大（例如，Mg^{2+} 被 Al^{3+} 所取代）；

4）随多价阳离子电荷的增加而加大（例如，Ca^{2+} 被 Ti^{4+} 所取代）。

对于普通阴离子的一些行为，也可以推论出一些经验法则：

1）与 Temkin 模型理想行为的偏差随着阴离子尺寸的增加减小（例如，F^- 被 Cl^- 所取代）；

2）混合热熔的增加顺序是 Cl<Br<I。

（2）部分混合热熔的拐点和相互作用参数最小值的出现表明在混合物中存在配合阴离子。尽管 Li^+ 具有较高的极化能力，并且 $LiX-MeX_n$ 体系的相互作用参数没有出现最小值，通过光谱学方法，在熔体中仍然发现了四面体结构、八面体结构和/或者几种结构的分配。

（3）为了说明熔盐的结构，也就是离子结构，除了需要热力学上一致的相图计算之外，还需要增加光谱学测量。拉曼和红外辐射光谱的研究证实：$x(MeX_2)<0.33$ 时存在 MeX_4^{2-} 配合离子，该离子呈四面体对称结构；$x(MeX_3)<0.25$ 时存在 MeX_6^{3-} 配合离子，该离子呈八面体对称结构。

（4）混合熔的测定值和图形形状不受或很少受温度的影响。

目前，只有 Førland（1954）建立的粗糙的结构概念和 Lumsden（1964）得出的结论对上述的结论进行了描述，并且只处在半定量的水平上。最近，Liška 等人（1995b）和 Castiglione 等人（1999）采用分子动力学的计算机模拟方法研究 $NaF-AlF_3$ 体系，他们的结论是结构与浓度不相关。显然，在这里并没有考虑原子的极化力，但这可能具有着重大的意义。

用光谱学测量可直接证实配合离子的存在。应用紫外线吸收光谱学证实了 CsCl 与相应金属卤化物的混合物中存在 $[CoCl_4]^{2-}$、$[NiCl_4]^{2-}$、$[CuCl_4]^{2-}$、$[PbCl_3]^-$ 和 $[PbCl_4]^{2-}$ 配合离子。通过拉曼光谱手段证实了 AlF_3 与 NaF 或 KF 的混合物中存在 $[AlF_4]^-$、$[AlF_5]^{2-}$ 和 $[AlF_6]^{3-}$ 配合阴离子。根据电导率、混合热熔，以及其他一些性质，可以预测到，在 KCl 和相应金属氯化物混合熔盐中存在 $[CdCl_3]^-$、$[CdCl_4]^{2-}$、$[CdCl_6]^{4-}$、$[ZnCl_3]^-$、$[ZnCl_4]^{2-}$、$[PbCl_4]^{2-}$、$[PbCl_6]^{4-}$、$[MgCl_4]^{2-}$、$[CuCl_3]^{2-}$ 等配合阴离子。在 $KCl-CdCl_2$、$KCl-PbCl_2$ 和 $RbCl-PbCl_2$ 等体系中观察到电导率与组成的关系中存在最小值。合理的解释是，在熔体中形成了 $[CdCl_4]^{2-}$、$[CdCl_3]^-$、$[PbCl_4]^{2-}$ 等形式的阴离子。虽然热力学已证明 $[SO_4F]^{3-}$、$[MoO_4F]^{3-}$、$[TiF_6Cl]^{3-}$ 等配合离子存在，并且在熔化时或多或少会发生热分解，关于这方面的研究讨论依然很活跃。

2.1　含有多价态金属的熔盐结构

一般而言，熔盐体系的离子组成取决于溶剂，溶剂通常用于溶解化合物，该化合物是金属沉积的离子源。通常，这种化合物和溶剂之间会发生化学反应。在这些化学反应中，新的配合阴离子形成，原子结构和稳定性取决于中间金属原子的带电状态和碱金属阳离子的极化能力。阴离子化学性质也占有不可忽视的地位。上面谈到的现象将在下面几章中解释说明。

描述所有熔盐体系的行为并不是本书的目的，这些问题可以在无机化学中找到答案。下面几章中将主要介绍技术上获得重要应用的体系。

2.1.1　一价电解质体系

碱金属卤化物，主要是钠和钾的氟化物和氯化物，通常作为多价金属盐的熔剂，这些多化合价金属将在电解过程中沉积在阴极上。碱金属卤化物改善了电解质的物理化学性质，在很多情况下它为目标金属的沉积提供了唯一的可能性。

2.1.1.1 单盐

碱金属卤化物熔盐具有准晶体的结构特征，这种特征是由晶体结构的膨胀和出现多种晶格位置的无序性造成的。阳离子和阴离子被带相反电荷的离子包围形成两个一对一嵌入式的类晶体结构。离子之间的相互作用力是静电力。由于晶格排列的有序性，这种静电力是中心对称的。在某种结晶状态下，由于某些位置的无序性，静电力的几何补偿会降低，就像是离子极化所产生的影响一样。这就导致了离子内部距离的缩短以及离子配位数量的减少（表2-1）。这种相互作用所表现出的统计学结果是离子对或配合离子的形成。由于极化力的存在，离子位置的无序性很可能影响离子之间的配合，其中原子数的增加使得离子配合的程度也增加。

表 2-1　碱金属卤化物固态、液态、气态时的阴、阳离子距离和它们的配位数

盐	$d_{(s)}$/nm	配位数	$d_{(1)}$/nm	配位数	$d_{(g)}$/nm
LiF	0.201	6	0.195	3.7	0.153
LiCl	0.257	6	0.247	4.0	0.203
LiBr	0.275	6	0.268	5.2	0.217
LiI	0.300	6	0.285	5.6	0.239
NaF	0.231	6	0.230	4.1	0.184
NaCl	0.282	6	0.280	4.7	0.236
NaBr	0.299		0.298	—	0.250
NaI	0.329	6	0.315	4.0	0.271
KF	0.267	6	0.266	4.9	0.213
KCl	0.314	6	0.310	3.7	0.267
KBr	0.331		0.330	—	0.282
KI	0.354		0.353	—	0.305
RbF	0.282		0.273	—	0.225
RbCl	0.330	6	0.329	4.2	0.279
RbBr	0.343		0.342	—	0.295
RbI	0.367		0.366	—	0.318
CsF	0.301		0.282		0.235
CsCl	0.359	6	0.353	4.6	0.291
CsBr	0.362	8	0.355	4.6	0.307
CsI	0.385	8	0.383	4.5	0.332

注：$d_{(s)}$ 为在室温下阴、阳离子的距离；$d_{(1)}$ 为在 $1.05 \times T_{fus}$ 下阴、阳离子的距离；$d_{(g)}$ 为在沸点温度下阴、阳离子的距离。

通常，碱金属卤化物在熔化时体积会增加（表2-2），这是由配位数的减少和自由体积的形成导致的。

表 2-2　碱金属卤化物熔化时的热力学参数

盐	$T_{熔化}/K$	$\Delta V_{熔化}/V_s/\%$	$\Delta S_{熔化}/J \cdot (mol \cdot K)^{-1}$
LiF	1121	29.4	24.2
LiCl	883	26.2	22.6
LiBr	823	24.3	21.3
NaF	1268	27.4	26.3
NaCl	1073	25.0	25.9
NaBr	1020	22.4	25.5
NaI	933	18.6	25.1
KF	1131	17.2	25.1
KCl	1043	17.3	25.5
KBr	1007	16.6	25.5
KI	954	15.9	25.1
RbCl	995	14.3	23.8
RbBr	965	13.5	24.2
CsCl	920	10.0	22.2

在文献中可以看到一些人试图根据状态方程来计算碱金属卤化物的性质。Reiss 等人（1959～1960）计算了由严格球体组成的液体中产生一个球形孔洞所需要的可逆功，并推导了这些液体的状态方程

$$\frac{pV}{RT} = \frac{1 + Y + Y^2}{(1 - Y)^3} \tag{2-1}$$

式中，p 是压力；V 是摩尔体积；T 是温度；Y 的表达式如下

$$Y = \frac{\pi a^3 N}{6V} \tag{2-2}$$

式中，a 是严格球体的直径；N 是阿伏伽德罗常数。

Wertheim（1963）和 Thiele（1963）指出 Reiss 等人（1959，1960）给出的状态方程和 Percus 和 Yevick（1958）的状态方程是一致的，后者精确地给出了径向分布函数积分方程的解。Lebowitz 等人（1965）发现这些理论对简单的流体是普遍正确的。Stillinger（1961）给出了同样的状态方程。如果可以用严格的球形流体代替熔融盐，方程（2-1）可以应用于熔融盐，粒子的直径将是阳离子和阴离子半径之和。

之后 Reiss 和 Mayer（1961）、Mayer（1963）、Yosim 和 Owens（1964）根据这些理论计算出这些熔融盐的一些热力学性质（熵、热容量、熔化熵、压缩系数和表面张力）。计算得到的数据和实验得到的数据具有较好的一致性，在某些情况下非常好。然而，这种模型不能计算熔体的传输性质。

Vasu（1972a，b）根据双硬核模型使用上面提到的工作结果计算了熔融盐中接触相关函数，双硬核模型能够更好地描述熔盐的情形。这种接触相关函数可应用于碱金属卤化物熔盐体系黏度和电导率的计算。在这个模型中，用双硬核之间的相互作用力来代替熔体中粒子之间存在的相互作用的库仑力。这个模型考虑了相同符号的离子之间的距离不能小

于某个特定距离。以 NaCl 为例，在一级近似中，该距离等于晶体点阵的最小距离，即 $a\sqrt{2}$，其中 a 是阴阳离子之间的距离。在熔体中，这个距离可以更小，因为晶格中粒子的有规律排列在熔化时将消失，导致粒子变形和压缩。对径向分布函数进一步研究可知在熔化时配位数从 6 减少到 3.5~5.6。

因此，对于碱金属卤化物熔盐体系，Fellner 和 Daněk（1974）假设相同离子之间存在着最小的距离，表示为 aF，其中参数 F 小于 $\sqrt{2}$。对计算传输性质很重要的带相反电荷离子的接触相关函数 $g(a)$ 可表述为

$$g(a) = \left(1 - \frac{Y}{2} + \frac{Y^2}{4} \right) (1 - Y)^{-3} \tag{2-3}$$

其中

$$Y = \frac{\pi a^3 N}{6V}(F^3 + 1) \tag{2-4}$$

Vasu（1972）选用的几何系数值 $F = \sqrt{2}$。

Vasu（1972a）采用 Chapman 和 Cowling（1960）给出的 Thorne 方程（用于严格球体黏度的计算）及方程（2-3）和方程（2-4）推导出碱金属卤化物熔盐的黏度方程式为

$$\eta = \frac{0.419 Y^2 g(a)}{a^2} \left(\frac{m_1 m_2 kT}{m_1 + m_2} \right)^{1/2} \times \left\{ 1 + \frac{0.993}{Yg(a)} + \left[1 + 0.375 \times \frac{m_1 m_2}{(m_1 + m_2)^2} \right] \frac{0.475}{[Yg(a)]^2} \right\} \tag{2-5}$$

式中，m_1 和 m_2 是微粒的质量；k 是玻耳兹曼常数；T 是绝对温度。

根据液体的动力学理论，Vasu（1972b）获得了如下碱金属卤化物熔盐体系电导率方程

$$k = 3e^2 \left[4g(a) \, a^2 \sqrt{\frac{2\pi kTM_1 M_2}{M_1 + M_2}} \right]^{-1} \tag{2-6}$$

式中，k 是电导率；e 是电子电荷；M_1 和 M_2 是微粒原子质量；其他符号含义见上文。

表 2-3 给出了温度在 $T = 1.05\, T_{熔融}$ 时黏度和电导率的实验值和计算值之间的比较。从表中可知，计算值和实验值符合得很好，在一些情况下，符合得非常好。黏度和电导率的计算需要用到 F 参数的值。摩尔体积、黏度和电导率的值是从 Janz 等人（1968）的文献中查到的。

计算中用到了 Janz（1967）对碱金属卤化物熔盐衍射的研究收集的阴、阳离子之间的距离的实验数据。因为仅仅有 13 种碱金属卤化物熔盐的数据，其他数据是通过对 Yosim 和 Owens（1964）气相研究结果估算得到的。

可以发现，按 Li^+、Na^+、K^+、Rb^+、Cs^+ 的排列，F 系数的值会降低，平均值分别是 1.45、1.36、1.31、1.29 和 1.26。这些可以通过 F 系数与离子的大小和极化性的关系来解释。对于锂盐，它的 F 值高于 $\sqrt{2}$。考虑到阴离子和阴离子之间的排斥力，这种现象并不奇怪。同样在 RbF 和 CsF 盐中考虑了阳离子和阳离子的排斥力，它们的 F 参数的值也高于 $\sqrt{2}$。Yosim 和 Owens（1964）在解释这些盐的绝对熵的计算值差别时给出了相近的观点。

表 2-3　碱金属卤化物熔盐黏度和电导率的计算值和实验值

MX	T/K	a/nm	F	$\eta_{实验}/cP$	$\eta_{计算}/cP$	$\kappa_{实验}/S \cdot cm^{-1}$	$\kappa_{计算}/S \cdot cm^{-1}$
LiF	1174	0.195	1.46	2.05	2.33	8.80	10.03
LiCl	927	0.247	1.45	1.49	1.58	5.95	5.92
LiBr	864	0.268	1.42	1.55	1.41	4.92	4.84
LiI	758	0.285	1.47	2.19	1.68	3.96	3.41
NaF	1331	0.230	1.38	1.65	2.07	5.10	5.55
NaCl	1127	0.280	1.35	1.19	1.26	3.74	3.98
NaBr	1074	0.298	1.34	1.23	1.34	3.06	2.98
NaI	982	0.315	1.38	1.31	1.31	2.40	2.49
KF	1185	0.270	1.31	—	1.72	3.73	3.60
KCl	1095	0.310	1.33	1.02	1.21	2.29	2.77
KBr	1058	0.330	1.30	1.04	1.32	1.74	2.02
KI	1006	0.353	1.31	1.43	1.43	1.38	1.48
RbF	1100	0.273	1.44	1.19	2.04	—	2.99
RbCl	1037	0.330	1.29	1.19	1.51	1.62	1.84
RbBr	1001	0.342	1.29	1.33	1.58	1.20	1.47
RbI	959	0.366	1.29	1.27	1.56	0.94	1.15
CsF	1003	0.282	1.44	—	2.08	2.53	2.63
CsCl	964	0.353	1.24	1.17	1.44	1.25	1.49
CsBr	954	0.355	1.29	—	1.61	0.91	1.25
CsI	939	0.385	1.26	1.66	1.70	0.73	0.88

2.1.1.2　二元体系

通过对热量的测定，表明混合热熔的值经常是负的（混合物的热熔比纯净物的热熔低）。这是由以下原因造成的：

（1）均匀带电粒子排斥力的改变是混合热熔的重要部分；

（2）混合过程中结构变化很小；

（3）最近配位层的质点的数量没有改变；

（4）离子极化状态的改变。

另外，范德华-洛伦兹力对混合热熔的影响很小。Førland（1954）通过一个粗略的模型描述了阳离子-阳离子之间排斥力的变化情况，如图 2-1 所示。离子在熔化前的排列如图 2-1 中上层所示，熔化后的排列如图 2-1 中下层所示。由于阴离子排列的改变导致排斥能的改变

$$\Delta E \approx -\frac{2e^2}{d_1 + d_2}\left(\frac{d_1 - d_2}{d_1 + d_2}\right)^2 \tag{2-7}$$

式中，e 是电子电荷。这个粗略的估算表明混合热熔为负值，并随离子尺寸而变化。在极端的情况下，可以导致二元化合物的形成。Lumsden（1964）已经计算了可极化的阴离子对混合物的能量产生的影响。它的计算和方程式（2-7）相似。

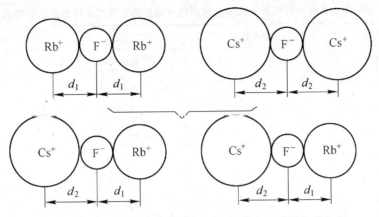

图 2-1 在 RbF-CsF 混合系统中阳离子–阳离子排斥力的改变

　　上述讨论的结果是二元碱金属卤化物熔盐体系中形成了不同的相图的类型，从简单的共晶相图到固溶体共晶相图，从生成二元化合物的相图到完全固溶体相图。表 2-4 和表 2-5 总结了每个相图的主要特征。

表 2-4　含有同种阴离子的碱金属卤化物熔盐体系的二元体系的性能特点

体系	相图类型	化合物	体系	相图类型	化合物
LiF-NaF	lss	—	LiCl-NaCl	css	—
LiF-KF	ses	—	LiCl-KCl	ses	—
LiF-RbF	ewc	LiF·RbF	LiCl-RbCl	ewc	LiCl·RbCl LiCl·CsCl
LiF-CsF	ewc	LiF·CsF	LiCl-CsCl	ewc	LiCl·2CsCl
NaF-KF	lss	—	NaCl-KCl	css	—
NaF-RbF	ses	—	NaCl-RbCl	lss	—
NaF-CsF	ses	—	NaCl-CsCl	ses	—
KF-RbF	css	—	KCl-RbCl	css	—
KF-CsF	lss	—	KCl-CsCl	css	—
RbF-CsF	css	—	RbCl-CsCl	css	—
LiBr-NaBr	css	—	LiI-NaI	css	—
LiBr-KBr	ses	—	LiI-KI	ses	—
LiBr-RbBr	ewc	LiBr·RbBr	LiI-RbI	ewc	LiI·RbI
LiBr-CsBr	ewc	LiBr·CsBr	LiI-CsI	ewc?	3LiI·2CsI
NaBr-KBr	css	—	NaI-KI	css	—
NaBr-RbBr	ses	—	NaI-RbI	lss	—
NaBr-CsBr	ses	—	NaI-CsI	ses	—
KBr-RbBr	css	—	KI-RbI	css	—
KBr-CsBr	lss	—	KI-CsI	lss	—
RbBr-CsBr	lss	—	RbI-CsI	lss	—

注：ses 代表简单共晶体系；lss 代表有限固溶体；css 代表连续固溶体；ewc 代表有化合物存在的共晶体系；? 代表非实验数据，推测出的相图。

表 2-5　含有同种阳离子的碱金属卤化物熔盐体系的二元体系的性能特点

体系	相图类型	体系	相图类型
LiF- LiCl	ses	NaF- NaCl	ses
LiF- LiBr	ses	NaF- NaBr	ses
LiF- LiI	ses	NaF- NaI	ses
LiCl- LiBr	css	NaCl- NaBr	css
LiCl- LiI	ses	NaCl- NaI	lss
LiBr- LiI	css	NaBr- NaI	css
KF- KCl	ses	RbF- RbCl	ses
KF- KBr	ses	RbF- RbBr	ses
KF- KI	ses	RbF- RbI	ses?
KCl- KBr	css	RbCl- RbBr	css
KCl- KI	lss	RbCl- RbI	css?
KBr- KI	css	RbBr- RbI	css
CsF- CsCl	ses *	CsCl- CsBr	lss
CsF- CsBr	ses	CsCl- CsI	lss
CsF- CsI	ses	CsBr- CsI	css

注：ses 代表简单共晶体系；lss 代表有限固溶体；css 代表连续固溶体；* 代表变质转换；? 代表非实验数据，推
测出的相图。

从表 2-4 中可以看到，只有在拥有相同的阴离子的体系中才能形成二元化合物。这些化合物来源于 Li^+，$Rb^+//X^-$ 体系和 Li^+，$Cs^+// X^-$ 体系，其中，X 是 F、Cl、Br、I。另外，有"弱"阳离子的体系的相图肯定存在连续固溶体。这些事实与带电离子之间存在的排斥力有关（方程 (2-7)）。这种排斥力越大，形成二元化合物的概率越大。

对于一个含有同种阳离子的碱金属卤化物熔盐，它的混合吉布斯自由能由以下公式得到

$$\Delta_{mix} G = RT(x_{A^+} \ln x_{A^+} + x_{B^+} \ln x_{B^+}) \tag{2-8}$$

式中，x_{A^+} 和 x_{B^+} 分别是阳离子 A^+ 和 B^+ 的摩尔分数。在有共同的阴离子的体系中，混合吉布斯自由能由下列方程式给出

$$\Delta_{mix} G = RT(x_{X^-} \ln x_{X^-} + x_{Y^-} \ln x_{Y^-}) \tag{2-9}$$

式中，x_{X^-} 和 x_{Y^-} 分别是阴离子 X^- 和 Y^- 的摩尔分数。

通过上面的方程知道对于含有一个共同离子的体系，混合吉布斯自由能的值是相等的。然而，在通常情况下混合吉布斯自由能受到混合焓和非理想混合熵的影响。

对于具有同种阳离子和同种阴离子的碱金属卤化物熔盐体系，在冰点测量、热测量和电化学测量等方面已经开展了大量的工作。这些测量结果表明这些系统的混合焓可以用如下的抛物线方程描述

$$\Delta_{mix} H = x_i x_j (a + b x_j + c x_j^2) \tag{2-10}$$

式中，x_i 和 x_j 是两种组元的摩尔分数；a、b 和 c 是系数，系数是由实验得到的数据经过最小二乘法处理后得到的。我们将方程式（2-10）改写如下

$$\Delta_{mix}H/x_i x_j = \lambda = a + bx_j + cx_j^2 \qquad (2-11)$$

式中，λ 是焓相互作用参数。λ 随组分变化而缓慢变化表明了组成与混合焓的依赖关系是不容易被发现的。相互作用参数在 $x_2 \to 0$ 或者 $x_2 \to 1$ 时的极限值是值得关注的，因为它们和混合盐组分的焓分数有关

$$\lim_{x_2=0}\lambda = \lambda_0 = \lambda \ \ (x_2=0) = \Delta \overline{H}_2(x_2=0)$$

$$\lim_{x_1=0}\lambda = \lambda_1 = \lambda \ \ (x_1=0) = \Delta \overline{H}_1(x_1=0) \qquad (2-12)$$

2.1.2　含有二价阳离子的体系

正如许多实验发现的那样，二价金属卤化物在熔融态会按照如下方式发生一定程度的解离

$$MeX_2 \Longleftrightarrow MeX^+ + X^- \qquad (2-13)$$

其他形式的二价阳离子有一种形成 $[MeX_3]^-$ 和/或 $[MeX_4]^{2-}$ 形式阴离子的趋势，不仅在碱金属卤化物中有这种趋势，在纯物质状态也有这种趋势。

一些纯的二价金属卤化物显现出自动配合复合物的趋势。形成这种复合物的反应机理如下

$$2MeX_2 \Longleftrightarrow MeX^+ + MeX_3^- \qquad (2-14)$$

这一机理在汞卤化物、$MgCl_2$、$MgBr_2$ 和 MgI_2 熔体中已经得到证实。在熔化过程中，电导率迅速增加。

$ZnCl_2$ 是一种典型的自动生成配合离子的物质。熔化时配合离子的形成原理如下

$$2ZnCl_2 \Longleftrightarrow [ZnCl_4]^{2-} + Zn^{2+} \qquad (2-15)$$

根据 Mackenzie 和 Murphy（1960）的研究，$ZnCl_2$ 在接近熔点时，黏度为 500Pa·s 和电导率为 10^{-3}S/cm，这表明其结构与熔融态时的有很大的不同，这是由于在它的熔体中存在网格结构。Hefeng 等人（1994）发现，在 $ZnCl_2$ 熔盐中锌与四个 Cl 原子形成了一个四面体结构（$ZnCl_4^{2-}$），它是熔体中最多也是最稳定的离子结构。Ballone（1986）指出，围绕锌离子的局部结构的排列在熔融态和固态时的差别并不大。这种网络结构通常被称作聚合结构。

根据电导率实验数据可知，在温度升高时熔体中配体结构迅速分解。随着温度的升高，聚合结构迅速破裂，同时离子比例增高，比如 Zn^{2+}、$ZnCl^+$、$ZnCl_3^-$、$ZnCl_4^{2-}$，这些变化使得电导率升高和黏度下降。对 $ZnCl_2$ 而言，只有远高于熔点温度时才表现出典型的离子液体的特征。在 $SnBr_2$ 和 $PbCl_2$ 熔盐中也可能存在聚阴离子。通常碱土金属卤化物在熔化时体积会增加（表 2-6）。这是由于原子配位的降低和自由体积的形成。

Yamura 等人（1993）发现添加碱金属卤化物会起到解聚合作用，从而提高了熔体的电导率，降低了黏度。这些研究者提出向熔体 $ZnCl_2$ 中加碱金属氯化物来诱使解聚合作用的发生，表述成如下方程式

$$[ZnCl_2]_n + Cl^- \Longleftrightarrow [ZnCl_2]_{n-m} + [ZnCl_2]_m Cl^- \qquad (2-16)$$

$$[ZnCl_2]_m Cl^- + Cl^- \rightleftharpoons [ZnCl_4]^{2-} + [ZnCl_2]_{m-1} \qquad (2-17)$$

表 2-6　一些碱金属卤化物熔化时的热力学参数

盐	$T_{熔融}/K$	$\Delta V_{熔融}/V_s/\%$	$\Delta S_{熔融}/J \cdot (mol \cdot K)^{-1}$
MgF_2	1536	—	37.6
$MgCl_2$	987		43.5
$MgBr_2$	984	—	35.1
CaF_2	1687		17.6
$CaCl_2$	1045	0.9	27.2
$CaBr_2$	1015	4.0	28.8
CaI_2	1052	—	39.7
SrF_2	1673	—	10.9
$SrCl_2$	1146	4.1	13.4
$SrBr_2$	930	2.1	11.3
SrI_2	811		24.2
BaF_2	1593	—	13.4
$BaCl_2$	1233	3.6	13.4
$BaBr_2$	1130	11.8	28.4

Von Bues（1995）使用拉曼光谱分析发现了（$ZnCl_2$）$_n$聚合物的证据。当添加物 KCl 摩尔分数为 33 % 时，存在 $ZnCl_3^-$。当 $ZnCl_2$：KCl 摩尔比例为 1：2，存在四面体结构的 $ZnCl_4^{2-}$。

在过去的四十年里，有大量关于二价阳离子体系的研究，熔盐化学领域也得到扩大。这些结果主要是通过电动势法、量热法和其他物理化学方法得到的，这使我们获得了精确的混合热熔和化学势。Stvold（1992）给出了这些研究结果的一个简单的总结。

混合盐的电导率通常不符合加和性原则。Duke 和 Fleming（1957）发现，对 KCl 和 $ZnCl_2$ 混合物而言，其电导性以负偏差偏离理想溶液，这说明离子间存在相互作用或形成配合离子是解释这一现象的原因。在最高的测量温度和最大的 KCl 添加量下其电导率达到最大值。

一般来说，添加最小阳离子的碱金属氯化物会使电导率的增加最显著。因此，氯化锂对电导率的影响最大。Benhenda（1980）测定了 $ZnCl_2$- LiCl 混合物在温度范围为 320 ~ 450℃的电导率。此外，Driscoll 和 Fray（1993）测定了 LiCl 对三元混合物 $ZnCl_2$、KCl 和 NaCl 的电导率的影响。当 LiCl 的摩尔分数达到 20% 时电导率显著增加。

当氯化锌和不同的碱金属氯化物混合时，黏度通常不遵循加和性原则。但是，氯化锌含量增加时黏度会随之增加。Driscoll 和 Fray（1993）测定了四种熔体的黏度。他们发现黏度和温度的关系呈现出了阿伦尼乌斯行为。

通常含有 $ZnCl_2$ 的碱金属氯化物混合物的表面张力随着 $ZnCl_2$ 含量的减少而增加。Copham 和 Fray（1990）测量了四种成分的三元熔体 $ZnCl_2$- NaCl- KCl 的表面张力，发现表面张力随着温度的增加呈线性减小。在接近混合物结晶温度时，表面张力达到很低值，表明实际温度和结晶温度的比率（T/T_{pc}）对于表面张力有很大影响。Driscoll 和 Fray（1993）对于另外四种熔体混合物的表面张力的测定得到同样的结论。

Meyer 等人（1989）测量了纯氯化锌的蒸气压。然而，Anthony 和 Bloom（1975）给出了450℃时更精确的蒸气压值为55.5Pa，他们同时给出了温度在450~625℃范围内的蒸气压值。Bloom 等人（1970）得出 NaCl 或 KCl 的添加将会降低 $ZnCl_2$ 的蒸气压。这些二元混合物的蒸气压通常用来确定氯化锌和碱金属氯化物的活度系数。Haver 等人（1976）报道了不同电解质组分的失重现象，发现当使用纯的 $ZnCl_2$ 时，这种失重更严重；失重随着 LiCl、NaCl 和 KCl 添加剂的加入而减少。

大部分二价阳离子系统的混合热焓是负值，然而在某些存在微弱的相互作用的系统中，其混合热焓是正值。热焓的相互作用参数 λ 非常依赖于物质结构。对于 MX-MeX_2（M = Li、Na、K、Rb、Cs）体系，参数 λ 随 MeX_2 摩尔分数 x_2 的变化关系函数可能是一个平滑的但是快速变化的函数或者是一个有最小值的复合函数。图 2-2 列举了几种单价-二价系统的相互作用参数与 MeX_2 摩尔分数 x_2 的图形。对于 LiX-MeX_2 系统而言，几乎呈线性关系。而对于 CsX-MeX_2 二元系统，λ 的最小值大约位于 $x_2 \approx 0.33$ 处。对于剩下的碱金属卤化物（Na，K，Rb）已经发现了介于上述两者之间的行为。

通常相互作用参数 λ 与距离参数 δ_{12} 不呈线性关系。然而，在一系列含有一个共同熔盐的体系中，λ 与 δ_{12} 呈线性关系。

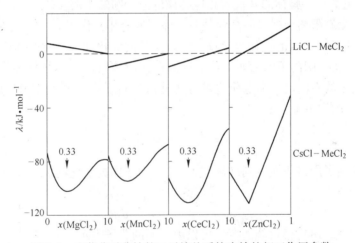

图 2-2　电荷非对称性的二元熔盐系统中焓的相互作用参数

2.1.2.1　含有公共碱土金属卤化物的系统

在碱金属-碱土金属卤化物混合物熔体中，碱土金属离子取代碱金属离子时能量将发生何种变化。如果这个过程的结构变化很小，那么在最近的配位层的数目将不会改变，阳离子-阳离子排斥能的变化是能量变化的重要部分。假设阴离子-阳离子的距离保持不变，等于两离子半径之和，那么因离子取代而引起的阳离子-阳离子排斥能的变化可以由 Førland（1964）提出的比较粗糙的模型来表示，如图 2-3 所示。

在下面的反应中，当一个碱土金属阳离子被另一个所代替时，

$$2(Me^{2+}X^-M_I^+)_{混合}(l)+(M_{II}^+X^-M_{II}^+)_{纯}(l)$$
$$=\!=\!=2(Me^{2+}X^-M_{II}^+)_{混合}(l)+(M_I^+X^-M_I^+)_{纯}(l) \tag{2-18}$$

能量变化为

$$\Delta E(MeX_2)=2E_{MeXM_{II}}+E_{M_IXM_I}-2E_{MeXM_I}-E_{M_{II}XM_{II}} \tag{2-19}$$

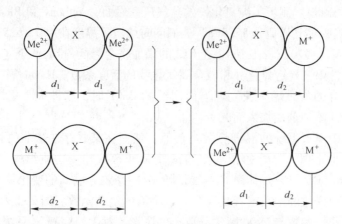

图2-3　在单价-二价混合盐中阳离子-阳离子排斥力变化能（ΔE_C）

取代反应后，库仑能的变化可以由如下方程粗略描述

$$\Delta E_C(MeX_2) = e^2\left(\frac{4}{d_{MeX}+d_{M_IX}}+\frac{1}{2d_{M_IX}}-\frac{4}{d_{MeX}+d_{M_IX}}-\frac{1}{2d_{M_{II}X}}\right) \tag{2-20}$$

式中，e 是电子电荷；带脚标的 d 代表相应物质的原子间的距离。

当一个碱土金属阳离子被另一个代替时，除了库仑相互作用能会发生变化外，根据方程（2-18），由于阳离子氛的变化会导致相同阴离子的极化发生变化。Førland（1964）和 Lumsden（1964）指出阴离子因为非对称电场的存在而被极化，这种非对称性电场是由阴离子两侧的阳离子的不同尺寸和电荷造成的（见图2-3）。在（$Me^{2+}X^-M^+$）离子团中，阴离子 X^- 需经受电场作用

$$F = e\left(\frac{2}{d_{MX}^2}-\frac{1}{d_{MeX}^2}\right) \tag{2-21}$$

如果 α 是阴离子的极化性，则（$Me^{2+}X^-M^+$）离子团的极化能表示如下

$$E_p = -\frac{\alpha F^2}{2} = -\frac{\alpha e^2}{2}\times\frac{(2d_{MeX}^2-d_{MX}^2)^2}{d_{MeX}^4 d_{MX}^4} \tag{2-22}$$

根据反应式（2-18）极化能的变化可以由下面的式子表示

$$\Delta E_p(MeX_2) = -\alpha e^2\left[\frac{1}{d_{Me_{II}X}^4}-\frac{1}{d_{Me_IX}^4}-\frac{4}{d_{MX}^2}\left(\frac{1}{d_{Me_{II}X}^2}-\frac{1}{d_{Me_IX}^2}\right)\right] \tag{2-23}$$

纯盐的极化能可以忽略不计。

综上所述，可以得到结论是，对于公共碱土金属卤化物体系，λ 对 δ_{12} 关系图的斜率按照 Mg<Ca<Sr<Ba 的顺序而逐渐增大。这已经在实验中得到证实。除了卤化锂-碱土金属卤化物，对于任何一种含有公共的碱土金属卤化物的体系，得到的数据都能很好地通过 λ 和 δ_{12} 关系图表示出来。当公共碱土金属卤化物阳离子的半径增加时，λ 对 δ_{12} 的关系图的斜率也增大。

2.1.2.2　含有公共碱金属卤化物的体系

在这些体系中，我们来考虑下面的反应

$$2(M^+X^-Me_I^{2+})_{混合}(1)+(Me_{II}^{2+}X^-Me_{II}^{2+})_{纯}(1)$$

$$=2(M^+X^-Me_{II}^{2+})_{混合}(1)+(Me_I^{2+}X^-Me_I^{2+})_{纯}(1) \tag{2-24}$$

其能量变化为

$$\Delta E(\text{MX}) = 2E_{\text{MXMe}_{II}} + E_{\text{Me}_I \text{XMe}_I} - 2E_{\text{MXMe}_I} - E_{\text{Me}_{II} \text{XMe}_{II}} \tag{2-25}$$

据图 2-3 所示的弗兰德模型（Førland Model）取代反应的库仑能的改变可粗略地用下面的方程计算

$$\Delta E_C(\text{MX}) = e^2 \left(\frac{4}{d_{\text{MX}} + d_{\text{Me}_{II} X}} + \frac{1}{2 d_{\text{Me}_I X}} - \frac{4}{d_{\text{MX}} + d_{\text{Me}_I X}} - \frac{1}{2 d_{\text{Me}_{II} X}} \right) \tag{2-26}$$

在一个二元碱金属–碱土金属卤化物熔体中，一个碱金属离子被另一个取代时，其库仑能的变化将趋于给出一个 $\lambda - \delta_{12}$ 关系图的负的斜率，如果公共碱金属离子的尺寸增加，该斜率将减小。

上述反应中，极化能的改变可采用先前谈到的相同方法估计出来，也可采用下面的方程来大致计算

$$\Delta E_p(\text{MX}) = -\alpha e^2 \left[\frac{4}{d_{\text{M}_{II} X}^4} - \frac{4}{d_{\text{M}_I X}^4} - \frac{4}{d_{\text{MeX}}^2} \left(\frac{1}{d_{\text{M}_{II} X}^2} - \frac{1}{d_{\text{M}_I X}^2} \right) \right] \tag{2-27}$$

2.1.2.3　公共阴离子对混合物热熔的影响

通过对前面提到的混合热熔的讨论，可以很明显地看出电荷非对称系统不遵循简单共形溶液理论。在卤化锶–碱金属卤化物的混合物中，当阴离子从氯化物到溴化物，从溴化物到碘化物变化时，混合热熔是减少的。除了含锂的体系，其他所有体系的热熔相互作用参数 λ 通常是 δ_{12} 的线性函数。$\lambda - \delta_{12}$ 曲线有两个重要的特征：

（1）混合热熔按照氯化物、溴化物、碘化物的顺序逐渐减少；

（2）$\lambda - \delta_{12}$ 曲线的斜率同样按照上面的顺序减少。

含锶和钡的体系通常不偏离正规溶液的行为。这些熔体相对简单的性质表明常见阴离子混合热熔的差别可以用一个模型来解释。在这个模型中，离子之间的库仑力和极化力需要被考虑在内。这种行为可以通过 $M_2F_2 - SrF_2$（$M = Li$、Na、K）二元体系的相图得到证明。所有二元体系都是简单的共晶体系。同样，在一系列氯化锶体系中，只有锂、钠、钾体系是简单共晶体系，但如果体系中包含极化能力很低的大阳离子铷和铯时也可以形成二元化合物。

2.1.2.4　非对称电荷系统的偏摩尔量

在二元非对称电荷体系中，测得的每个组元的化学势都是负值，增加浓度或者使阳离子 M^+ 由 Li 变化到 Cs，都会释放出更多的热量。MX- MeX$_2$ 系统中二价盐的改变会引起更大的负熵和更明显的 S 形曲线。然而，二元体系的热熔相互作用参数 λ 没有最小值，这表明 MX 的偏熵随 x 的变化相对平滑。图 2-4 简要地描述了三个有代表性的二元体系 KCl- CaCl$_2$、KCl- MgCl$_2$ 和 KCl- CoCl$_2$。

2.1.3　包含三价阳离子的系统

在包含三价阳离子的体系中，冰晶石体

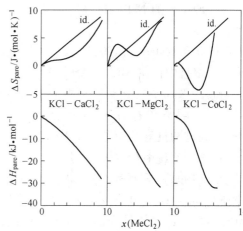

图 2-4　在不同单价–二价氯化物系统中的偏摩尔量的原理图

系熔盐作为铝电解工业的电解质在技术上是非常重要的。

包含 BF₃ 的体系也非常重要，它主要用作钢渗硼时的电解质和在核电站二次电路中作为热息介质。

许多包含三价阳离子的熔盐大都属于碱金属卤化物-碱土金属卤化物系统。镧系卤化物在熔盐电解生产镧系金属时扮演重要的角色。它们还可以应用于照明、催化，以及核燃料的高温化学再处理。

下面几个章节中将讲解上面提到的包含三价阳离子的三种体系。

2.1.3.1　MF-AlF₃（M = Li、Na、K）系统的熔体结构

尽管经过 60 年的大量研究，我们仍然没有充分地了解这些熔盐的结构。冰晶石电解液最为大家广泛接受的解离方程式如下

$$Na_3AlF_6 \rule[0.5ex]{2em}{0.4pt} 3Na^+ + AlF_6^{3-} \tag{2-28}$$

Grjotheim 等人（1977）通过将测量得到的冰晶石液相线温度与理论值相比较得出，AlF_6^{3-} 阴离子在高温下会进一步地解离，解离方程式如下

$$AlF_6^{3-} \rule[0.5ex]{2em}{0.4pt} AlF_4^- + 2F^- \tag{2-29}$$

平衡常数如下

$$K = \frac{a_{AlF_4^-} a_{F^-}^2}{a_{AlF_6^{3-}}} = \frac{4\alpha^3}{(1-\alpha)(1+2\alpha)^2} \tag{2-30}$$

解离度 α 为 0.3。

为了解决 NaF-AlF₃ 混合物热容量测量的误差问题，最近 Dewing（1986）对热解离机制进行了修正，解离常数根据热力学和光谱学数据计算。Dewing 提出的热解离机理如下

$$AlF_6^{3-} \rule[0.5ex]{2em}{0.4pt} AlF_5^{2-} + F^- \tag{2-31}$$

$$AlF_5^{2-} \rule[0.5ex]{2em}{0.4pt} AlF_4^- + F^- \tag{2-32}$$

他同时发现，当 $x(AlF_3) = 0.333$ 时组分中 AlF_5^{2-} 阴离子的含量也很丰富。图 2-5 给出了 Dewing（1986）的 NaF-AlF₃ 系统的每一种阴离子的分布图。

Gilbert 和 Materne（1990）通过拉曼光谱学研究表明熔盐中存在 AlF_6^{3-}、AlF_5^{2-} 和 AlF_4^- 阴离子。Xing 和 Kvande（1986）根据液相线的计算得到 AlF_5^{2-} 阴离子存在于液体熔盐中。Zhou（1991）通过测量蒸气压得到在 MF-AlF₃（M = Li、Na、K）系统中存在 AlF_5^{2-} 阴离子。

Olse（1996）采用蒸气压、溶解度和拉曼光谱学研究 MF-AlF₃（M = Li、Na、K）系统的结构和热力学。通过拉曼光谱学的研究可以得到几个结论：

（1）三个体系中，主体离子团的波数大小均位于 $500 \sim 650\,\text{cm}^{-1}$；

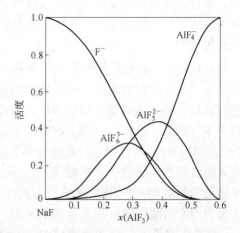

图 2-5　Dewing（1986）提供的 NaF-AlF₃ 系统的每一种阴离子的分布

（2）带宽随着阳离子尺寸的增大而减小；

（3）带的强度随组成而变化。

NaF-AlF₃ 和 KF-AlF₃ 的详细的光谱分析表明它们是由三种配合阴离子物种组成的。在 KF-AlF₃ 系统中这种组成是最清楚的。Robert 等人（1997b）根据拉曼光谱和蒸气压的研究得到了阴离子在 KF-AlF₃ 体系中的分布，如图 2-6 所示。对于含有 Li 的熔盐，光谱分析很难看出它有三个不同的带。然而，随着 LiF 量的增加，在 $570cm^{-1}$ 左右的主带的频率发生了偏移。可能是在 LiF-AlF₃ 系统中由于 Li^+ 阳离子极化能力很强，AlF_5^{2-} 阴离子不存在。

Grjotheim 等人（1982）和 Thonstad 等人（2001）编写的专业书中有更多的有关冰晶石体系熔盐的相关信息，这些信息主要是用来理解电解铝原理的。

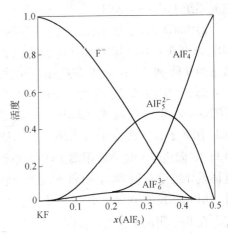

图 2-6　根据 Robert 等人（1997b）得到的 KF-AlF₃ 系统中每一种阴离子的分布情况

2.1.3.2　含有三氟化硼的体系

三氟化硼是热化学和电化学渗硼过程中硼的来源，主要用于制造各种钢和切削工具。在有碱金属卤化物阳离子存在的情况下 BF₃ 形成四氟硼酸盐，它的稳定性取决于碱金属阳离子。由于 Li^+ 阳离子的极化能力，系统中不存在 LiBF₄。NaBF₄ 只有在温度达到 500℃时才相当稳定，而 KBF₄ 要达到 900℃时才能相当稳定。在上面提到的温度以下，这些化合物分解成各自的碱金属氟化物和 $BF_3(g)$。在开发含有 KBF₄ 的体系时，适当地选择电解质的组成可以阻止挥发性物质的形成，例如 BF₃ 或 BCl₃，这些挥发性物质会污染环境。

Daněk 等人（1976）用冰点降低法研究了碱金属氯化物–四氟硼酸钾的反应。这项工作的主要目的是研究 BF_4^- 阴离子在 Cl^- 和不同阳离子环境中的稳定性。在碱金属氯化物熔盐中，交互反应方程如下

$$4MCl+KBF_4 \Longleftrightarrow 4MF+KBCl_4 \tag{2-33}$$

（M = Li，Na，K）这个反应可能发生。在形成气体 BCl₃ 的情况下，BF_4^- 阴离子的存在可以促进分解。可以假设反应（2-33）是按照如下连续步骤发生的，BF_3Cl^- 转变成 $BF_2Cl_2^-$，$BF_2Cl_2^-$ 转变成 $BFCl_3^-$，BF_4^- 阴离子中的氟连续不断地被氯取代。像这样的原理不能由冰点下降法决定。

在图 2-7 ~ 图 2-9 中，由实验确定了 KBF₄ 对 LiCl、NaCl、和 KCl 熔盐的熔点的降低与成分的关系，并和理论液相线温度相比较，理论液相线考虑了不同的 Storkenbekers 修正系数 k_{St}。

从图 2-7 可知，在 LiCl 熔盐中，BF_4^- 阴离子在形成 BCl_4^- 离子时发生交互反应。当 KBF₄ 的浓度超过 0.05mol/kg 时，BCl_4^- 阴离子由于 Li^+ 阳离子极化效应开始分解，方程式如下：

$$BCl_4^- \Longrightarrow BCl_3 + Cl^- \tag{2-34}$$

同时气态 BCl_3 从熔盐中逸出。结果熔盐中新的粒子的数量减少（$k_{St} < 6$），剩下的熔体相当于三元系 LiF- LiCl- KCl。

对 NaCl- KBF_4 进行冰点下降测量的研究得出，KBF_4 浓度在 0.02 ~ 0.25mol/kg 范围内，新粒子的数量由 6 降到 2，这表明在此浓度范围内反应式（2-33）方向发生改变。KBF_4 的浓度低于 0.02mol/kg 时，反应式（2-33）向右进行，生成 BCl_4^- 阴离子，然而由于这些阴离子的浓度低，并且与 Li^+ 阳离子相比 Na^+ 阳离子的极化能力也很低，这样就导致没有使 BCl_4^- 阴离子发生分解的适宜条件。KBF_4 浓度在 0.25mol/kg 以上时，在熔盐中仅仅存在 BF_4^- 阴离子，交互反应（2-33）无法进行。

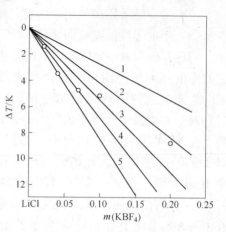

图 2-7   LiCl- KBF_4 系统中的 LiCl 熔点的衰减

1—$k_{St} = 2$；2—$k_{St} = 3$；3—$k_{St} = 4$；

4—$k_{St} = 5$；5—$k_{St} = 6$

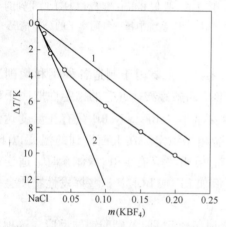

图 2-8   NaCl- KBF_4 系统中 NaCl 熔点的衰减

1—$k_{St} = 2$；2—$k_{St} = 6$

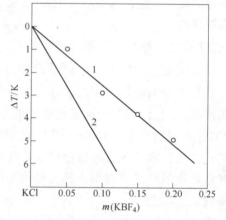

图 2-9   KCl- KBF_4 系统中 KCl 熔点的衰减

1—$k_{St} = 1$；2—$k_{St} = 2$

在 KCl- KBF_4 系统中，Stortenbekers 校正系数等于 1，这相当于加入 KBF_4 时 KCl 熔盐中引入一种新的粒子。这表明 KBF_4 分解成 K^+ 和 BF_4^- 的反应并没有伴随着交互反应（2-33）而发生。

交互反应方程（2-33）在碱金属氯化物中反应的概率可以通过热力学的转化率进行估计。为了简化计算，假设在 MCl 熔体中引入 KBF_4 之后，仅有 BF_4^- 和 BCl_4^- 配合阴离子，在熔体中不存在中间产物。当我们向 1mol MCl 的熔体中加入 n mol 的 KBF_4 时（$n \ll 1$），根据 Temkin 模型，$X_{Cl^-} \approx 1$，对于反应（2-33）的简化的平衡常数可以描述如下

$$K = \frac{x_{F^-}^4 \cdot x_{BCl_4^-}}{x_{Cl^-}^4 \cdot x_{BF_4^-}} = 256n^4 \frac{\alpha^5}{1-\alpha} \tag{2-35}$$

式中，α 是反应式（2-33）的转换程度。LiCl、NaCl 和 KCl 熔盐在各自的碱金属氯化物熔化温度下的吉布斯自由能的值和平衡常数已经得到计算，这些计算利用了 JANAF 热化学

表中（1971）提供的反应物的吉布斯自由能值。由于形成 $KBCl_4$ 的吉布斯自由能还未知，因此它的值是通过下面的反应热焓计算的

$$KCl(s)+BCl_3(g) \rightleftharpoons KBCl_4 \qquad (2-36)$$

这个反应是由 Titova 和 Rosolovkii（1971）得到的。在 LiCl、NaCl 和 KCl 的熔化温度下，形成液态 $KBCl_4$ 的吉布斯自由能的估算值分别应该是：$\Delta_f G^\ominus_{883K} \approx -800kJ/mol$，$\Delta_f G^\ominus_{1044K} \approx -783kJ/mol$，$\Delta_f G^\ominus_{1073K} \approx -799kJ/mol$。估算的误差大约是 $\pm 10kJ/mol$。

对于 LiCl-KBF_4 系统的交互反应（2-33）吉布斯自由能为 $\Delta_r G^\ominus_{883K} \approx 35.2kJ/mol$，这相当于平衡常数 $K_{LiCl} \approx 8 \times 10^{-3}$ 时的值。因此，根据式（2-35），在转换程度 $n < 10^{-2}$ 时 $\alpha \approx 1$。这表明交互反应式（2-33）完全向右进行。BF_4^- 阴离子转变成 BCl_4^-，这些和实验结论一致。

NaCl-KBF_4 系统中反应式（2-33）的吉布斯自由能是 $\Delta_r G^\ominus_{1073K} \approx 189.4kJ/mol$，相当于平衡常数 $K_{NaCl} \approx 2 \times 10^{-9}$。在转换程度 $n < 10^{-3}$ 时 $\alpha \approx 1$，在 $n \approx 10^{-3}$（也就是 $m = 0.25mol/kg$）时的值是 $\alpha \approx 0.5$。这表明随着 KBF_4 浓度的增加，交互反应平衡由右边向左边移动，另外在熔盐中出现 BF_4^- 和 BCl_4^- 阴离子。

在 KCl-KBF_4 系统中，计算得到的吉布斯自由能和平衡常数的值分别是 $\Delta_r G^\ominus_{1043K} \approx 302kJ/mol$ 和 $K_{KCl} \approx 10^{-15}$。因此，当 $n > 10^{-3}$ 时转换程度为 $\alpha \approx 0$。计算证实这个体系的交互反应并没有发生。

用冰点测定法和热力学计算的方法得到碱金属氯化物熔盐中随着 LiCl < NaCl < KCl 的变化 BF_4^- 的稳定性增大。在 LiCl 熔盐中，KBF_4 阴离子不稳定，在形成 BCl_3 时分解。在 NaCl 熔盐中，交互反应在 KBF_4 和 Cl^- 离子之间进行，仅仅当 KBF_4 的浓度很低时才会形成 $KBCl_4$，在 KCl 熔盐中没有反应发生，BF_4^- 阴离子在温度达到 900℃ 时也能稳定存在。

在 1073K 时交互反应（2-33）的平衡常数和形成 $KBCl_4$ 的未知的吉布斯自由能通过冰点下降法测量得到。在这些系统中，交互反应的平衡和 NaCl 熔点的衰减依赖于 KBF_4 的浓度。熔点降低方程可以通过以下边界条件得到

$$\alpha = 0, \quad \Delta T = \Delta T_1 = K_{cr} m_B k_{St,1} = K_{cr} m_B^2$$
$$\alpha = 1, \quad \Delta T = \Delta T_2 = K_{cr} m_B k_{St,2} = K_{cr} m_B^6 \qquad (2-37)$$

式中，K_{cr} 是 NaCl 的冰点下降常数；m_B 是加入的 KBF_4 质量摩尔浓度。再次省略掉中间产物（KF_3Cl^- 等），新的粒子数量可以表示如下

$$k_{St} = 1 + (1-\alpha) + \alpha + 4\alpha = 2 + 4\alpha \qquad (2-38)$$

熔点降低与转换程度的关系可以用如下方程式描述

$$\Delta T = K_{cr} m_B (2+4\alpha) \qquad (2-39)$$

重排和取代之后，我们得到

$$\alpha = \frac{\Delta T - K_{cr} m_B^2}{K_{cr} m_B^4} = \frac{\Delta T - K_{cr} m_B^2}{6K_{cr} m_B - K_{cr} m_B^2} = \frac{\Delta T - \Delta T_1}{\Delta T_2 - \Delta T_1} \qquad (2-40)$$

使用上述方程计算出的 α 值，利用式（2-35）可以计算出任意浓度的 KBF_4 的平衡常数。图 2-10 给出了计算结果。平衡常数的代数平均值是 $K = 7 \times 10^{-7}$，相应的吉布斯自由能为 $\Delta_f G^\ominus_{1073K} \approx (-188 \pm 10)kJ/mol$。然后我们可以计算出液态 $KBCl_4$ 的吉布斯生成自由能，

其值约为 $\Delta_f G_{1073K}^{\ominus} \approx (-769 \pm 10)\,\text{kJ/mol}$，这与估计值 -779kJ/mol 非常接近。

作为各种钢和切屑工具电化学渗硼的电解质，KF-KCl-KBF$_4$ 已经由 Daněk 和 Matiašovský（1977）和 Matiašovský 等人（1978）进行了研究。Barton 等人（1971）和 Daněk 等人（1976）已经研究了二元 KF-KBF$_4$ 系统的相图，同时 Samsonov 等人（1959）和 Daněk 等人（1976）研究了二元 KCl-KBF$_4$ 系统的相图。研究表明这两种二元系统都是简单的共晶系统。在 KCl-KBF$_4$ 系统的相图中，Samsonov 等人（1959）提出体系中存在同分熔融化合物 11 KBF$_4$·KCl。然而这种物质的存在性在以后 Barton 等人（1971）和 Daněk 等人（1976）的研究中并没有得到证实。

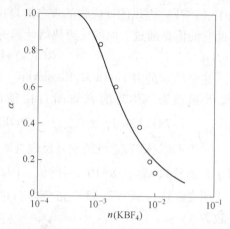

图 2-10   在 NaCl-KBF$_4$ 系统中转换程度与 KBF$_4$ 浓度的关系

Patarák 和 Daněk（1992）测量了三元体系 KF-KCl-KBF$_4$ 的相图。这种系统是简单的共晶体系，共晶点成分是：KCl 的摩尔分数是 19.2%，KBF$_4$ 的摩尔分数是 61.4%，共晶点的结晶温度是 422℃。

在物理化学性质中，Chrenková 和 Daněk（1991）测量了 KF-KCl-KBF$_4$ 三元体系的密度，Lubyová 等人（1997）测量了表面张力，Chrenková 等人（1991b）测量了电导率，Daněk 和 Nguyen（1995）测量了黏度。

从物理化学分析结果可知实际值和理想值之间存在偏差，这种偏差在二元和三元系统中都存在。考虑到研究体系含有共同的阳离子，阴离子之间的相互作用是导致这种偏差的唯一原因。观测到的组分的相互作用可能是源自不同的原因。在 KF-KBF$_4$ 和 KCl-KBF$_4$ 二元体系中，交互作用的一个不同特性必须被考虑在内。

在纯的 KBF$_4$ 熔体中 BF$_4^-$ 四面体结构易于链接，形成相当弱的 B—F—B 键，这种键的强度受温度影响。向 KBF$_4$ 熔体中加入 KF 以引进 F$^-$ 离子，B—F—B 键断裂，使得黏度降低，同时导致 KF-KBF$_4$ 系统向负方向偏离理想行为。此外，熔体中很小的阴离子 F$^-$ 和相对很大的 BF$_4^-$ 发生混合。在这种体系中，与加和规则的偏差程度是与不同阴离子半径的分数差成正比的。因此可以预见和理想状态之间会有一个比较大的偏差，这也被所有测量得到的物理化学性质所证实。

当两个相当大且极化性很强的阴离子 BF$_4^-$ 和 Cl$^-$ 混合时，在 KCl-KBF$_4$ 系统中会发生一个相反的相互作用效应。根据 Sangster 和 Pelton（1987）的研究，有相同阳离子的碱金属氯化物、溴化物、碘化物体系中，与加和性规则的偏差并不大。与此同时，Chrenková 和 Daněk（1990）通过对 KCl-KBF$_4$ 体系密度、电导率、黏度的测量得到相同的结论。

向 KBF$_4$ 熔体中引入 Cl$^-$ 离子，BF$_4^-$ 四面体中的氟原子被氯原子以如下的方式替代

$$BF_4^- + nCl^- \rightleftharpoons [BF_{4-n}Cl_n]^- + nF^- \tag{2-41}$$

所以，$[BF_{4-n}Cl_n]^-$ 型的混合阴离子可能存在。因此，B—Cl—B 的稳定性越低、B—F—B 的浓度越低，所导致的 KCl-KBF$_4$ 体系中性质的负偏差越大。这种解释也被非对称过剩黏

度曲线所证实，这是反应（2-41）在KBF₄高浓度区向右方移动的结果。

在 KF-KCl-KBF₄ 三元体系中，性质的负偏差很显然和该体系的边界体系有着相同的原因。正如 KF-KCl-KBF₄ 体系的混合过剩摩尔吉布斯能（图2-11）、过剩摩尔体积（图2-12）、过剩摩尔电导率（图2-13）、过剩黏度（图2-14）等性质所显现出的，最大的相互作用效应发生在 KF-KBF₄ 边界处。

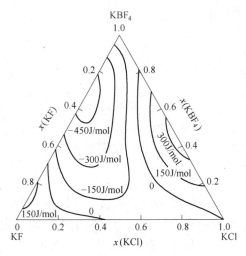

图 2-11　KF-KCl-KBF₄系统中过剩吉布斯自由能

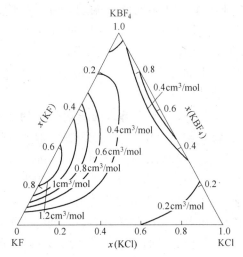

图 2-12　KF-KCl-KBF₄系统在1100K时过剩摩尔体积

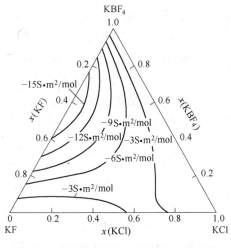

图 2-13　KF-KCl-KBF₄系统在1100K时过剩摩尔电导率

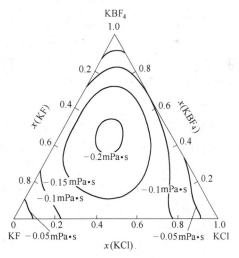

图 2-14　KF-KCl-KBF₄系统在1100K时过剩黏度

Daněk 等人（1997a）通过红外光谱确定了反应（2-41）的阴离子相互作用。图2-15 显示了 KBF₄ 和 KBF₄-KCl（摩尔比1:1）熔体的淬冷物的红外辐射光谱。除了在 600~900cm^{-1} 范围内，中间的红外光谱几乎都是完全相同的。与早期 Bates 和 Quist（1975）开展的碱金属四氟硼酸盐的研究一样，相同振动可归属为 KBF₄ 的结晶。仅仅在 600~

$900cm^{-1}$ 范围内观察到显著的差异。很明显，除了 KBF_4 所产生的 $v(1)$ 振动，KBF_4- KCl 熔体的淬冷物的红外光谱在 $760cm^{-1}$ 和 $796cm^{-1}$ 处分别产生两个峰，在 $770cm^{-1}$ 处产生一个肩。可以假设这些峰的出现是来源于 $[BF_{4-n}Cl_n]^-$ 阴离子中 B—F 和 B—Cl 不同的价振动。由此我们证实在熔盐 KF- KCl- KBF_4 混合物中 BF_4^- 阴离子配位层的氟原子被氯原子所代替。然而，混合阴离子的类型既不能通过物理化学方法确定，也不能通过光谱学方法确定。

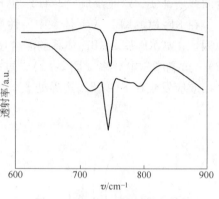

图 2-15　KBF_4 红外辐射光谱
和 KBF_4- KCl（1∶1 摩尔比）
熔体的淬冷混合物的红外辐射光谱

2.1.3.3　含有稀土金属卤化物的系统

卤化镧可以应用于很多领域，从照明到催化以及核燃料的高温化学再处理。然而，由于我们对这些体系的行为和性质了解得还相当少，很多工业过程还处在开发阶段。

为了充分地表征纯化合物和二元体系，使用了不同的实验研究方法，像差热分析法、X 射线衍射法、电化学方法等。电化学方法能够鉴定物质在固态状态下发生相变的本质。它们能够区分开固体中化合物的形成（"重构"相变）和它们结构的改变（"无重构"相变）。

Mochinaga 等人（1991a）和 Iwadate 等人（1994）采用 X 射线衍射，Saboungi 等人（1991）采用中子衍射，Papatheodorou（1975，1977）和 Matsuoka 等人（1993）采用拉曼光谱学分别研究了稀土氯化物的结构，并已经发表了相关的研究成果。这些研究显示在熔盐体系存在着 $LnCl_6^{3-}$ 八面体配合阴离子和共顶点或共边的八面体单元的疏松无序网状结构。此外，电导率的测量有助于研究熔盐的动力学和反映其平均动态结构。Iwadate 等人（1986）、Mochinaga 等人（1991b、1993）和 Fukushima 等人（1991）已经测得了几个稀土氯化物的摩尔电导率，结果表明熔体中可能存在结构不清或者聚合度更高的配合阴离子。Iwadate 等人（1993、1994）研究了 $ErCl_3$、Na_3ErCl_6 和 K_3ErCl_6 熔盐的结构，证明存在八面体配合阴离子 $ErCl_6^{3-}$。这预示有一些变形的共边八面体存在于熔体中。

Gaune- Escard 等人（1994a）测定了纯氯化镧系（$LaCl_3$、$CeCl_3$、$PrCl_3$、$NdCl_3$、$GdCl_3$、$DyCl_3$、$ErCl_3$ 和 $TmCl_3$）和 M_3LnCl_6 化合物（Ln = La、Ce、Pr、Nd；M = K、Rb、Cs）的温度、相变焓和热容量。

就热力学而言，人们更关心存在于大多数 $LnCl_3$- MCl 体系中的化学计量化合物 M_3LnCl_6，它与其他计量化合物相比有更广泛的稳定范围。Gaune- Escard 和 Rycerz（2003）测定了固- 固相变的温度和焓变，同时也研究了 M_3LnCl_6 化合物（Ln = La、Ce、Pr、Nd；M = K、Rb、Cs）的熔化温度和焓变。这些数据和从文献中得到的生成热焓的数据列于表 2-7 中。

从表 2-7 中可以得到，镧系元素离子半径越小，形成温度就越低，熔化温度就越高。这表明这些化合物在低温时不稳定，这些结果与 Seiffert（2002）的热化学计算结果一致。由 M_2LnCl_5 和 MCl 形成这些化合物时需要一个较高的温度。在冷却过程中，它们分解成上面提到的化合物。在 0K 时它们仅仅以亚稳态方式存在。

通过表 2-7 中的数据可以得到以下结论，M_3LnCl_6 化合物的形成与"重构"相变热熵的大幅度改变有关（45~55kJ/mol），然而它们固-固转变的熵变只有 7~8kJ/mol，这可归因于"无重构"相变。由于 T_{form} 和 T_{fus} 对镧系元素离子半径的变化是线性的，这就允许对其他 K_3LnCl_6 的化合物的生成和熔化温度进行估计。然而，需要强调的是，文献中报道的生成温度经常与化合物的真实生成温度不一致。

表 2-7　同分熔融化合物 K_3LnCl_6 的生成温度和熔化温度

化合物	$T_{生成}/K$	$\Delta_{生成}H/kJ \cdot mol^{-1}$	$T_{熔融}/K$	$\Delta_{熔融}H/kJ \cdot mol^{-1}$
K_2LaCl_5	—	—	906	78.1
K_3CeCl_6	811	55.4	908	39.1
K_3PrCl_6	768	52.6	944	48.9
K_3NdCl_6	724	46.3	973	48.0
K_3TbCl_6	—	—	1049	53.2
Rb_3LaCl_6	725	48.4	978	50.2
Rb_3CeCl_6	651	—	1016	52.4
Rb_3PrCl_6	598	—	1037	54.0
Rb_3NdCl_6	547	—	1060	58.8
Rb_3TbCl_6	—	—	1049	—
Cs_3LaCl_6	—	—	1055	58.7
Cs_3CeCl_6	—	—	1078	67.4
Cs_3PrCl_6	—	—	1093	61.1
Cs_3NdCl_6	—	—	1103	66.4
Cs_3TbCl_6	—	—	1153	—

对于 Rb_3CeCl_6、Rb_3PrCl_6 和 Rb_3NdCl_6 这些化合物，在非常低的温度下可以观察到热效应。这种效应可能是来源于在低温时亚稳相的转变反应。

在 Cs_3LnCl_6 系列化合物中，只有 Cs_3LnCl_6、Cs_3CeCl_6 和 Cs_3PrCl_6 可在 0K 以上的温度存在。它们来源于 Cs_2LnCl_5 和 $CsCl$ 分别在 462K、283K 和 143K 的反应。由于它们的生成熵很低，在冷却过程和亚稳态形成过程中并不发生分解，所有的 Cs_3LnCl_6 化合物在一个几乎相同的 670~680K 的温度下发生结构相变。

K_3CeCl_6、K_3PrCl_6、K_3NdCl_6 和 K_3LaCl_6 等化合物是在较高温度下形成的，这些化合物的形成对应于一个"重构"相变。这些化合物的晶体结构是钾冰晶石型的，在熔化以前没有其他结构的相变发生。对于其他化合物，例如那些在较低温度下形成的化合物（例如 K_3TbCl_6、Rb_3PrCl_6、Rb_3NdCl_6、Rb_3NdCl_6 和所有的 Cs_3LnCl_6），在熔化以前它们经历固-固转变，有两个不同的晶体结构：低温单斜 Cs_3BiCl_6 型和高温立方体钾冰晶石型。

对于第一组化合物，由电导率与温度的关系图可以看出，在"重构"相变温度下发生了显著的电导率跳跃（两个数量级）。所有的化合物几乎在同一的温度下（835~845K）出现了小幅的电导率跳跃，而在 DSC 图中并没有观察到这种效应。

对于在较低温度下形成的第二组化合物，可以观察到两个导电区域。第一个电导率突变点的温度对每种化合物而言都是不同的，其变化幅度较小，各种化合物的电导率突变点的温度相差大致在 40~50K 的温度范围内。

最近 Seifert 等人（1985，1988，1990，1991，1993），Thiel 和 Seifert（1988）、Mitra 和 Seifert（1995）、Roffe 和 Seifert（1977）、Zheng 和 Seifert（1998）集中研究了氯化镧和碱金属熔盐的互溶性。

Papatheodorou（1974a，b）、Gaune-Escard 等人（1994a，1994b，1995，1996a，1996b）、Takagi 等人（1994）、Rycerz 和 Gaune-Escard（1998）已经对氯化镧、溴化镧以及它们的二元混合物和碱金属卤化物的构成和热化学行为进行了大量的研究。

有一些对稀土氯化物和碱金属氯化物的液体混合物热熔的研究，Hatem 和 Gaune-Escard（1993）、Gaune-Escard 等人（1994a，1994b，1996c）、Gaune-Escard 和 Rycerz（1997）、Rycerz 和 Gaune-Escard（2002）开展了 $NdCl_3$-MCl（$M = Na$、K、Rb、Cs）、$NdBr_3$-MBr（$M = Li$、Na、K、Rb、Cs）、NdI_3-MI（$M = Li$、Na、K、Cs）、$LaCl_3$-MCl（$M = Li$、Na、K、Rb、Cs）、$TbCl_3$-MCl（$M = Li$、Na、K、Rb、Cs）系统，以及 NdF_3-KF、$PrCl_3$-$NaCl$、$PrCl_3$-KCl、$DyCl_3$-$NaCl$、$DyCl_3$-KCl、$LaCl_3$-$CaCl_2$、$PrCl_3$-$CaCl_2$、$NdCl_3$-$CaCl_2$、Ln（1）Cl_3-Ln（2）Cl_3 等二元体系的研究。

对于轻的碱金属氯化物（$LiCl$ 和 $NaCl$），$LnCl_3$-MCl 二元系统的相图很简单，然而对于那些含有 KCl、$RbCl$、$CsCl$ 的体系，相图中出现了多重化学计量化合物 M_3LnCl_6、M_2LnCl_5、MLn_2Cl_7。所有的 M_3LnCl_6 化合物都是同分熔融化合物，然而 M_2LnCl_5 和 MLn_2Cl_7 混合物则可以同分熔融，也可以转熔分解。

同分熔融化合物 $MLnCl_5$ 仅仅存在于有氯化镧和氯化铈的体系，然而 $M_2Ln_2Cl_7$ 发生同分熔融则按照镧原子序数增大 $K<Rb<Cs$ 的顺序进行，也就是说按照镧系离子半径减小的方向。因此，$CsLn_2Cl_7$ 存在于从氯化铈开始的所有氯化物系统，$RbLn_2Cl_7$ 存在于从氯化钐开始的所有氯化物系统，KLn_2Cl_7 存在于从氯化铕开始的所有氯化物体系。$LaCl_3$-KCl 体系形成了一个以前没有描述的情况，因为它仅仅包含了 K_2LaCl_5 同分熔融化合物。

2.1.4　包含四价阳离子的系统

最有代表性的四价元素是钛和锆，它们主要是在不同领域中用作先进的结构材料。钛、锆的氟化物、氯化物和碱金属氟化物、氯化物系统可以在相图数据库中查到（1993）。根据钛、锆阳离子尺寸和碱金属极化能力，在这些体系中会发现各种各样的化合物。这些化合物中的很多都很稳定，甚至在较高温度下能够形成同分熔融化合物。另外，在一定的温度范围内存在一些异分熔融化合物。

在 LiF-TiF_4 和 NaF-TiF_4 系统中没有化合物存在，然而在 MF-TiF_4（$M = K$、Rb、Cs）系统中仅仅能够形成两种同分熔融化合物 M_3TiF_7 和 M_2TiF_6。

$LiCl$-$TiCl_4$、$NaCl$-$TiCl_4$ 和 $RbCl$-$TiCl_4$ 系统中没有形成化合物，然而在 KCl-$TiCl_4$ 和 $CsCl$-$TiCl_4$ 系统中各自形成 K_2TiCl_6 和 Cs_2TiCl_6 同分熔融化合物。

MF-ZrF_4（$M = Li$、Na、K、Rb 和 Cs）系统中有多种化合物。在所有的 MF-ZrF_4 系统中，同分熔融化合物 M_3ZrF_7 和异分熔融化合物 M_2ZrF_6 共同存在。在 MF-ZrF_4（$M = K$、Rb 和 Cs）系统中，存在同分熔融化合物 $MZrF_5$。除此之外还形成了如下的同分熔融化合物 $Rb_5Zr_4F_{19}$ 和异分熔融化合物 Li_4ZrF_8 和 $M_5Zr_2F_{13}$（$M = Na$、K）、$M_3Zr_2F_{11}$（$M = Na$、K）、$M_3Zr_4F_{19}$（$M = Li$、Na）、MZr_2F_9（$M = Na$、Rb）和 $LiZr_4F_7$。

在最后一组含四氯化锆的系统中存在同分熔融化合物 $NaZrCl_6$、M_2ZrCl_6（$M=K$、Cs）、$Na_7Zr_6Cl_{31}$ 和异分熔融化合物 Na_3ZrCl_7 和 $Na_3Zr_4Cl_{19}$。

然而，在上面所提到的化合物中，有重要作用的是 K_2TiF_6 和 K_2ZrF_6，因为它们经常被用在钛、锆电化学沉积上，也经常用于钛、锆的二硼化物电化学合成中。

钛的二硼化物有极高的熔点、电导率和对铝液具有很好的可湿润性，对铝和熔融氟化物都有很好的抗化学腐蚀性。由于这些性质，TiB_2 被认为是铝电解工业中最有前景的惰性阴极材料。同时锆的二硼化物因其具有优良的性质也属于有前景的结构材料。

Samsonov 等人（1975）回顾了制备二硼化物的不同方法。目前，主要是通过热化学还原硼和钛的氧化物，然后通过热压焙烧和烧结过程得到最终产品。较低成本的方法是将 TiB_2 或以 TiB_2 为基的复合材料覆盖在基材上，例如热压烧结、等离子喷涂、化学气相沉积等方法。

最有前景的制备 TiB_2 的方法是在高温熔盐下采用电化学方法。根据电活性成分的不同可以把电解质分成两种：

（1）熔融系统中含有钛、硼氧化物的混合物，例如 $Me_2B_4O_7$、$MeBO_2$、B_2O_3、TiO_2、Me_2TiO_3（其中 Me 指碱金属）。为了改善电解质的物化性质，向电解质中加入碱金属卤化物、碱土金属氧化物或冰晶石。在一些情况下也会用天然矿石，如钛铁矿或金红石代替氧化钛。

（2）系统中包含碱金属氟硼酸盐和碱金属氟钛酸盐，电活性成分融入到支持电解质中，这种电解质通常由碱金属卤化物的混合物组成。氯化碱与氟化碱相比具有一些显而易见的优势，它的价格低、结构材料的腐蚀性低、容易从阴极电沉积凝固物中分离出来。

Matiašovský 等人（1988）发现，电化学合成 TiB_2 最适合的电解质是四元 KF- KCl- KBF_4-K_2TiF_6 系统，尤其是在金属基体制备结合力优良的涂层时这种系统更适合。除了上面提到的应用外，KF- KCl- K_2TiF_6 熔盐系统作为钛沉积的电解质具有很好的前景。我们需要理解这些电解质在电解过程中的机理。在熔化时混合物的相互作用和发生的化学反应会影响离子的构成，这就决定了电活性物质的种类。选择合适的电解质可以抑制挥发物质的生成，减少不必要的排风和对工艺效率的降低。

六氟钛酸钾（K_2TiF_6）化学中的一个重要的问题是它在碱金属卤化物和/或碱金属氟化物中的稳定性是不同的，而这些化合物通常被用作电解质的添加物。在含有碱金属卤化物和 K_2TiF_6 的系统中，采用冰点测定法可以测出 K_2TiF_6 的分解路径，或者说碱金属卤化物和 K_2TiF_6 之间发生的其他反应。可以在文献中找到关于这种类型的一些体系的研究。

Janz 等人（1958）发现在共晶混合物 LiCl–KCl 中加入浓度范围在 $0.008\sim0.066mol/L$ 的 M_2TiF_6（$M=Li$、Na、K）时，系统的冰点降低了，根据实验测定得到的分解机制是

$$M_2TiF_6 \Longrightarrow TiF_4 + 2M^+ + 2F^- \tag{2-42}$$

Petit 和 Bourlange（1953）采用冰点测定法测量了 NaCl- M_2TiF_6 系统，但是他们并未给出清晰的结论。他们假设在上述系统中的 TiF_4 是通过 K_2TiF_6 分解得到的，反应式如下

$$TiF_4 + 4Cl^- \Longrightarrow TiCl_4 + 4F^- \tag{2-43}$$

Daněk 等人（1975）采用冰点测量法研究了 K_2TiF_6 在碱金属卤化物 LiF、NaF、LiCl、NaCl、KCl、LiCl- KCl 和 LiF- LiCl 共晶熔体中的行为。实验得到的熔点（在前面提到的溶剂熔点附近）的降低与 K_2TiF_6 质量摩尔浓度或摩尔分数的关系和方程（2-44）得到的液

相线进行了比较

$$\Delta T_A = K_A^{cr} m_B r \tag{2-44}$$

式中，ΔT_A 是物质 A 的熔点降低值；K_A^{cr} 是物质 A 的冰点降低常数；m_B 是物质 B 的质量摩尔浓度；r 是物质 B 的校正系数，它是 Stortenbeker（1892）研究 A–B 系统时引入的，在数值上等于新粒子的数量，即指在物质 A 中加入一个分子的物质 B 产生的新离子数。这些必要的热力学数据来自于 JANAF 热化学表和 Janz（1967）。

在熔盐 LiF 和 NaF 中，根据测量得到的校正系数 r 等于 3，相当于形成 3 个新的粒子，即两个 K^+ 阳离子和一个包含 Ti 的粒子，最有可能是形成配合阴离子（例如 TiF_6^{2-}、TiF_5^- 和 TiF_7^{3-}）。Delimarskii 和 Chernov（1966）的研究讨论了后两个离子存在的可能性，但是不能通过冰点测定方法来抉择这两种离子。

在熔盐 LiCl、NaCl 和 KCl 中各自的校正系数分别是 9、5、3。因此，在钠和钾的氯化物熔盐中，K_2TiF_6 的分解最有可能按照如下机理进行

$$K_2TiF_6 =\!=\!= 2K^+ + 2F^- + TiF_4 \tag{2-45}$$

如同先前的情况，冰点测定法不能够决定 Ti 是否以配合阴离子存在（例如 Janz 等人（1958）建议的 $TiF_4Cl_2^{2-}$），因此写成 TiF_4。然而，实验结果表明，在熔盐 NaCl 和 KCl 中没有发生 TiF_4 和 Cl^- 阴离子之间的取代反应。另外，在熔盐 LiCl 中的校正系数是 9，表明钛氟化物与氯离子反应，从而增加了新粒子数至 9，反应机理如下

$$K_2TiF_6 + 4Cl^- =\!=\!= 2K^+ + 6F^- + TiCl_4 \tag{2-46}$$

由于在熔盐中形成了 $TiCl_5^-$ 或 $TiCl_6^{2-}$，所以没有 TiF_4 的蒸发。

由此可知取代反应只发生在 LiCl 熔盐中。这一点也被 LiCl-KCl 共晶混合物中的冰点测定所证实，其中校正系数 $r=7$ 表明有 7 个新粒子形成。这个只能通过如下过程机理来解释，即 K_2TiF_6 首先发生解离，之后 TiF_4 的氟被氯代替。Daněk 等人（1975）通过冰点法测定的 LiCl–KCl 共晶混合物体系得到的结论和 Janz 等人（1958）得到的只有 3 个新的粒子的结论不一致。当然，冰点测定共晶混合物本身就有许多因素需要讨论（详见 3.3.2.3 节）。

Daněk 等人（1975）证实了 TiF_4 中氟被氯取代的可能性，同时也为如下反应的热力学计算所证实

$$TiF_4 + 4MCl =\!=\!= TiCl_4 + 4MF \tag{2-47}$$

式中，M = Li、Na、K。计算表明，在 LiCl 熔盐中，$x(K_2TiF_6) < 10^{-2}$，转换程度 $\alpha \approx 1$，这表明 TiF_4 完全转变成 $TiCl_4$。对于 NaCl 熔盐，$x(K_2TiF_6) > 10^{-3}$，转换程度 $\alpha \approx 0$，这意味着这种取代反应在 NaCl 熔盐中实际上没有发生。在 KCl 熔盐中，$x(K_2TiF_6) > 10^{-3}$，转换程度 $\alpha \approx 0$，因此这种取代反应在 KCl 熔盐中也没有发生。

然而，如果上面的计算用于更浓的溶液，那么情况会完全不同。对于 LiCl 熔盐系统，转换程度在 K_2TiF_6 摩尔浓度为 9% 时是 $\alpha \approx 0.1$。因此，假设在 LiF- LiCl- K_2TiF_6 系统中氟离子的浓度充分高时，反应式（2-47）会完全向左进行。冰点测定法对 LiF- LiCl 共晶体系的测定充分证实了上面的假设。校正系数是 3，表明 K_2TiF_6 分解形成了 3 个新的粒子。这意味着在 LiF- LiCl 共晶体系中取代反应没有发生。

Chrenková 等人（1998）通过测量相平衡、密度、黏度、使用复杂热力学、物化性质

分析研究了 $KF\text{-}KCl\text{-}KBF_4\text{-}K_2TiF_6$ 系统的结构或离子的构成。物化性质的分析表明与理想行为的偏差在二元、三元和四元系统中都有存在。这些研究的系统有一个共同的阳离子，同时观察到这个偏差只是由于阴离子相互作用导致的。

Daněk 和 Matiašovský (1989) 详细的研究了 $KF\text{-}K_2TiF_6$ 和 $KCl\text{-}K_2TiF_6$ 系统的相平衡和体积性质，他们发现在这些二元系统中 K_3TiF_7 和 K_3TiF_6Cl 这两种化合物是通过如下反应形成的

$$K_2TiF_6(l)+KF \Longrightarrow K_3TiF_7(l) \qquad \Delta_r G^{\ominus}_{1100K}=0.963kJ/mol \qquad (2\text{-}48)$$

$$K_2TiF_6(l)+KCl(l) \Longrightarrow K_3TiF_6Cl(l) \qquad \Delta_r G^{\ominus}_{1100K}=0.587kJ/mol \qquad (2\text{-}49)$$

K_3TiF_7 和 K_3TiF_6Cl 的形成不会影响体积性质。这表明，或者这些化合物在熔体中分离程度很大，或者 TiF_6^{2-}，TiF_7^{3-} 和 TiF_6Cl^{3-} 阴离子的体积基本相同。然而，这两种化合物对体积的影响过程是不同的。形成 K_3TiF_7 时伴随着少量的体积增大，形成 K_3TiF_6Cl 时伴随着高一点的体积减小。这些不同可能是由配合阴离子的不同立体化学和与它们有关的阴离子造成的。当然，在四元 $KF\text{-}KCl\text{-}KBF_4\text{-}K_2TiF_6$ 系统中，也会产生 K_3TiF_7 和 K_3TiF_6Cl。

用热力学分析 $KF\text{-}K_2TiF_6$ 和 $KCl\text{-}K_2TiF_6$ 系统的相平衡和体积性质，然后用于计算 K_3TiF_7 和 K_3TiF_6Cl 化合物的解离度。根据实验测定的相图，计算得到的 K_3TiF_6 的解离度是 $\alpha_0=0.64$，这个值和通过密度计算得到的值 $\alpha_0(1000K)=0.6$ 和 $\alpha_0(1100K)=0.7$ 吻合得很好。根据实验测定的相图，计算得到的 K_3TiF_6Cl 的解离度是 $\alpha_0=0.78$，通过密度计算的值是 $\alpha_0(1000K)=0.72$ 和 $\alpha_0(1100K)=0.81$。

在 $KBF_4\text{-}K_2TiF_6$ 二元系统中，1000K 时，K_2TiF_6 的偏摩尔体积 $x(KBF_4)\rightarrow1$ 时，$V(K_2TiF_6)=129.69cm^3/mol$。这个值比纯物质 K_2TiF_6（$V^0=114.62\ cm^3/mol$）的值要高，这表明形成了更大的配离子，例如 TiF_7^{2-}。KBF_4 的偏摩尔体积 $x(K_2TiF_6)\rightarrow1$ 时 $V(KBF_4)=68.08cm^3/mol$，这个值比纯物质 KBF_4（$V^0=75.12cm^3/mol$）的值低。值低的原因是 KBF_4 分解使得 BF_3 气体由熔体中逸出，这已经在实验中观察到了。基于现有发现，如下的反应可能在二元 $KBF_4\text{-}K_2TiF_6$ 中发生

$$KBF_4(l)+K_2TiF_6(l) \Longrightarrow K_3TiF_7(l)+BF_3(g) \qquad \Delta_r G^{\ominus}_{1100K}=10.71kJ/mol \qquad (2\text{-}50)$$

反应中相对低的正的吉布斯自由能和观察到的 BF_3 气体的逸出表明熔体中可能发生了反应（2-50）。很明显，反应（2-50）在 $KF\text{-}KCl\text{-}KBF_4\text{-}K_2TiF_6$ 四元系统中也有发生。

$KF\text{-}KCl\text{-}KBF_4\text{-}K_2TiF_6$ 四元系统可能发生如下的反应

$$KCl(l)+2\ K_2TiF_6(l)+KBF_4(l) \Longrightarrow K_3TiF_7(l)+K_3TiF_6Cl(l)+BF_3(g)$$

$$\Delta_r G^{\ominus}_{1100K}=12.05kJ/mol \qquad (2\text{-}51)$$

反应（2-48）和反应（2-49）生成的加成化合物会发生热分解。反应（2-50）和反应（2-51）的吉布斯自由能是通过 K_3TiF_7 和 K_3TiF_6Cl 吉布斯分解自由能计算得到的，同时 KF、KCl、KBF_3 和 BF_3 的吉布斯生成自由能查自于 JANAF 热力学表（1971）。

基于 $KF\text{-}KCl\text{-}KBF_4\text{-}K_2TiF_6$ 体系的物化性质得知，这些熔体的大部分性质是由熔体中生成了 TiF_7^{3-} 和 TiF_6Cl^{3-} 等阴离子所导致的，这些离子具有较低的热稳定性和对称度较低的配位层。熔体中存在的这些阴离子有利于电解还原钛反应，并在阴极上形成了二硼化钛。

2.1.5　包含五价阳离子的系统

在所有五价元素中，最重要的是铌和钽。铌由于在湿、酸的环境中具有较高的硬度和抗腐蚀性，是用于化学工业钢材料表面处理的好材料。铌可用于制备超导体带和其他工业，诸如核工业和冶金工业。钽同样也有类似的用途。对于这些应用，这些金属必须达到高纯度。作为经典热还原法的替代方法，熔盐电解能够制备出纯度符合要求的铌和钽。为了使这些过程更优化，需要详细地了解熔体中配合离子的形成和氧化还原机理。

已经证实，可以在氟化物、氯化物和氟氯混合物电解质中获得金属铌和钽的镀层。K_2NbF_7 和 K_2TaF_7 是最常用的两种电解质成分，它们分别作为铌和钽的来源物质。在许多生产铌的电解质中 LiF-KF-K_2NbF_7 和 LiF-NaF-K_2NbF_7 系统似乎是最有前景的。由于 KF 具有高吸湿性，在第二个系统中选用 NaF。从理论上看，上面提到的系统很有趣，这是由于熔体中会产生同分熔融化合物 K_3NbF_8，它可以影响熔体中离子的结构，从而在电极表面影响电化学过程机理。在许多文献中，测量了 LiF-KF-K_2NbF_7 和 LiF-NaF-K_2NbF_7 系统的热力学性质和传输性质，以此来阐明它们的结构，也就是它们的离子结构。为了研究电解质的结构，使用了物理化学分析方法。

Chrenková 等人（1999）研究了 LiF-KF-K_2NbF_7 系统的相图，Chrenková 等人（2000）研究了此系统的密度，Nguyen 和 Daněk（2000b）研究了此系统的表面张力，Nguyen 和 Daněk（2000c）研究了此系统的黏度。Van 等人（2000）采用 X 射线物相分析和红外光谱分析测量了淬冷熔体。为了找到性质与浓度的关系来阐明电解质的结构，采用了热力学、统计学和物料平衡计算等方法。图 2-16 是 LiF-KF-K_2NbF_7 系统的相图（a）和过量摩尔体积图（b）。Van 等人（1999a，b）详细地研究了这些系统的电化学行为，Daněk 等人（2000a）对此作了简明的综述。

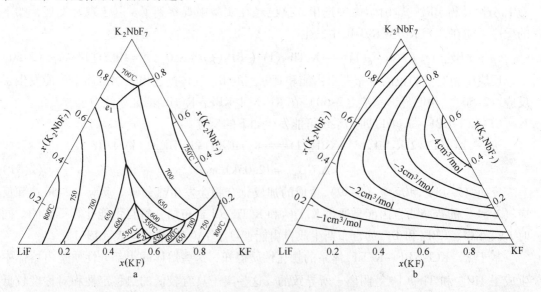

图 2-16　LiF-KF-K_2NbF_7 系统的相图（a）和在 1100K 时的过剩摩尔体积图（b）

（基于 Chrenková 等人（1999，2000）的研究）

基于 LiF-KF-K$_2$NbF$_7$ 系统的复合物化分析，可知熔体的行为和性质受同分熔融化合物 K$_3$NbF$_8$ 形成的影响。至于熔化系统中存在的 [NbF$_8$]$^{3-}$ 阴离子的行为与理想情况相差不远。

同分熔融化合物 K$_3$NbF$_8$ 不稳定。在熔化过程中，K$_3$NbF$_8$ 会按照如下形式发生部分热解离

$$K_3NbF_8 \overset{\alpha}{\rightleftharpoons} KF + K_2NbF_7 \tag{2-52}$$

通过相图计算出 K$_3$NbF$_8$ 的热解离程度 $\alpha_0 = 0.44$。密度测量得到近似的值。同时，在三元系统中，K$_3$NbF$_8$ 的存在也为所有的物化性质所证实。

在 LiF-NaF-K$_2$NbF$_7$ 系统的二维平面中存在四个相互作用的系统：Li^{2+}，Na^{2+}，K^{2+}// F$^-$，[NbF$_7$]$^{2-}$。每两个二元边界体系 LiF–K$_2$NbF$_7$ 和 NaF-K$_2$NbF$_7$ 形成了四元相互作用系统的稳定对角线。Van 和 Daněk（2001）根据电化学测量估算了 LiF-NaF-K$_2$NbF$_7$ 熔盐中 K$_2$NbF$_7$ 的吉布斯生成自由能。然而，其他氟铌化物的吉布斯生成自由能的值还未知，例如 Li$_2$NbF$_7$ 和 Na$_2$NbF$_7$。因此，这两个三元交互系统的反应吉布斯自由能到目前为止还无法计算。

Chrenková 等人（2003a）使用热分析研究了 LiF-NaF-K$_2$NbF$_7$ 三元系统的相图，随后采用耦合分析法分析了平衡热力学和相图数据。Chrenková 等人（2005）测量了这个系统的密度，Kubikova 等人（2003）研究了这个体系的表面张力，Cibulková 等人（2003）研究了这个体系的黏度。图 2-17 显示了 LiF-NaF-K$_2$NbF$_7$ 系统的相图（a）和过剩摩尔体积（b）。Boča 等人（2005）对此系统进行了 X 射线物相分析和红外光谱分析。

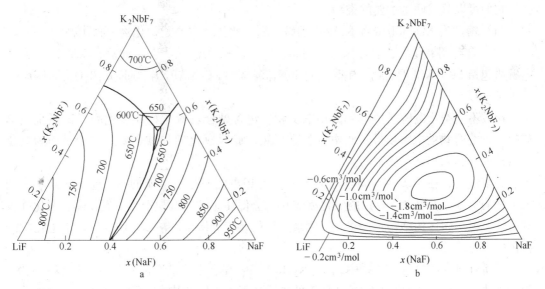

图 2-17　LiF-NaF-K$_2$NbF$_7$ 系统的相图（a）和在 1100K 时的过剩摩尔体积图（b）

（基于 Chrenková 等人（1999，2000）的研究）

同样的，在 LiF-KF-K$_2$NbF$_7$ 和 LiF-NaF-K$_2$NbF$_7$ 系统中，虽然在三元相图中不存在 M$_3$NbF$_8$ 化合物的结晶区，熔体中仍然存在 [NbF$_8$]$^{3-}$ 配合阴离子。这个系统的一般特征和所有的物理化学参数证实了这种离子的存在。[NbF$_8$]$^{3-}$ 阴离子的形成在 NaF-K$_2$NbF$_7$ 系统

中比在 $LiF\text{-}K_2NbF_7$ 系统中更显著。

Boča 等人（2005）研究了在等摩尔的 $LiF\text{-}NaF\text{-}K_2NbF_7$ 熔体中，K_2NbF_7 摩尔分数为 25%、50%、75% 时的红外光谱和纯 K_2NbF_7 的红外光谱。配合阴离子 $[NbF_7]^{2-}$ 和 $[NbF_8]^{3-}$ 的特征峰分别位于 $546cm^{-1}$ 和 $476cm^{-1}$ 处。从图 2-18 中可以看出，$[NbF_7]^{2-}$ 的振动强度随着 K_2NbF_7 含量的增加而增加，然而 $[NbF_8]^{3-}$ 的振动强度在 K_2NbF_7 摩尔浓度为 50% 时达到最大值，随后降低。这个结果和物理化学性质研究的结果一致，尤其是过剩吉布斯自由能和过剩体积、过剩表面张力。

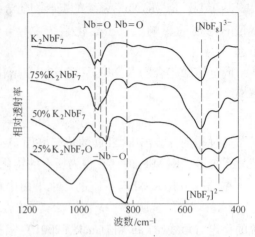

图 2-18　$LiF\text{-}NaF$ 熔盐中不同 K_2NbF_7 浓度下的红外光谱

2.1.6　包含六价阳离子的系统

在所有六价元素中，钼和钨似乎是技术层面上最重要的金属，因为它们可用于在钢材料表面形成金属保护层或金属硼化物层。钼和钨的主要性质类似，因此下面的内容将只涉及与钼相关的性质。

分析文献中电沉积钼的数据显示，已经测试过几种类型的电解质。根据电活性物质种类，它们可以分成两个主要的类别：

（1）溶解有 K_3MoCl_6 或者 K_3MoF_6 的碱金属卤化物，主要是氯化物和氟化物。

（2）含有钼氧化物的混合体系，例如氧化钼、MoO_3、碱金属钼酸盐、$CaMoO_4$。支持电解质包括 $LiCl\text{-}KCl$ 混合物、钠和锂的硼酸盐，例如 $KF\text{-}Na_2B_4O_7$、$KF\text{-}Li_2B_4O_7$、$KF\text{-}B_2O_3$ 和 $CaCl_2\text{-}CaO$。

比较不同类型电解质中得到的钼电沉积，包含碱金属氟化物和氧化硼（或碱金属硼酸盐）的混合物的电解质最适于电沉积金属钼，此时氧化钼和碱金属钼酸盐是作为电化学活性成分加入到电解质中的。

文献证明，在 $MeF\text{-}Me_2MoO_4$ 混合物中进行钼电沉积是不可能的。然而，向此系中加入少量的（摩尔分数为 1%）的氧化硼或 SiO_2 会促使钼的电沉积发生。氧化硼和氧化硅极有可能改善了熔体的结构，这将导致阴极过程的改变。Daněk 等人（1997）做了电化学沉积钼的研究综述。

在所有研究的电解质体系中，$KF\text{-}K_2MoO_4\text{-}B_2O_3$ 熔体是最有前景的。在许多文献中，为了弄清楚 $KF\text{-}K_2MoO_4\text{-}B_2O_3$ 熔盐体系的结构进行了不同的热力学测量和离子传输性质的研究，例如根据复合物理化学性质分析法研究离子结构。从理论上讲，这些熔盐体系与现有的电解质共性很少，它们既包括离子结构也包含原子晶体的网络结构。它们之间可能的化学相互作用至今还未知。

$KF\text{-}K_2MoO_4\text{-}B_2O_3$ 系统是一个相当复杂的系统，它属于一个 K^+、B^{3+}、$Mo^{6+}//F^-$、O^{2-} 四元相互作用体系，在此系统中形成了很多化合物。Paták 等人（1993，1997）

研究了 KF-K_2MoO_4-B_2O_3 体系的相平衡。KF-K_2MoO_4-B_2O_3 系统中 B_2O_3 摩尔分数最高达 30% 时的部分相图是使用热力学耦合分析和相图数据构建的，对钼电沉积的电化学研究非常有用，如图 2-19 所示。K_2MoO_4 结晶表面非常大，这使得 K_3FMoO_4 这种加和化合物的初晶区域显著地向 KF 方向偏移，可能是由形成 $[BMo_6O_{24}]^{9-}$ 阴离子所致的。$[BMo_6O_{24}]^{9-}$ 阴离子的形成也表明混合系统中存在过剩吉布斯自由能，如图 2-20 所示。K_2MoO_4 表面结晶等温区的扩大可能是由在 $[BMo_6O_{24}]^{9-}$ 阴离子中和钼配对的氧原子被氟原子代替所致的。然而，不能排除存在 Mo/B 比率为 9 或 12 的其他类似的聚合阴离子。

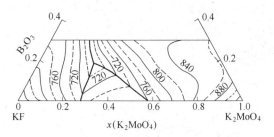

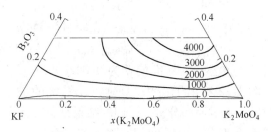

图 2-19　根据 Paták 等人（1997）得到的
KF-K_2MoO_4-B_2O_3 系统的相图

图 2-20　根据 Paták 等人（1997）得到的
KF-K_2MoO_4-B_2O_3 系统的过剩吉布斯自由能

Chrenková 等人（1994）测量了 KF-K_2MoO_4-B_2O_3 熔盐系统的密度。827℃，三元系统的摩尔体积与浓度的关系可用下面的方程描述

$$V(\text{cm}^3/\text{mol}) = 29.89x_{KF} + 89.50x_{K_2MoO_4} + 44.62x_{B_2O_3} + x_{KF}x_{K_2MoO_4}(8.50-5.28x_{K_2MoO_4}) +$$
$$x_{KF}x_{B_2O_3}(11.92-53.22x_{B_2O_3}) - x_{K_2MoO_4}x_{B_2O_3}(81.31+102.51x_{B_2O_3}) +$$
$$110.29x_{KF}x_{K_2MoO_4}x_{B_2O_3} \tag{2-53}$$

头三项代表理想行为下的浓度，接下来的三项代表二元系统的相互作用的浓度，最后一项代表所有三元化合物的相互作用浓度。式中的系数是通过多元线性回归的方法得到的，省略了一些不重要的因素，可信度可达 0.99。适合的标准偏差是 0.404cm^3/mol。在 KF-B_2O_3 和 K_2MoO_4-B_2O_3 系统中采用不同的记号表明 B_2O_3 在 KF 和 K_2MoO_4 中的不同行为。

KF-K_2MoO_4-B_2O_3 三元系统熔盐的过剩摩尔体积如图 2-21 所示。从图 2-21 中可以看出在 B_2O_3 和 K_2MoO_4 摩尔分数分别为 10% 和 20% 时，体系的摩尔体积膨胀达到极大值，同时在 B_2O_3 和 K_2MoO_4 的摩尔百分含量分别为 40% 和 50% 时，系统的体积收缩达到极大值。

体积膨胀的区域表明形成了大的离子，而体积收缩的区域形成了根据如下反应式生成的 $[BMo_6O_{24}]^{9-}$ 阴离子

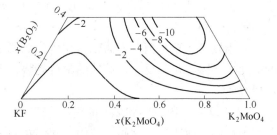

图 2-21　三元系统 KF-K_2MoO_4-B_2O_3 过剩摩尔体积
（827℃，Chrenková 等（1994））

$$6K_2MoO_4 + 2B_2O_3 \Longrightarrow K_9[BMo_6O_{24}] + 3KBO_2 \tag{2-54}$$

同时还有可能发生离子的进一步聚合。与二元系统相比，其与理想溶液的偏差更显

著，这表明在所有的三元化合物中存在更强的相互作用。这样的三元相互作用可以解释为在 $[BMo_6O_{24}]^{9-}$ 阴离子的配位层上由氟原子取代了氧原子。

Silný 等人（1995）采用计算机辅助的扭摆法测量了 KF-K_2MoO_4-B_2O_3 熔盐体系的黏度。熔体黏度随着 K_2MoO_4 和 B_2O_3 含量的增加而增大。在实验误差范围内 KF-K_2MoO_4 系统熔体的黏度的增加和 K_2MoO_4 含量的增加呈线性关系。考虑到二元系统 KF-K_2MoO_4 中黏度的加和性特点，并且纯的氧化硼的黏度值采用 $1000Pa \cdot s$，下面的方程给出了温度在 877℃时 KF-K_2MoO_4-B_2O_3 系统的黏度计算公式

$$\eta(mPa \cdot s) = 1.28x_{KF} + 2.81x_{K_2MoO_4} + 999x_{B_2O_3} - x_{KF}x_{B_2O_3}(3317 - 3658x_{KF} + 1336x_{KF}^2) -$$
$$x_{K_2MoO_4}x_{B_2O_3}(3242 - 3586x_{K_2MoO_4} + 1348x_{K_2MoO_4}^2) +$$
$$x_{KF}x_{K_2MoO_4}x_{B_2O_3}(3214 + 4157x_{B_2O_3}) \tag{2-55}$$

该公式的标准偏差为 $0.082mPa \cdot s$。图 2-22 给出了在 927℃时三元系统的黏度。通过回归分析，得到的结果是，二元系统 KF-K_2MoO_4 的相互作用与 KF-B_2O_3 和 K_2MoO_4-B_2O_3 系统相比在统计学上并不产生重要的影响。因此，通过近似法得到的标准偏差主要和三元熔体的相互作用有关。

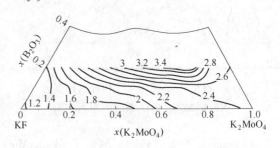

图 2-22　927℃时 KF-K_2MoO_4-B_2O_3 三元系统的黏度
（根据 Silný 等人（1995））

三元系熔盐的黏度随着氧化硼含量的增加呈现显著的增长。会有这样的结果也不足为奇，因为氧化硼具有聚合的能力。熔盐中形成了更多的 $(B_4O_7)^{2-}$ 和 BF^{4-} 阴离子，明显地增加了熔体的黏度。然而，黏度的增长超出了考虑生成氧化硼多聚物的影响的预期。显然在三元系统中存在比硼氧环离子更大的离子，尤其是在接近 K_2MoO_4-B_2O_3 相图边界时。根据相平衡和密度测量得到的结论，这些大的粒子可能是在熔体中根据方程式（2-54）形成的 $[BMo_6O_{24}]^{9-}$ 阴离子。这种统计意义显著的三元相互作用可能是由于氟原子进入了这种阴离子钼配位层中所致。

Nguyen 和 Daněk（2000a）测定了 KF-K_2MoO_4-B_2O_3 系统的表面张力，证实了上面提到的结论。

对于黏度、相平衡、表面张力和密度的测定显示出 KF-K_2MoO_4-B_2O_3 系统是相当复杂的。此外，除了化学反应，熔体的聚合趋势，尤其是在高氧化硼的区域内使得这些系统更难研究。

Silný 等人（1993）和 Zatko 等人（1994）在 KF-K_2MoO_4-SiO_2 熔体中研究了类似的制备钼涂层的电解质。在这些系统中，他们在一个相当狭窄的成分区域内在导电基板上获得了连续的、平滑的、黏着力好的钼涂层。沉积物的质量取决于熔体中硅的含量。这些作者解释 SiO_2 在钼的电沉积过程中所起的作用是它改变了电解质的结构，在熔体中能够形成 $[SiMo_{12}O_{40}]^{4-}$ 阴离子，反应如下

$$12K_2MoO_4 + 7SiO_2 + 36KF \Longrightarrow K_4[SiMo_{12}O_{40}] + 6K_2SiF_6 + 22K_2O \tag{2-56}$$

像这样的配合阴离子是很多的，因此很容易产生极化。在双电层阴极附近，这种阴离

子很容易极化，最后分解成更小的物种，然后它们参与到电沉积中，生成了连续的钼沉积。对附着在顶部和炉壁的固体沉积物的 X 射线衍射分析表明沉积物中存在纯的 K_2SiF_6，这就支持了上面提到的形成配合多聚阴离子的假设。遗憾的是，研究者们没有研究这一系统中的阴极过程的机理。

对 KF-K_2MoO_4-B_2O_3 和 KF-K_2MoO_4-SiO_2 系统进行物化分析和热力学分析，得知形成了含有硼的 $[BMo_6O_{24}]^{9-}$ 和含有硅的 $[SiMo_{12}O_{40}]^{4-}$，这种以硼或硅为中心原子的离子有助于钼沉积。此外，进入钼配位层的氟原子的配合多聚阴离子对称性很低，因此这样的电活性物质的电化学稳定性也很低。

2.1.7 含有卤化物和氧化物的系统

有时候熔融电解质中存在的氧化物和氟氧配合物是有害的，但是有些情况下它们是系统中的关键物质。例如，在碱-碱土金属氯化物熔盐中可以形成氧化物配合物。作为生产铝的典型电解质，氧化铝-冰晶石熔体中存在氟氧配合物。另外，在铌生产过程中，起初人们认为在电解质中的氟氧配合物是有害的。然而，最近证明这种氟氧配合物在反应过程中起到重要的作用。下面，我们将讨论一些技术上很重要的含卤化物和氧化物的熔盐体系。

2.1.7.1 镁电解质中的氟氧配合物

氯化镁电解质的物化性质，像密度、电导率和黏度对镁电解过程的电流效率有重要的影响。反应产物 Mg 和 Cl_2 的可溶性，对获得高电流效率也有重要的影响。镁电解质和金属界面的性质受电解槽中氧化物的浓度的影响。

在现代镁生产的电解槽中，金属汇聚在熔体的表面，因此熔体的密度比金属的密度大。因此在 $MgCl_2$ 电解质中通常加入适量的 NaCl 和 KCl，有时候会加入一些 $CaCl_2$ 或 $BaCl_2$。一些氧化物杂质和 $MgCl_2$ 一起也会被加入到熔体中形成 MgO。在卤化物熔体中 MgO 的低可溶性使得 Mg^{2+}-O^{2-} 之间的相互作用力很大。这表明在含有氧化物杂质的 $MgCl_2$ 的碱金属氯化盐中形成了 Mg-O-Cl 配位体。然而，对于 Mg-O-Cl 配位体知道的还很少，这种配位体可能在熔体中形成，这可能会增加 MgO 的可溶性。

Combes 等人（1980）采用氧化钙稳定的氧化锆电极来确定在 1100K 时，在不同的 BaO 加入量下 O^{2-} 在 $MgCl_2$-NaCl-KCl 混合物中的浓度。他们得出在熔体中发生如下反应

$$2Mg^{2+}+O^{2-}\longrightarrow Mg_2O^{2+} \tag{2-57}$$

$$Mg_2O^{2+}+O^{2-}\longrightarrow 2MgO \tag{2-58}$$

1000K，MgO 在等摩尔量的 NaCl-KCl 系统中的溶解度是很低的。其他碱土金属氧化物在等摩尔量的 NaCl-KCl 中的溶解度也是很低的，但是它们比 MgO 的溶解度高，它们的溶解度排列是 MgO<CaO<SrO<BaO。然而，在碱土金属氟氯化物的熔盐中，相应氧化物的溶解度是非常大的。氧化物溶解度的不同表明了在碱金属氯化物和碱土金属氯化物熔体中氧化物的溶解机制是不同的。

Boghosian 等人（1991）研究了碱土金属氧化物在碱金属-碱土金属氯化物熔体和 NaCl-$MeCl_2$ 熔体中的溶解度。他们发现氧化物的溶解度很低，溶解度随着 $MeCl_2$ 浓度的增加而增加，同时随着碱土金属原子的数量的增加而增加。在碱土金属氯化物熔体中很低的氧化物溶解度可以由如下的反应解释（以 $MeCl_2$ 熔体为例）

$$MgCl_2(l,混合) + MeO(s) \Longrightarrow MeCl_2(l,混合) + MgO(s) \qquad (2-59)$$

对于这个反应，$\Delta_r G^{\ominus} \ll 0$，Me = Ca 和 Ba。

根据反应（2-60）观察到 MeO 溶解度的增加可能是生成配合氧化物所致

$$mMeCl_2(l) + nMeO(s) \Longrightarrow Me_{m+n}O_nCl_{2m}(l) \qquad (2-60)$$

发现在 NaCl-MeCl$_2$ 混合物中当 MeCl$_2$ 的摩尔分数是 25% 时，其中 Me = Mg、Ca、Sr、Ba 时，MeO 在 850℃ 时的溶解度是 $x(MgO) = 6 \times 10^{-5}$、$x(CaO) = 10^{-3} \sim 10^{-4}$、$x(SrO) = 0.039$。在 BaCl$_2$ 系统中，BaO/BaCl$_2$ 摩尔比在达到饱和时是 1。使用冰点测定法进一步证实了这些熔体中存在氯氧配合物。在 NaCl-MeCl$_2$ 二元熔体中当加入氧化物时，体系的初晶温度增加。模型计算和两个实验数据（溶解度和冰点测定值）表明 Me/O 比率随着配合物 Mg$_2$O、Ca$_3$O、Ca$_4$O、Sr$_3$O、Ba$_3$O、Ba$_4$O 的不同而不同。根据如下反应形成的中间配合物的平衡常数是很大的

$$(m+n)M^{2+} + nO^{2-} + 2m\,Cl^- \Longrightarrow M_{m+n}O_nCl_{2m} \qquad (2-61)$$

Mediaas 等人（1997）研究了在含有 MgCl$_2$ 的熔体中加入氟化物对 MgO 溶解度的影响。发现在 MgCl$_2$-MgF$_2$ 熔体中当温度为 840℃ 时，MgO 溶解度随着 MgF$_2$ 浓度呈线性增加。在 840℃ 纯的 MgCl$_2$ 熔体中 MgO 的溶解度是 $x_{sat}(MgO) = 0.0061$，而在摩尔分数为 60% MgCl$_2$ 和 40% MgF$_2$ 的混合物中的溶解度为 $x_{sat}(MgO) = 0.0109$。他们还研究了温度对 MgO 溶解度的影响。在 676 ~ 930℃ 温度范围内，纯 MgCl$_2$ 熔体的 $d\ln x_{sat}(MgO)/d(1/T)$ 等于 $-5200K$；而对于两种 MgCl$_2$-MgF$_2$ 混合物（其中一种 MgF$_2$ 摩尔分数为 0.1816，另一种 MgF$_2$ 摩尔分数为 0.2016）而言，它们的 $d\ln x_{sat}(MgO)/d(1/T)$ 等于 $-4200K$。在 MgCl$_2$-NaCl-NaF 三元系统中，开展了三种不同氧化物溶解度实验：

（1）在 850℃ 时，向 MgO 饱和的 MgCl$_2$-NaCl 混合物中加入 NaF 和 MgCl$_2$，此时 $x(MgCl_2) = 0.63$。MgO 的溶解度随着 NaF 含量的增加而增加，直到达到 $x(NaF) \approx 0.08$，之后会保持不变，一直到 $x(NaF) = 0.20$。

（2）在 850℃ 时，向 MgO 达到饱和的 MgCl$_2$-NaCl 混合物中加入 NaF。最初的 MgCl$_2$ 浓度为 $x(MgCl_2) = 0.63$。NaF 摩尔分数小于 8% 时，MgO 的溶解度一直随氟化钠的增加而增加。进一步加入 NaF，当 $x(NaF) = 0.18$ 时，MgO 的溶解度减少。

（3）研究了一种成分接近于镁电解质的熔体。MgCl$_2$ 摩尔分数保持在 $x(MgCl_2) = 0.10$，温度为 900℃，在 $x(NaF) \leq 0.06$ 范围内观察不到 MgO 的溶解度。

一种合理的热力学模型被用来解释 MgCl$_2$-NaCl-NaF 三元体系中氟化物浓度对 MgO 溶解度的影响。有两个活度模型用来计算 MgCl$_2$ 和 MgF$_2$ 的活度，并用来解释 Mg-O-Cl（F）配合离子在熔体中的形成机理，然而这些研究似乎太简单了，无法合理解释 MgO 在复杂熔体中的溶解度。

在生产 Mg 的电解质中 MgO 的溶解度非常低（在 10^{-6} 数量级上）。和 MgCl$_2$ 一起，BaO 也被引入到生产 Mg 的电解质中。即使 BaO 在 NaCl-BaCl$_2$ 熔体中很容易溶解，但是它在含有 MgCl$_2$ 的熔体中的溶解度是很小的，因为 BaO(s) 和 MgCl$_2$(l) 反应生成了 BaCl$_2$(l) 和 MgO(s)。

2.1.7.2 冰晶石-氧化铝熔体中的铝氧氟配合物

冰晶石-氧化铝熔体是生产铝的最重要的电解质。氧化铝溶于以冰晶石为基的熔体中作为铝的来源。在铝电解生产中电解质的组成是一个很重要的技术参数。电解质最优组成

的技术指标主要关注的是氧化铝和氟化铝的量，这些都与生产操作者有关，并关乎能否达到最大电流效率。Na_3AlF_6- Al_2O_3 熔盐系统是生产铝的基础电解质。Chin 和 Hollingshead（1966）研究的冰晶石-氧化铝系统的相图被大部分人所接受。

在将近半个世纪对 Na_3AlF_6- Al_2O_3 体系熔盐结构的研究中，关于含氧离子的结构给出了众多提议。Grjotheim 等人（1982）对此作了详细的综述。然而，在最近的二十年里普遍被大家接受的是在熔体中可能形成了铝氧氟配合阴离子。Dewing（1974）指出氧化铝在生成 $AlOF_x^{1-x}$ 阴离子的过程中溶解得非常快，同时 Førland 和 Ratkje（1973），Ratkje 和 Førland（1976）根据冰点测定法在熔体中提出如下反应

$$Al_2OF_x^{4-x} \Longrightarrow AlOF_y^{1-y} + AlF_{x-y}^{(3-x-y)} \tag{2-62}$$

x 的可能值为 6 或者 8，y 的可能值为 2，这表明 $AlF_{x-y}^{(3-x-y)}$ 可能是 AlF_6^{3-} 或 AlF_4^-，这在无氧化物冰晶石熔体中是最重要的阴离子。

Gilbert 等人（1976，1995）采用拉曼光谱法开展的最新研究表明在阴离子中存在 Al—O—Al 键桥，最有可能是以下结构：

$$
\begin{array}{c}
F \quad\quad O \quad\quad F \\
\diagdown \quad \diagup \diagdown \quad \diagup \\
Al \quad\quad\quad Al \\
\diagup \quad \diagdown \diagup \quad \diagdown \\
F \quad\quad O \quad\quad F
\end{array}
\quad 和/或 \quad
\begin{array}{c}
F \quad\quad\quad F \\
| \quad\quad\quad\quad | \\
F—Al—O—Al—F \\
| \quad\quad\quad\quad | \\
F \quad\quad\quad F
\end{array}
$$

表明熔体中这些结构来自于溶解的氧化铝与 AlF_6^{3-} 的反应。

Julsrud（1979）根据冰点测定法、热量测定，以及考虑到 $Al_2OF_6^{2-}$、$Al_2OF_8^{4-}$、$Al_2OF_{10}^{6-}$、$Al_2O_2F_4^{2-}$ 和 $Al_2O_2F_6^{4-}$ 等结构可能存在于氧化铝饱和熔体中，为冰晶石-氧化铝熔体提出了一个热力学模型。

Sterten（1980）根据 NaF 和 AlF_3 活度的实验建立了一个氧化铝饱和的冰晶石熔体的模型。他发现在这些熔体中最可能出现的结构体是 $Al_2OF_x^{4-x}$ 和 $Al_2O_2F_x^{2-x}$。$AlOF_x^{1-x}$ 的重要性比较小。他指出在最碱性的熔体中，即 $CR>5$，$Al_2O_2F_4^{2-}$ 和 $Al_2O_2F_6^{4-}$ 配合物占优势，在酸性熔体中 $CR<3$，$Al_2OF_6^{2-}$ 和 $Al_2O_2F_4^{2-}$ 配合物占优势。

Kvande（1980，1986）指出在冰晶石体系中当氧化铝的含量很少时 $Al_2OF_8^{4-}$ 是主要的氟氧铝配合离子。他进一步指出当 NaF–AlF_3 熔体的成分与 Na_3AlF_6 一致时，氧化铝的溶解度达到最大值。根据这些，他给出了一个合理的假设，根据如下反应，当氧化铝溶解时与 AlF_6^{3-} 阴离子的反应占主要作用

$$Al_2O_3 + 4AlF_6^{3-} \Longrightarrow 3Al_2OF_6^{2-} + 6F^- \tag{2-63}$$

$$Al_2O_3 + 4AlF_6^{3-} \Longrightarrow 3Al_2OF_8^{4-} \tag{2-64}$$

$$Al_2O_3 + AlF_6^{3-} \Longrightarrow \frac{3}{2}Al_2O_2F_4^{2-} \tag{2-65}$$

氧化铝和 F^- 的反应几乎不可能，这是由于氧化铝的溶解度在纯的 NaF 中是很低的。

邱竹贤和谢刚（1989）使用了 Monte Carlo 法模拟了冰晶石熔体在 1010℃时加入氧化铝后生成的铝氧氟配合离子结构。结果表明在熔体中形成了 $AlOF_x^{1-x}(x=2\sim5)$、$Al_2OF_6^{2-}$、$Al_2OF_{10}^{6-}$。他们还指出在 Al_2O_3 摩尔分数达到 9% 时，熔体中可能出现 $Al_2O_2F_4^{2-}$ 阴离子。

Bache 和 Ystenes（1989）采用红外光谱和 X 射线粉末衍射分析，目的是想定量地得到淬冷态结构或者非淬冷相结构，熔体的组成为等摩尔冰晶石和亚冰晶石混合物，添加了

10%的 Al_2O_3。红外光谱分析表明，混合物熔体的淬冷相检测到三条新带，其位置分别是 $530cm^{-1}$、$870cm^{-1}$ 和 $1170cm^{-1}$，它们既不属于冰晶石又不属于亚冰晶石。混合物熔体的淬冷态样品的 X 射线衍射分析表明，仅仅出现了一个新峰，这个峰既不属于冰晶石也不属于亚冰晶石。对于非淬冷样品，α- Al_2O_3 所有的主要峰都能看到。

Robert 等人（1993）根据拉曼光谱的研究给出了一个新的研究铝氧氟配合离子性质的方法。Robert 等人的拉曼光谱研究并没有确定在熔体中存在非桥键的 Al—O 键。在熔体中仅仅存在 Al—O—Al 桥式键，形成 $Al_2OF_x^{4-x}$ 和 $Al_2O_2F_x^{2-x}$ 配合离子。

Gilbert 等人（1995）采用拉曼光谱和蒸气压法证实了如上的研究结果。在低的 Al_2O_3 浓度下，他们根据拉曼光谱发现了一个新的带，其位置在 $450cm^{-1}$ 处。将其描述为在碱性区域内（$CR>3$）下形成的 $Al_2OF_8^{4-}$，后者是存在于中性（$CR=3$）和酸性（$CR<3$）下的 $Al_2OF_6^{2-}$ 阴离子。随着 Al_2O_3 浓度的增长，$510\sim515$ cm^{-1} 位置的强度急剧地增长，该位置的离子为 $Al_2O_2F_4^{2-}$。根据冰晶石的新的分解机制，AlF_5^{2-} 阴离子被认为是冰晶石熔体中含量最高的结构体。因此提出了一个新的冰晶石中 Al_2O_3 的溶解机制

$$Al_2O_3+4AlF_5^{2-}+4F^-\Longrightarrow 3Al_2OF_6^{2-}+6F^- \tag{2-66}$$

$$Al_2O_3+4AlF_5^{2-}+4F^-\Longrightarrow 3Al_2OF_8^{4-} \tag{2-67}$$

$$Al_2O_3+AlF_5^{2-}+F^-\Longrightarrow \frac{3}{2}Al_2O_2F_4^{2-} \tag{2-68}$$

Picard 等人（1996）一直从事对铝氧氟配合离子的稳定性的计算。对于这些阴离子，他们在红外线区计算了振动频率和带的强度。他们的计算表明最稳定的阴离子是 $AlOF_2^-$。在所有的 $Al_2OF_x^{4-x}$ 种类中，最稳定的似乎是 $Al_2OF_6^{2-}$ 和 $Al_2O_2F_x^{2-x}$ 种类，这些中稳定性最高的是 $x=2\sim6$ 之间的物质。根据拉曼光谱振动频率与带强度的计算，Gilbert 等人（1976）认为拉曼谱图中出现在 $460cm^{-1}$ 和 $185cm^{-1}$ 处的峰分别对应于 $Al_2OF_x^{4-x}$ 和 $Al_2O_2F_x^{2-x}$ 配合离子。而在 $530cm^{-1}$ 和 $310cm^{-1}$ 处的峰只能归属于 $Al_2O_2F_x^{2-x}$ 配合离子。

Robert 等人（1997a）对冰晶石体系进行了拉曼光谱研究、蒸气压研究、氧化铝的溶解度研究，主要是为了阐明 NaF- AlF_3- Al_2O_3 体系的结构。根据所获得的数据，他们提出当氧化铝浓度很低时，首先形成 $Al_2OF_6^{2-}$ 和 $Al_2OF_8^{4-}$ 阴离子。随着氧化铝的浓度的增加，$Al_2O_2F_4^{2-}$ 阴离子形成，但是进一步加入 Al_2O_3，$Al_2O_2F_4^{2-}$ 带的强度降低。这可以解释成形成了另一个结构类似的阴离子，但是它的化学键强度减弱。

Diep（1998）最近研究了 Al_2O_3 在 NaF- AlF_3 熔体中的溶解度，结果表明氧化铝达到饱和时熔体中有铝氧氟配合离子形成。为了解释在 $CR=3$ 时存在最大的氧化铝溶解度，它引入了一个新的结构体 $Al_3O_3F_6^{3-}$，它是由氧原子连接的三个 $AlO_2F_2^-$ 四面体构成。热力学计算表明只有熔体中存在这些含氧的化合物 $Na_2Al_2OF_6$、$Na_6Al_2OF_{10}$、$Na_2Al_2O_2F_4$、$Na_3Al_3O_3F_6$，才能解释 NaF- AlF_3- Al_2O_3 三元体系中氧化铝的溶解度极限。他发现当这些化合物在氧化铝达到饱和时存在于熔体中，熔体的行为接近于理想行为。

因此有理由相信在 Al_2O_3 浓度很小时，$Al_2OF_6^{2-}$ 占主导地位，当 Al_2O_3 浓度很大时，$Al_2O_2F_4^{2-}$ 结构占优势。两个结构体根据如下反应形成

$$4Na_3AlF_6+Al_2O_3\Longrightarrow 3Na_2Al_2OF_6+6NaF \tag{2-69}$$

式（2-69）是低氧化物浓度情形的反应，在高氧化铝浓度下的反应为

$$2Na_3AlF_6 + 2Al_2O_3 \Longrightarrow 3Na_2Al_2O_2F_4 \tag{2-70}$$

Daněk 等人（2000b）采用碳热还原法直接测定 MF-AlF_3-Al_2O_3（M=Li，Na，K）体系中的氧，考察了分子比和氧化铝含量对其的影响。在 MF-AlF_3 体系中，用 5~7 步相继地加入氧化铝，使得加入的氧化铝的摩尔分数由 0% 到超过溶解度，在惰性气氛下加热到 1000℃。样品的氧化物分析采用 LECO TC-436 氮/氧分析仪进行分析。在 LECO 分析仪测量过程中，样品和碳粉末混合在一起，在石墨坩埚中短时间内以稳定的速率加热到 2900℃。样品中的氧在一定的温度下和碳粉发生反应，形成 LECO 特征曲线，显示出实际含氧量与温度的关系。在这条曲线上，几个峰对应于铝氧氟配合物的分解峰。样品中碳和氧发生反应的开始温度与氧在化合物中结合的能量有关，也就是某个化合物的吉布斯生成自由能。图 2-23 给出了 NaF-AlF_3-Al_2O_3 系统在 1000℃ 和分子比 $CR=4$ 的 LECO 曲线。LiF-AlF_3-Al_2O_3 和 KF-AlF_3-Al_2O_3 系统的 LECO 曲线与此相似。

在 LECO 曲线上可以观察到两个显著的峰。从能量的角度看，双氧桥键更稳定，与简单的 Al—O—Al 桥键相比，需要更高的温度才可以分解。因此，在低温下容易分解的含氧结构是两个铝原子之间通过一个氧原子链接的结构，而在高温下分解的含氧结构是由两个铝原子连接到双氧桥键构成的。这种假设在综合分析了 $Na_2Al_2O_2F_4$ 化合物之后得到了证实。该化合物的 LECO 曲线上唯一的峰与 NaF-AlF_3-Al_2O_3 系统的 LECO 曲线上的第二个峰出现在同一个温度下（见图 2-23）。因此得到结论这个峰的形成是由 $Al_2O_2F_4^{2-}$ 配合阴离子所致的。

计算的铝氧氟配合物中氧含量是熔体中溶解的那部分氧化铝，可利用含氧结构体的相应峰面积来计算。图 2-24~图 2-26 分别给出了 LiF-AlF_3-Al_2O_3、NaF-AlF_3-Al_2O_3（$CR=3$）和 KF-AlF_3-Al_2O_3（$CR=3$）的铝氧氟配合离子的分布图。来自于 LECO 的数据，在图中由空心符号表示，Robert 等人（1997a）经过拉曼分析得到的结果由实心符号表示。这两种不同的方法给出的铝氧氟配合离子的变化趋势是一致的，它在熔体中的浓度随着 Al_2O_3 含量的增加而增大。

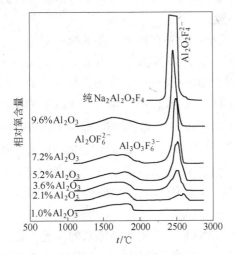

图 2-23　冰晶石比率 $CR=4$ 的 NaF-AlF_3-Al_2O_3
系统中获得的 LECO 曲线

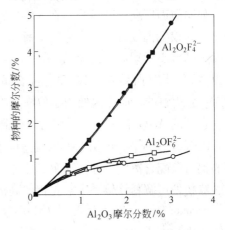

图 2-24　在 LiF-AlF_3-Al_2O_3
熔体中不同 CR 下的配合离子的分布图

○，●—$CR=1.2$；△，▲—$CR=2$；□，■—$CR=3$

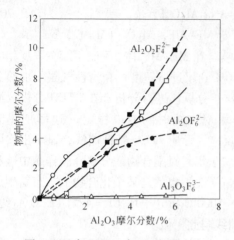

图 2-25   在 $CR=3$ 时 NaF- AlF₃ - Al₂O₃
熔体中配合离子的分布图

○，●—$Al_2OF_6^{2-}$；△—$Al_3O_3F_6^{3-}$；□，■—$Al_2O_2F_4^{2-}$

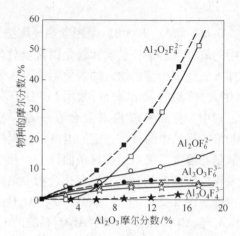

图 2-26   在 $CR=3$ 时 KF- AlF₃ - Al₂O₃
熔体中配合离子的分布图

○，●—$Al_2OF_6^{2-}$；△—$Al_3O_3F_6^{3-}$；□，■—$Al_2O_2F_4^{2-}$，
☆，★—$Al_3O_4F_4^{3-}$

在 LiF- AlF₃ - Al₂O₃ 系统中，存在少量的 $Al_2OF_6^{2-}$ 阴离子，在整个成分范围内 $Al_2O_2F_4^{2-}$ 阴离子占主导地位。物种的分布与 LiF/AlF₃ 摩尔比无关，显然是由氧化铝非常低的溶解度和熔体中大量的 LiF 和 AlF₃ 形成的铝氧氟配合物所致的。

在 NaF- AlF₃ - Al₂O₃ 熔体中，LECO 曲线第一个峰可认为是两个小峰的叠加，它们是由一个氧桥连接两个铝构成的。Daněk 等人（2000）指出在略低温度附近的肩形峰所对应的结构体为 $Al_2OF_6^{2-}$，在略高温度附近的肩形峰所对应的结构是 $Al_3O_3F_6^{3-}$。当 Al₂O₃ 的摩尔分数达到 2% 时，在熔体中没有发现其他的结构体。在低 Al₂O₃ 含量下 $Al_2O_2F_4^{2-}$ 就已经存在，在 Al₂O₃ 含量很高时，这些阴离子变得更显著。观察到的铝氧氟配合离子在 NaF- AlF₃ - Al₂O₃ 熔体中的分布和 Julsrud（1979）、Sterten（1980）、Kvande（1980、1986）、Robert 等人（1997）用不同的方法得到的结果一致。

如同前面所提到的系统，在 KF- AlF₃ - Al₂O₃ 系统中也存在两个主要的峰。对第一个峰而言，在较低温度处有一个肩峰，意味着有两种不同的铝氧氟配合物存在，它们是由一个氧原子结合多个铝原子构成的。第一个峰的小肩峰是由 $Al_2OF_6^{2-}$ 所致的，其主峰最有可能是由 $Al_3O_3F_6^{3-}$ 所致的。第二个峰在高温处也有一个小肩峰。第二个峰的主峰是由 $Al_2O_2F_4^{2-}$ 所致的，而高温处的小肩峰是由 $Al_3O_4F_4^{3-}$ 所致的。类似的在 NaF- AlF₃ - Al₂O₃ 熔体，在低的 Al₂O₃ 含量下，仅仅可以测到 $Al_2OF_6^{2-}$ 和 $Al_3O_3F_6^{3-}$。在某特定的 Al₂O₃ 含量下开始出现 $Al_2O_2F_4^{2-}$，然后它的浓度急剧增大，在高的 Al₂O₃ 浓度下，此配合离子成为了主要的铝氧氟配合离子。在高温下第二个小肩峰是由少量的 $Al_3O_4F_4^{3-}$ 所致的。在系统中存在这些物种可解释该体系中氧化铝的高溶解度。

Brooker 等人（2000）测量了 LiF- NaF- KF（FLINAK）三元共晶体系的拉曼光谱，在此体系中加入了一些 AlF₃（或 Na₃AlF₆）和 Na₂O。温度变化范围在 25～500℃。由于氧化铝在 FLINAK 中并不溶解所以选择 Na₂O 作为氧的来源。在温度为 500℃ 时当 Na₂O 加入到 FLINAK-5% AlF₃（或 Na₃AlF₆）中，会出现新的拉曼光谱带，强度随着 Na₂O 加入而增大，而分给 AlF_6^{3-} 的光谱带的强度（$v_1 \approx 540cm^{-1}$），（$v_2 \approx 326cm^{-1}$）将减少。新的带，尤其是在 $494cm^{-1}$ 处的强度很高的带，属于 $Al_2OF_6^{2-}$ 阴离子。研究者认为 $Al_2O_2F_4^{2-}$ 阴离子存在的可能性很小。研究者发现 $494cm^{-1}$ 处的带（温度 500℃）在温度较低时移至了 $509cm^{-1}$（温度 25℃）。对于其他的 $Al_2OF_6^{2-}$ 带有如上同样的机制。这表明温度对 $Al_2OF_6^{2-}$ 阴离子的稳定性有显著影响。

Lacasagne 等人（2002）采用激光加热实验装置在 1025℃ 对 ^{27}Al、^{23}Na、^{19}F 和 ^{17}O 进行原位核磁共振（NMR）来研究 NaF-AlF_3-Al_2O_3 熔体的结构。加入到冰晶石的氧化铝的摩尔分数在 0.6% ~ 8.2% 范围内。观察到 ^{27}Al 和 ^{17}O 化学位移，这给出了一个直接的证据证明在冰晶石-氧化铝熔体中存在两种不同的铝氧氟配合物。

Zhang 等人（2002，2003）在温度为 1300K，$3 \leqslant CR \leqslant 12.5$ 的范围内研究了氧化铝在中性和碱性冰晶石熔盐中的溶解度。他们使用热力学 Al 活度探针和 Na 活度探针，检测了在不同氧化铝的浓度下熔体的 NaF 和 AlF_3 的活度。从已有的溶解度数据和 Skybakmoen 等人（1997）的论文，计算了溶质的分布与氧化铝浓度的关系，电解质分子比的范围在 $1.5 \leqslant CR \leqslant 12.5$，并与文献进行了比较。该模型能够很好地描述实验测定的氧化铝的溶解度数据。研究者发现，在酸性熔体 $CR \approx 1.5$ 时，$Na_2Al_2OF_6$ 是最主要的溶解物。在熔体酸度减小的情况下，$Na_2Al_2O_2F_4$ 成为最主要的溶解物，而在碱性熔体中，$Na_4Al_2O_2F_6$ 是最主要的溶解物，并给出了这三个溶质的三维几何学图。

2.1.7.3 铌电解质中的氧氟配合物

对铌的熔盐电沉积而言，最重要的问题就是电解质中存在氧，因为消除熔体中的 O^{2-} 离子是很难的，尤其是在工业应用的情况下。以前认为出现的 O^{2-} 离子可以降低 Nb 涂层的质量或者是完全阻止生成 Nb 沉积层。因此大部分的实验研究集中在 O^{2-} 离子对 Nb 沉积层还原机理的影响和在熔体中形成铌氧氟配合离子。

尽管以前的电解质中不希望出现氧化物、氢氧化物、氯化物、溴化物和碘化物等杂质，之后却发现熔体中存在少量的氧化物可以提高电解过程的电流效率。Christensen 等人（1994）在 O/Nb 的摩尔比在 $1 < n_O/n_{Nb} < 0.5$ 范围内获得了最高的电流效率。

熔体中存在的氧导致熔体中形成了不同的铌氧氟配合离子。这表明在 FLINAK 熔体中当 n_O/n_{Nb} 小于 1 时会形成相对较纯的 Nb 沉积层。然而，Konstantinov 等人（1981）和 Khalidi 等人（1991）解释即使是少量的 O^{2-} 离子也能完全地改变 Nb 沉积的机理，这主要要依赖于熔体中形成的铌氧氟配合离子类型。

Daněk 等人（2000a）和 Boča 等人（2005）指出，在可以应用于铌电沉积的候选电解质体系中，最有前景的是 LiF-KF-K_2NbF_7 或 LiF-NaF-K_2NbF_7 系统。从物化性质和光谱学测量可知，在系统中形成 $[NbF_8]^{3-}$ 阴离子是这些体系的一般特征。然而，这明显地导致了对称性的增强，使得 C_{2v} 局部结构的 $[NbF_7]^{2-}$ 阴离子转变成 D_{4h} 局部结构的 $[NbF_8]^{3-}$ 阴离子，因此不能促进铌的电沉积。

当熔体中存在氧离子时，根据如下反应形成铌氧氟配合离子 $[NbOF_5]^{2-}$

$$[NbF_7]^{2-} + O^{2-} = [NbOF_5]^{2-} + 2F^- \tag{2-71}$$

当熔体中的氧浓度很低时，$[NbF_7]^{2-}$ 阴离子的配位层的中心被氧取代，形成了一个结构对称性更低的铌氧氟配合离子 $[NbOF_5]^{2-}$，其具有 C_{4v} 型局部结构。

随着 O^{2-} 含量的增加和熔体中存在的自由氧化物离子，$[NbOF_5]^{2-}$ 离子根据如下反应转变成 $[NbO_2F]^-$

$$[NbOF_5]^{2-} + O^{2-} + e^- \xrightleftharpoons \quad [NbO_2F]^- + 4F^- \qquad (2-72)$$

尽管氧离子的浓度很低，它们和 $[NbO_2F]^-$ 共存于熔体中。

Van 等人（1999a，1999b，2000）采用伏安法测定了 K_2NbF_7 的吉布斯生成自由能，采用红外光谱测量是为了弄清楚在高的金属氧化态下形成的配合物的结构。图 2-27 是在 750℃时 LiF-NaF-K_2NbF_7 体系的循环伏安图，初始的 Nb（V）浓度是 166.46mol/cm³，扫描速度为 0.36V/s。可以观察到三个还原峰。第一个峰 R_1 在 -0.24V 处，紧接着在 -0.87V 处出现一个尖峰 R_2，然后在 -1.15V 处是个驼峰 R_3。在正电位扫描方向，发生两步氧化，O_{x2} 在 -0.83V 和 O_{x1} 在 -0.25V。第三个还原峰 R_3 是由 $[NbOF_5]^{2-}$ 复合阴离子存在所致的，它是向熔体中加入氧离子生成的，随后 $[NbOF_5]^{2-}$ 在比 Nb（IV）低的 100mV 的电位下被一步还原。

铌氧氟配合离子的特征振动区域在 1000～400cm⁻¹ 范围内。图 2-28 给出了将 K_2NbF_7 溶入等物质的量的 LiF-KF 熔体中测得的红外光谱分析图，铌的浓度是 $c(Nb)$ = 570mol/m³，温度 700℃，n_O/n_{Nb} 比率可变。在 n_O/n_{Nb} = 0.2 的样品的红外光谱图谱中，在 926cm⁻¹ 处有一个窄带，这是由 $[NbOF_5]^{2-}$ 离子中 Nb=O 之间的弹力振动所致的（图 2-28a）。在 738cm⁻¹ 处的吸收带对应于氧—铌桥式键的振动。由于 $[NbOF_5]^{2-}$ 和 $[NbF_7]^{2-}$ 配合离子中 Nb-F 键的叠加振动导致在 550cm⁻¹ 带附近出现了一个很宽大的带。随着氧化物添加量的增加直至比率 n_O/n_{Nb} = 1，带的强度显著降低，在 918cm⁻¹ 处的 Nb=O 带的位置发生偏移。这表明熔体中存在 $[NbOF_6]^{3-}$（图 2-28b）。此外，在 875cm⁻¹ 和 804cm⁻¹ 处出现两个新的带，这是由双氧配合离子 O—Nb—O 的弹性振动所致的。

Nb—F 键偏移到 498cm⁻¹，此位置属于 $[NbO_2F_y]^{(y-1)-}$ 离子。光谱图中，在 920cm⁻¹ 附近没有发现对应于 n_O/n_{Nb} = 1.5 的 Nb=O 带，这说明熔体中没有 Nb=O 双键离子存在或者其含量可以忽略不计（图 2-28c）。在 878cm⁻¹、807cm⁻¹ 和 495cm⁻¹ 处的吸收峰与双氧氟配合离子 $[NbO_2F_y]^{(y-1)-}$ 中 O—Nb—O 和 Nb—F 的弹性振动一致。

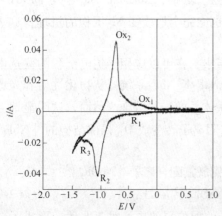

图 2-27　在 750℃下对 LiF-NaF-K_2NbF_7
系统进行循环伏安测定

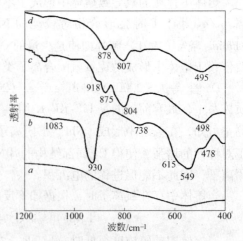

图 2-28　不同浓度 K_2NbF_7 的 LiF-NaF
淬冷熔体的红外光谱分析

红外光谱测量表明在熔体中随着氧化物含量的增加 $[NbF_7]^{2-}$ 由 $[NbOF_x]^{(x-3)-}$ 转变到 $[Nb(V)O_2F_y]^{(y-1)-}$。配位体交换反应可以描述如下

$$[NbF_7]^{2-} + O^{2-} \longrightarrow [NbOF_x]^{(x-3)-} + (7-x)F^- \tag{2-73}$$

$$[NbOF_x]^{(x-3)-} + O^{2-} \longrightarrow [NbO_2F_y]^{(y-1)-} + (x-y)F^- \tag{2-74}$$

式中，根据 Pausewang 和 Rudorf（1969）、Von Barner 等人（1991）的文章，x 可以是 5 和 6，y 可能的值是 2、3 或 4。

在 $[NbF_7]^{2-}$ 阴离子中后续的配位体被氧取代的反应，以及形成的氧氟配合物可以由如下的机理描述

$$NbF_7^{2-} + xO^{2-} \longrightarrow NbOF_x^{(x-3)-} + xO^{2-} \longrightarrow NbO_2F_x^{(x-1)-} \tag{2-75}$$

第一步发生在 $n_O/n_{Nb} < 0.7$，形成了 C_{4v} 局部结构的 $[NbOF_5]^{2-}$ 阴离子，这降低了结构的局部对称性，促进了铌电沉积反应发生。在这样的情况下，将可以找到适合电沉积的理想实验条件。然而，在 $n_O/n_{Nb} > 1$ 时，铌沉积物不纯，还包含钾-铌相和铌氧化物固溶体，还有可能形成非金属沉积物。

Fordyce 和 Baum（1966）测量了 KF-LiF 熔盐中 K_2NbF_7 固体的红外光谱和 Nb（V）的光谱。光谱显示出 NbF_7^{2-} 离子的特征峰。固体 K_2NbF_7 的光谱中显示出不连续 NbF_7^{2-} 离子，该离子是 C_{2v} 对称的。Keller（1963）认为这个盐的拉曼光谱分析在 $388cm^{-1}$、$630cm^{-1}$、$782cm^{-1}$ 处会出现峰值。与此相反，固体 $CsNbF_6$ 包含八面体 NbF_6^-，拉曼光谱带出现在 $280cm^{-1}$、$562cm^{-1}$、$683cm^{-1}$。

根据 Pausewang 和 Rudorf（1969），还存在 $Alk_3(NbO_2F_4)$（$Alk = Na$、K、Rb）这种类型的固体双氧氟化物。$(NbO_2F_4)^{3-}$ 离子的配位基有六个配位体，每个配位体含有两个氧原子，呈 C_{2v} 对称。

Von Barner（1991）根据氧化物的含量研究了在 LiF-NaF-KF（FLINAK）共晶体系中 Nb（V）氟配合物和氧氟配合物的生成机理。根据对熔体拉曼光谱的分析和熔体冷凝物的红外光谱测量，讨论了配合物的结构。

对 LiF-NaF-KF-K_2NbF_7 体系在 650℃ 时进行拉曼光谱研究表明熔体中存在 NbF_7^{2-} 离子，振动频率在 $626cm^{-1}$（p）、$371cm^{-1}$（dp）、$290cm^{-1}$（dp）。NbF_7^{2-} 离子存在 C_{2v} 对称性，正如 Hoard（1939）提出的在固体 K_2NbF_7 中存在的情形。

根据氧和铌的比率值，在 LiF-NaF-KF 熔体中至少存在四种不同物种。在 $0 < O^{2-}/Nb$（V）的摩尔比 <1 范围内，在氧/铌的比率接近 2 时，$NbOF_n^{(n-3)-}$ 的振动频率可在 $921cm^{-1}$（p）、$583cm^{-1}$（p）和 $307cm^{-1}$（dp）观察到。

当向熔体中加入氧化物时，会形成 $NbOF_n^{(n-3)-}$ 配合物。n 的值最有可能是 5，即 $NbOF_5^{2-}$ 配合离子。凝固熔体的红外光谱测量表明在这种配合物中存在铌-氧双键。振动频率和 $NbOF_5^{2-}$ 的一致，具有 C_{4v} 对称性。

高的氧/铌比率下生成的结构体还不可知，但他们的铌/氧比例似乎是 1/2（也就是 $[NbO_2F_n^{(n-1)-}]_n$）。熔体的拉曼光谱在 $878cm^{-1}$ 和 $815cm^{-1}$ 处出现峰，凝固熔体的红外光谱分析中，振动频率出现在 $879cm^{-1}$ 和 $809cm^{-1}$ 处，这是由于存在 NbO_2 所导致的弹性振动。振动光谱（熔体的拉曼光谱和凝固熔体的红外光谱）与形成具有 C_{2v} 对称性的 $NbO_2F_4^{3-}$ 离子相一致。

当熔体中氧化物的含量达到饱和，熔体中可能存在 $[NbO_3F_n]^{(1+n)-}$ 结构。此时，在这个熔体中还可能产生一些聚合物，McConnell 等人（1976）观察到由于畸变的 NbO_6 八面体在边缘处产生典型的振动频率。依靠计算机程序，对三种物质进行拉曼光谱研究表明它们分别为 NbF_7^{2-}、$NbOF_5^{2-}$、$NbO_2F_4^{3-}$。

2.1.7.4　包含氧化硼和/或氧化钛的碱金属氟化物熔盐

在所有的含有氧化硼的碱金属氟化物系统中，LiF-KF-B_2O_3-TiO_2 被认为是电化学合成二硼化钛的最好的电解质，尤其是需要制备在熔体中能够良好分散的粉末时。采用这些电解质的动机是避免使用昂贵的硼源和钛源，例如氟硼酸钾和氟钛酸钾，而且引入了过剩的氟化钾。此外，包含氧化硼的碱金属卤化物的体系在技术上是很重要的，因为它们在金属和其他含金属物质的表面渗硼时可以作为很好的电解质。

LiF-KF-B_2O_3-TiO_2 系统是 Li^+、K^+、B^{3+}、Ti^{4+}//F^-、O^{2-} 互相作用的五元系统中相当复杂的子系统，在此系统中发现了很多种化合物。然而对于 LiF-KF-B_2O_3-TiO_2 系统的相平衡已经得到研究，但是这些研究结果并不能令人满意。下面是此系统的相平衡的研究。

Berul 和 Nikonova（1966）、Chrenková 和 Daněk（1992a）研究了二元 LiF-B_2O_3 系统，特别是在 LiF 浓度很高的范围。这个系统是互相作用的三元 Li^+、B^{3+}//F^-、O^{2-} 系统的一部分，根据复分解反应得到的吉布斯自由能反应式如下

$$6LiF(1) + B_2O_3(1) = 3Li_2O(1) + 2BF_3(g) \qquad \Delta_r G_{1200K}^{\ominus} = 609.6 \text{kJ/mol} \quad (2\text{-}76)$$

LiF-B_2O_3 是三元相互作用系统的稳定对角。Berul 和 Nikonova（1966）研究了此系统的相图，B_2O_3 摩尔分数最高达 55%。根据这个资料，这个系统在熔化温度为 840℃时将形成 $LiF \cdot B_2O_3$ 同分熔融化合物。在 B_2O_3 的摩尔分数为 5%～23%，温度为 835℃时液相线与轴线平行，这可能是由在液体状态下存在不混溶性物质所致的。

根据 Daněk 和 Chrenková（1992a），B_2O_3 摩尔在 5%～23% 范围内出现了一个混溶区，其偏晶温度为 836℃。在接近 B_2O_3 摩尔分数 14% 时出现了较高的会溶温度 862℃。Daněk 和 Chrenková（1992a）研究了 LiF-B_2O_3 的部分相图，如图 2-29 所示。

在三元交互体系 Li^+、B^{3+}//F^-、O^{2-} 中可能存在如下化学反应

$$6LiF(1) + 4B_2O_3(1) = 6LiBO_2(1) + 2BF_3(g) \qquad \Delta_r G_{1200K}^{\ominus} = 38.02 \text{kJ/mol} \quad (2\text{-}77)$$

$$8LiF(1) + 4B_2O_3(1) = 6LiBO_2(1) + 2LiBF_4(g) \qquad \Delta_r G_{1200K}^{\ominus} = 432.9 \text{kJ/mol} \quad (2\text{-}78)$$

$$6LiF(1) + 7B_2O_3(1) = 3Li_2B_4O_7(1) + 2BF_3(g) \qquad \Delta_r G_{1200K}^{\ominus} = -9.23 \text{kJ/mol} \quad (2\text{-}79)$$

$$8LiF(1) + 7B_2O_3(1) = 3Li_2B_4O_7(1) + 2LiBF_4(g) \qquad \Delta_r G_{1200K}^{\ominus} = 385.7 \text{kJ/mol} \quad (2\text{-}80)$$

从反应的吉布斯自由能的值可以看出平衡反应（2-78）和平衡反应（2-80）向左移动，反应不发生。另外，根据吉布斯自由能的值，反应（2-77）和反应（2-79）是可以发生的，尤其是当 BF_3 从体系中逸出时这种反应更容易进行。

为了解释 LiF-B_2O_3 熔盐的结构，将淬冷的样品进行 X 射线粉末衍射分析和红外光谱分析。两种方法都未发现混合物中存在 $LiBF_4$。另外，在 B_2O_3 摩尔含量不超过 5% 时出现了 $LiBO_3$，在 B_2O_3 浓度达到更高时出现了 $Li_2B_4O_7$。在 LiF 熔体中 B_2O_3 浓度很稀时，会发生反应（2-77），而在 B_2O_3 含量更高时偏硼酸锂将聚合成浓缩的聚合离子。两种阴离子

F^-和$[B_4O_7]^{2-}$的排斥力导致在某一B_2O_3含量下形成一种不混溶的双液相区：一种液相为$Li_2B_4O_7$溶解度有限的LiF型熔体，另一种是B_2O_3型熔体。

根据推断LiF-B_2O_3是一个准二元系统。实际上，该系统是LiF-LiBO$_2$-B$_2O_3$系统的一个横截面投射到LiF-B_2O_3对角线上的投影。Berul和Nikonova（1966）提出LiF·B$_2O_3$这种同分熔融化合物有可能是此横截面上的唯一的高熔点物质。

Chrenková和Daněk（1992c）研究了LiF-B_2O_3系统的密度。在850℃时摩尔体积与成分的关系可以描述如下

$$V(\text{cm}^3/\text{mol}) = 14.365 + 21.573 x_{B_2O_3}$$

（2-81）

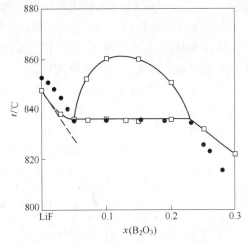

图2-29　LiF-B_2O_3系统的部分相图
●—Berul 和 Nikonova（1966）；
□—Daněk 和 Chrenková（1992a）；
实线 —计算值，且假定 $\alpha_{LiF} = x_{LiF}$

在无限稀溶液LiF中B_2O_3的偏摩尔体积$V_{B_2O_3} = 35.84 \text{cm}^3/\text{mol}$，这比在同温度下纯的$B_2O_3$的偏摩尔体积$V^0_{B_2O_3} = 44.78 \text{cm}^3/\text{mol}$低。这个体积收缩的原因是由反应（2-77）形成了偏硼酸锂和挥发性物质BF_3，BF_3从体系中逸出导致了体积的收缩。

在三元LiF-Li$_2$O-B$_2O_3$系统中，已经研究了伪二元体系LiF-LiBO$_2$相图。在这个体系中将形成三元同分熔融化合物$2LiF_3 \cdot LiBO_2$，其熔化温度为755℃。

Bergman和Nagornyi（1943）研究了B_2O_3摩尔含量最高达到65%时NaF-B_2O_3系统的相图，Makyta（1993）研究了NaF-B_2O_3系统的冰点测定。发现在这个系统中，存在偏硼酸钠、四硼酸钠和气体三氟化硼。

Nikonova和Berul（1967）研究了LiF-NaF-B_2O_3三元体系的相图，在此系统中没有发现三元化合物。

Chrenková和Daněk（1992b）、Patarák等人（1993）、Patarák（1995）研究了KF-B_2O_3体系中B_2O_3摩尔浓度最高达20%时的液相线。根据下面的复分解反应的吉布斯自由能

$$6KF(l) + B_2O_3(l) \Longrightarrow 3K_2O(s) + 2BF_3(g) \qquad \Delta G^\ominus_{1100K} = 940 \text{kJ}/\text{mol} \qquad (2\text{-}82)$$

KF-B_2O_3系统是三元相互作用系统K^+、B^{3+}//F^-、O^{2-}稳定的对角区。然而，在这个相互作用的三元系统中形成了一些化合物。根据对KF液相线的热力学分析，得到如下反应

$$8KF(l) + 7B_2O_3(l) \Longrightarrow 3K_2B_4O_7(l) + 2KBF_4(l) \qquad \Delta G^\ominus_{1200K} = -201.7 \text{kJ}/\text{mol}$$

（2-83）

在熔体中产生两种配合物$K_2B_4O_7$和KBF_4。对淬冷样品进行X射线粉末分析和红外光谱分析也证实了熔体中存在这两种化合物。真实液相线和理论液相线存在的正偏差可能是由硼酸盐结构进一步聚合所致的。

Makyta（1993）研究了B_2O_3在氟化钠和氟化钾中的冰点测定。他获得了实验液相线和理论液相线拟合度最好的反应如下

$$32KF(1) + 25B_2O_3(1) = 6KBO_2(1) + 9K_2B_4O_7(1) + 8KBF_4(1) \tag{2-84}$$

在对淬冷熔体进行 X 射线分析和红外光谱测量中证实存在最后两个化合物。在熔体中，随着 B_2O_3 浓度的增加 $K_2B_4O_7$ 优先形成。熔体中虽然存在偏硼酸盐，但是观察不到，这可能是因为它在熔体中的浓度太低。

Chrenková 和 Daněk（1992c）研究了 KF-B_2O_3 体系的密度。根据密度的研究知道在 B_2O_3 的摩尔分数达到 20% 时体系有最小的密度。在 1100K 时描述浓度-摩尔体积关系的二阶多项式如下

$$V(cm^3/mol) = 30.14 + 23.33x_{B_2O_3} - 47.23x_{B_2O_3}^2 \tag{2-85}$$

对式（2-82）的 $x_{B_2O_3}$ 求微分，并将其代入方程

$$V_{B_2O_3} = V + x_{KF}\left(\frac{\partial V}{\partial x_{B_2O_3}}\right) \tag{2-86}$$

我们得到温度为 1100K 时的 B_2O_3 分摩尔体积方程如下

$$V_{B_2O_3}(cm^3/mol) = 6.384 + 47.225x_{KF}^2 \tag{2-87}$$

正如方程所示，B_2O_3 在 1100K 时的偏摩尔体积的值为 $V_{B_2O_3} = 53.61cm^3/mol$。这个值实际上比纯 B_2O_3 的 $V_{B_2O_3} = 44.62cm^3/mol$ 值高，这表明熔体中形成了大的离子。Makyta（1993）、Chrenková 和 Daněk（1992b）通过测定淬冷熔体的 X 射线衍射和红外光谱，根据反应式（2-84）知熔体中形成了 $K_2B_4O_7$ 和 KBF_4。

Babushkina 等人（2000）通过红外光谱和 X 射线衍射分析研究了 KF-B_2O_3 体系中化合物的相互作用。他们测定了淬冷的熔体样品，研究样品的红外光谱波数列在表 2-8 中。从表 2-8 中可以看出，KF 摩尔分数在 15% 范围内时，样品的红外光谱与纯的 B_2O_3 一致。显然 KF 的添加实际上没有引起熔体结构的显著变化。在样品中 KF 的摩尔分数达到或超过 30% 时，出现了新的波数，这应该是由新结构体的振动模式所致的。向 B_2O_3 熔体中加入 KF，并不断增加 KF 的浓度，在熔体中会形成以硼氧环连接的扭曲四面体结构的氟氧硼酸盐，构成了具有三维网络结构的链状碎片。另外，KF 加入到 B_2O_3 熔体，对熔体的三维网络结构起到解聚作用，使得硼氧环分解形成较小的碎片。图 2-30 给出了 KF-B_2O_3 体系中可能存在的结构体。

表 2-8　KF-B_2O_3 系统淬冷样品的红外光谱波数及与每种结构体的对应

x_{KF}	$x_{B_2O_3}$	波数/cm^{-1}		
		硼氧环式的 $[BO_3]^{3-}$	$[BO_3F]^{4-}$ 和 $[BO_2F_2]^{3-}$ 变形四面体	—O— 桥
0.00	1.00			1250
0.05	0.95	700, 1450		1250
0.10	0.90	700, 1450		1250
0.15	0.85	700, 1450		1250
0.30	0.70	700, 1370	920, 1050	1230
0.50	0.50	710, 1350	950, 1100	1270
0.70	0.30	550, 750, 1330	900, 1050	1260
0.85	0.15	550, 730, 1340	900, 1050	1260
0.90	0.10	550, 730, 1330	900, 1050	1250
0.95	0.05	1350	850, 1050	1250
1.00	0.00		无	

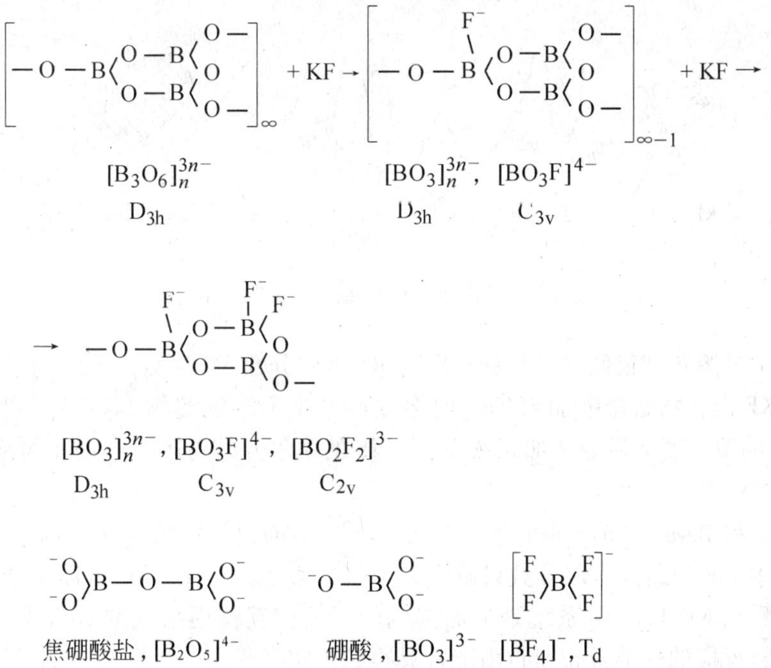

$[B_3O_6]_n^{3n-}$
$\mathrm{D_{3h}}$

$[BO_3]_n^{3n-}$, $[BO_3F]^{4-}$
$\mathrm{D_{3h}}$　　$\mathrm{C_{3v}}$

$[BO_3]_n^{3n-}$, $[BO_3F]^{4-}$, $[BO_2F_2]^{3-}$
$\mathrm{D_{3h}}$　　$\mathrm{C_{3v}}$　　$\mathrm{C_{2v}}$

焦硼酸盐, $[B_2O_5]^{4-}$　　　硼酸, $[BO_3]^{3-}$　　$[BF_4]^-$, $\mathrm{T_d}$

图 2-30　KF 添加对 B_2O_3 的三维网络结构的瓦解机制
和 KF- B_2O_3 熔体中可能存在的结构体

Maya（1977）提出，在 NaF- B_2O_3 系统中，NaF 摩尔分数在 70% 范围内会形成 $[BO_3F]^{4-}$ 四面体，其红外光谱的特征频率为 770cm^{-1} 和 1000cm^{-1}。然而，这些波带也可能是由形成其他结构体所致的，例如 BF_4^- 或 $[BO_nF_{4-n}]$。

根据 KF- B_2O_3 系统红外光谱，可以看到当熔体 B_2O_3 中的 KF 的摩尔分数超过 30% 时，所有的波带的强度都将增大，在 $n(KF)：n（B_2O_3）$ 的比率为 2：1 时达到最大值。在这个浓度下，每一个硼原子引入一个氟原子，这样在理论上使得硼的配位增加了 4 倍。然而，在混合物的这个比率下，可观察到氟化钾的衍射线，这表明存在硼和氟的结构才是可能的。

继续增加 B_2O_3 体系中 KF 的添加量（KF 摩尔分数大于 70%），红外光谱中没有观察到新的波带，也没有波带的消失，这说明在这个浓度范围内形成了稳定的氧氟硼酸盐结构体。

Chrenková 和 Daněk（1992b）研究了 B_2O_3 摩尔分数在 30% 范围内时 LiF- KF- B_2O_3 系统的相图。在 LiF 的初晶区域内存在一个液态混溶隙，其区域包括 LiF- B_2O_3 边界上 B_2O_3 摩尔分数为 5% ~ 23% 的范围到 KF 的摩尔分数最高达 12% 的范围。三元体系 LiF- KF- B_2O_3 组元之间的反应如下

$$2LiF(l)+4KF(l)+7B_2O_3(l) === Li_2B_4O_7(l)+2K_2B_4O_7(l)+2BF_3(g)$$

$$\Delta_r G^{\ominus}_{1200K} = -136.5 kJ/mol \tag{2-88}$$

这个系统的相图如图 2-31 所示。

Chrenková 和 Daněk（1992b）研究了 LiF- KF- B_2O_3 - TiO_2 体系的相图。由于氧化钛在碱

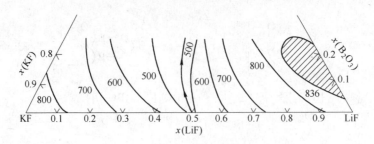

图 2-31　LiF-KF-B$_2$O$_3$系统相图的一部分

金属卤化物中的溶解度很低,所以只研究了 TiO$_2$摩尔分数 5% 横截面上的相平衡,因为当向 LiF 或 LiF-KF 混合物熔盐中加入 TiO$_2$时会立即产生不溶沉淀物 Li$_2$TiO$_3$。当熔体中存在 B$_2$O$_3$时 TiO$_2$的溶解度会显著增加。然而,当 LiF 的摩尔分数高达 50% 时不可避免地会出现 Li$_2$TiO$_2$沉淀物。

Nikonova 和 Berul(1967)研究了 Li$^+$、K$^+$//F$^-$、[TiO$_3$]$^{2-}$三元相互作用系统的相平衡。同时该系统中 LiF 的最高摩尔分数只研究到 40%,因为高于这个值,熔体中会出现 Li$_2$TiO$_3$沉淀。可以看出 KF-Li$_2$TiO$_3$系统是上面提到的三元相互作用系统的对角线。这个可以通过如下复分解反应的标准吉布斯自由能计算得到证实

$$2KF(l)+Li_2TiO_3(l) \Longrightarrow 2LiF(l) + K_2TiO_3(l) \qquad \Delta_r G^{\ominus}_{1200K} = 32kJ/mol \qquad (2-89)$$

Sigida 和 Belyaev(1957)、Belyaev 和 Sigida(1957)分别研究了钛酸盐和碱金属氟化物反应的 Li$^+$、Na$^+$//F$^-$、TiO$_3^{2-}$ 和 Li$^+$、K$^+$//F$^-$、TiO$_3^{2-}$三元相互作用系统。这些工作的结果表明 Li$_2$TiO$_3$在 NaF、KF、Na$_2$TiO$_3$和 K$_2$TiO$_3$中是可溶的,但是在 LiF 中是不可溶的。然而,在以 LiF 为基的系统中加入 Na$_2$TiO$_3$或 K$_2$TiO$_3$可能导致 Li$_2$TiO$_3$沉淀。

Sholokhovich(1955)研究了三元相互作用系统 Na$^+$、K$^+$//F$^-$、TiO$_3^{2-}$ 的相图。在这个系统中存在两个二元化合物 Na$_2$TiO$_3$·K$_2$TiO$_3$ 和(Na$_2$TiO$_3$)$_3$·2NaF。研究者认为这个三元相互作用系统的反应是不可逆的。

Makyta 和 Zatko(1993)采用冰点降低法研究了 M$_2$TiO$_3$(M=Li、Na、K)在 NaF 和 KF 熔盐的溶解以及它的离子结构。通过测定,在熔体中引入一个分子的碱金属钛酸盐,对含有相同阳离子的体系而言,产生的新微粒数量为 1;对相互作用系统而言,将产生 3 个新微粒。其溶解机理解释了 Li$_2$TiO$_3$在 NaF 和 KF 熔体中的溶解,和 LiF 作为熔剂时系统中存在沉淀物的原因。这个解释是基于比较下面反应的转变系数的计算值(α_{calc})和实验值(α_{exp})建立的

$$2MF + N_2TiO_3 \xrightarrow{\alpha} 2NF + M_2TiO_3 \qquad (2-90)$$

式中,α 是转变程度。反应(2-77)能够在稀释溶液发生,这个计算证实了这一假说。

(LiF-NaF-KF)$_{共晶}$-KBF$_4$-B$_2$O$_3$系统是(LiF-NaF-KF)$_{共晶}$-K$_2$TaF$_7$-KBF$_4$-B$_2$O$_3$-Ta$_2$O$_5$系统的一部分,Polyakova 等人(1998,1999)提出将此系统用作电化学制备二硼化钛的电解质。

Polyakova 等人(1998,1999)研究了 NaF-NaBF$_4$-B$_2$O$_3$和 KF-KBF$_4$-B$_2$O$_3$三元系统的相平衡。这两个系统是简单的共晶体系。然而,之后 Maya(1977)发现在 NaF-NaBF$_4$-B$_2$O$_3$中,当氧化物含量很低时形成了化合物 Na$_3$B$_3$O$_3$F$_6$。在混合物中 B$_2$O$_3$的摩尔含量达到

33.3%时，形成三元化合物 $Na_2B_3O_3F_5$。Andriiko 等人（1988）研究了三元系统 KF-KBF_4-B_2O_3中横截面 KF-$B_3O_3F_3$中 $B_3O_3F_3$摩尔分数达到 60%的体系。在这个体系中，$K_3B_3O_3F_6$是在 560℃由同分熔融化合物熔化形成的。von Baener 等人（1999）采用拉曼光谱分析和红外光谱分析研究了在氟化物溶剂中氧含量与形成的氧氟硼酸盐的关系。n_O/n_B的摩尔比为 0.4 时，在 BF_4配合物的平衡体系中形成了以 B—O—B 桥接的 $[B_2OF_6]^{2-}$离子。在样品中当氧化物和硼的摩尔比接近 1 时，将检测到 $B_3O_3F_6^{3-}$离子。B 和 O 交替形成一个非平面的含有 6 个原子的 B_3O_3环，每一个硼原子配位两个氟原子，形成了四面体结构。

Chrenková 等人（2003b）研究了（KF-LiF-NaF）$_{共晶}$-KBF_4-B_2O_3体系的密度、黏度、X 射线衍射分析、淬冷样品的红外光谱分析。通过研究可知二元 FLINAK-KBF_4体系中没有形成新的化合物。然而，BF_4^-离子的部分分解是由 Li^+阳离子极高的极化作用所致的。在 FLINAK-B_2O_3系统中，反应形成了四硼酸钾（$K_2B_4O_7$）、挥发的三氟化硼（BF_3）或形成四氟硼酸钾（KBF_4）。然而，最后一种化合物并没有在红外光谱图中观察到。

根据 Maya（1977）、Andriiko 等人（1988）、von Barner 等人（1999）的研究，在 FLINAK-KBF_4-B_2O_3三元体系中出现两种化合物。化合物 $K_3B_3O_3F_6$是在摩尔比 n_B/n_O≈1 时出现的，而化合物 $K_2B_2OF_6$是在摩尔比 n_B/n_O≥2 时出现的。Chrenková 等人（2001）同样也证实了 FLINAK-KBF_4-B_2O_3体系中存在的这两种化合物。这些证据来自于对样品的 X 射线衍射分析和红外光谱测定。图 2-32 是 Chrenková 等人（2001）采用红外光谱分析测定了在不同 n_B/n_O比率下的结果，并与纯的 $K_2B_2OF_6$ 和 $K_3B_3O_3F_6$化合物的结果进行了比较。从图 2-32 可以看出，在 n_B/n_O=1 时主要形成 $B_3O_3F_6^{3-}$ 阴离子，而在 n_B/n_O=3 时仅仅存在 $B_2OF_6^{2-}$ 离子，在 n_B/n_O=2 这两种离子均存在。

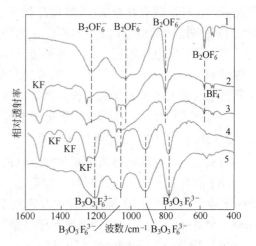

图 2-32 　（LiF-NaF-KF）$_{eut}$-KBF_4-B_2O_3
样品淬冷体系的红外光谱
1—$K_2B_2OF_6$；2—n_B/n_O=3；3—n_B/n_O=2；
4—n_B/n_O=1；5—$K_3B_3O_3F_6$

2.1.8　包含阶跃电子的系统

当同种原子在不同的氧化状态下时无机熔体中就会出现电子传导。这样的系统显示出随温度的变化电导性成指数增长，这主要是由类似扩散运动所致的，称之为阶跃机制。这种阶跃机制的特点是在升高温度的条件下出现低移动能力，电荷载体称之为小极化子。这种极化子的移动性要比半导体中的载体小得多。

在低温下，小极化子以布洛赫带方式运动，而在升高温度的条件下以热激发跳跃机制运动。Holstein（1959）、Friedman 和 Holstein（1964）在考虑温度的情况下根据理论计算发现小极化子在两种状态下运动的机制不同。在高温阶跃状态下，电导性是热激活的，它随着温度的增加而增加。正如 Naik 和 Tien（1978）所给出的，与温度有关的方程式如下：

$$\kappa(T) = \frac{\kappa_0}{T^{3/2}} \exp\left(-\frac{E_m}{kT}\right) \qquad (2\text{-}91)$$

式中，κ_0 为常数；E_m 为运动活化能；T 为热力学温度。在这种情况下，电荷载体在一个特定的位置上，例如在一个阳离子上，它的运动受电场的影响是不连续的，从一个位置跳到另一个位置，在超过 500℃ 时才会发生这种阶跃机制。

在无机熔盐中，自由电子的存在导致阶跃的产生，这也为熔盐的电导率做了贡献。在熔盐中存在的自由电子是来自于熔盐本身的，当同种类的阳离子存在两种氧化态时，两个离子之间会产生电子阶跃。局部存在的这种结构体，即电子和其原子的移位，可用小极化子表示，此极化运动性低，用扩散理论可以很容易解释这一现象。对于这个现象可以举例，如金属-金属卤化物系统和 CuCl-CuCl$_2$ 系统。上述的电荷传输机理是 Rice（1961）和 Raleigh（1963）提出的，主要是为了解释 Bi-BiCl$_3$ 系统中随着金属含量的增加，电导性成指数增加的原因。在这种情况下电子的阶跃是在 Bi$^+$ 和 Bi^{3+} 离子之间产生的。

Rice（1961）和 Raleigh（1963）假设在低的氧化状态下电子的浓度与阳离子的浓度成比例。这样的假设在金属-金属卤化物系统中，当金属卤化物的浓度很高时是相当符合的（当金属是微量组分时）。然而，在两种阳离子浓度可比的系统中有些时候就有所不同。当电子的给电体附近有一个电子接受体时就会发生电子阶跃。这种存在的电子接受体可能是 $x(Me^{x+}) \cdot x(Me^{(x+1)+})$。随着温度变化电导率呈指数增长是由于在低的氧化状态下阳离子的浓度随着温度的增长而增加，结果使得离子的阶跃能力增加。

下面章节将介绍一些熔体中的电子电导率。

2.1.8.1   金属-金属卤化物体系

自从戴维观察到碱金属氢氧化物电解过程中阴极附近的彩色熔体之后，金属-金属卤化物体系的性质得到了人们的广泛研究。然而，对这些熔盐知识的了解大大改善了由 Bredig 等人（1958）50 年前所做的开拓性工作，这些人研究了一些碱金属-碱金属卤化物和碱土金属-碱土金属卤化物系统的相平衡。其他方面工作包括：

（1）Mellors 和 Senderoff（1959）、Eastman 等人（1950）、Druding 和 Corbett（1961）、Polyachenok 和 Novikov（1963）、McCollum 等人（1973）研究了稀有金属-稀有金属卤化物系统；

（2）Yosim 等人（1959，1962）和 Hoshino 等人（1979）研究了铋-铋氯化物系统的相图；

（3）Elagina 和 Palkin（1956）、Palkin 和 Belousov（1957）研究了铝-氯化铝体系、锌-氯化锌体系、镉-氯化镉体系；

（4）Palkin 和 Ostrikova（1964）、Chadwick 等人（1966）、Chernykh 和 Safonov（1979）、Fedorov 和 Fadeev（1964）研究了镓-氯化镓体系、铟-氯化铟体系。

这些系统的研究动力主要来源于它们在电解生产金属、材料科学，以及其在燃料电池、核电站中的潜在应用等领域的重要性。Haarberg 和 Thonstad（1989）对这方面的工作做了一个简短的综述，着重强调金属熔盐系统中溶解金属的电化学性质。

在一些熔盐中金属和盐完全互溶，而在另一些盐中，金属存在一定的溶解度。所有相图的特点是向熔体中加入金属会使熔体的熔点降低。这种现象是真溶液的特征。有些系统显示出两个不混溶的液相，即混溶隙。存在混溶隙的体系呈现出与拉乌尔定律的正偏差，也就是说熔盐的活度系数大于 1。一定的温度之上，也称为临界温度，或者是会溶温度之上，在所有的组成成分范围盐和金属完全混合。

在图 2-33 中，Bredig 等人（1958）给出了 KX-K（X＝F，Cl，Br，I）和 RF-R（R＝Li、Na、K、Rb、Cs）系统的相图。金属的熔点一般比各自的熔盐低。这些盐的性能特点是或多或少存在扩展的混溶隙。在钾-卤化钾系统中小混溶区的浓度范围随着阴离子半径的增大而增大，然而在碱金属氟化物-碱金属系统中不混溶区的浓度范围随着阳离子半径的增大而减小。在 CsF-Cs 系统中不混溶区最后会消失。大体上这种混溶间隙的产生是由离子的极化能力和相同类型离子之间的排斥力造成的。在 KX-K 系统中排斥力来自于 K^+ 离子之间，然而不同尺寸的阴离子之间的隔离可能影响不混溶间隙的宽度。

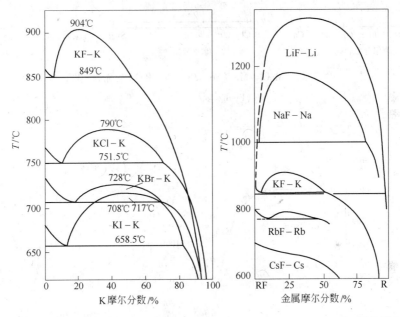

图 2-33　KX-K（X＝F、Cl、Br、I）和 RF-R（R＝Li、Na、K、Rb、Cs）系统的相图
（Bredig 等人（1958））

Bredig 等人（1958）得到的 $MeCl_2$-Me(Me＝Ca、Sr、Ba) 系统的相图在图 2-34 中给出。虽然这个体系的不混溶性几乎延伸到整个浓度范围内，但是临界温度由钙到钡呈减小的趋势，这又与 Me^{2+} 阳离子之间的排斥力有关。

图 2-35 显示了 MeF_2-Me(Me＝Ca、Ba) 系统的相图，这是 Bredig 等人（1958）测定的。在这个系统中没有混溶隙，但是存在明显的混合物。显然 Me^{2+} 阳离子之间的排斥力不是很强，没有形成混溶隙，因此它们被 F^- 离子隔开。

最后在图 2-36 中显示了 Yosim 等人（1959，1962）研究的 $BiCl_3$-Bi 体系、Mellors 和 Senderoff（1959）研究的 $CeCl_3$-Ce 体系。这些系统的共同特点是不溶性区域很大，这可能是由 Bi^{3+} 和 Ce^{3+} 阳离子之间存在的排斥力所致的。

当一种金属溶入纯的熔盐中时，会发生变色现象。颜色变化强度随着溶入金属的浓度的增长而增长。含有溶解金属的凝固的熔体的颜色通常是灰色的，这是金属分散到熔体中

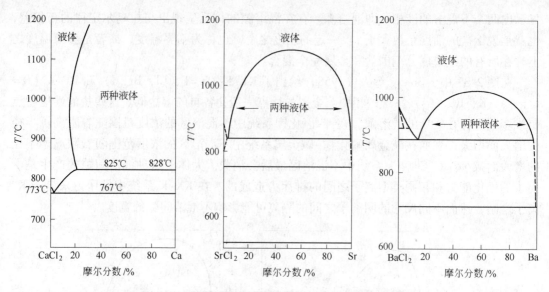

图 2-34　MeCl$_2$-Me（Me=Ca、Sr、Ba）系统的相图

（Bredig 等人（1958））

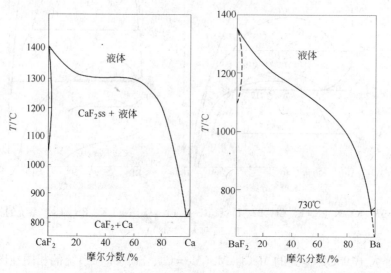

图 2-35　MeF$_2$-Me（Me=Ca、Ba）系统的相图

（Bredig 等人（1958））

造成的。Corbett 和 von Winbush（1955）、Corbett 等人（1957，1961）研究了几种系统，观察了在向纯熔盐中加入金属时颜色的变化。

金属-金属卤化物的另一个性质是由于两种氧化状态下同种金属原子导致的局部电子电导率。通常熔盐的电导率由如下方程式表示

$$\kappa = \sum_i z_i F u_i c_i \tag{2-92}$$

式中，c_i 是导电微粒的摩尔浓度；z_i 是电荷；u_i 是迁移率；F 是法拉第常数。在金属的浓度很低的 MX-M 熔体中，总的电导率可以分解成离子电导率和电子电导率。导电微粒是阳离子和阴离子，它们形成了离子部分的总的电导率，电子形成了电子电导率，方程可以

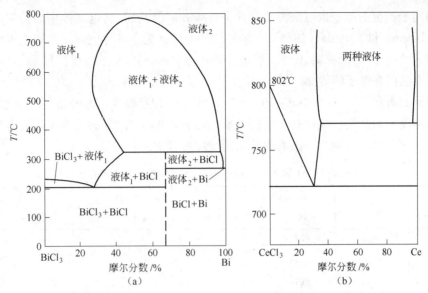

图 2-36 Yosim 等人 (1959, 1962) 研究的 $BiCl_3$-Bi 体系

(a) 与 Mellors 和 Senderoff (1959) 研究的 $CeCl_3$-Ce 体系 (b)

写成如下形式

$$\kappa = \kappa_{ion} + \kappa_{el} = F(z^{M^+} u^{M^+} c^{M^+} + z_{X^-} u_{X^-} c_{X^-} + z_e u_e c_e) \tag{2-93}$$

根据 Bredig (1964) 的文章,电子要想阶跃,供体 (M) 附近必须存在一个受体 (M^+)。这种分布的可能性主要是看 $x_{M^0} x_{M^+}$ 所占的比例。电子的摩尔浓度也可以表述如下

$$c_{e^-} = \frac{x_{M^0} x_{M^+}}{V_{melt}} \tag{2-94}$$

二元体系的电导率实验数据可以通过很多方法得到。

(1) 测量得到的混合物电导率作为熔体的电导率总和,也是溶解金属的熔体的电导率

$$\kappa_{MX-M} = \kappa_{MX} + \kappa_M \tag{2-95}$$

(2) 电导性也可以按照当量电导率计算

$$\lambda_{MX-M} = x_{MX} \lambda_{MX} + x_M \lambda_M \tag{2-96}$$

式中,x_{MX} 和 x_M 是熔盐和金属的当量分数。溶解金属的当量电导率如下式

$$\lambda_M = \frac{\lambda_{MX-M} - (1 - x_M) \lambda_{MX}}{x_M} \tag{2-97}$$

(3) 另一个表述如下

$$\kappa_{MX-M} V_{MX-M} = x_M \lambda_M + (1 - x_M) \kappa_{MX} V_{MX} \tag{2-98}$$

式中,V_{MX} 是摩尔体积。

这些数据的使用目的是可选择实验数据的描述方式。

2.1.8.2 铝电解质中的电子传导

现阶段铝电解工艺中电流效率高于 95%。通常电流效率损失最主要的是由溶入的金属和电解质之间的反应所致的。Ødegard 等人 (1988) 的模型表明钠在电解质中溶解形成了自由钠,而铝主要以 AlF_2^- 单体存在。任何的电子电导性都有可能和钠有关,其电子可

来源于钠离子捕捉的电子也可来源于其导带。Morris（1975）将电流效率的损失归因于电子导电。Dewing 和 Yoshida（1976）在随后的研究中认为电子导电对工业铝电解槽电流效率的影响太小了，可以忽略不计。然而，Borisoglebskii 等人（1978）随后证明了 NaF-AlF$_3$ 系统中也存在电子的传导。

一些研究者研究了 Al 在 NaF- AlF$_3$- Al$_2$O$_3$ 系统中的溶解度，另外也考虑了溶入的钠。金属的溶解度与熔盐的构成存在一定的关系，见表 2-9。大部分的研究者认为溶解度随着 NaF/AlF$_3$ 比率的减少而减少，随着铝浓度的增加而减少。

表 2-9　Al 和 Na 在 NaF- AlF$_3$- Al$_2$O$_3$ 熔体中的溶解度

NaF/ AlF$_3$ 摩尔比	t/℃	w(Al$_2$O$_3$) /%	溶　解　度			参考文献
			w(Al)/%	w(Na)/%	w(总 Al)/%	
1	1000	饱和	—	—	0.75	
3	1000	饱和	0.065	0.09	0.10	
3	1000	饱和	—	—	0.14	
6	1000	饱和	—	—	0.33	
3	980	2	0.06	0.12	0.11	
3	980	4	0.05	0.09	0.09	
3	980	6	0.04	0.08	0.07	
3	980	8	0.03	0.06	0.05	
2.25	962	饱和	—	—	0.54	
2.25	1000	0	—	—	0.76	
3	1000	饱和	—	—	0.83	
4	1000	饱和	—	—	0.90	

注：Thonstad（1965），ødegard 等人（1988），Yoshida 等人（1986）。

Ødegard 等人（1988）研究了几种添加剂对铝溶解度的影响，结果总结在如下方程式

$$\log(c_{Al}) = -1.825 - 0.5919/CR + 3429/T - 3.39 \times 10^{-2}(c_{Al_2O_3}/c_{Al_2O_3(sat)}) -$$
$$2.41 \times 10^{-2} c_{MgF_2} - 2.03 \times 10^{-2} c_{CaF_2} - 2.49 \times 10^{-2} c_{LiF} \tag{2-99}$$

式中，CR 是 NaF/AlF$_3$ 摩尔比率，所有的浓度用摩尔浓度表示；T 是温度，K；$c_{Al_2O_3(sat)}$ 是氧化铝的饱和浓度。使用文献中获得的活度数据和 Temkins 模型，反应模型与实验的数据相符合。在接近冰晶石成分的附近，两个最可能的分解反应如下

$$Al(l) + 3NaF(l) \Longleftrightarrow AlF_3(溶解) + 3Na(溶解) \tag{2-100}$$

$$2Al(l) + AlF_3(溶解) + 3NaF \Longleftrightarrow 3AlF_2^- + 3Na^+ \tag{2-101}$$

Saget 等人（1975）和 Yoshida 等人（1986）研究认为一价 Al$^+$ 的存在形式是 AlF$_2^-$，而不是 Al$^+$ 或 AlF，这解释了浓度和溶解度的依存性。

Thonstad 和 Oblakowski（1980）证明了在冰晶石- 氧化铝熔体中可能发生溶解金属离子的迁移的情况，例如 AlF$_2^-$。因此，在金属/电解质界面建立起来钠的活度。与溶解钠有关的过剩电子可能导致电子的传导，并因此降低了电流效率。

Haarberg 等人的早期（1993）研究考察了 1000℃时 Na$_3$AlF$_6$- Al$_2$O$_3$(sat)- Al 系统熔盐

的电子电导性，之后 Haarberg 等人采用高准确度的方法（2002）又研究了一遍。总电导率是 3.11S/cm，而离子电导率是 2.22S/cm。假设电导率的增长是由于电子的传导，则电子的电导率是 0.89S/cm。相当于在铝饱和电解质中电子的迁移数是 0.29。然而，在工业电解中阴极附近溶解金属形成的梯度切断了电子的传导。Haarberg 等人（2002）发现电子的电导率随着 NaF 浓度的增加和温度的增加而增加，Na 活度的变化显示出相同的趋势。这些实验结果支持这样一个理论，在熔体中会形成局域电子，它们具有相当高的迁移率，这是由 Al 和电解质的相互作用生成的 Na 所致的。

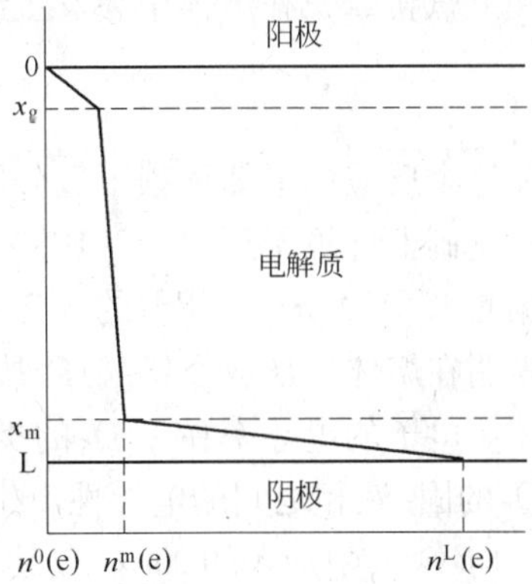

普遍接受的观点是，由于电解槽内的电解质的混合作用，只在阴极和阳极的边界层上存在溶解金属的浓度梯度，如图 2-37 所示。因此整个电解槽内，在冰晶石-氧化铝电解质中存在电子迁移数的梯度 t_e

$$t_e = \frac{\kappa_e}{\kappa_e + \kappa_{ion}} \qquad (2-102)$$

图 2-37 在铝电解过程中横贯电解质的电子浓度图

在一个电解槽内离子和电子同时移动，电子的电流密度 i_e 与电子的化学势成正比

$$i_e = \frac{\kappa_e}{F}\left(\frac{\partial \eta_e}{\partial x}\right) \qquad (2-103)$$

离子的电流密度如下

$$i_{ion} = -\frac{\kappa_{ion}}{F}\left(\frac{\partial \mu_{Na}}{\partial x} - \frac{\partial \eta_e}{\partial x}\right) \qquad (2-104)$$

式中，μ_{Na} 是电解质中钠的化学势，总电流密度 i

$$i = i_e + i_{ion} \qquad (2-105)$$

结合并重排方程式（2-102）~方程式（2-105）得到如下离子电流密度

$$i_{ion} = \frac{i}{L}\int_0^L t_{ion}\,dx - \frac{\kappa_{ion}}{LF}\int_{\mu_{Na}^0}^{\mu_{Na}^L} t_e\,d\mu_{Na} \qquad (2-106)$$

式中，L 是阳极和阴极之间的距离（见图 2-37）。利用电子电导率与钠活度的关系，可由方程（2-106）得到在电解过程中的离子电流密度。电流效率可由下面的方程得到

$$CE = \frac{i_{ion}}{i} \times 100 \qquad (2-107)$$

这样的处理主要是假设在电解质中不会出现对流的情况下。这与工业电解的情况相差很远。然而，电子导电的主要的贡献来源于阴极附近的扩散层，可以假设此处是停滞的，不受对流的影响。

详细的数学方法的描述和实验结果可以在文献（Thonstad 和 Oblakowski，1980；Haarberg 等人，1991，1993，1998，2002）中找到。

2.1.8.3 氧化钠-钠的钒酸盐体系

在燃气轮机中，含有钒和碱金属的燃料燃烧时会产生离子熔盐，这对系统是有害的。这些熔体是由钒和钠的氧化物组成的，这导致在汽轮机、蒸汽机加热器的建筑材料上和受热物体表面上形成腐蚀性的沉积物。熔融态灰烬的化学特性和流动特性加快了腐蚀过程，

其原因是在金属-熔体表面存在氧的传输，这实际上是一个金属的阳极氧化过程。电子和腐蚀产物以相反的方向从熔体到达熔体-气体的界面，这实际上是一个阴极去极化反应。考虑到这个反应的化学特性，开展 V_2O_5-Na_2O 体系的物化性质研究成为重中之重。

五氧化二钒在熔体中会发生部分分解

$$V_2O_5 \underset{}{\overset{\alpha}{\rightleftharpoons}} V_2O_4 + \frac{1}{2}O_2 \qquad (2\text{-}108)$$

这个反应的平衡依赖于氧分压和温度。Pantony 和 Vasu（1968）在平衡常数与温度关系的基础上计算了反应（2-108）的热，得到的值为 6.12kJ/mol。根据热力学计算的理论数据是 1.86kJ/mol。相差的 4.26kJ/mol 是 V_2O_4 在 V_2O_5 中的局部熔解热。熔解热的值很高表明在熔体中形成了钒-钒酸盐。这显然是由 V_2O_5 熔盐的性质所致的，它类似于 n 型半导体。电子的电导率在 V_2O_5 的类结晶结构中由 V_2O_4 浓度决定，同时它的存在证实了在 V_2O_5 的固-液相之间的电导性产生了很小的变化。

向 V_2O_5 中加入的 Na_2O 或其他碱和碱土金属氧化物有助于 V_2O_5 分解，结果形成了存在缺陷的类结晶结构，因此促进了熔体表面层上氧的传输。由 V_2O_5 和碱金属氧化物形成的复合物称为钒铜，它们的结构接近于 V_2O_5。钒铜 $Na_xV_2O_5$ 中 x 的范围是 $0.13 < x < 0.31$，代表一系列非定比化合物，其中的单价金属原子 M 被固定在畸变的 V_2O_5 结构中。M 金属的价电子被 V_2O_5 中的钒原子困住，因此 V(Ⅳ) 原子存在于一个稳定的自悬浮轨道中的四方体晶系中。Holstein（1959）指出俘获的电子相当于小极化子。这样系统的电导性与温度成指数变化。在凝固过程中，钒铜释放氧，在熔化过程中结合氧。

根据 Flood 和 Sørum（1946）的研究，除了形成了非定比化合物 $Na_xV_2O_5$ 外，还形成了 $Na_{0.9}V_3O_8$。另外，根据 Ozerov（1957）和 Illarionov 等人（1957）的研究，在上述系统中存在一个稳定的化合物 $Na_{0.33}V_2O_5$，同时也形成了一个未被确定的化合物。

Reisman 和 Mineo（1962）研究了 V_2O_5-Li_2O 中化合物的相互作用，表明在此系统中存在三种化合物：异分熔融化合物 $2Li_2O \cdot 17V_2O_5$ 和 $2Li_2O \cdot 5V_2O_5$，同分熔融化合物 $Li_2O \cdot V_2O_5$。在含有 Na_2O 和 K_2O 的系统中存在 $MeVO_3$ 型的碱金属钒酸盐。Reisman 和 Mineo（1962）假设在 V_2O_5-Na_2O 系统中可能存在大量的异分熔融化合物 V_2O_5-Na_2O。Illarionov 等人（1956）发现在体系中还存在类似的异分熔融化合物 $2K_2O \cdot 5V_2O_5$。

图 2-38 显示了 Daněk 等人（1973）研究的 V_2O_5-$NaVO_3$ 系统相图。确定在此系统中存在两种化合物：同分熔融化合物 $2Na_2O \cdot 17V_2O_5$ 和异分熔融化合物 $2Na_2O \cdot 5V_2O_5$。在降温时，当相转变温度达到 724℃ 时，化合物 $2Na_2O \cdot 17V_2O_5$ 释放出氧气，其反应机理如下

$$2Na_2O \cdot 17\ V_2O_5 \stackrel{}{=\!=\!=} 17Na_{0.235}V_2O_5 + O_2 \qquad (2\text{-}109)$$

Flood 和 Sørum（1946）阐明形成的化合物属于钒铜类。在熔化时，反

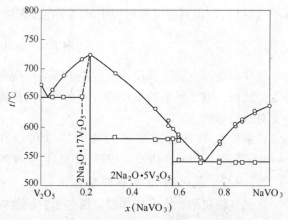

图 2-38　Daněk 等人（1973）给出的
V_2O_5-$NaVO_3$ 系统相图

应（2-109）向反方向进行，因为在熔点以下的氧分压比熔点以上的氧分压高。Reisman 和 Mineo（1962）证实化合物 $2Na_2O \cdot 17V_2O_5$ 和化合物 $2Li_2O \cdot 17 V_2O_5$ 相似。

Illarionov 等人（1957）假设在钒铜 $Na_{0.235}V_2O_5$ 中存在范围很窄的 V_2O_5 固溶体。Reisman 和 Mineo（1962）发现了化合物 $2Na_2O \cdot 5V_2O_5$，证实了上面的假设，确定了存在类似的化合物 $2Na_2O \cdot 5V_2O_5$。另外，Illarionov 等人（1957）在这个系统中没有发现这个化合物。

Daněk 等人（1974）研究了 V_2O_3-$NaVO_3$ 体系的物化性质，也就是密度、黏度、电导率。在图 2-39 中，显示的是 V_2O_3-$NaVO_3$ 混合物的密度等温线。通过密度等温线可以看出在熔体中密度随着 Na_2O 浓度的改变变化很小。另外，温度随着混合物的密度的变化类似于组成 $Na_{0.235}VO_3$ 钒青铜的结构，这似乎引起了人们的一些兴趣。这个熔体的线膨胀系数在整个研究的浓度范围内好像比其他混合物系统的低。这表明这个熔体的结构性质与其他的混合物不同。假设钒青铜中结合的 V_2O_5 很明显，它导致了熔体中自由体积的减少，同时使线膨胀系数也减少。

这个假设在 V_2O_3-$NaVO_3$ 系统的黏度等温线上得到证实，见图 2-40。黏度等温线上的最大值与钒青铜 V_2O_3-$NaVO_3$ 相符。这么大的黏度值是由于在整个熔体中形成了大的结构体。

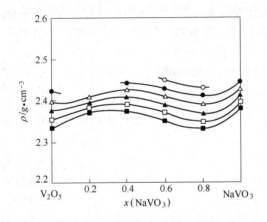

图 2-39　V_2O_3-$NaVO_3$ 混合物的密度等温线

○—650℃；●—700℃；△—750℃；▲—800℃；

□—850℃；■—900℃

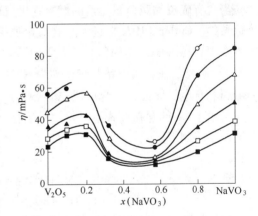

图 2-40　V_2O_3-$NaVO_3$ 混合物的黏度等温线

○—650℃；●—700℃；△—750℃；

▲—800℃；□—850℃；■—900℃

电导率的等温线见图 2-41。在这种情况下，等温线上的最大值和钒青铜一致。这种在黏度和电导率等温线上的最大值可以由存在的自由电子解释，这些自由电子为熔体的电导率做出了部分贡献。在 V（V）原子存在的情况下存在钠中性原子是不可能的，分电子电导率可以解释为价电子由碱金属向自由 d 轨道的钒原子转移导致的。Gendell 等人（1962）在锂青铜中通过 EPR[●] 测定证实 V_2O_5 阵列中存在少数的极化分子，这直接证明了 V（V）原子的存在。在图 2-42 中显示了 V_2O_3-$NaVO_3$ 熔体中温度与电导率的关系。在 $NaVO_3$ 摩尔浓度为 10% ~50% 范围内的混合物的电导率的指数性质表明熔体中存在小极化子。

● 电子顺磁共振。——译者注

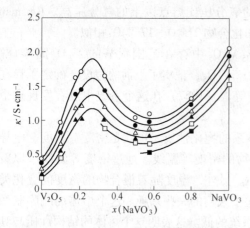

图 2-41　V_2O_3-$NaVO_3$混合物的等温电导率

○—650℃；●—700℃；△—750℃；

▲—800℃；□—850℃；■—900℃

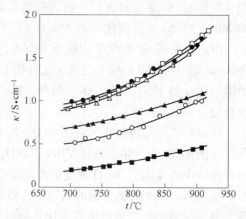

图 2-42　V_2O_3-$NaVO_3$混合物的变温电导率

○—10% $NaVO_3$；●—33% $NaVO_3$；△—18% $NaVO_3$；

▲—50% $NaVO_3$；□—21% $NaVO_3$；■—V_2O_5

2.1.8.4　含有钴硫酸盐的碱金属硫酸盐

当含有硫黄和碱金属元素的燃料在燃气轮中燃烧时，产生的熔融沉积物中都含有碱金属硫酸盐。Cutler（1971）证实了在碱金属硫酸盐中三氧化硫是主要的腐蚀剂，在硫酸盐熔体中很容易溶解，作为氧化剂增加了氧化层在硫酸盐熔体中的溶解。Umland 和 Voigt（1970）研究了在金属中钴影响的机制和熔化的硫酸盐的腐蚀速率。$CoSO_4$来自于含有钴的金属和合金的腐蚀，引起形成 $[Co(SO_4)_2]^{2-}$ 配合阴离子，在特定的温度范围内稳定性增加。由于 Co 的存在形式不只是一种氧化态，在相应的相界面上会产生稳定的氧化还原系统，反应如下

$$Co \Longrightarrow Co^{2+} + 2e \tag{2-110}$$

$$Co^{2+} + O^{2-} \Longrightarrow CoO \tag{2-111}$$

$$CoO + SO_4^{2-} + SO_3 \Longrightarrow [Co(SO_4)_2]^{2-} \tag{2-112}$$

根据如下机理，产生的配合阴离子可以将电子从金属表面转移到熔体/气相界面

$$[Co(SO_4)_2]^{2-} \Longrightarrow [Co(SO_4)_2]^- + e \tag{2-113}$$

根据 Umland 和 Voigt(1970) 的研究，体系 Co(Ⅱ)/Co(Ⅲ) 达到最大稳定性的温度接近750℃。类似的金属硫酸盐阴离子，例如铁的，在 500～600℃ 温度范围内稳定性会更好。

Matiašovský 等人（1973）研究了在三元共晶碱金属硫酸盐 Li_2SO_4-Na_2SO_4-K_2SO_4 体系中加入 $NiSO_4$ 和 $CoSO_4$ 作为硫酸盐腐蚀的产物的密度、黏度和电导率。在三元碱金属硫酸盐共晶体系中加入 $CoSO_4$ 得到的黏度对温度的关系在图 2-43 中显示。加入的 $CoSO_4$ 增加了三元共晶体系的黏度。在含有很高浓度 $CoSO_4$ 时的黏度线是不单调的。在700℃时，热聚合过程会出现异常现象，在 $CoSO_4$ 摩尔浓度为 5% 时异常现象开始，在浓度达到 10% 时异常现象加剧。可以预测，在 $CoSO_4$ 摩尔浓度为 2%～5% 时，除了进行离子的导电，电子导电也开始参与到电荷转移过程中。转移量随着 $CoSO_4$ 摩尔浓度的增加而增加。这个解释和三元系统中加入 $CoSO_4$ 时的电导率的指数性质一致，如图 2-44 所示。可以认为 Li_2SO_4-Na_2SO_4-K_2SO_4-$CoSO_4$ 系统在700℃时黏度热聚合的异常，以及熔体导电率的热聚合的指

数性质都与熔体中形成的配合阴离子 $[Co(SO_4)_2]^{2-}$ 有关。

在硫酸盐腐蚀的过程中，电子从金属/熔体界面转移到熔体的气相界面可能是由熔体中存在的氧化还原反应系统所致的，见反应式（2-113）。

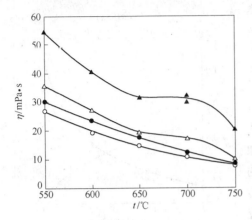 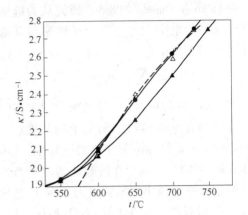

图 2-43　三元碱金属硫酸盐共晶体系
中添加 $CoSO_4$ 的黏度热聚合现象

○—三元共晶体系；●—2% $CoSO_4$；

△—5% $CoSO_4$；▲—10% $CoSO_4$

图 2-44　三元碱金属硫酸盐体系的
电导率热聚合现象

○—三元共晶体系；●—2% $CoSO_4$；

△—5% $CoSO_4$；▲—10% $CoSO_4$

2.1.8.5　含有氧化铁的硅酸盐系统

$CaO\text{-}FeO\text{-}F_2O_3\text{-}SiO_2$ 系统是冶金炉渣的体系。熔体中二价和三价铁的比率与氧分压、温度和熔体的组成等因素有关。当熔体在金属铁的惰性气氛中平衡时，熔体中仅仅含有 Fe^{2+} 阳离子。Toropov 和 Bryantsev（1965）使用这些条件测定了 $MgO\text{-}FeO\text{-}SiO_2$ 熔盐的电导率。空气中是另一个含有氧分压的气氛。Dancy 和 Derge（1966）、Engell 和 Vygen（1968）测定了 $FeO_y\text{-}CaO\text{-}SiO_2$ 熔体在空气中的电导率。Hirashima 和 Yoshida（1972）、Lopatin 等人（1973）、Morinaga 等人（1975）研究了在纯氧中的熔体的电导率，得出熔体中只含有三价铁。

在空气中研究 $CaO\text{-}Fe_xO_y\text{-}SiO_2$ 熔体的性质，需要知道熔体的平衡组成、基础温度和熔体的全部组成。Larson 和 Chipman（1953）、Timucin 和 Morris（1970）研究了这个系统的相图，在淬冷样品平衡组成中含有二价和三价铁。在两种氧化状态下存在同种离子使得熔体中的电子电导率增加，这是由电子在不同氧化状态下的两个离子发生阶跃所致的。

Daněk 等人（1986）研究了在温度为 1530～1920K 的范围内 $CaO\text{-}FeO\text{-}F_2O_3\text{-}SiO_2$ 体系在空气状态下的电导率。样品的组成是位于摩尔比率 $k_1 = x(CaO)/x(SiO_2) = 1$ 和 $k_1 = x(CaO)/x(Fe_2O_3) = 4$ 时的两个横界面。熔体的平衡组成在给定的实验温度下根据下式计算

$$r = 1.7273 - 6.592\times10^{-4}T/K + 0.223 k_1 + 0.116x'(Fe_2O_3) \qquad (2\text{-}114)$$

式中，$r = x(Fe_2O_3)/[x(FeO)+x(Fe_2O_3)]$；$T$ 为热力学温度；$x'(Fe_2O_3)$ 为混合物实验前的 Fe_2O_3 的摩尔分数。Daněk 等人（1986）使用 Larson 和 Chipman（1953）、Timucin Morris（1970）发表的数据得到方程（2-114）。

图 2-45 显示了熔体在 1723K 时组成与电导率的关系的走向图。所研究熔体的电导率

随着氧化钙的浓度、氧化铁的浓度和温度的增加而增加。电导率随着氧化铁的含量呈指数增长，表明在熔体中存在其他的导电微粒。自由电子从 Fe（Ⅱ）原子跃迁到 Fe（Ⅲ）原子提高了电导率。

Ličko 和 Daněk（1983）研究认为硅酸盐离子熔体的导电率和导电离子迁移率与其浓度的乘积的总和成正比

$$\kappa = \sum_i z_i F u_i (c_i - c_i^0) \qquad (2\text{-}115)$$

式中，c_i 是电荷量为 z_i 的导电粒子 i 的摩尔浓度；c_i^0 是不参加电荷转移的阳离子的浓度；F 是法拉第常数；u_i 是导电粒子 i 的迁移率。Ličko 和 Daněk（1983）还指出在硅酸盐熔体中当 SiO_2 的含量很高时（最小摩尔含量为 40%）电荷的传导仅仅靠阳离子。在 $CaO\text{-}FeO\text{-}F_2O_3\text{-}SiO_2$ 系统中，电子对电导率的贡献也需要考虑。方程式（2-115）写成如下形式

$$\kappa = F\big[2u_{Ca^{2+}}(c_{Ca^{2+}} - c_{Ca^{2+}}^0) + 2u_{Fe^{2+}}(c_{Fe^{2+}} - c_{Fe^{2+}}^0) + 3u_{Fe^{3+}}(c_{Fe^{3+}} - c_{Fe^{3+}}^0) + u_e c_e \big] \qquad (2\text{-}116)$$

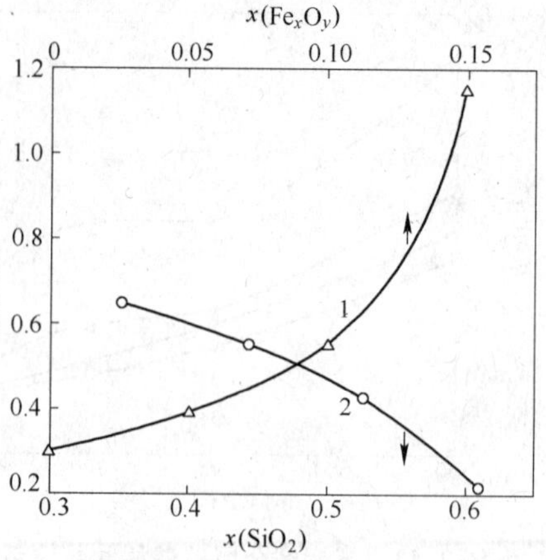

图 2-45　在 1723K 时 $CaO\text{-}FeO\text{-}F_2O_3\text{-}SiO_2$
系统中组分与电导率的关系图
1—截面 $k_1 = x(CaO)/x(SiO_2) = 1$；
2—截面 $k_1 = x(CaO)/x(Fe_2O_3) = 4$

对方程式（2-116）运用了多元线性回归分析。Ličko 等人（1985）计算了熔体中含有 Ca^{2+} 和 Fe^{2+} 凝聚物时熔体的密度。在计算 $CaO\text{-}F_2O_3\text{-}SiO_2$ 系统中 $CaSiO_3$ 液体表面时，Daněk（1984）认为一半的 Fe（Ⅲ）原子是协调的四面体结构，即它们是网络结构的构件单元。这意味着只有另一半的 Fe（Ⅲ）原子参加电荷的传导，这部分 Fe（Ⅲ）原子具有高配位性的特点，并表现为网络结构的改性剂。导电 Fe^{3+} 阳离子浓度方程如下

$$c_{Fe^{3+}} = \frac{x_{Fe_2O_3}}{V_{melt}} \qquad (2\text{-}117)$$

式中，V_{melt} 是熔体的摩尔体积；$x_{Fe_2O_3}$ 是熔体中 Fe_2O_3 摩尔含量。

熔体中电子的浓度由如下方式决定。在系统中 Fe^{2+} 和 Fe^{3+} 阳离子的浓度可比时，电子只有在一个提供电子的（Fe^{2+}）附近有一个接受电子的（Fe^{3+}）时才可以阶跃。这样的电子接受者的浓度可能等于 $2x_{Fe_2O_3}$。则电子的浓度如下

$$c_{Fe^{3+}} = \frac{2x_{Fe_2O_3} x_{FeO}}{V_{melt}} \qquad (2\text{-}118)$$

在 $CaO\text{-}FeO\text{-}F_2O_3\text{-}SiO_2$ 系统中用多元线性回归分析研究熔体中导电粒子浓度与电导率的关系。这种关系可由下面形式确定

$$\kappa = -A + B_1 c_{Ca^{2+}} + B_2 c_{Fe^{2+}} + B_3 c_{Fe^{3+}} + B_4 c_e \qquad (2\text{-}119)$$

式中，$B_i = z_i F u_i$。其标准偏差是 $sd = 3 \times 10^{-2}$ S/cm。计算的常数 A 和 B_i 在温度是 1723K 和 1823K 时的值列于表 2-10 中。对照方程式（2-116）和方程式（2-119）得到 A 如下

$$A = B_1 c_{Ca^{2+}}^0 + B_2 c_{Fe^{2+}}^0 + B_3 c_{Fe^{3+}}^0 \qquad (2\text{-}120)$$

Ličko 和 Daněk（1983）将极限浓度 c_i^0 认为是阳离子，它没有参加电荷的转移。这些

阳离子应该固定在大的结构单元和簇中，这些大的结构单元可能是由硅酸盐聚合阴离子通过极性共价键与阴离子结合而形成的。在 $CaO\text{-}FeO\text{-}F_2O_3\text{-}SiO_2$ 系统中这种共价键在有 Fe（Ⅲ）原子存在时更明显。至于其他导电粒子，这种行为倾向于 Fe（Ⅱ）而不是 Ca（Ⅱ）。

表 2-10　$CaO\text{-}FeO\text{-}F_2O_3\text{-}SiO_2$ 系统在 1723K 和
1823K 时的部分导电粒子的常数 A、B_i、迁移率、扩散系数

参　数	T/K	Ca^{2+}	Fe^{2+}	Fe^{3+}	e^-
$B_i/S \cdot cm^2 \cdot mol^{-1}$	1723	38.6	35.1	32.7	2170
	1823	41.9	38.4	35.6	2050
$u_i/cm^2 \cdot s^{-1} \cdot V^{-1}$	1723	2.0×10^4	1.8×10^4	1.1×10^4	225×10^4
	1823	2.2×10^4	2.0×10^4	1.2×10^4	212×10^4
$D_i/cm^2 \cdot s^{-1}$	1723	1.5×10^5	1.4×10^5	0.56×10^5	334×10^5
	1823	1.7×10^5	1.6×10^5	0.61×10^5	315×10^5
$A/S \cdot cm^{-1}$	1723	0.61			
	1823	0.53			

研究系统中的 Ca（Ⅱ）和 Fe（Ⅱ）的极限浓度可以通过绝对 A 值来估算。如果 $c_{Ca^{2+}}^0/c_{Fe^{2+}}^0 = r_{Fe^{2+}}/r_{Cr^{2+}}$，其中，$r_i$ 是离子半径，由此可获得如下值：$c_{Ca^{2+}}^0 \approx 6 \times 10^{-3}\ mol/cm^3$ 和 $c_{Fe^{2+}}^0 \approx 7.5 \times 10^{-3}\ mol/cm^3$。这些值与在 $CaO\text{-}SiO_2$ 和 $FeO\text{-}SiO_2$ 系统中 CaO 和 FeO 分别在摩尔含量为 15% 和 18% 时的值相符合。

部分导电粒子的迁移率，也就是 Ca^{2+}、Fe^{2+}、Fe^{3+} 和电子，是通过 B_i 系数在方程式（2-119）和方程式（2-120）中估算的。计算温度为 1723K 和 1823K。通过获得的迁移率的值，相应的扩散系数的值可通过能斯特方程计算得到，计算的值在表 2-10 中给出。阳离子的迁移率和扩散系数按照 $u_{Ca^{2+}} > u_{Fe^{2+}} > u_{Fe^{3+}}$ 的顺序下降，这可以由 SiO_4 四面体中阳离子和没有桥接的氧原子之间的不同的力来解释。阳离子中 z/r 的比率越高（z 是电荷数，r 是半径），在它们和非桥接的氧原子之间形成的键就越强。由于空间排列的原因，阳离子的配位数变得很低。像这样一个阳离子在它的位置上存在很强的键，Me—O 的键更趋于共价键，这导致了阳离子的迁移率的减少。

据发现，电子的迁移率比阳离子的迁移率大两个数量级。对于电子的阶跃，组成中的一些波动和离子氛中离子的排列的波动是不可避免的。Fe（Ⅱ）和 Fe（Ⅲ）原子在硅酸盐熔体中具有不同的配位数，并与最近的原子（也就是氧原子）距离也不同。Fe（Ⅱ）和 Fe（Ⅲ）原子发生互换的位置之间的距离相当的大，这也是它们的跃变频率的值与熔体中热运动的振动频率的平均值相接近的原因。Raleigh（1963）规定了这种电子的迁移率

$$u_e = \frac{e}{6kT} \nu_R R^2 \tag{2-121}$$

式中，e 是电子电荷；ν_R 是跳变频率；R 是互换位置的平衡距离

$$R \approx \left(\frac{V}{N_A}\right)^{1/3} \tag{2-122}$$

式中，V 是摩尔体积；N_A 是阿伏伽德罗常数。从方程式（2-121）可以计算出迁移率和电

子的振动频率。对于 1723K 和 $V \approx 23cm^3/mol$ 下，获得 $\nu_R \approx 1.7 \times 10^{13} s^{-1}$，这个值与热运动的振动频率相比是合理的。频率的倒数值就是给定排列的平均寿命 $\tau \approx 6 \times 10^{-14} s$。$\nu_R$ 和 τ 值表明，两个互换阳离子的氧原子覆盖层的对称性很高。电子的激发态的能级在 Fe 的两个氧化态很接近。

2.1.9 硅酸盐熔体的系统

玻璃形成氧化物 SiO_2、GeO_2、P_2O_5、B_2O_3 等是基于 AO_4 四面体结构（SiO_2，GeO_2，P_2O_5）或 AO_3 三角形结构的（B_2O_3）。Førland（1955）得到的结论是 SiO_2 熔体的结构和方石英的结构相差很小。在 Si—O 键很强的情况下，这个结论似乎合理。然而，尽管这样，SiO_2 的熔化焓也只有 9.58kJ/mol，其熔化熵是 4.8J/(mol·K)，这意味着熔融 SiO_2 和方石英有相似的排列。熔融 SiO_2 和方石英的密度几乎相等，熔融 SiO_2 的黏度很高。SiO_2 属于网硅酸盐，其结构是由 SiO_4 四面体通过其顶点相连构成一个三维网状结构。结构中仅包含氧原子键桥，也就是说两个相邻的硅原子由一个氧原子通过 Si—O—Si 共价键相连。

考虑向 SiO_2 中加入另一个氧化物（例如 MeO）时的结构发生的改变，这种情况可以表示成如下的变化机理

$$\overset{|}{-Si}-O-\overset{|}{Si}- + MeO \rightarrow -\overset{|}{Si}-O^{-}\ Me^{2+}\ ^{-}O-\overset{|}{Si}- \qquad (2\text{-}123)$$

现在，并不是所有的氧原子都在中间，两边链接硅原子。这是因为又加入了氧原子使得 n_O/n_{Si} 的比率超过 2。从原理上讲，这个过程的特征是桥接的氧原子减少的同时非桥接的氧原子的数量增加了 1 倍。随着 MeO 浓度的增加，网硅酸盐结构变成链硅酸盐结构（例如假钙硅石），从铸硅酸盐（例如镁黄长石）到岛硅酸盐（例如硅酸二钙）结构。从网硅酸盐到岛硅酸盐结构，MeO 浓度与桥式氧原子数量的关系呈线性。

让我们进一步考虑形成玻璃的 MeO-SiO_2 熔盐。这里的玻璃意味着在没有结晶的情况下熔体冷却到固体的产物。这个系统玻璃形成的能力依赖于冷却过程中键的能量，它在结晶过程中发生断裂。因此对于两个极限状态（网硅酸盐到岛硅酸盐结构），玻璃的形成情况不同。SiO_2 的结晶化要求很强的 Si—O 键的断裂并产生相对于晶体状态的新的有规律的排列。结晶过程是一个重建过程，在岛硅酸盐情况下，不需要 Si—O 键的断裂（结晶机制不是重建过程）。实践显示 SiO_2 的结晶化没有真正地发生，而形成岛硅酸盐，另外结晶化很迅速，尽管在熔体中与结晶相相比四面体的排列状态不规则，我们还是可以假设形成了一个相似的结构。一般来说，结晶的能力间接地与聚合度成比例，反过来说依赖于 MeO 氧化物的含量与性质。

在硅酸盐化学中，氧化物被分成三个主要的组：

（1）形成网络的氧化物，参加网络聚合物的形成，即 GeO_2，P_2O_5，B_2O_3；

（2）网络改性的氧化物，不参加形成网络结构的聚合物，即碱金属氧化物和碱土金属氧化物；

（3）两性氧化物，根据熔体的实际组成既作为形成网络结构的氧化物又作为网络结构的改性氧化物。典型的两性氧化物是 Al_2O_3 和 Fe_2O_3。

当然在每个组之间没有明显的界限。例如，在碱性熔体中如果 MgO 含量很高也可以

作为网络形成氧化物，这时在熔体中存在足够的非氧原子桥键。氧化镁也可以形成 MgO_4 四面体，它可能同时连接两个 SiO_4 四面体。这种熔体显示了相当高的黏度。

硅酸盐的另一个性质是在高的 SiO_2 的浓度范围内形成两个互不相容的液体。这个性质可以在碱金属硅酸盐和碱土金属硅酸盐熔体中观察到。

硅酸盐的化学过程相当复杂，专门研究这些问题的专著在文献中给出。因此，这里仅仅描述一卜硅酸盐的主要性质。

2.1.10　碱金属硼酸盐的系统

Zarzycki（1956）使用 X 射线衍射技术显示玻璃态氧化硼熔体是一种由 BO_3 三角形通过顶点连接而构成的不规则三维网状结构。Grjotheim 和 Krogh-Moe（1954）指出氧化硼玻璃结构与六角形晶体的形式相似，它包括两种形式的不规则 BO_4 四面体。第一种是在三角形和四面体之间的杂合体结构，其中硼位于最接近三个氧原子的位置。另一个是变形的四面体，其 B—O 的键长有很多种。Biscoe 和 Waren（1938）测定了在熔体 B_2O_3 中硼的配位数的平均数是 3.1，但是没有提供硼配位改变的清晰证据。

在碱金属硼化物二元玻璃系统中，可以观察到碱金属氧化物浓度范围在 20% 附近的物化性质发生改变。文献中给出了这个现象，如异常的硼酸，这是由于碱金属氧化物的加入后，硼的配位数发生变化从而导致熔体中 B_2O_3 结构发生了变化。

Krogh-Moe（1958，1960）认为在碱金属氧化物的摩尔分数达到 33% 时硼配位数从 3 变化到 4，这相当于配位数为 4 的硼的最大浓度为 50%。这个假设已经由 Silver 和 Bray（1958）、Bray 和 O'Keefe（1963）经过核磁共振的测量得到证实。这些研究者发现碱金属氧化物的摩尔浓度在 0~30% 以内时，配位数为 4 的硼的浓度 N_4 可以通过下面的方程式计算

$$N_4 = \frac{x}{100 - x} \tag{2-124}$$

方程（2-124）可以解释为每一个氧原子的加入可以改变两个硼原子的配位导致结构由三角形到四面体的变化。这个结果表明在这个浓度范围内没有非桥键氧原子存在。Krogh-Moe（1958，1960）通过 X 射线分析各种硼酸盐晶体的结构证实了这个事实。Silver 和 Bray（1958）、Bray 和 O'Keefe（1963）通过核磁共振（NMR）研究了碱金属硼化物形成玻璃体的能力，结果表明在碱金属硼化物系统中的聚合度比硅酸盐系统高。

根据上面提到的事实，可以得到一个合理的解释，也就是在碱金属硼酸盐系统中结晶相和液相存在类似的结构。碱金属硼酸盐熔体的结构可以想象为一个三维的网络 BO_3 三角结构和 BO_4 四面体结构，其中阳离子位于自由空间里。这种熔体的性质很明显地依赖于单个配位上的硼原子的数量，碱金属阳离子的数量、桥式氧原子的数量，以及碱金属氧化物浓度很高情况下的非桥式的氧原子的数量。在碱金属氧化物浓度很低的范围内，每增加一个氧原子（来自于碱金属氧化物）就有两个硼原子的配位数由 3 变到 4。例如，在混合物 $Na_2O \cdot 4B_2O_3$ 中，在四面体配位中有两个硼原子，在三角配位中有六个硼原子，所有的氧原子都是桥接的。

上面描述的趋势在碱金属氧化物的摩尔分数不超过 30% 时都是这样的。在这个浓度之上，由于一些硼离子由四面体向三角形转变使得非桥接的氧原子出现。在四面体配位中

的硼原子的数量减少，碱金属氧化物的摩尔分数达到70%，这种硼原子的数量达到零。然而应该指出熔体的结构图是近似的，液相结构和结晶相结构会有所不同。

有关硼酸盐熔体的化学过程的详细的描述可在专著中找到。因此上面只是介绍了一下这个系统的几个小的特征。

2.1.11　冶金炉渣系统

火法冶炼金属的产物的副产品——炉渣，其数量经常超过金属产量的几倍。炉渣是许多金属和非金属氧化物形成的化合物和混合物熔体，它包括大量的金属、硫化物和气体。炉渣的主要的作用是作为有害成分的收集器和在熔化和精炼过程中收集杂质。正确地选择炉渣的成分影响金属的总损失、它的质量、能源需求、耐火材料的消耗，因此影响火法过程的整个经济和环境。

在火法生产铁、钢和有色金属的过程中，通常用的炉渣是硅酸盐炉渣，含有很高浓度的氧化钙。这些炉渣的基础系统是CaO-FeO-Fe_2O_3-SiO_2。氧化镁来自于碱性耐火材料内衬在炉渣中的溶解。氧化铝来源于原材料熔化。氧化锌引入火法炉渣中主要是由于过程中的二次原材料。这些炉渣的性质在2.1.9节中已经讨论过。

19世纪70年代中期，在日本开始有了连续生产铜的工艺。这个工艺，根据Yazawa（1977）的理论选择使用钙-铁素体作为炉渣。钙-铁素体炉渣的基础系统是CaO-FeO-Fe_2O_3，在实际的火法过程中会含有添加剂SiO_2、Al_2O_3、MgO、ZnO，在火法生产中会出现Cu_2O产物。Takeda等人（1980）研究了钙-铁素体炉渣在1473K和1573K温度下的热力学性质。他们的工作包括根据公式计算Fe^{2+}和Fe^{3+}的浓度、氧分压和温度。

Vadászász和Haulík（1995，1996，1998）、Vadászász等人（1993，2000，2005）、Fedor（1990）、Fedor等人（1991）研究了CaO-Fe_2O_3-Cu_2O系统的物理化学性质。在温度为1573K，在浓度很宽的范围内测量了体系的密度、表面张力、电导率、黏度。密度和表面张力的测定采用了最大气泡压力法，使用的仪器和6.2.2节中的相似。黏度的测量采用转动法，电导率的测定采用两电极法。

从理论观点看，基于这些熔体的复合物化性质的分析，研究了体系的结构，即离子组成。使用多元线性回归分析得到描述摩尔体积和表面张力的方程式。根据单体的相互作用系数，提出在熔体中形成不同结构体。

提出研究的钙-铁素体熔体的结构主要受Fe(Ⅲ)原子性质的影响。在碱性的钙-铁素体炉渣中，这种两性元素显示酸性特征。它的酸度依赖于熔体中氧化物的本质和浓度。在钙-铁素体熔体中，Fe(Ⅲ)原子形成简单的配合阴离子。随着氧阴离子浓度的增加，中间Fe原子的配合按照以下机理变化

$$FeO_4^{5-}(4)\longrightarrow Fe_2O_5^{4-}\longrightarrow FeO_2^-\longrightarrow FeO^+(6) \tag{2-125}$$

式中，括号中给出的是配位数。

获得的密度和表面张力的值，以及在单个的CaO-FeO-Fe_2O_3-M_xO_y系统中相互作用的解释表明研究系统中分别存在Ca^{2+}、Fe^{2+}、Zn^{2+}、Cu^+阳离子。由于形成的网络结构的氧化物浓度很低，在这些碱性熔体中就形成了孤立的SiO_4^{4-}，AlO_4^{5-}，FeO_4^{5-}四面体，氧原子可来源于CaO、FeO，也来源于$CaO+FeO$氧化物。存在的三元相互作用很可能是由形成的$SiFeO_7^{7-}$和$FeAlO_7^{8-}$阴离子所致的，其中一个Si原子被Fe和/或Al代替，形成了角接的两

个四面体结构。然而，不能排除像 FeO_2^+，$Fe_2O_5^{4-}$，AlO_6^{9-} 等离子在熔体中的存在。在 $CaO\text{-}Fe_2O_3\text{-}Cu_2O$ 系统中，由于缺乏二氧化硅和其他的共价键网状结构的氧化物浓度很低，在碱性熔体中仅仅存在孤立的 FeO_4^{5-} 四面体和 $CaO\cdot FeO$ 离子对。基于氧化铜的性质，熔体中可能形成了 $Ca_4Cu_2O_5$ 化合物。

表 2-11 给出了重要氧化物 CaO，FeO 和 Fe_2O_3 的摩尔体积的值，它们是通过计算表中列出的各个系统的摩尔体积时得到的。与独立系统的测量值符合得相当好。计算的值与文献中的数据相当吻合。为方便说明，Ličko 和 Daněk（1982）给出在 1873K 时 CaO 的摩尔体积，$V^0(CaO) = 18.28cm^3/mol$。Bottinga 和 Weill（1970）给出了下面一系列氧化物的摩尔体积值，CaO 摩尔体积值 $V^0(CaO) = 16.5cm^3/mol$，$V^0(FeO) = 12.8cm^3/mol$，$V^0(Fe_2O_3) = 52cm^3/mol$，所有的温度都在 1723K。它们之间的差别可能是由温度不同引起的，摩尔体积对温度是相当敏感的。

表 2-11 单个独立系统中计算的纯氧化物的摩尔体积

体 系	$V^0(CaO)/cm^3\cdot mol^{-1}$	$V^0(FeO)/cm^3\cdot mol^{-1}$	$V^0(Fe_2O_3)/cm^3\cdot mol^{-1}$
$CaO\text{-}FeO\text{-}Fe_2O_3\text{-}SiO_2$ （1573K）	16.41±0.26	17.03±0.28	38.79±0.48
$CaO\text{-}FeO\text{-}Fe_2O_3\text{-}Al_2O_3$ （1573K）	16.31±0.60	17.00±0.63	38.11±1.37
$CaO\text{-}FeO\text{-}Fe_2O_3\text{-}MgO$ （1573K）	16.50±0.14	17.01±0.15	39.01±0.34
$CaO\text{-}FeO\text{-}Fe_2O_3\text{-}ZnO$ （1573K）	16.44±0.38	17.22±0.42	38.06±0.45
$CaO\text{-}Fe_2O_3\text{-}Cu_2O$ （1573K）	16.42±0.35	—	39.29±0.36
平 均 值	16.42±0.35	17.07±0.37	38.65±0.60

计算的纯氧化物的表面张力在表 2-12 中给出。再一次发现数据与模型符合得非常好。对于纯氧化物的表面张力，下面的值可以用于和文献中的值进行比较：Daněk 和 Ličko（1982）根据测量 $CaO\text{-}MgO\text{-}SiO_2$ 系统给出在 1800K 时，CaO 的表面张力是 $\sigma(CaO) = 726nN/m$。Daněk 等人（1985a）从 $CaO\text{-}FeO\text{-}Fe_2O_3\text{-}SiO_2$ 系统中计算出 CaO、FeO、Fe_2O_3 的表面张力在 1723K 时分别是 $\sigma(CaO) = 689mN/m$、$\sigma(FeO) = 502mN/m$、$\sigma(Fe_2O_3) = 467mN/m$。对于 FeO，Richardson（1974）给出的表面张力值是 $\sigma(FeO) = 585mN/m$。

表 2-12 单个独立系统中计算的纯氧化物的表面张力

体 系	$\sigma(CaO)/cm^3\cdot mol^{-1}$	$\sigma(CaO)/cm^3\cdot mol^{-1}$	$\sigma(CaO)/cm^3\cdot mol^{-1}$
$CaO\text{-}FeO\text{-}Fe_2O_3\text{-}SiO_2$ （1573K）	657.6±12.8	588.6±11.3	376.2±7.3
$CaO\text{-}FeO\text{-}Fe_2O_3\text{-}Al_2O_3$ （1573K）	661.6±7.8	585.1±7.0	375.0±4.5
$CaO\text{-}FeO\text{-}Fe_2O_3\text{-}MgO$ （1573K）	656.7±11.8	582.8±12.7	274.4±7.9
$CaO\text{-}FeO\text{-}Fe_2O_3\text{-}ZnO$ （1573K）	617.5±16.7	589.4±25.4	363.3±14.8
$CaO\text{-}Fe_2O_3\text{-}Cu_2O$ （1573K）	686.9±25.7	—	379.5±15.7
平 均 值	656.1±15.0	586.5±14.1	373.7±10.0

3 相 平 衡

3.1 热力学原理

凝聚系统的等压相图采用图形来描述相平衡随温度与组成的变化关系。在相图中，可以观察到各个相的存在范围。在许多工业领域中，相图是一种很重要的工具，例如冶金、材料科学、玻璃制造、铝生产等。制作一个可信的相图通常是开发一项新工艺技术的第一步。相平衡理论的基本定律和法则将在后面的章节中给出。

3.1.1 吉布斯相律

设一个封闭系统中有 f 个相和 k 种物质，物质之间互不发生反应。每个相的组成可以用 $(k-1)$ 个摩尔分数表示，各个相中包含的每种物质的摩尔分数之和为1。

为了描述 由 k 种物质组成的 f 个独立相，我们需要知道 $f(k-1)$ 个关于成分的独立数据。除了这些我们还需要知道系统整体的温度和压力，如果整个系统中的温度和压力相同，这样我们得到了 $f(k-1)+2$ 个变量数值。如果认为系统是处于平衡态，则系统一定会满足热力学强度准则，因此每一物质在各个相中的化学势相等。这个准则确定了内在变量之间的约束条件的数量，即 $k(f-1)$。约束条件的数量要比相数少一个。总变量数和约束条件数量之间的差确定了内在变量的数量。在含有 k 种物质、f 个相的平衡态系统中，内在变量的数量是固定的，我们称之为自由度数，以 v 表示

$$v = f(k-1) + 2 - k(f-1) = k - f + 2 \qquad (3\text{-}1)$$

这是吉布斯相律的数学表达形式，它是学习相平衡的简要的准则。

例如：

（1）一个封闭容器中充满氧气，物质种数为1（氧气），物相数为1（气相）

$$v = k - f + 2 = 1 - 1 + 2 = 2 \qquad (3\text{-}2)$$

这个系统的自由度为2，改变温度和压力不会产生新的物相。

（2）一个封闭容器中的一部分装入水，物质种数为1（水），物相数为2（水和水蒸气）

$$v = k - f + 2 = 1 - 2 + 2 = 1 \qquad (3\text{-}3)$$

这个系统自由度为1，因此温度和压力不能独立改变。温度要随着平衡压力而改变，反之亦然。当压力一直下降时，水会完全蒸发掉。

（3）一个封闭容器装入乙醇和水的混合物，物质种数为2（水和乙醇），物相数为2（乙醇和水混合液，乙醇和水混合气）

$$v = k - f + 2 = 2 - 2 + 2 = 2 \qquad (3\text{-}4)$$

这个系统自由度为2，我们可以改变液相的压力和组成。然而一旦这些量确定下来，

那么气相的温度和组成也已经被确定了。

3.1.2 杠杆规则

杠杆规则是通过质量守恒和物质的量守恒得到的。在一条直线上，我们看到混合物 X 在纯物质 A 和 B 之间以及它们各自的摩尔分数和物质的量：

对于物质的量的平衡有

$$n_1 = n_1' + n_1' \tag{3-5}$$

$$n_1 x_1 = n_1' x_1' + n_1'' x_1'' \tag{3-6}$$

$$(n_1' + n_1'') x_1 = n_1' x_1' + n_1'' x_1'' \tag{3-7}$$

$$n_1' x_1 + n_1'' x_1 = n_1' x_1' + n_1'' x_1'' \tag{3-8}$$

$$n_1' (x_1 - x_1') = n_1'' (x_1'' - x_1) \tag{3-9}$$

最终得到

$$\frac{n_1'}{n_1''} = \frac{x_1'' - x_1}{x_1 - x_1'} \equiv \frac{\overline{BX}}{\overline{AX}} \tag{3-10}$$

根据杠杆规则，两相的物质的量的比例等于图点到两物质的线段长度的比例。很容易看出，对于某系统而言，任何处在一条直线上的 3 点都遵循杠杆规则。

适用于二元系的杠杆规则同样适用于三元系和四元系，此时则分别采用三角形规则和四边形规则。

根据三角形规则，包含在由 A、B、C 三个顶点围成的三角形中的每个相点都可以由 3 个相 A、B、C 表示。例如下图：根据杠杆规则，F 相首先分为相 C 和相 D，再根据杠杆规则把相 D 分成相 A 和相 B。

根据四边形规则，四边形对角上的组分点（例如 A，C），可以被转化成另外一对组分点，即四边形中另一对角线上的组分点（B 和 D）。

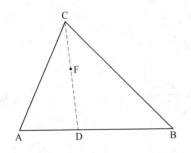
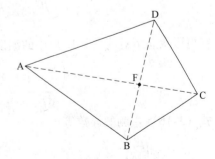

根据杠杆规则，相点 A 和 C 首先构成相点 F，然后根据杠杆规则把相点 F 分成相点 B 和 D。四边形规则尤其应用在固液共熔构成的三元系相图和交互体系相图中。

在体系 A-B 中出现的配合物 $Z = A_q + B_r$ 的情况下，对于研究组分 A 在分系统 A-Z 中的行为时（相图）是很有利的，但这时需要改变物质组成的坐标。

体系 A-B（相图）中组分 A 的物质组成坐标转变成适应体系 A-Z 的物质组成坐标依据下面的公式

$$x A + (1 - x) B = y A + (1 - y) A_q B_r \tag{3-11}$$

式中，x 是组分 A 在原来体系 A-B 中的摩尔分数，y 是组分 A 在转变的体系 A-Z 中的摩尔分数。

转变后的物质组成坐标 y 由下面的表达式得出

$$y = \frac{(q + r)x - q}{(q + r - 1)x - q + 1} \tag{3-12}$$

3.1.3 溶液热力学

这一节中，我们的重点是溶液的理论基础，借此来理解平衡相图。体系相变与体系温度的关系的热力学分析中，将特别强调体系组成对这种关系的影响，因为这个方法是相图计算的理论基础。对于组成，将采用摩尔分数，因为其与温度和压力无关。

各个文献使用不同的关系式来描述 $a_{i,l}$ 与 T_i 的关系 $a_{i,l} = f(T_i)$。例如，在 Blander (1964)、Denbigh (1966)、Prigogine 和 Defay (1962) 的专著中，活度被认为是摩尔混合热的函数，而在其他人如 Kogan (1968) 的专著中，活度被认为是部分摩尔混合热的函数。

每个相图显示出物质在各自饱和溶液中活度对温度（液相线，液相面）的依赖关系，我们将在二元混合系中核实这个关系。

3.1.3.1 $\mu_{s,A} = \mu_{l,A}$ 关系的应用

设 1mol 纯固态物质和它的饱和溶液处于平衡状态，研究固态物质转变成液态物质的等温过程。处于平衡态时，两相中的化合物的化学势是相等的（例如，对于 A 物质）

$$\mu_{s,A} = \mu_{l,A} \tag{3-13}$$

因为 $\mu_i = \mu_i^0 + RT\ln a_i$，所以可得到

$$\mu_{s,A}^0 + RT\ln a_{s,A} = \mu_{l,A}^0 + RT\ln a_{l,A} \tag{3-14}$$

因为 A 是纯固态物质，所以 $a_{s,A} = 1$，代入整理得

$$\frac{\mu_{s,A}^0}{T} - \frac{\mu_{l,A}^0}{T} = RT\ln a_{l,A} \tag{3-15}$$

在恒压状态下对式（3-15）中的温度求导数，得到

$$\frac{d\left(\frac{\mu_{s,A}^0}{T}\right)}{dT} - \frac{d\left(\frac{\mu_{l,A}^0}{T}\right)}{dT} = R\frac{d\ln a_{l,A}}{dT} \tag{3-16}$$

式（3-16）左侧的导数等于

$$\frac{d\left(\frac{\mu_i^0}{T}\right)}{dT} = \frac{1}{T^2}\left(T\frac{d\mu_i^0}{dT} - \mu_i^0\right) = \frac{1}{T^2}(-G_i - TS_i) = -\frac{1}{T^2}\left(\frac{dH}{dn_i}\right) = -\frac{H_i}{T^2} \tag{3-17}$$

需要记住的是，H 的导数，体系的焓（非摩尔）与 n_i 的比值就是摩尔焓 H_i，式（3-16）可写成下面的形式

$$\frac{H_{l,A} - H_{s,A}}{RT^2} = \frac{d\ln a_{l,A}}{dT} \tag{3-18}$$

$H_{l,A}$ 和 $H_{s,A}$ 的差表明 1mol 纯物质从固态转为液态时焓发生变化，定义其为摩尔熔

化熔，式（3-18）化为最终形式

$$\frac{\mathrm{d}\ln a_{1,\ A}}{\mathrm{d}T} = \frac{\Delta_{\mathrm{fus}}H_{A}}{RT^2} \tag{3-19}$$

式（3-19）是 Le Chatelier-Shreder 方程的微分形式。可以对方程求积分，即从温度 T 下的活度 $a_{1,\ A}$ 积分到熔化温度 $T_{\mathrm{fus},\ A}$ 下的活度 $a_{1,\ A} = 1$（纯溶剂），就能得到方程的积分形式。从简化的形式中，假设物质在固态和液态时的热容差（记为 $\Delta_{s/1}\dot{C}_p$）不随温度变化。于是得到：

$$\ln a_{1,\ A} = \frac{\Delta_{\mathrm{fus}}H_{A}}{R}\left(\frac{1}{T_{\mathrm{fus},\ A}} - \frac{1}{T}\right) + \frac{\Delta_{s/1}C_p}{R}\left(\frac{T_{\mathrm{fus},\ A}}{T} - 1 - \ln\frac{T_{\mathrm{fus},\ A}}{T}\right) \tag{3-20}$$

这就是所说的 Le Chatelier-Shreder 方程的积分形式。进一步假设物质的 $\Delta_{s/1}C_p$ 为 0（摩尔熔化焓为常数），就可以获得 Le Chatelier-Shreder 方程的简化形式

$$\ln a_{1,\ A} = \frac{\Delta_{\mathrm{fus}}H_{A}}{R}\left(\frac{1}{T_{\mathrm{fus},\ A}} - \frac{1}{T}\right) \tag{3-21}$$

然而，在相图计算中，也就是计算物质在饱和溶液中的活度与温度的关系时，要用 Le Chatelier-Shreder 方程对于温度的详细关联形式

$$T = \frac{\Delta_{\mathrm{fus}}H_{A}T_{\mathrm{fus},\ A}}{\Delta_{\mathrm{fus}}H_{A} - RT_{\mathrm{fus},\ A}\ln a_{1,\ A}} = \frac{\Delta_{\mathrm{fus}}H_{A}}{\Delta_{\mathrm{fus}}S_{A} - R\ln a_{1,\ A}} \tag{3-22}$$

3.1.3.2 Planck 函数 G/T 的应用

在恒压下，纯固态物质和其饱和溶液之间的平衡由下面两个等式共同确定

$$\frac{\overline{G}_1}{T} = \frac{G_s^0}{T} \tag{3-23}$$

$$\mathrm{d}\left(\frac{\overline{G}_1}{T}\right) = \mathrm{d}\left(\frac{G_s^0}{T}\right) \tag{3-24}$$

当 P 恒定时，$\overline{G}_1^0 = f(T,\ x)$，式中 x 为饱和溶液中液态物质 B 的摩尔分数，$G_s^0 = f(T)$。由于 $\overline{G}_1 = G_1^0 + RT\ln a_1$，对于等式（3-24）就得到

$$\frac{\partial}{\partial T}\left(\frac{G_1^0 + RT\ln a_1}{T}\right)_x \mathrm{d}T + \frac{\partial}{\partial x}\left(\frac{G_1^0 + RT\ln a_1}{T}\right)_T \mathrm{d}x = \frac{\partial}{\partial T}\left(\frac{G_s^0}{T}\right)\mathrm{d}T \tag{3-25}$$

认为 $\dfrac{\partial}{\partial T}\left(\dfrac{G_1^0}{T}\right)_T = 0$。重新整理得到

$$R\left[\left(\frac{\partial\ln a_1}{\partial T}\right)_x \mathrm{d}T + \left(\frac{\partial\ln a_1}{\partial x}\right)\mathrm{d}x\right] = -\frac{\partial}{\partial T}\left(\frac{G_1^0 - G_s^0}{T}\right)\mathrm{d}T \tag{3-26}$$

又有 $\dfrac{\partial}{\partial T}\left(\dfrac{G}{T}\right)_{x,\ P} = \dfrac{-H_{x,\ P}}{T^2}$，得到

$$\mathrm{d}\ln a_1(T,\ x) = \frac{\Delta_{\mathrm{fus}}H^0}{RT^2}\mathrm{d}T \tag{3-27}$$

式中，$\Delta_{\mathrm{fus}}H^0 = H_1^0 - H_s^0$。等式（3-27）很明显等价于等式（3-19）。Planck 函数的应用被称作微分理论。

3.1.3.3　$a_1 = f(T, x)$ 的应用

对于给定形式的平衡态，通常拥有 $a_1 = f(T, x)$，压力恒定等性质，相应的 $\ln a_1 = f(T, x)$。a_1 和 $\ln a_1$ 都是状态函数。应用精确的微分特性，可以写成

$$\mathrm{d}\ln a_1 = \left(\frac{\partial \ln a_1}{\partial T}\right)_x \mathrm{d}T + \left(\frac{\partial \ln a_1}{\partial x}\right)_T \mathrm{d}x \tag{3-28}$$

如果等式（3-28）右侧的项都是已知的，则可以对等式进行积分。

在 x 恒定时，定义式 $\overline{G}_1 = G_1^0 + RT\ln a_1$ 对 T 求导，得到

$$\left(\frac{\partial \ln a_1}{\partial T}\right)_x = \frac{1}{R}\left[\frac{\partial(\overline{G}_1 - G_1^0)}{\partial T}\right]_x \tag{3-29}$$

或

$$\left(\frac{\partial \ln a_1}{\partial T}\right)_x = -\frac{(\overline{H}_1 - H_1^0)x}{RT^2} \tag{3-30}$$

因此等式（3-28）右侧第一项确立下来。

右侧第二项的确定方法可通过将等式（3-30）应用到固-液两相平衡中来得到。

$$\left[\frac{\partial}{\partial T}\left(\frac{\overline{G}_1}{T}\right)\right]_x \mathrm{d}T + \left[\frac{\partial}{\partial x}\left(\frac{\overline{G}_1}{T}\right)\right]_T \mathrm{d}x = \left[\frac{\partial}{\partial T}\left(\frac{G_s^0}{T}\right)\right] \mathrm{d}T \tag{3-31}$$

或

$$-\left(\frac{\overline{H}_1 x}{T^2}\right)\mathrm{d}T + \left[\frac{\partial}{\partial x}\left(\frac{G_1^0 + RT\ln a_1}{T}\right)\right]_T \mathrm{d}x = -\left(\frac{H_s^0}{T^2}\right)\mathrm{d}T \tag{3-32}$$

重新整理后得到

$$\left(\frac{\partial \ln a_1}{\partial x}\right)_T \mathrm{d}x = \frac{(\overline{H}_1 - H_1^0)x}{RT^2}\mathrm{d}T \tag{3-33}$$

等式（3-33）是等式（3-28）右侧第二项。把等式（3-30）和等式（3-33）代入等式（3-28）中替换相对应的项得到

$$\mathrm{d}\ln a_1 = \frac{(-\overline{H}_1 + H_1^0)x}{RT^2}\mathrm{d}T + \frac{(\overline{H}_1 - H_s^0)x}{RT^2}\mathrm{d}T \tag{3-34}$$

或

$$\mathrm{d}\ln a_1 = \frac{\Delta_{\mathrm{fus}}H^0}{RT^2} \tag{3-35}$$

等式（3-35）很明显与等式（3-27）相同，它是等式（3-21）的微分形式。

3.1.3.4　两液相平衡共存

由等式（3-33）可以得到

$$\frac{\mathrm{d}T}{\mathrm{d}x} = \frac{RT^2\left(\frac{\partial \ln a_1}{\partial x}\right)_T}{(\overline{H}_1 - H_s^0)_x} \tag{3-36}$$

由于 $\overline{H}_1 - H_s^0 = \Delta_{\mathrm{mix}}\overline{H}_1 + \Delta_{\mathrm{fus}}H^0$，等式（3-36）变为

$$\frac{\mathrm{d}T}{\mathrm{d}x} = \frac{RT^2\left(\dfrac{\partial \ln a_1}{\partial x}\right)_T}{\left(\Delta_{\mathrm{mix}}\overline{H}_1 + \Delta_{\mathrm{fus}}H^0\right)_x} \tag{3-37}$$

项 $\Delta_{\mathrm{fus}}H^0$ 总是大于 0 的。

对于项 $(\partial \ln a_1 / \partial x)_T$，情况就变得复杂了。在全浓度范围内关系式 $a_1 = f(x_i)$ 是单调的，体系中只存在一个液相，这个过程中 $(\partial \ln a_1 / \partial x)_T > 0$。

然而，当函数 $a_1 = f(x_i)$ 不单调，如图 3-1 所示，在两液相共存条件下，对组成为 Q 点和 R 点，给定组元 i 的活度是相等的，同时还拥有 $(\partial \ln a_{1,q} / \partial x)_T > 0$ 并且 $(\partial \ln a_{1,R} / \partial x)_T > 0$ 的特性。

对于部分互溶的体系，这是一种典型情况，并且和溶液的理想行为存在很大的正偏差。在这一体系中，两个液相平衡共存。组成坐标处于 Q 点和 R 点的液体显然处于平衡状态。组成坐标处于 Q 点和 R 点之间的单相溶液与两相体系相比是处于亚稳状态的。

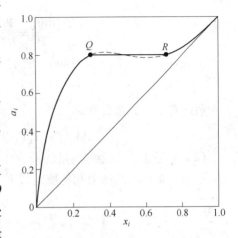

图 3-1 在 $a_1 = f(x_i)$ 的系统中呈现出非互溶性间隙

3.1.3.5 混合吉布斯自由能

在相图计算中，摩尔混合吉布斯自由能发挥重要作用。纯液态物质 A 和 B 在一定的温度和压力下混合，摩尔吉布斯能变化为

$$\Delta_{\mathrm{mix}}G = G_{\mathrm{mix}} - n_{\mathrm{A}}\mu_{\mathrm{A}}^0 - n_{\mathrm{B}}\mu_{\mathrm{B}}^0 \tag{3-38}$$

混合物的摩尔吉布斯自由能 G_{mix} 等于自由能的总和

$$G_{\mathrm{mix}} = n_{\mathrm{A}}\overline{G}_{\mathrm{A}} + n_{\mathrm{B}}\overline{G}_{\mathrm{B}} = n_{\mathrm{A}}\mu_{\mathrm{A}} - n_{\mathrm{B}}\mu_{\mathrm{B}} \tag{3-39}$$

等式（3-38）和等式（3-39）两边相加，得到

$$\Delta_{\mathrm{mix}}G = n_{\mathrm{A}}(\mu_{\mathrm{A}} - \mu_{\mathrm{A}}^0) + n_{\mathrm{B}}(\mu_{\mathrm{B}} - \mu_{\mathrm{B}}^0) \tag{3-40}$$

又知 $\mu_i - \mu_i^0 = RT\ln a_1$，上式变为

$$\Delta_{\mathrm{mix}}G = n_{\mathrm{A}}RT\ln a_{\mathrm{A}} + n_{\mathrm{B}}RT\ln a_{\mathrm{B}} \tag{3-41}$$

或者，根据 $a_i = x_i \gamma_i$ 得到

$$\Delta_{\mathrm{mix}}G = n_{\mathrm{A}}RT\ln x_{\mathrm{A}} + n_{\mathrm{B}}RT\ln x_{\mathrm{B}} + n_{\mathrm{A}}RT\ln\gamma_{\mathrm{A}} + n_{\mathrm{B}}RT\ln\gamma_{\mathrm{B}} \tag{3-42}$$

3.1.3.6 理想溶液

根据 Lewis 理论，在理想溶液中任意成分的逸度是和此成分的摩尔分数成比例的。在全浓度范围，所有温度和压力下都成立。如下

$$f_i = x_i f_i^0 \tag{3-43}$$

式中，f_i 和 f_i^0 分别是成分在溶液和纯物质状态下的逸度。从这个定义中可以得到下面两个重要的结论。

（1）溶液的混合后体积不收缩也不膨胀。

证明：由等式（3-43）得到

$$\ln f_i = \ln x_i + \ln f_i^0 \tag{3-44}$$

在恒定温度和组成下上式对压力求导得

$$\frac{d\ln f_i}{dP} = \frac{d\ln f_i^0}{dP} \tag{3-45}$$

又知

$$\frac{d\ln f_i}{dP} = \frac{\overline{V}_i}{RT} \quad \text{且} \quad \frac{d\ln f_i^0}{dP} = \frac{V_i^0}{RT} \tag{3-46}$$

由式 (3-45) 和式 (3-46) 得到

$$\overline{V}_i = V_i^0 \tag{3-47}$$

最终对于二元系得到

$$\Delta V_{mix} = n_A \overline{V}_A + n_B \overline{V}_B - n_A V_A^0 - n_B V_B^0 = 0 \tag{3-48}$$

(2) 溶液混合不会有热量的减少和损失。

证明: 在恒定的压力和物质组成下, 等式 (3-43) 对温度求导得到

$$\frac{d\ln f_i}{dT} = \frac{d\ln f_i^0}{dT} \tag{3-49}$$

又知

$$\frac{d\ln f_i}{dT} = \frac{\overline{H}_i^* - \overline{H}_i}{RT^2} \tag{3-50}$$

因此

$$\overline{H}_i^* - \overline{H}_i = \overline{H}_i^* - H_i^0 \tag{3-51}$$

由式 (3-51) 得到

$$\overline{H}_i = H_i^0 \tag{3-52}$$

二元溶液混合焓变为

$$\Delta H_{mix} = n_A \overline{H}_A + n_B \overline{H}_B - n_A H_A^0 - n_B H_B^0 = 0 \tag{3-53}$$

对于理想溶液 $\gamma_i = 1$, 等式 (3-42) 简化为如下形式

$$\Delta_{mix} G^* = n_A RT \ln x_A + n_B RT \ln x_B \tag{3-54}$$

对于任意溶液都有

$$\Delta_{mix} G^* = \Delta_{mix} H^* - T \Delta_{mix} S^* \tag{3-55}$$

由于是理想溶液, $\Delta_{mix} H^* = 0$, 所以

$$\Delta_{mix} G^* = - T \Delta_{mix} S^* \tag{3-56}$$

由以上的式子可得到

$$\Delta_{mix} S^* = - R(n_A \ln x_A + n_B \ln x_B) \tag{3-57}$$

因此理想溶液的摩尔混合熵不为0。因为纯物质混合过程是自发进行的, 且相溶后溶液分子重排, 所以熵有所增加。

根据等式 (3-55) 右侧项的值的不同把溶液分成下面几种 (带 * 号的表示理想混合溶液)。

理想溶液

$$\Delta_{mix}G = \Delta_{mix}G^* \qquad \Delta_{mix}H = 0 \qquad \Delta_{mix}S = \Delta_{mix}S^* \qquad (3\text{-}58)$$

正规溶液

$$\Delta_{mix}G \neq \Delta_{mix}G^* \qquad \Delta_{mix}H \neq 0 \qquad \Delta_{mix}S = \Delta_{mix}S^* \qquad (3\text{-}59)$$

Temkin 理想溶液

$$\Delta_{mix}G \neq \Delta_{mix}G^* \qquad \Delta_{mix}H = 0 \qquad \Delta_{mix}S \neq \Delta_{mix}S^* \qquad (3\text{-}60)$$

3.1.3.7 真实溶液

真实溶液中 $\Delta_{mix}G$ 与 $\Delta_{mix}G^*$ 的偏差，即等式（3-42）与等式（3-54）的偏差称作过剩摩尔混合吉布斯自由能，记为 $\Delta_{ex}G$

$$\Delta_{ex}G = \Delta_{mix}G - \Delta_{mix}G^* = n_A RT\ln\gamma_A + n_B RT\ln\gamma_B \qquad (3\text{-}61)$$

过剩摩尔混合吉布斯自由能对部分物质的量（例如 A 组分）微分，得到

$$\left(\frac{\partial\Delta_{ex}G}{\partial n_A}\right)_{n_B} = RT\ln\gamma_A + RT\left(n_A\frac{\partial\ln\gamma_A}{\partial n_A} + n_B\frac{\partial\ln\gamma_B}{\partial n_A}\right) = RT\ln\gamma_A \qquad (3\text{-}62)$$

根据 Gibbs-Duhem 方程可知上式括号内的表达式为 0。对于组分 B 也能得到相同的关系式。等式（3-62）经常被用来求组分的活度系数。

为了体现真实溶液的性质，即真实溶液对理想溶液性质的偏差程度，使用不同的热力学模型。

3.1.4 熔盐的热力学模型

为了对比理论模型和实验结果，需要知道函数关系式 $a_i = f(x_i)$。这个关系式可以通过以某一结构模型为基础或根据经验获得。这个关系式需要附加一定的限制条件。

根据函数关系 $a_i = f(x_i)$ 的特征，可以很容易把Ⅰ型和Ⅱ型熔盐区别开。Ⅰ型体系包括下面两个条件

$$\lim_{x_1\to 1}\frac{da_1}{dx_1} = 1 \qquad (3\text{-}63)$$

$$\lim_{x_1\to 1}\frac{da_1}{dx_1} = H_1^* \neq 0 \qquad (3\text{-}64)$$

式中，H_1^* 与亨利常数存在比例关系 $H_1^* = f_0 H$，H_1^* 也被叫做亨利常数。第一个条件表明遵从拉乌尔定律，第二个条件表明遵从亨利定律。只要有一个条件不满足，这个体系就是Ⅱ型体系。

如果 $\gamma_i > 1$（即 $a_i > x_i$），此时对理想溶液呈正偏差，如果 $\gamma_i < 1$（即 $a_i < x_i$），此时对理想溶液呈负偏差。对于Ⅰ型溶液，假定服从拉乌尔定律和亨利定律。对于Ⅱ型溶液关系式 $a_i = f(x_i)$ 如图3-2 所示。在浓度区 $[1, x(R)]$，$a_i \approx x_i$，这个区域称为拉乌尔区。在浓度区 $[x(H), 1]$，$a_i \approx H_i^* x_i$，这个区域称为亨利区。

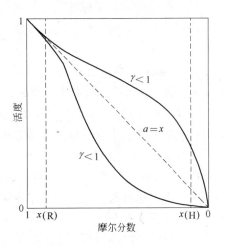

图 3-2　二类体系的 $a_i = f(x_i)$

3.1.4.1 熔盐中活度和活度系数的概念

在有关熔盐的文献中,单离子活度系数常常被误用。单离子活度和活度系数的使用与所选的标准状态有关,因此容易被混淆。在电解质的水溶液的热力学理论中,离子的活度和活度系数已经被使用了很长时间,并扩展到非水混合物、熔盐以及熔渣中。现已普遍认同,单离子活度不能通过实验确定,也不能通过不加任何假设的计算得到。因此要注意:应用单离子活度时,要明确标准态和应用准则。

A 单离子活度系数的确定

为简单起见,只考虑对称二元单价电解质溶液。

这时可测量的重要的热力学量是混合物中组分 MA 的化学势的变化 $\Delta\mu_{MA}$。MA 的活度 a_{MA} 通过下面的等式确定

$$\Delta\mu_{MA} = \mu_{MA} - \mu_{MA}^0 = RT\ln a_{MA} \tag{3-65}$$

式中,μ_{MA} 和 μ_{MA}^0 分别是给定混合物的当前状态和标准状态的化学势。在标准状态下,活度 a_{MA}^0 被定为 1。等式(3-65)强调,通常选活度为 1 时的状态为标准状态。

对于可电离的电解质 MA,活度系数 γ_{MA} 可通过下式得到

$$\Delta\mu_{MA} = RT\ln(c_{M^+}c_{A^-}\gamma_{MA}) \tag{3-66}$$

式中,c_{M^+} 和 c_{A^-} 分别代表离子 M^+ 和 A^- 的浓度。在等式中,会使用不同的浓度单位,例如体积摩尔浓度、质量摩尔浓度等。通常认为体系中所含各种组分的摩尔(离子)分数是最合理的浓度单位。

同理,在等式(3-65)中,单离子活度 a_{M^+} 和 a_{A^-} 一般通过下式来确定

$$\mu_{M^+} = \mu_{M^+}^0 + RT\ln a_{M^+} \tag{3-67}$$

$$\mu_{A^-} = \mu_{A^-}^0 + RT\ln a_{A^-} \tag{3-68}$$

式中,μ_{M^+} 和 μ_{A^-} 分别是当前溶液中离子 M^+ 和 A^- 的化学势。

单粒子活度系数 γ_{M^+} 根据下式确定

$$a_{M^+} = c_M + \gamma_{M^+} \tag{3-69}$$

上式对于 γ_{A^-} 同样适用。从等式(3-67)和等式(3-68)中可以看出,单离子活度系数与所选的浓度单位和离子标准状态的选择有关。

由以上的等式推出熔盐的活度系数与单离子活度系数的关系

$$\gamma_{MA} = \gamma_{M^+}\gamma_{A^-} = \gamma_{\pm}^2 \tag{3-70}$$

式中,$\gamma_{\pm}$ 被称为平均活度系数。强调一下,与单离子相关的量,即 $\Delta\mu_{M^+}$、a_{M^+}、γ_{M^+} 和 $\Delta\mu_{A^-}$、a_{A^-}、γ_{A^-} 都不能通过热力学测量得出。

需要强调一点,单离子活度和活度系数只是形式上的引入。因为溶液是电中性的,不能在保证阴离子浓度不变的情况下将吉布斯自由能对阳离子的量求导。单离子化学势概念在某种程度上是不可信的。

B 标准态

标准态的选择通常是以拉乌尔定律和亨利定律为依据。特殊情况下出于方便或选择与实验结果接近的状态。

a 亨利活度(溶质标准态)

研究稀溶液时,通常将标准状态定义为无限稀溶液。这种情况下,无限稀溶液中溶质的

活度系数接近1,并且把单位浓度($c_i = 1$),单位活度系数($\gamma_i = 1$)状态作为标准状态。就数学形式来说,此标准态是根据 $c_i \to 0$, $a_i/c_i = 1$ 来确定的。选择无限稀溶液为基础,设定其作为假想标准状态可有效地赋予每种溶质粒子的环境和纯溶剂的化学特性。这就意味着,在亨利区($\gamma_i = 1$)吉布斯自由能随着浓度改变而变可以完全归因于溶质的分摩尔熵发生变化,而这种熵变化与每一种溶质的溶液的体积膨胀和收缩有关。当比较同种溶剂的稀溶液中不同物质的活度时,这种标准态是非常有用且常被使用的。例如研究电解质水溶液和熔盐的稀溶液(冰点测定)时都会用到。

定义某个亨利标准态时,需要确认各物质确实存在于无限稀溶液中,否则,将观察不到物质符合亨利定律的行为。对于电解质来说,就是某个离子必须被选做研究物质。每一种离子性物质的标准态选定后,在 101.325kPa 气压下,实际温度的无限稀溶液中,其活度与离子浓度的比值为1。

需要注意的是,无限稀溶液作为标准态时,可以应用于溶液中的所有离子,而不是只应用于所研究的特定离子。这个规定对于所有的离子都是非常重要的,因为正是离子环境造成了溶液偏离理想状态,而不单是所研究的特定离子性质造成的。

b 拉乌尔活度(溶剂标准态)

当所研究的液体混合物组成变化幅度非常宽或是浓度非常高时,选择纯物质(或过冷液体,如果方便的话)作为活度为1的标准态就显得很方便。如此选择之后,同种物质在不同溶剂中的活度就可以直接进行比较,因为活度可以表示成相对于同一标准态(纯物质)的活度。这个标准态是热力学中处理熔融盐、熔融渣的首选。

C 互溶盐混合物体系

含有离子 Na^+、K^+、Cl^- 和 Br^- 的熔盐体系,因为显电中性存在下面的关系

$$n_{Na^+} + n_{K^+} = n_{Cl^-} + n_{Br^-} \tag{3-71}$$

式中,n_i 代表各离子的量。根据相律,体系有三种组分。在某种程度上它们可以被任意选择。例如,混合物中包含 1mol 正电荷和 1mol 负电荷可以被写成

$$x_{Na^+} NaCl + x_{Br^-} KBr + (x_{Cl^-} - x_{Na^+}) KCl \tag{3-72}$$

1mol 混合物的吉布斯自由能为

$$\Delta G = x_{Na^+} \mu_{NaCl} + x_{Br^-} \mu_{KBr} + (x_{Cl^-} - x_{Na^+}) \mu_{KCl} \tag{3-73}$$

同一体系可以按下式改写(单从化学当量计算考虑)

$$x_{Na^+} x_{Cl^-} NaCl + x_{K^+} x_{Cl^-} KCl + x_{Na^+} x_{Br^-} NaBr + x_{K^+} x_{Br^-} KBr \tag{3-74}$$

每摩尔混合物的吉布斯自由能为

$$\Delta G = x_{Na^+} x_{Cl^-} \mu_{NaCl} + x_{K^+} x_{Cl^-} \mu_{KCl} + x_{Na^+} x_{Br^-} \mu_{NaBr} + x_{K^+} x_{Br^-} \mu_{KBr} \tag{3-75}$$

因为等式(3-73)中的吉布斯自由能和等式(3-75)中的化学势相等,合并两个等式得

$$\mu_{KBr} = \mu_{KCl} + \mu_{NaBr} - \mu_{NaCl} \tag{3-76}$$

上式表明,描述体系时多引入一种物质就会自动获得附加的一个等式,此等式与化学势有关。如果我们进一步引入活度

$$\mu_{NaCl} = \mu_{NaCl}^0 + RT \ln a_{NaCl}, 等等 \tag{3-77}$$

得到了化学平衡表达式

$$RT \ln \frac{a_{NaBr} a_{KCl}}{a_{NaCl} a_{KBr}} = \mu_{NaBr}^0 - \mu_{KCl}^0 + \mu_{NaCl}^0 + \mu_{KBr}^0 = - \Delta_{ex} G^{\ominus} \tag{3-78}$$

式中，$\Delta G^{\ominus}$ 代表化学反应过程的吉布斯自由能变化

$$NaCl+KBr \Longrightarrow NaBr+KCl \tag{3-79}$$

这时所有的组分都处于标准态，此处选纯物质为标准态（拉乌尔标准态）。

根据 Temkin（1945）理论，某一熔盐组分的偏摩尔熵（例如在理想熔盐混合物中的 NaCl）可以由下式得到

$$\Delta \bar{S}_{NaCl} = -R\ln(x_{Na^+} x_{Cl^-}) \tag{3-80}$$

式中，$x_{Na^+} = \dfrac{n_{Na^+}}{n_{Na^+} + n_{K^+}}$；$x_{Cl^-} = \dfrac{n_{Cl^-}}{n_{Cl^-} + n_{Br^-}}$。 $\tag{3-81}$

依据上式，某一组分的活度系数（例如 γ_{NaCl}）可由下式得出

$$a_{NaCl} = x_{Na^+} x_{Cl^-} \gamma_{NaCl}，等等 \tag{3-82}$$

每一熔盐活度（例如 a_{NaCl}）一般可以剖分为单个离子活度的积

$$a_{NaCl} = a_{Na^+} a_{Cl^-} \tag{3-83}$$

同理对于活度系数也有

$$\gamma_{NaCl} = \gamma_{Na^+} \gamma_{Cl^-} \tag{3-84}$$

等式（3-83）相当于标准化学势 μ^0_{NaCl} 的形式上的标度

$$\mu^0_{NaCl} = \mu^0_{Na^+} + \mu^0_{Cl^-} \tag{3-85}$$

然而，这种情况下 μ^0_{NaCl} 指的是一种状态，此时 Na^+ 以 Cl^- 为邻，相反 Cl^- 以 Na^+ 为邻，并且可以使用 NaCl 的吉布斯生成自由能来描述。在等式（3-85）中，μ^0_{NaCl} 被分解成离子的标准化学势。

如果我们进一步作一个非热力学的假设，来自化合物 NaCl 的 $\mu^0_{Cl^-}$ 和来自化合物 KCl 的 $\mu^0_{Cl^-}$ 相等，最终的结果会产生矛盾，可以通过下式证明。

对于复分解反应（3-79）有

$$\Delta G^{\ominus} = \mu^0_{KCl} + \mu^0_{NaBr} - \mu^0_{NaCl} - \mu^0_{KBr} \neq 0 \tag{3-86}$$

通过引入单离子的标准化学势，如式（3-86）所示，得出 $\Delta G^{\ominus}=0$，这是矛盾的。

下面有同样的结论，当活度表达式（3-82）和活度系数表达式（3-84）被引入到平衡表达式（3-78）中后，可以得到

$$\frac{(\gamma_{Na^+} \gamma_{Br^-})(\gamma_{K^+} \gamma_{Cl^-})}{(\gamma_{Na^+} \gamma_{Cl^-})(\gamma_{K^+} \gamma_{Br^-})} = \exp\left(\frac{-\Delta_{ex} G^{\ominus}}{RT}\right) \tag{3-87}$$

如果假设来自化合物 NaCl 的 γ_{Cl^-} 和来自化合物 KCl 的 γ_{Cl^-} 相等，那么会得到矛盾式

$$1 = \exp\left(\frac{-\Delta_{ex} G^{\ominus}}{RT}\right) \tag{3-88}$$

这就证明，当选拉乌尔标准态时把盐的活度写为离子活度的形式是不可取的。

D　结论

作为结束语下面几点需要引起注意：

（1）普遍认同单离子活度不能通过热力学测量确定；

（2）工作中应用单离子活度时，一定要明确，且认真分析应用准则；

（3）单离子活度应当用于以理想稀溶液为标准态（亨利活度）来表述组分活度的情况；

（4）当以纯物质为标准态时（拉乌尔标准态），在处理熔融盐或熔渣的混合体系的性质

时,要避免使用单离子活度,因为单离子活度的使用将会导致矛盾的结果出现。

3.1.4.2 正规溶液模型

正规溶液模型常用于满足式(3-59)条件的情况。这就说明混合过程中,由于组分相互影响引发的焓变造成正规溶液与理想溶液的偏差。对于正规溶液的过剩吉布斯自由能,有几种假设关系,例如:

Redlich 和 Kister 理论

$$\Delta_{ex}G^{\ominus} = x_A x_B (A + B x_B + C x_B^2 + \cdots) \tag{3-89}$$

或 Guggenheim 理论

$$\Delta_{ex}G^{\ominus} = x_A x_B [A + B(x_A - x_B) + C(x_A - x_B)^2 + \cdots] \tag{3-90}$$

或 Margules 理论

$$\Delta_{ex}G^{\ominus} = x_A x_B (x_A A + x_B B) \tag{3-91}$$

或 van Laar 理论

$$\Delta_{ex}G^{\ominus} = x_A x_B \frac{AB}{A x_A + B x_B} \tag{3-92}$$

除此之外还存在其他的关系式,对于简单正规溶液有

$$\Delta_{ex}G^{\ominus} = x_A x_B A \tag{3-93}$$

式中,A 代表简单正规溶液组分间的相互作用系数。由式(3-59)可知,在正规溶液中过剩混合熵是 0,因此有

$$\Delta_{ex}G^{\ominus} = \Delta_{ex}H^{\ominus} \tag{3-94}$$

正规溶液模型因此把对理想溶液的偏差归于非零混合焓。

从过剩混合吉布斯自由能中,可以计算组分的活度系数,然而,摩尔分数需要由物质的量得出

$$x_A = \frac{n_A}{n_A + n_B}, \quad x_B = \frac{n_B}{n_A + n_B} \tag{3-95}$$

因此有

$$\Delta_{ex}G^{\ominus} = x_A x_B A = \frac{n_A}{n_A + n_B} \frac{n_B}{n_A + n_B} A \tag{3-96}$$

$$\Delta_{ex}G = \Delta_{ex}G^{\ominus}(n_A + n_B) = \frac{n_A n_B}{n_A + n_B} A \tag{3-97}$$

注意 $\Delta_{ex}G$ 代表广延性质,而 $\Delta_{ex}G^{\ominus}$ 代表强度性质。在 T、P 和 n_i(除目标组分之外的组分)恒定的条件下,$\Delta_{ex}G$ 对各组分物质的量求偏导得到

$$\left(\frac{\partial \Delta_{ex}G}{\partial n_A} \right)_{T,P,n_B} = RT\ln\gamma_A = A x_B^2 = A(1 - x_A)^2 = \left(\frac{\partial \Delta_{ex}H}{\partial n_A} \right)_{T,P,n_B} \tag{3-98}$$

$$\left(\frac{\partial \Delta_{ex}G}{\partial n_B} \right)_{T,P,n_A} = RT\ln\gamma_B = A x_A^2 = A(1 - x_B)^2 = \left(\frac{\partial \Delta_{ex}H}{\partial n_B} \right)_{T,P,n_A} \tag{3-99}$$

对于活度系数可以得到下面的关系式

$$\gamma_i = \exp\left[\frac{A}{RT}(1 - x_i)^2 \right] \tag{3-100}$$

如果液相的性质与简单正规溶液相似,从液相线与组成的关系中(Le Chatelier-Shreder

等式(3-22))可以得到

$$T = \frac{\Delta_{fus}H_i + RT\ln\gamma_i}{\Delta_{fus}S_i - R\ln x_{1,r}} = \frac{\Delta_{fus}H_i + A(1-x_i)^2}{\Delta_{fus}S_i - R\ln x_{1,i}} \tag{3-101}$$

3.1.4.3 Temkin 理想离子溶液模型

上面提到的两种模型可以应用于 I 型体系。在描述 II 型无机熔融体系中的关系式 $a_i = f(x_i)$ 时，用的最多是 Temkin 理想离子溶液模型。

Temkin 模型有三点假设：

(1) 溶液作为一个整体且溶液中组分由离子组成（简单离子，例如 Na^+、Ca^{2+}；复杂离子，例如 SO_4^{2-}、AlF_6^{3-}）。不存在电中性粒子（分子）。

(2) 对于高浓度带电粒子，它们之间会产生较大的静电力。结果每个离子都被带有相反电荷的离子所包围。这就排除了阴阳离子互换的可能。因此，就整体而言，溶液是由两种各自独立又相互联系的溶液组成，也就是说由阴离子溶液和阳离子溶液组成。

(3) 在其"自身的"溶液中，无论离子的尺寸和电荷数如何，所有离子都是等价的，它们可以随机（统计学上）分布于溶液中。

由上面三个假设可以得到下面两个重要的结论：

(1) 阴离子和阳离子溶液的混合焓为 0，因此溶液整体的混合焓也为 0，即 $\Delta_{mix}H=0$。

(2) 阴离子和阳离子溶液的混合熵有各自的构型特征。溶液总混合熵等于两种离子溶液混合熵的和，因此不等于理想溶液的混合熵，即 $\Delta_{mix}S \neq \Delta_{mix}S^*$。

在 Temkin 模型中，非理想混合熵造成了与传统理想溶液的偏差。

考察熔融离子二元混合物 AX-BY 的一般形式（例如 NaCl-LiI）。混合物中存在阳离子 A^+ 和 B^+，阴离子 X^- 和 Y^-。这样一个混合物的混合熵等于阴离子混合熵与阳离子混合熵之和

$$\Delta_{mix}S = \Delta_{mix}S_{A^++B^+} + \Delta_{mix}S_{X^-+Y^-} \tag{3-102}$$

假设每种溶液中的离子是随机混合的，可得到

$$\Delta_{mix}S_{A^++B^+} = \Delta_{mix}S^*_{A^++B^+} = -R(n_{A^+}\ln x_{A^+} + n_{B^+}\ln x_{B^+}) \tag{3-103}$$

$$\Delta_{mix}S_{X^-+Y^-} = \Delta_{mix}S^*_{X^-+Y^-} = -R(n_{X^-}\ln x_{X^-} + n_{Y^-}\ln x_{Y^-}) \tag{3-104}$$

或者写为

$$\Delta_{mix}S = -R(n_{A^+}\ln x_{A^+} + n_{B^+}\ln x_{B^+} + n_{X^-}\ln x_{X^-} + n_{Y^-}\ln x_{Y^-}) \tag{3-105}$$

式中，n_{A^+}、n_{B^+}、n_{Y^-}、n_{X^-} 代表离子的量，x_{A^+}、x_{B^+}、x_{X^-}、x_{Y^-} 分别代表各离子的摩尔分数。通过下式可得出（依据假设）

$$x_{A^+} = \frac{n_{A^+}}{n_{A^+} + n_{B^+}} \quad x_{B^+} = \frac{n_{B^+}}{n_{A^+} + n_{B^+}} \quad x_{X^-} = \frac{n_{X^-}}{n_{X^-} + n_{Y^-}} \quad x_{Y^-} = \frac{n_{Y^-}}{n_{X^-} + n_{Y^-}} \tag{3-106}$$

如果 $\Delta_{mix}H=0$，那么 $\Delta_{mix}G = -T\Delta_{mix}S$。对于 $\Delta_{mix}G$ 有

$$\Delta_{mix}G = \sum_i n_i(\mu - \mu_i) \tag{3-107}$$

为了获得组分化学势的关系，例如 AX，需要把式（3-107）对 n_{AX} 求偏微分。但是当把 n_{A^+} 换为 dn_{A^+} 时，同时也要把 n_{X^-} 换为 dn_{X^-}（溶液要保证在整体上显中性）。因此需要同时对 n_{A^+} 和 n_{X^-} 求导。对于组分 AX 的化学势可以得到

$$\mu_{AX} - \mu^0_{AX} = \left[\frac{\partial \Delta_{mix}G}{\partial n_{AX}}\right]_{n_B, n_Y} = \left[\frac{\partial \Delta_{mix}G}{\partial n_{A^+}}\right]_{n_i \neq A} + \left[\frac{\partial \Delta_{mix}G}{\partial n_{X^-}}\right]_{n_i \neq x} \tag{3-108}$$

还可得到

$$\mu_{AX} - \mu_{AX}^0 = RT\ln x_A + RT\ln x_{X^-} = RT\ln(x_A + x_{X^-}) = RT\ln a_{AX} \tag{3-109}$$

对于组分 AX 的活度可得到

$$a_{AX} = x_{A^+}x_{X^-} \tag{3-110}$$

对于其他的组分也能得到相似的关系式。

例如，LiF(1) - NaF(2)：

$$a_{LiF} = x_{Li^+}x_{F^-} = \frac{x_1}{x_1 + x_2} \times \frac{x_1 + x_2}{x_1 + x_2} = x_{LiF}$$

$$a_{NaF} = x_{Na^+}x_{F^-} = \frac{x_1}{x_1 + x_2} \times \frac{x_1 + x_2}{x_1 + x_2} = x_{NaF}$$

$$\frac{da_{LiF}}{dx_{LiF}} = \frac{dx_{LiF}}{dx_{LiF}} = 1 ; \quad \frac{da_{NaF}}{dx_{NaF}} = 1$$

因此这个体系属于 I 型。1 分子 LiF 引入到熔融 NaF 中，熔融 NaF 中得到一种新的粒子，阳离子 Li^+。对于 NaF 也能得到相同的结果，把 1 分子 NaF 引入到熔融 LiF 中，熔融 LiF 中得到一种新的粒子，阳离子 Na^+。

LiF(1) - $BaCl_2$(2)：

$$a_{LiF} = x_{Li^+}x_{F^-} = \frac{x_1}{x_1 + x_2} \frac{x_1 + x_2}{x_1 + 2x_2} = \frac{x_1^2}{2 - x_1}$$

$$a_{BaCl_2} = x_{Ba^{2+}}x_{Cl^-}^2 = \frac{x_2}{x_1 + x_2}\left(\frac{2x_2}{x_1 + 2x_2}\right)^2 = \frac{4x_2^3}{(1 + x_2)^2}$$

$$\frac{da_{LiF}}{dx_{LiF}} = \frac{2x_1(2 - x_1) + x_1^2}{(2 - x_1)^2} = \frac{4x_1 - x_1^2}{(2 - x_1)^2}$$

$$x_1 \xrightarrow{\lim} 1 \quad \frac{da_{LiF}}{dx_{LiF}} = k_{St, \ BaCl_2/LiF} = 3$$

因此这个体系属于 II 型。一个 $BaCl_2$ 分子引入到熔融的 LiF 中，熔融 LiF 中得到了三个新的粒子 Ba^{2+} 和 $2Cl^-$

$$\frac{da_{BaCl_2}}{dx_{BaCl_2}} = \frac{12x_2^2(1 + x_2) - 4x_2^3 \times 2}{(1 + x_2)^3}$$

$$x_2 \xrightarrow{\lim} 1 \quad \frac{da_{BaCl_2}}{dx_{BaCl_2}} = k_{St, \ LiF/BaCl_2} = 2$$

1 分子的 LiF 引入到熔融 $BaCl_2$，熔融 $BaCl_2$ 中得到 2 个新粒子：Li^+ 和 F^-。

对于式 $a_i = f(x_i)$，Temkin 关系式作为限制关系需要合理引入 Stortenbeker 修正系数。

在 II 型体系中关系式 $a_i = f(x_i)$ 可用图 3-3 所示。关系式 $a_i = f(x_i)$ 曲线的切线与 X 轴相交于一点，相交点处的值等于 Stortenbeker 修正系数值的倒数。

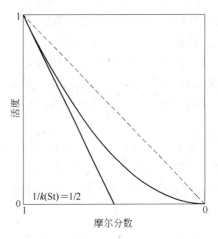

图 3-3 类型 II 体系的摩尔分数与活度的关系 $a_i = f(x_i)$

根据波耳兹曼统计学，N 个粒子某一特定排列形式的概率与系数 $e^{-E/kT}$ 除以 N 个粒子全部排列形式的总数的商成正比。可通过除以 N 个粒子全部排列形式的总数得到。E 代表某一特定排列形式的能。由 A 和 B 粒子组成的二元混合物的配分函数可以写成下面的形式

$$Q = \frac{1}{N_A!\ N_B!} \int \cdots \int e^{-E/kT} dr_1 \cdots dr_N \qquad (3-111)$$

式中，N_A 和 N_B 分别代表粒子 A 和 B 的量，且 $N = N_A + N_B$。

当 A 和 B 改变构型时 E 不随之改变，所有的构型一定具有相同的统计权重，因此 A 和 B 可以随机配分到 N 个粒子构成的所有构型中。此混合物组成一理想溶液。混合焓为 0，混合熵由下式给出

$$\Delta_{mix}S = -Nk(x_A \ln x_A + x_B \ln x_B) \qquad (3-112)$$

式中，$Nk = R$。

最简单的熔融盐混合物至少由三种粒子组成，例如 A^+、B^+ 和 C^-、A^+ 和 B^+ 是阳离子，C^- 是一般的阴离子，且 $N_{A^+} + N_{B^+} = N_{C^-}$。混合吉布斯自由能由下面等式给出

$$\Delta_{mix}G = -RT(x_{A^+} \ln x_{A^+} + x_{B^+} \ln x_{B^+}) \qquad (3-113)$$

式中 x_{A^+} 和 x_{B^+} 分别是阳离子 A^+ 和 B^+ 的摩尔分数，由下式得出

$$x_{A^+} = \frac{n_{A^+}}{n_{A^+} + n_{B^+}} \qquad x_{B^+} = \frac{n_{B^+}}{n_{A^+} + n_{B^+}} \qquad (3-114)$$

等式（3-113）和等式（3-114）共同确定 Temkin 理想溶液。

下面介绍交互盐混合物。在二元系中有三种离子，例如 A^+、B^+/X^-。然而，三个构成部分中只有两种离子的量可以单独改变，因为有电中性这个条件限制

$$n_{A^+} + n_{B^+} = n_{X^-} \qquad (3-115)$$

三元离子体系包括四种离子，有三种不同的组成形式：（A^+、B^+、C^+/X^-），（A^+/X^-、Y^-、Z^-）和（A^+、B^+/X^-、Y^-）。前两种排列是加成三元系（前一个是具有同一阴离子的体系，后一个是具有相同阳离子的体系），而最后一个是一个三元交互体系。根据电中性原理，只有三个独立的熔盐组分，这三种组分可以构成溶液。

将我们的注意力转移到三元交互体系。体系内包含两种不同的阴离子和两种不同的阳离子。此种组成与具有加和性特点的三元系在某种程度上是不同的。有四种构成方式，AX、AY、BX、BY，但是只有三种组成可以独自存在。溶液可以有四种组成方式，即 AX-AY-BX、AX-AY-BY、AX-BX-BY 和 AY-BX-BY，每种组成得到的最终溶液都是不同的。

对于总量为 1mol 的某一溶液，其组成为 $x_{A^+} = 0.3$ 和 $x_{X^-} = 0.5$。使用三种熔盐混合得到的溶液只有两种形式。基于上面的两个组成数据可以断定 $x_{B^+} = 0.7$ 和 $x_{Y^-} = 0.5$。溶液的两种组成形式如表 3-1 所示。两种组合形式得到的最终溶液是相同的，但是吉布斯混合自由能是不同的。

一般的三元系的组成由三角形表示，三元交互体系由四边形表示，各个角代表单一组分 AX、AY、BX、BY。我们所考察的最终的溶液在两个三角形 AX-BX-BY 和 AY-BX-BY 中。

三元交互体系有两个特征。第一个是关于活度和化学势的。不考虑溶液的组成形式，无论哪三种组分被选作溶液组分，四种组分的化学势和活度是确定的且不变的。在关于 Temkin 理想溶液的例子中，$a_{AX} = x_{A^+} x_{X^-} = 0.15$，$a_{AY} = 0.15$，$a_{BX} = 0.35$，$a_{BY} = 0.35$。

表 3-1　三元体系中 AX、AY、BX 和 BY 的量

盐	盐的量/mol	
	形式 1	形式 2
AX	0.3	
AY		0.3
BX	0.3	0.2
BY	0.4	0.5

第二个特征产生于组分间的相互作用和组分 AX、AY、BX、BY 之间的平衡。复分解反应中，平衡时的吉布斯自由能等于各组分标准生成吉布斯自由能的和

$$AX + BY \rightleftharpoons AY + BX \tag{3-116}$$

注意 $x_{A^+} = 0.3$、$x_{X^-} = 0.5$、$x_{B^+} = 0.7$ 和 $x_{Y^-} = 0.5$，很明显在最终的溶液中总会有一种盐消失，或者在式子的左面，或是在式子的右面。因此吉布斯混合自由能包含项 $\pm x_i x_j \Delta_r G^{\ominus}$，式中 i 和 j 代表消失的盐的阳离子和阴离子。如果 i 和 j 是式（3-116）中右面盐的离子，那么选正号；若是左面盐的离子就选负号。因此有

$$\frac{\Delta_{mix} G}{RT} = x_{A^+} \ln x_{A^+} + x_{B^+} \ln x_{B^+} + x_{X^-} \ln x_{X^-} + x_{Y^-} \ln x_{Y^-} \pm x_i x_j \frac{\Delta_r G^{\ominus}}{RT} + \cdots \tag{3-117}$$

这个等式说明如果反应(3-116)中的 $\Delta_r G^{\ominus}$ 不等于 0，那么项 $\Delta_{mix} G/RT$ 一定与理想情况下的项 $\Sigma x_i \ln x_i$ 不同。如果混合物由 AX、BY 和 AY 组成，反应(3-116)向右侧进行。因而 $\Delta_{mix} G$ 一定增加到 $x_B x_X \Delta_r G^{\ominus}$，因为熔盐中形成了 BX。如果混合物由 AX、AY 和 BX 组成，反应(3-116)向相反方向进行，生成 BY。这个结论首先由 Flood 等人在 1954 年运用热力学方法得到，Blaner 和 Yosim（1963）和 FØrland（1964）等人对此进行了扩展。

在知道组成体系的化合物的情况下，交互熔盐体系的活度系数可以通过计算得到。由上面的理论可以推测出某一组分的活度系数，例如 AY 的活度系数

$$RT \ln \gamma_{AY} = \pm x_B x_X \Delta_r G^{\ominus} \cdots \tag{3-118}$$

式中，$\Delta_r G^{\ominus}$ 代表复盐反应（3-116）中的吉布斯自由能。反应正向进行选负号，反向进行选正号。

很容易从定性方面理解。如果反应（3-116）的 $\Delta_r G^{\ominus}$ 是负的，那么反应向右进行，混合物中 AY 和 BX 的相邻物质的量将多于自由混合时的量。因而相对于 AY 和 BX 的正偏差就会产生。

然而在稀溶液中存在一个问题，当 x_B 或 x_X 的值趋近于 0 时，AY 的活度系数将趋近于二元系（AX-AY，AX-BX）中的活度系数。这个问题克服了相似晶格理论。

相似晶格理论是以相似晶格为基础的，相似晶格包括两个相互联系的阴离子和阳离子子格。只考虑相距最近的相邻组元之间的反应，假定任何相距最近的组元对的能量与其环境（对键反应的加和）相对独立。忽略最近的组元之间的反应意味着所有的二元系都是理想的。

在稀溶液中（AX 溶质，BY 溶剂），A^+ 和 X^- 总会有可能结合到一起形成新的键。此情况发生后，基本能量变化为 ΔE。吉布斯自由能随 A^+ 周围的配位数 Z 变化。对于复分解反应（3-116）必将符合下面的等式

$$-\Delta_r G^\ominus = Z\Delta E \qquad (3-119)$$

式中，Z 代表配位数。熔融盐中配位数一般为 4～5。

如果把关于活度系数的相似晶格等式展开到二阶 ΔE，就可以得到

$$RT\ln\gamma_{AY} = x_B x_X Z\Delta E - x_B x_X(x_B x_Y + x_A x_X - x_A x_Y)\frac{Z\Delta E^2}{2RT} + \cdots \qquad (3-120)$$

式中，等式右边的第二项是对于非自由混合情况的第一修正。

为了克服稀溶液中活度系数的问题，Førland（1964）建议添加 4 个加和二元项。

$$x_A \Delta G_A^{ex} + x_B \Delta G_B^{ex} + x_X \Delta G_X^{ex} + x_Y \Delta G_Y^{ex} = x_A x_X x_Y \lambda_A + x_B x_X x_Y \lambda_B + x_X x_A x_B \lambda_X + x_Y x_A x_B \lambda_Y$$

$$(3-121)$$

式中，ΔG_i^{ex} 代表过剩吉布斯混合自由能；λ_i 代表二元系中某种离子的反应参数。把此式代入非自由混合等式中可得

$$RT\ln\gamma_{AY} = \pm x_B x_X \Delta_r G^\ominus - x_B x_X(x_B x_Y + x_A x_X - x_A x_Y)\frac{(\Delta_r G^\ominus)^2}{2ZRT} +$$

$$x_B x_X(x_X - x_Y)\lambda_B + x_X(x_B x_Y + x_A x_X)\lambda_A +$$

$$x_B(x_B x_Y + x_A x_X)\lambda_Y + x_B x_X(x_B - x_A)\lambda_X \qquad (3-122)$$

等式（3-122）给出了活度系数，与之对应的等式（3-123）给出了混合物组分为 AX、BX、BY 时的过剩吉布斯混合自由能

$$\Delta_{mix} G^{ex} = \pm x_B x_Y \Delta_r G^\ominus + x_A \Delta G_A^{ex} + x_B \Delta G_B^{ex} + x_X \Delta G_X^{ex} + x_Y \Delta G_Y^{ex} + x_A x_B x_X x_Y \frac{(\Delta_r G^\ominus)^2}{2ZRT}$$

$$(3-123)$$

在式（3-122）和式（3-123）中，当 $\Delta_r G^\ominus$ 是复分解反应 AX+BY→AY+BX 的吉布斯自由能时，选负号；当 $\Delta_r G^\ominus$ 是复分解反应 AY+BX→AX+BY 的吉布斯自由能时，选正号。等式（3-122）和等式（3-123）对离子体系未必有效。在共性离子溶液理论中也能推出上面的等式，因此可以为等式提供理论基础，式中应当包括库伦相互作用。非自由混合项的形式表明式中的项只与共性离子溶液理论中的 $(\Delta_r G^\ominus)^2$ 成正比，该项只适用于大量盐的情况。比例常数 $(2ZRT)^{-1}$ 是通过与相似晶格理论作类比得到的。式中不包含高次项，为了补偿这个因素，选择大的参数 $Z(=6)$ 很有必要。

观察式（3-122）和式（3-123）的特征可以看出，它们右侧项的值是有限的。当 $x_{B^+} = x_{Y^-} = 1$ 时可得 $\Delta_{mix} G^{ex} = 0$。如果任何一种粒子分数接近于 0，那么等式就变为二元系等式。如果具有加和特性的二元项被推广到像式（3-121）左侧式子一样显示，那么等式在一定程度上可以得到改进。

包含 $(\Delta_r G^\ominus)^2$ 的非随机混合项使 $\ln\gamma_{AY}$ 对 $x_{B^+} + x_{X^-}$ 作图时呈现 S 形特征。例如，当 $\ln\gamma_{AY}$ 对 $x_{B^+} + x_{X^-}$ 作图，曲线在 $x_{B^+} = 0.333$ 的左侧是上升的，而在 $x_{B^+} > 0.333$ 时是下降的，如 LiF-KCl 体系。

3.1.4.4　分子模型

与离子随机混合理论相反，Fellner（1984）和 Chrenková（1987）提出熔融盐混合的

分子模型。模型中假设在理想熔融混合物中，分子（离子对）随机组合。熔融盐的模型组成（即混合物中离子的摩尔分数）是在混合物中组分处于化学平衡时计算得到的。例如，熔盐体系 M_1X- M_2X- M_2Y 可以假设为离子对 $M_1^+ \cdot X^-$、$M^{2+} \cdot X^-$、$M_2^+ \cdot Y^-$、$2M_2^+ \cdot XY^{2-}$。

对于用模型来描述熔融混合物的热力学性质的适用性，通过比较所研究体系的固液两相平衡的实验值与计算值来检测的。

需要注意的是，此模型在形式上与成分的热力学平衡分子（非离子对）的计算是相似的。

3.1.4.5 硅酸熔盐的热力学模型

由于具有聚合物的特征，硅酸熔盐属于不符合拉乌尔定律的 II 型溶液。经典正规溶液模型不适用，因为不符合限制条件。广泛应用于熔融盐的 Temkin 理想离子溶液模型也不能用，因为阴离子之间存在聚合而无法预先知道阴离子的组成。

任何硅酸熔盐的结构模型都应该符合由实验确定的所给硅酸熔盐体系的物理化学性质：

（1）高当量电导率随阳离子尺寸的减小而增大，电导率属于离子特征，至少对于第一主族和第二主族的阳离子来说是成立的；

（2）M_2O（M 为碱金属）的摩尔分数在 10% ~ 60% 的范围内，黏性流的活化能粗略来说是不变的；

（3）M_2O 摩尔分数达到 10% 时体积几乎没有膨化，即使 M_2O 的含量达到 50% 时，溶液的体积也基本不发生变化；

（4）在 M_2O 摩尔分数达到 10% ~ 15% 之前，压缩性随 M_2O 的含量的增加而增强。当 M_2O 摩尔分数超过 10% ~ 15% 增加到 50% 的过程中，压缩性保持不变；

（5）电导率的测量证明了阴离子的存在，传输现象的研究表明 O^{2-} 不运送电荷。

假设上面的关系在 MeO- SiO_2 体系中同样适用。基于上面的因素，MeO- SiO_2 熔盐的结构可以想象为 SiO_4 四面体晶格发生某种程度的聚合，阳离子位于四面体间的自由空位。此理论是 Panek 和 Danek（1977）构想硅酸熔盐热力学模型时使用的。

在硅酸熔盐热力学模型中，组分的化学势可表示成组成体系的所有具有显著能量的原子的化学势的总和。根据组成，氧原子可作为自由氧阴离子、桥连氧原子和非桥连氧原子存在。因此所有的氧原子的意义不完全相同，即它们的化学势不等。根据所有氧原子和 Si—O 键的物料平衡可得出自由氧原子的量。硅原子只能在四重配位位置，而其他可形成网状结构的原子，如 B、Al、Fe 等，既可以作为阳离子存在又可作为中心原子存在于四面体单元中。后一种情况中，会有部分原子参与聚阴离子网络的构成，在计算组分的活度时要把此种情况考虑在内。

单一组分的活度是以共形溶液理论（Reiss 等，1962）为基础计算得到的。这个理论是由没有配合离子形成的溶液体系中推出的。此溶液中的阴离子和阳离子具有相同的电荷数。这个理论后来应用到包含多种价态的溶液中（Saboungi 和 Blander，1975）。

把标准单元中桥连氧原子分数定义为硅酸溶液的聚合度。进行混合物中组分的活度计算需要基于如下假设：

（1）假设在整个网状硅酸盐- 岛状硅酸盐系中，聚合度与 MeO 含量是线性相关的；

（2）SiO_4四面体的聚合度在融化过程中不发生改变；

（3）在熔点附近或初晶温度处融化的聚阴离子的排列形式是相同的，与结晶状态下的排列形式相差不大。

下面考察 MeO-SiO_2 体系（Me＝Mg，Ca，Fe，…）中任意一种熔盐。熔盐由下面四种原子组成：

（1）Me^+阳离子；

（2）处于四面体配位位置且由两种氧原子包围的硅原子；

（3）桥连氧原子，用来连接相邻的两个 SiO_4 四面体，形成 Si-O-Si 共价键；

（4）非桥连氧原子，与硅原子结合形成一个共价键，形成了 Me^+阳离子配位氛。

很明显两种氧原子的键能和结构是不同的。它们相互之间的摩尔比例决定了熔盐的结构，即它的聚合度和组分的化学势。考虑到硅酸盐体系结构的影响，任意组分的化学势被定为所有组成组分的原子化学势的总和，此时特殊的键能和结构要考虑在内。任意溶液中 i 组分的化学势由下面的关系式确定

$$\mu_i = \sum_j n_{i,j}\mu_j \tag{3-124}$$

式中，$n_{i,j}$ 代表 i 组分的 j 原子的数量；μ_j 代表溶液中 j 种原子的化学势。例如，$CaSiO_3$ 由 CaO-SiO_2 体系构成，$CaSiO_3$的化学势等于钙原子化学势、硅原子化学势、桥连氧原子化学势和非桥连氧原子化学势的和。溶液中 i 组分的活度也可由下式确定

$$\mu_i = \mu_i^0 + RT\ln a_i \tag{3-125}$$

式中，μ_i^0 代表第 i 个组分纯物质化学势，溶液中这一组分的化学势由相似的等式确定

$$\mu_i^0 = \sum_j n_{i,j}\mu_{i,j}^0 \tag{3-126}$$

式中，$\mu_{i,j}^0$ 代表 i 组分中的 j 原子的化学势。把等式（3-124）和等式（3-126）代入等式（3-125）中，得

$$\sum_j n_{i,j}\mu_{i,j} = \sum_j n_{i,j}\mu_{i,j}^0 + RT\ln a_i \tag{3-127}$$

溶液中 i 组分的 j 原子的真实摩尔分数由下面的关系式给出

$$y_{i,j}^0 = \frac{n_{i,j}}{\sum_j n_{i,j}} \tag{3-128}$$

$$y_i = \frac{\sum_i n_{i,j}x_i}{\sum_i x_i \sum_j n_{i,j}} \tag{3-129}$$

式中，x_i 代表溶液中 i 组分的摩尔分数。溶液中纯物质 i 的 j 原子的化学势也可以运用等式（3-128）和等式（3-129）通过下面的形式表示

$$\mu_{i,j}^0 = \mu_j^+ + RT\ln y_{i,j}^0 \tag{3-130}$$

$$\mu_j = \mu_j^+ + RT\ln y_j \tag{3-131}$$

式中，μ_j^+ 代表某种组成不包含 j 原子的液相的化学势。把式（3-130）和式（3-131）代入式（3-127）中，可以得到溶液中关于 i 组分活度的关系式

$$\ln a_i = \sum_j n_{i,j}\ln y_j - \sum_j n_{i,j}\ln y_{i,j}^0 \tag{3-132}$$

经过整理后有

$$a_i = \prod_j \left(\frac{y_j}{y_{i,j}^0} \right)^{n_{i,j}} \tag{3-133}$$

关于某种组分活度的式（3-133）是在一般情况下推导出的，可以用于任何体系。计算真实硅酸熔盐溶液中某种组分的活度也可以应用此等式，当然要符合硅酸熔盐的特点。例如同种原子具有不同键能和结构。此种情况可能发生在三价原子如 B^{3+}、Al^{3+}、Fe^{3+}、…或四价原子如 Ti^{4+} 中。

为了描述所给硅酸熔盐的结构，需要正确地完成单氧原子和上面提到的双向原子的物料平衡。物料平衡的计算依据下面的原理。假设由 m 氧化物组成的体系中，熔盐的聚合网状结构是由具有三个和四个配位键的原子 ^jA 连接到桥连（—O—）和非桥连（—O⁻）氧原子构成的。把具有 k 个配位键的原子 ^jA 的百分含量记为 $\alpha_{k,j}$，得到下面的不等式

$$a_{3,j} + a_{4,j} \le 1 \tag{3-134}$$

原子的分布，无论是基于各自的配位数，或是基于参与共价网格结构的程度，都可由下面的物料平衡式来决定

$$n(^jA) = n_0(^jA) + n_3(^jA) + n_4(^jA) \tag{3-135}$$

式中

$$n_0(^jA) = (1 - a_{3,j} - a_{4,j})n(^jA) \tag{3-136}$$

$$n_3(^jA) = a_{3,j}n(^jA) \tag{3-137}$$

$$n_4(^jA) = a_{4,j}n(^jA) \tag{3-138}$$

式中，$n_k(^jA)$ 代表原子 ^jA 配位键的量，$n_0(^jA)$ 代表原子 ^jA 的量，此关系不能建立在聚阴离子的结构中。$n(^jA—O)$ 键的量由下面关系式给出

$$n(^jA—O) = \sum_{j=1}^m \left[(3\alpha_{3,j} + 4\alpha_{4,j})n(^jA) \right] \tag{3-139}$$

假设氧原子总数 $n(O)$ 等于桥连（—O—）和非桥连（—O⁻）氧原子量的总和，就能利用所有氧原子的总量和 $^jA—O$ 键的量的物料平衡计算出他们的量，见下式

$$n(O) = n(—O—) + n(—O^-) \tag{3-140}$$

$$n(—O—) = n(^jA—O) - n(O) \tag{3-141}$$

如果方程的解不符合物理学原理（即 $n_{(i)}$ 的值为负），那么需要假设有非桥连氧原子和氧化物离子 O^{2-} 存在。此时物料平衡等式如下

$$n(O) = n(—O^-) + n(O^{2-}) \tag{3-142}$$

$$n(—O^-) = n(^jA—O) \tag{3-143}$$

对于典型的改性原子如碱金属和碱土金属，可假设

$$\alpha_{3,j} = \alpha_{4,j} = 0 \tag{3-144}$$

然而对于周期表中典型第Ⅳ主族成网元素，如硅和锗，$\alpha_{4,j} = 1$。在其他情况下，$\alpha_{k,j}$ 值的选择是以与计算出的和实验所确定的相图一致为原则。

某一给定组成熔盐的（正式）聚合度 P 可由式（3-140）和式（3-141）计算得到。由于聚合度 P 被定义为桥连氧原子相对于总氧原子的百分含量，那么 P 可以写成下面的形式

$$P = \frac{n(—O—)}{n(O)} = \frac{n(^jA—O) - n(O)}{n(O)} = \frac{\sum_{j=1}^m \left[n(^jA)(3\alpha_{3,j} + 4\alpha_{4,j}) \right]}{n(O)} - 1 \tag{3-145}$$

例如，对于组成为 $(1-x)\text{MeO}+x\text{SiO}_2$ 的 MeO-SiO$_2$ 体系，可知 $n(^j\text{A})=x$，$m=2$，$^1\text{A}=\text{Me}$，$^2\text{A}=\text{Si}$，$\alpha_{3,1}=\alpha_{3,2}=\alpha_{4,1}=0$，且 $\alpha_{4,2}=1$，计算聚合度

$$P = \frac{4x}{1+x} - 1 \tag{3-146}$$

在 $x=0.333$ 的熔盐中，例如对于组成为正硅酸盐的熔盐 $P=0$，对于纯 SiO$_2$ 熔盐 $(x=1)$，$P=1$。

A　模型对于不同体系的应用

硅酸熔盐热力学模型已被用于多种类型相图的计算，如二元系、三元系和伪三元系：

（1）简单二元系和二元共晶体系；

（2）含有同分熔融化合物和异分熔融化合物的二元系和三元系；

（3）带有四个结晶区的三元系，且第四个结晶相的相点位于伪三元系相图一边。

本书重点讨论硅酸盐、铝硅酸盐、铁硅酸盐、钙钛硅酸盐及碱金属硼酸盐体系。

单组分的基本的热力学数据（即熔化温度和熔化焓），主要来自于文献，见表 3-2。同时还参考了由 Bottinga 和 Richet（1978）发表的数据。然而，还有些组分的熔化焓未知。这种情况下，就要依据热力学理论估算得出。除此之外，组分的化学势及缩写在表中都有给出。

在应用模型计算相图时，根据简化且适合的 Le Chatelier-Shreder 等式，i 组分的液相线温度 $T_{i,\text{liq}}$ 可由熔化焓和熔化温度计算得到

$$T_{i,\text{liq}} = \frac{\Delta_{\text{fus}}H_i T_{\text{fus},i}}{\Delta_{\text{fus}}H_i - RT_{\text{fus},i}\ln a_i} \tag{3-147}$$

式中，$T_{\text{fus},i}$ 和 $\Delta_{\text{fus}}H_i$ 分别代表 i 组分的熔化温度和熔化焓；a_i 代表 i 组分的活度，由等式（3-133）计算得到。大多数情况下可假设 $\Delta_{\text{fus}}H_i$ 为常数。然而，在一些情况下，例如当组分的熔化温度和共晶温度相差很大时，$\Delta_{\text{fus}}H_i$ 可以表示为下面的形式

$$\Delta_{\text{fus}}H_i(T) = \Delta_{\text{fus}}H_i(T_{\text{fus}}) - \Delta C_{P,\text{s/l}}(T_{\text{fus}} - T) \tag{3-148}$$

在组成一定的溶液中，第一个结晶温度根据下面的条件式确定

$$T_{\text{pc}} = \max_i(T_{i,\text{liq}}) \tag{3-149}$$

表 3-2　化合物的熔化温度和熔化焓

化 合 物	$T_{\text{熔化}}/\text{K}$	$\Delta_{\text{熔化}}H/\text{kJ}\cdot\text{mol}^{-1}$	参 考 文 献
Al$_2$O$_3$(A)	2293	111.4	Barin 等（1973，1977）
Al$_2$O$_3\cdot2$SiO$_2$(A$_3$S$_2$)	2123	188.3	Barin 等（1973，1977）
B$_2$O$_3$(B)	723	22.2	Barin 等.（1973，1977）
CaO（C）	2843	52.0	Barin 等（1973，1977）
CaO·Al$_2$O$_3$(CA)	1878	102.5	Barin 等（1973，1977）
CaO·2Al$_2$O$_3$(CA$_2$)	2033	200.0	Barin 等（1973，1977）
12CaO·7Al$_2$O$_3$(C$_{12}$A$_7$)	1728	209.3	Barin 等（1973，1977）
2CaO·Al$_2$O$_3$·SiO$_2$(C$_2$AS)	1868	155.9	Barin 等（1973，1977）
CaO·Al$_2$O$_3$·2SiO$_2$(CAS$_2$)	1826	166.8	Barin 等（1973，1977）
CaO·MgO·2SiO$_2$(CMS$_2$)	1665	128.3	Ferrier（1971）

化 合 物	$T_{熔化}/K$	$\Delta_{熔化}H/kJ \cdot mol^{-1}$	参 考 文 献
$2CaO \cdot MgO \cdot 2SiO_2(C_2MS_2)$	1727	85.7	Barin 等（1973，1977）
$CaO \cdot SiO_2(CS)$	1817	56.0	Barin 等（1973，1977）
$2CaO \cdot SiO_2(C_2S)$	2403	55.4	Barin 等（1973，1977）
$3CaO \cdot 2SiO_2(C_3S_2)$	1718	146.3	Barin 等（1973，1977）
$CaO \cdot TiO_2(CT)$	2243	127.3	估计值
$CaO \cdot TiO_2 \cdot SiO_2(CTS)$	1656	139.0	Nerad 等（2000）
$MgO \cdot Al_2O_3(MA)$	2408	200.0	Barin 等（1973，1977）
$MgO \cdot SiO_2(MS)$	1850	75.2	Barin 等（1973，1977）
$2MgO \cdot SiO_2(M_2S)$	2171	71.1	Barin 等（1973，1977）
$MnO \cdot SiO_2(MS)$	1564	66.9	Barin 等（1973，1977）
$Na_2O(N)$	1405	47.6	Barin 等（1973，1977）
$Na_2O \cdot B_2O_3(NB)$	1239	72.4	Barin 等（1973，1977）
$Na_2O \cdot 2B_2O_3(NB_2)$	1016	81.1	Barin 等（1973，1977）
$Na_2O \cdot 3B_2O_3(NB_3)$	1045	105.7	估计值
$Na_2O \cdot 4B_2O_3(NB_4)$	1088	133.4	估计值
$K_2O(K)$	1154	32.7	Therm. Propert（1965）
$K_2O \cdot B_2O_3(KB)$	1223	64.8	估计值
$K_2O \cdot 2B_2O_3(KB_2)$	1088	104.1	Barin 等（1973，1977）
$Li_2O \cdot B_2O_3(LB)$	1117	67.7	Barin 等（1973，1977）
$Li_2O \cdot 2B_2O_3(LB_2)$	1190	120.4	Barin 等（1973，1977）
$SiO_2(S)$	1996	9.6	Barin 等（1973，1977）
$TiO_2(T)$	2103	66.9	Barin 等（1973，1977）

B CaO-MgO-SiO$_2$ 体系

Pánek 和 Daněk（1977）计算出三元系 CaO-MgO-SiO$_2$ 中多个二元及伪二元相图。被选的体系有 SiO$_2$-CaO·SiO$_2$、CaO·MgO·2SiO$_2$-SiO$_2$、CaO·SiO$_2$-CaO·MgO·2SiO$_2$、CaO·SiO$_2$-2CaO·MgO·2SiO$_2$、CaO·MgO·2SiO$_2$-CaO·MgO·2SiO$_2$、CaO·SiO$_2$-2CaO·SiO$_2$ 和 CaO·MgO·2SiO$_2$-2MgO·SiO$_2$。

用来作对比的实验相图是引用于 Levin 等人 1964 年发表的相图。作者忽略任何情况下熔化焓随温度的改变。图 3-4 和图 3-5 分别是 CaSiO$_3$-Ca$_2$MgSi$_2$O$_7$ 和 CaSiO$_3$-Ca$_2$SiO$_4$ 的例子。图中给出了实验相图与计算相图之间的比较。在 CS-C$_2$S 体系中，形成异分熔融化合物 C$_3$S$_2$，这就对熔盐中 CS 和 C$_2$S 的活度造成了影响。因此，在计算部分体系 CS-C$_3$S$_2$ 和 C$_3$S$_2$-C$_2$S 时要考虑这个因素。

C CaO-FeO-SiO$_2$ 和 CaO-Fe$_2$O$_3$-SiO$_2$ 体系

Daněk 通过比较由热力学硅酸盐模型计算得到的液相面和实验得到的液相面来研究熔融盐的真实结构，研究的体系包括与金属铁达到平衡的 CaO-FeO-SiO$_2$ 体系和与空气（p(O$_2$)=21kPa）达到平衡的 CaO-Fe$_2$O$_3$-SiO$_2$ 体系，考察 Fe(Ⅱ) 和 Fe(Ⅲ) 原子在聚阴离子结

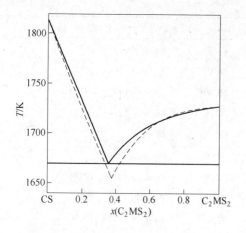

图 3-4   CaOSiO₃-Ca₂MgSiO₇ 体系相图

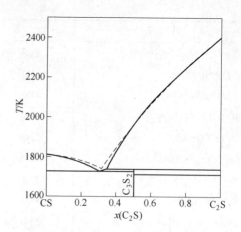

图 3-5   CaSiO₃-Ca₂SiO₄ 体系相图

构中的作用。四元系 CaO-FeO-Fe₂O₃-SiO₂ 已经被 Muan 和 Osborne（1965）和 Timucin 和 Morris（1970）研究过。

　　CaO-FeO-SiO₂ 体系的情形相对清楚一些，体系中 Fe（Ⅱ）原子位于体系的空隙点处，该位置的配位数大于 4。然而，根据 Lee 和 Gaskell（1974）密度测量所得结果，熔体会微分成富氧化钙区和富氧化铁区域。

　　另外，CaO-Fe₂O₃-SiO₂ 体系中的 Fe（Ⅲ）原子可以进入熔体的网络结构中，也可以和 Fe（Ⅱ）原子相似，处于某些配位数高于 4 的空隙处，起到结构调整的作用。Fe-O 原子间距与成分的关系和 Si-Si 原子间距的情形相似，这与 Fe（Ⅲ）原子由八面体位置到四面体位置的转变相一致。

　　CaO-"FeO"-SiO₂ 体系的部分计算相图如图 3-6 所示。用来作对比的实验相图引用 Muan 和 Osborn（1965）发表的，相似的部分相图如图 3-7 所示。通过计算 Ca₂SiO₄ 和 Fe₂SiO₄ 的液相面得到 CaSiO₃ 液相面的边界线。鳞石英的边界线不能得出，因为在含高浓度 SiO₂ 区，溶液难混合，热力学模型没有考虑这一点。

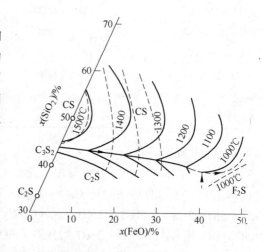

图 3-6   CaO-"FeO"-SiO₂ 体系相图的计算部分

　　观察图 3-6 和图 3-7，当所有的 Fe（Ⅱ）原子都带有较多的配位键且作为结构调整点时，可发现实验液相面和计算液相面相对一致。当所有的 Fe（Ⅱ）原子都作为结构点时，图 3-8 中的虚线代表此种情况下计算的 CaSiO₃ 液相面的等温线。很明显此种假设是不成立的，然而，不能排除一些 Fe（Ⅱ）原子处于四面体配位处。

　　CaO-Fe₂O₃-SiO₂ 体系中，主要对下面两种情况计算 CaSiO₃ 的液相面：

（1）有的处于四面体配位处的 Fe(Ⅲ) 原子及 SiO$_4$ 四面体都在聚阴离子形成物中；

（2）只有一半的 Fe(Ⅲ) 原子处于四面体配位键处，另一半作为调整点处于较高配位键处。第三种可能性，所有的 Fe(Ⅲ) 原子表现为网状结构改性剂，但此种假设不成立，不予考虑。

CaO-"Fe$_2$O$_3$"-SiO$_2$ 体系计算相图的部分如图 3-8 所示，用来作对比的实验相图引用 Muan 和 Osborn（1965）发表的，相似的部分相图如图 3-9 所示。通过计算 Ca$_2$SiO$_4$ 和 Fe$_2$O$_3$ 的液相面得到 CaSiO$_3$ 液相面的边界线。关于边界限和难混性的其他限制与 CaO-"FeO"-SiO$_2$ 体系相似。

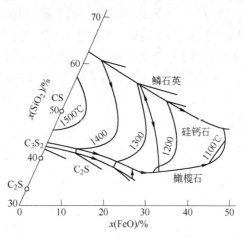

图 3-7　来源于 Muan 和 Osborn 的 CaO-"FeO"-SiO$_2$ 体系相图的计算部分（1965）

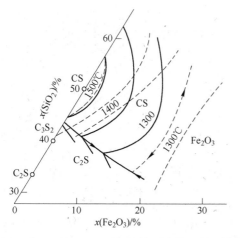
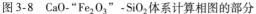

图 3-8　CaO-"Fe$_2$O$_3$"-SiO$_2$ 体系计算相图的部分

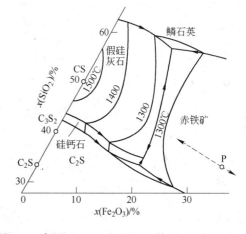

图 3-9　来源于 Muan 和 Osborn 的 CaO-"Fe$_2$O$_3$"-SiO$_2$ 体系相图的计算部分（1965）

图 3-8 中的虚线代表处于第一种情况 CaSiO$_3$ 液相面的等温线，很明显不满足假设情况。第二种情况可以获得与实验相图较好的一致性。因此可以说，在 CaO-"Fe$_2$O$_3$"-SiO$_2$ 体系中 $x(CaO)/x(SiO_2)$ 的系数在 0.6 ~ 1.5 的范围内。大约一半的 Fe(Ⅲ) 原子处于四面体配位键处且作为结构点，而另一半参与到聚阴离子结构的解聚过程中且作为网络结构改性剂。如 Mori 和 Suzuki（1968）发表的文章所提到的，此种分布不排除阴离子 Fe$_2$O$_4^{2-}$ 和 Fe$_2$O$_5^{4-}$ 形成的可能性。

D　CaO-Al$_2$O$_3$-SiO$_2$ 体系

在铝硅酸盐熔体中，研究包含氧化铝的熔盐结构最重要的研究方向之一是 Al(Ⅲ) 原子的配位键。原因在于这种熔体在硅酸盐工业中广泛使用，例如在玻璃厂、水泥厂、瓷制品厂等。

关于铝硅酸盐熔体的结论主要基于物理化学性质的解释，如密度、黏度等与熔盐组成

（特别是 $x(CaO)/x(Al_2O_3)$ 的比例）的关系。基本思想就是下面的理论，在 $x(CaO)/x$ $(Al_2O_3)\geqslant 1$ 的熔盐中，所有的 Al(Ⅲ)原子位于四面体配位处，只有当 $x(CaO)/x(Al_2O_3)$ $\leqslant 1$ 时，即对于 CaO 来说过量的氧化铝，Al(Ⅲ)原子才位于八面体配位处。

在 CaO-Al_2O_3-SiO_2 熔盐体系中，Liška 和 Daněk（1990）运用硅酸熔盐的热力学模型研究了 Al(Ⅲ)原子的配位键。因为体系中有二元和三元的化合物形成，因此这个体系是非常复杂的。所考虑的整个浓度范围内，假设一半的 Al(Ⅲ)原子处于四面体配位处，另一半 Al(Ⅲ)原子处于较高的配位键处，显然是八面体。后一部分因此不参与聚阴离子结构的组成。此体系的计算相图如图 3-10 所示，实验相图引用 Muan 和 Osboen（1965）得出的（如图 3-11 所示）。

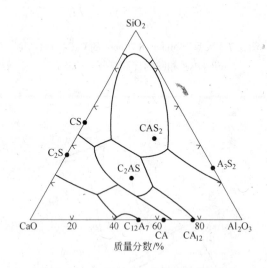

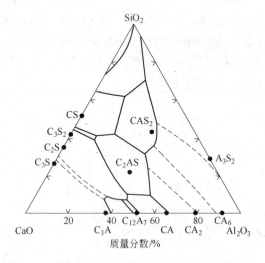

图 3-10　CaO-Al_2O_3-SiO_2 熔盐体系的　．　　　图 3-11　引自 Muan 和 Osborn 关于 CaO-Al_2O_3-SiO_2
　　　　　　计算相图　　　　　　　　　　　　　　　　　　　　熔盐体系的实验相图

计算时，忽略 SiO_2 顶点附近的不混溶区，因为在热力学模型中此种情况不在考虑之内。此外，由于缺少热力学数据，硅钙石、硅酸三钙、铝酸三钙和六铝酸钙的结晶不包含在计算中。

从 CaO-Al_2O_3-SiO_2 熔盐体系的计算相图和实验相图的比较中，可知当组成 $x(CaO)/x(Al_2O_3)\geqslant 1$ 时，Al(Ⅲ)原子部分处于四面体配位处。在考虑硅酸熔盐中 Al(Ⅲ)原子的分布情况时，这个发现是相当令人惊讶的。一致性的观点是，Al(Ⅲ)原子的分布情况与 Fe(Ⅲ)原子在 CaO-Fe_2O_3-SiO_2 体系中的分布是相似的。可以总结出，硅酸盐热力学模型同样适用于铝硅酸盐的熔盐相平衡的描述。

E　CaO-TiO_2-SiO_2 体系

含有 TiO_2 的硅酸盐体系无论从技术角度还是地球化学都是不可忽视的。二氧化钛是玻璃工业、水泥工业、热瓷工业及冶金渣工业中普遍的组分。对于硅酸熔盐中 Ti(Ⅳ)的结构作用有很多光谱研究，例如 Yarker 等人（1986）、Abdrashitova（1980）、Schneider 等人（1991）、Mysen 和 Neuville（1995）、还有 Liška 等人（1995）。那是一个关于多个变量的复杂函数，变量包括 TiO_2 和 SiO_2 的浓度、类型、改性阳离子含量和温度。尽管此方面的研究很多，但无论是在 Ti(Ⅳ)原子的配位键结构，还是 Ti(Ⅳ)原子如何影响熔盐结构方面都没能达成一致。各种理论所得的结果总是相互矛盾的。

由 Mysen 和 Neyville (1995) 所做的沿 $Na_2Si_2O_5$-$Na_2Ti_2O_5$结合方向的原位高温拉曼光谱显示，含 Ti（Ⅳ）的熔盐和玻璃的拉曼光谱至少有三种不同的结构位置：

（1）Ti（Ⅳ）代替四面体单元中配位键处 Si（Ⅳ）的位置(作为组成点)；

（2）Ti（Ⅳ）和 Ti（Ⅳ）在四面体配位键处形成类似于 SiO_2 的群；

（3）Ti（Ⅳ）作为结构改性剂，可能存在于五重配位键和八面体配位键处。

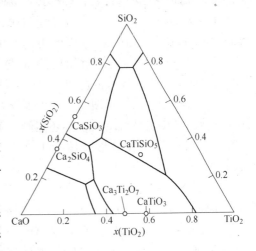

Nerad 和 Daněk（2002）通过计算多种体系相图也确定了 Ti(Ⅳ) 的结构形式，计算的体系有伪二元系、$CaSiO_3$ - $CaTiO_5$、$CaSiO$- $CaTiO_2$、Ca_2TiO_4 - $CaTiO_3$、$CaTiSiO_5$ - $CaTiO_3$、Ca- $TiSiO_5$ - TiO_2、二元系 CaO- TiO_2 和全三元系 CaO-TiO_2-SiO_2。作为示范，此处比较了三元系 CaO- TiO_2- SiO_2 的计算相图（图 3-12）和 De Vries 等人（1955）确定的该体系的实验相图（图 3-13）。

图 3-12　三元系 CaO-TiO_2-SiO_2的计算相图

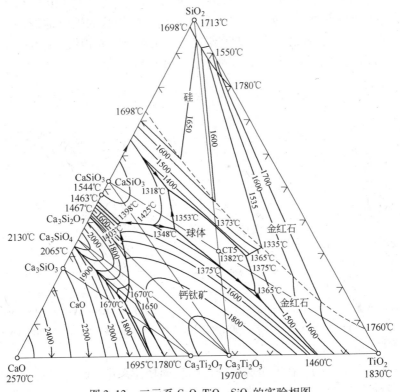

图 3-13　三元系 CaO-TiO_2-SiO_2的实验相图

（引自 De Vries 等人（1955））

在 CaO- TiO$_2$- SiO$_2$ 体系中存在下列相：CaO、TiO$_2$、SiO$_2$、Ca$_3$SiO$_5$、Ca$_2$SiO$_4$、Ca$_3$Si$_2$O$_7$、CaSiO$_3$、CaTiO$_3$、Ca$_3$Ti$_2$O$_7$和CaTiSiO$_5$。一些真实存在的相（如硅钙石和硅酸三钙）不包含在计算当中，因为缺少相关的热力学数据。计算时要考虑所有的 Ti(Ⅳ)原子都位于四面体配位键位置，即都是作为网络结构组成点。

在 SiO$_2$ 的高含量区，不能进行相平衡计算，因为在硅酸熔盐热力学模型中并没有考虑到两液相的形成。这也是 CaTiSiO$_5$ 的液相面被扩大到 SiO$_2$ 的高含量区的原因。

在富含 TiO$_2$ 区，实验得到的液相面与简单模型 $a_i = x_i$ 符合得很好。原因可能是富含 TiO$_2$ 熔盐的基本性质导致的。更加可能的原因是 Ti(Ⅳ)不是全部位于四面体配位键位置。

从实验相图和计算相图的比较中可以看出，用硅酸熔盐热力学模型来描述含钛硅酸盐体系的液相平衡也是可以的，且还能给出关于 Ti(Ⅳ)原子行为的更深层的信息。同时还可看出 Ti(Ⅳ)原子在硅酸盐熔盐中（不包含高 Ti 区和高碱熔盐区）充当网络结构形成物。

F 其他硅酸盐体系

Liška 和 Daněk（1990）也计算出下面三元系和伪三元系体系的相图：

（1）MgO·SiO-CaO·MgO·2SiO$_2$-CaO·Al$_2$O$_3$·SiO$_2$；

（2）CaO·MgO·2SiO$_2$-MnO·SiO$_2$-CaO·Al$_2$O$_3$·2SiO$_2$；

（3）MgO·Al$_2$O$_3$-2CaO·SiO$_2$-2CaO·Al$_2$O$_3$·SiO$_2$；

（4）2CaO·Al$_2$O$_3$·SiO$_2$-MgO·Al$_2$O$_3$-CaO·Al$_2$O$_3$·2SiO$_2$。

实验相图引用的是由 Levin 等人（1964，1969，1975）给出的相图。也是假设一半的 Al(Ⅲ)原子位于四面体配位键处，而另一半位于更高配位数的配位键处且作为网络结构改性剂。最后一个体系很有趣，它有四个结晶区，第四个结晶相组成点位于伪三元系相图的位置上方。此体系计算相图和实验相图分别如图 3-14 和图 3-15 所示。

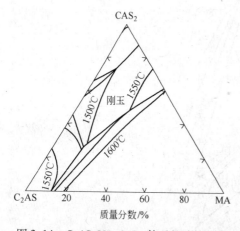

图 3-14 C$_2$AS-MA-CAS$_2$ 体系的计算相图

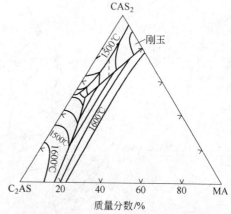

图 3-15 C$_2$AS-MA-CAS$_2$ 体系的实验相图
（引自 Levin 等人的工作（1964，1969，1975））

G 碱金属硼酸盐体系

如 2.1.10 节所提到的，在碱金属硼酸盐的玻璃相体系中，硼原子有能力从三重配位键转变为四重配位键。这个现象已被 Daněk 和 Pánek（1979）所证实。根据硼酸盐的特点，他们选用合适的硅酸熔盐热力学模型，通过计算碱金属硼酸盐体系的液相线来证实。

这些作者计算了下列二元系的液相线，二元系有 B_2O_3-$Na_2O \cdot 4B_2O_3$、$Na_2O \cdot 4B_2O_3$-$Na_2O \cdot 2B_2O_3$、$Na_2O \cdot 2B_2O_3$-$Na_2O \cdot B_2O_3$、$Li_2O \cdot 2B_2O_3$-$Li_2O \cdot B_2O_3$ 和 $K_2O \cdot 2B_2O_3$-$K_2O \cdot B_2O_3$。熔化焓和熔化温度的值引用 Barin 等人（1973，1977）的给出值。在计算组分活度、单原子数量（即 M^+ 阳离子、三重配位键和四重配位键中的硼原子、桥连氧原子、非桥连氧原子）时，纯组分也要考虑在内。单位纯组分所含单原子数如表3-3所示。

表3-3 碱金属硼酸盐中每一种原子的数量

组　成	M^+	$B(3)$	$B(4)$	—O—	—O^-
$B_2O_3(B)$	—	2	—	3	—
$M_2O \cdot 4B_2O_3(MB_4)$	2	6	2	13	—
$M_2O \cdot 3B_2O_3(MB_3)$	2	4	2	10	—
$M_2O \cdot 2B_2O_3(MB_2)$	2	2	2	6.5	0.5
$M_2O \cdot B_2O_3(MB)$	2	1	1	2.5	1.5

注：M= Li、Na、K。

在分子单元中,三重和四重配位键处硼原子的数量依据式(2-124)计算得出。非桥连氧原子的计算是以 Bray 和 O'Keefe(1963)测量的数据为基础的。

为了便于说明，给出一些计算相图。体系 $Na_2O \cdot 4B_2O_3$-$Na_2O \cdot 2B_2O_3$ 与 $Na_2O \cdot 4B_2O_3$-B_2O_3 的计算相图和实验相图分别如图 3-16 和图 3-17 所示。在计算体系 $Na_2O \cdot 4B_2O_3$-$Na_2O \cdot 2B_2O_3$ 的液相线时，已经考虑了异分熔融化合物 $Na_2O \cdot 3B_2O_3$ 的存在。

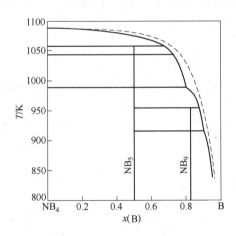 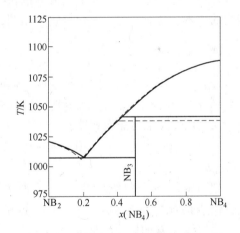

图 3-16　$Na_2O \cdot 4B_2O_3$-$Na_2O \cdot 2B_2O_3$ 体系的相图
（虚线为计算值）

图 3-17　$Na_2O \cdot 4B_2O_3$-B_2O_3 体系的相图
（虚线为计算值）

正如从体系 $Li_2O \cdot 2B_2O_3$-$Li_2O \cdot B_2O_3$ 和 $K_2O \cdot 2B_2O_3$-$K_2O \cdot B_2O_3$ 中所观察到的，与实验得到的液相线基本相同。此处假设固相结构与液相结构的相似程度很小。体系 $Li_2O \cdot 2B_2O_3$-$Li_2O \cdot B_2O_3$ 和 $K_2O \cdot 2B_2O_3$-$K_2O \cdot B_2O_3$ 的实验相图和计算相图分别如图 3-18 和图 3-19 所示。每种碱金属阳离子的不同极化作用的影响明显起很重要的作用。

从实验液相线和计算液相线的比较中可知，运用硅酸熔盐的热力学模型描述复杂玻璃体系的液相线情况的结果令人满意。希望这个模型也能应用于其他无机玻璃相体系中，如锗酸盐、磷酸盐等。

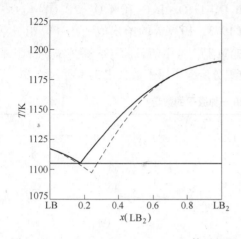

图 3-18 Li₂O·2B₂O₃- Li₂O·B₂O₃体系相图

（虚线为计算值）

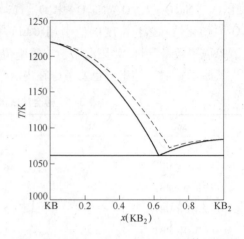

图 3-19 K₂O·2B₂O₃- K₂O·B₂O₃体系相图

（虚线为计算值）

3.2 凝聚体系的相图

在下面的章节中，将举一些二元、三元和多元组分体系的例子，在遵循吉布斯相律的前提下，讲述这些相图的布局、结晶过程、转变过程及共存相的平衡。重点放在熔融盐工艺中常用到的相图上，即简单共晶体系相图、含有固溶体的相图、含有复杂的同分熔融化合物的相图、含有异分熔融化合物的相图，以及组分有多晶型转变的相图。

3.2.1 二元系

二元相图是在二维空间中描绘的，x 轴表示组成（摩尔分数或质量分数），并遵循杠杆规则。Y 轴代表温度（℃或 K）。此相图称为等压相图，因为假定压力恒定，多数情况下为大气压。根据吉布斯相律有

$$v = k - f + 1 = 2 - f + 1 = 3 - f$$

$$(3-150)$$

相图中的各条曲线和直线表示为边界线，代表两相间的平衡。在二元系的相图中，边界线上方的区域有最高的自由度 $v = 2$。边界线上的自由度降为 $v = 1$，而在共晶点上，即边界线的相交处，自由度为 0。

在下面的叙述中，各个例子中的物质组成将以组分 B 的摩尔分数作为横坐标来表示，如 $x(B)$。

3.2.1.1 简单共晶体系

简单二元共晶体系相图包含四个区域（图 3-20）。L 区代表组分 A 和 B 的均相溶液

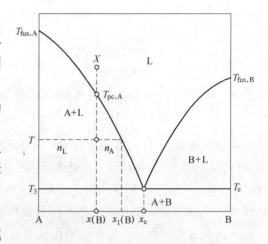

图 3-20 简单二元共晶体系相图

区。A+L 区代表结晶的固相 A 和 A 组分的饱和溶液的共存区，B+L 区代表结晶的固相 B 和 B 组分的饱和溶液的共存区。最后，A+B 区代表固相 A 和固相 B 的共存区，是他们的机械固相混合物。

点 $T_{fus,A}$ 和 $T_{fus,B}$ 分别代表组分 A 和 B 的熔点。起始于各个熔点的线代表初晶线，又称液相线。两液相线在共晶温度 T_e 下相交于共晶点，组成为 X_e。共晶温度是体系中存在液相的最低温度。

对组成为 $x(B)$ 的熔体进行冷却，从 L 区中的相点 X 开始冷却，在温度未达到 $T_{pc,A}$ 之前，熔体组成不发生改变。在 L 区，体系的自由度为 2($k=2, f=3, v=1$)，可以任意改变熔体的温度和组成而不会有新相产生。

在温度为 $T_{pc,A}$ 时，组分 A 首先结晶析出，熔体开始与组分 A 的固相共存。由于组分 A 在结晶时有热量放出，使熔体的冷却速度变慢，此时体系的自由度为 1 ($k=2, f=2, v=1$)，可以改变温度，同时组成也被确定下来。当温度降为 T 时，此时组分 A 的固相和组成为 $x_1(B)$ 的熔体共存。固相和熔体的量可由杠杆规则得到，体系由 n_A mol 的组分 A 和 n_L mol 的熔体（组成为 $x_1(B)$）组成。

当体系冷却到共晶温度时，组分 B 也开始结晶析出。在共晶温度下体系的自由度为 0 ($k=2, f=3, v=0$)，此时，由于组分 B 结晶热的释放，体系的温度保持恒定，即使周围环境变得更冷。体系一直处于共晶温度，直到组成全为固相。在组分 B 的初晶区也存在相似的情况。

在共晶温度之下，自由度又变为 1 ($k=2, f=2, v=1$)，在给定组成的情况下，温度可任意改变。

3.2.1.2 有固溶体形成的体系

固溶体可以是替代式或间隙式的。在替代式的固溶体中，外来原子替代主结构中的原子。在间隙式固溶体中，外来原子错位于主结构的空隙中。

生成固溶体的二元共晶体系相图有五个区（图 3-21）。L 区代表组分 A 和 B 均相溶液区。$A_{ss}+L$ 区代表溶于组分 A 中的组分 B 的饱和固溶体的晶体和组分 A 的饱和熔体的共存区。B+L 区代表纯固相 B 的晶体和组分 B 的饱和熔体的共存区。A_{ss} 区代表组分 B 溶于组分 A 的非饱和固溶体区，最后 $A_{ss}+B$ 区代表两固相的共存区，即组分 B 溶于组分 A 的饱和固溶体和组分 B 的晶体的共存区。它也代表两固相的机械混合物。

点 $T_{fus,A}$ 和 $T_{fus,B}$ 分别代表组分 A 和 B 的熔点。起始于组分 A 熔点的上面的线代表它的初晶线，起始于组分 B 熔点的线代表组分 B 的初晶线，两初晶线在共晶温度 T_e 下相交

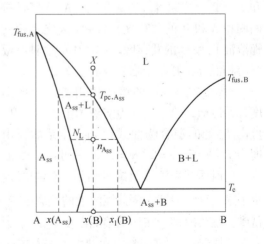

图 3-21　生成固溶体的二元共晶体系相图

于共晶点，组成为 X_e。起始于组分 A 熔点下面的线在共晶温度时发生偏折，温度降低时趋近于 y 轴，代表组分 B 溶于组分 A 的饱和固溶体线。从曲线的特征来看，饱和固溶体

的组成随温度发生改变。

对组成为 $x(B)$ 的熔体进行冷却，从 L 区中的相点 X 开始冷却，在温度未达到 $T_{pc,A}$ 之前，熔体组成不发生改变。在 L 区，体系的自由度为 2（$k=2, f=1, v=2$），可以任意改变熔体的温度和组成而不会有新相产生。

进一步冷却至温度 $T_{pc,A_{ss}}$ 点，饱和固溶体 A_{ss} 首先结晶析出，熔体开始与固溶体 A_{ss} 共存，由于固溶体 A_{ss} 在结晶时有热量放出，体系的冷却速度减慢。体系的自由度为 1（$k=2, f=2, v=1$），可以改变温度，同时组成也被确定下来。继续冷却，固溶体与组成为 x_1（B）的熔体共存。固相和熔体的量可由杠杆定律得到，体系由 $n_{A_{ss}}$ mol 的固溶体 A_{ss} 和 n_1 mol 的熔体（组成为 $x_1(B)$）组成。

当体系冷却到共晶温度时，固相 B 开始结晶析出。在共晶温度下体系的自由度为 0（$k=2, f=3, v=0$），此时，由于组分 B 结晶热的释放，即使周围环境变得更冷，体系的温度不再下降。体系一直处于共晶温度，直到组成全为固相。

在共晶温度之下，自由度为 1（$k=2, f=2, v=1$），在给定组成的情况下，温度可任意改变。

3.2.1.3　液相有限共熔体系

在一种溶液的液相中，各粒子无法排列形成均一液相，此时就有可能形成两个不能混融的液相。这样的溶液常见于玻璃相硅酸盐熔体中 SiO_2 的高浓度区。液相的部分互溶性在二元熔盐中并不常见。部分互溶性在交互熔盐体系中很普遍，通常来说，存在于金属-金属卤化物体系中的高浓度金属区域。

带有液相有限互溶的二元共晶体系相图有五个区（图3-22）。L 区代表组分 A 和 B 均相溶液区。A+L 区代表 A 的晶体和组分 A 的饱和熔体的共存区。B+L 区代表 B 的晶体和组分 B 的饱和熔体的共存区。A+B 区代表两固相 A 和 B 的共存区，L_1+L_2 区代表两共轭溶液 L_1 和 L_2 的共存区。熔体中的这种有限互溶相混合物开始于临界点温度 T_{crit}。

对组成为 $x(B)$ 的熔体从相点 X 处的温度开始冷却，第一滴共轭溶液的组成 x_1（B）可由 T_{ad} 处的混合物曲线得到。体系的自由度为 1（$k=2, f=2, v=1$），只可以改变温度，同时两共轭溶液组成可由混合物曲线确

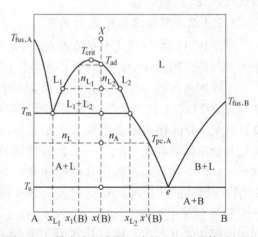

图3-22　带有液相有限互溶的二元共晶体系相图

定下来。继续冷却，两共轭溶液的组成由点 L_1 和 L_2 给出。两共轭溶液的量可由杠杆定则得到。继续冷却，在达到偏晶温度 T_m 时，在固相 A 和两液相 L_1 和 L_2（组成分别为 x_{L_1} 和 x_{L_2}）间存在无变度平衡。在此温度下有下面的偏晶反应发生

$$L_1 \Longrightarrow A+L_2 \tag{3-151}$$

因为 $k=2, f=3, v=0$，体系的温度不再下降，直到所有的 L_2 消失。体系的温度又开始下降，体系的行为与简单共晶体系的行为相似。

3.2.1.4 液相与固相都存在无限互溶的体系

此类相图的共同特征是熔体与一组成易变的结晶相处于单变度平衡。形成了一系列的固溶体。

A 存在两相区的体系

液相与固相都存在无限互溶的体系的相图有一个两相区，如图 3-23 所示。相图中存在三个区域。L 区代表组分 A 和 B 均相溶液区。L+（A+B）$_{ss}$ 区代表固溶体 A$_{ss}$ 的结晶相和组分 B 的饱和熔体的共存区。（A+B）$_{ss}$ 区代表相 A 和 B 的连续固溶体区。

在混合物组成为 $x(A)$ 的冷却过程中，在 T_{pc} 时，组成为 $x'(A)$ 的固溶体 A$_{ss}$ 开始结晶析出。继续冷却，饱和液相组成沿上面的曲线移动，固溶体组成沿下面的线移动。饱和液相 L 和固溶体 A$_{ss}$ 的量依据杠杆定则而变。在下面的曲线上，液相逐渐消失，混合物逐渐凝固。

B 具有低共熔点的连续固溶体体系

在固相和液相无限互溶的体系的相图中存在一个两相区，如图 3-24 所示。此相图中有四个区域。L 区代表组分 A 和 B 均相溶液区。L+（A+B）$_{ss}$ 区代表固溶体（A+B）$_{ss}$ 的结晶相和组分 A 的饱和熔体的共存区。（A+B）$_{ss}$+L 区代表固溶体（A+B）$_{ss}$ 的结晶相和组分 B 的饱和熔体的共存区。（A+B）$_{ss}$ 区代表相 A 和 B 的连续固溶体区。

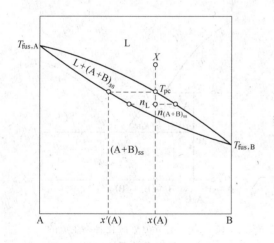 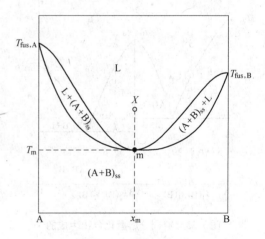

图 3-23　在固相和液相中存在连续　　　　图 3-24　存在最小值的连续固溶
　　　　固溶体的体系的相图　　　　　　　　　　　体的体系的相图

除了组成为 x_m 的混合物外，其余组成的结晶路程都和前面提到的存在一两相区的例子相似。当对组成为 x_m 的混合物进行冷却时，在温度达到 T_m 时，液相和固相处于平衡，且具有相同的组成。体系似乎是单变度的，因为 2 组分和 2 个相，因此自由度为 1。然而，在边界线末端的情况下，活度减少了 1。体系在最低点处是无变度的。体系的温度不再下降，直到所有的熔体都凝固。

3.2.1.5 有同分熔融化合物生成的体系

即使这些体系形式上有三个组分，但只有两个组分是独立的，由于组分数减少，各组分之间的反应也减少了。在这种情况下反应为 A+B ══ AB。相 A 和相 B 称为组元，相 AB 被称为组分。

有同分熔融化合物生成的二元共晶体系的相图有七个区域，如图 3-25 所示。化合物 AB 把相图分为两个简单共晶体系。L 区代表组分 A 和 B 均相溶液区。A+L 区代表结晶的固相 A 和 A 组分的饱和溶液的共存区，B+L 区代表结晶的固相 B 和 B 组分的饱和溶液的共存区。两个分区 AB+L 代表组分 AB 和各自的饱和熔体的共存区。A+AB 和 AB+B 区分别代表固相 A 和固相 AB、固相 AB 和固相 B 的共存区。

点 $T_{fus,A}$、$T_{fus,B}$ 和 $T_{fus,AB}$ 分别代表组分 A、B 及组分 AB 的熔点。起始于各个熔点的线代表初晶线。初晶线在共晶温度 T_{e1} 和 T_{e2} 下相交于共晶点，共晶点为 e_1 和 e_2。

此类体系的结晶过程和简单共晶体系的结晶过程相似。

3.2.1.6 有异分熔融化合物生成的体系

有异分熔融化合物生成的二元共晶体系的相图由六个区域组成，如图 3-26 所示。但在此种情况下，形成的化合物并没有将相图分割为两个简单的共晶体系。L 区代表组分 A 和 B 均相溶液区。A+L 区代表结晶的固相 A 和 A 组分的饱和溶液的共存区，A_4B +L 区代表结晶的固相 A_4B 和 A_4B 组分的饱和溶液的共存区，B+L 区代表结晶的固相 B 和 B 组分的饱和溶液的共存区。A+ A_4B 和 A_4B +B 区分别代表固相 A 和固相 A_4B、固相 A_4B 和固相 B 的共存区。

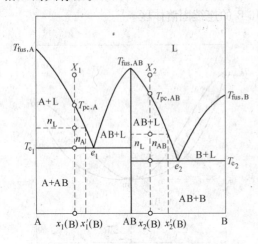

图 3-25　有同分熔融化合物生成的
二元共晶体系的相图

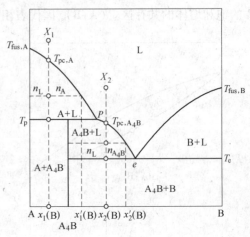

图 3-26　有异分熔融化合物生成的
二元共晶体系的相图

点 $T_{fus,A}$ 和 $T_{fus,B}$ 分别代表组分 A、B 的熔点。起始于各个熔点的线代表初晶线。组分 A 的初晶线停止于包晶温度下的包晶点 P。在包晶温度以下，初晶线为 A_4B 的初晶线。组分 A_4B 和 B 初晶线在共晶温度 T_e 相交于共晶点 e。

对组成为 $x_1(B)$ 的熔体进行冷却，从点 X_1 处开始冷却。在温度为 $T_{pc,A}$ 时，组分 A 首先结晶析出，熔体开始与组分 A 的固相共存。由于组分 A 在结晶时有热量放出，使熔体的冷却速度变慢，此时体系的自由度为 1（$k=2$，$f=2$，$v=1$）。在 $T_{pc,A}$ 温度以下时，此时组分 A 的固相和组分 A 的饱和熔体共存，如图 3-26 所示，饱和熔体的组成是 $x_1'(B)$。固相和熔体的量可由杠杆定律得到，体系由 n_A mol 的组分 A 和 n_L mol 的熔体（组成为 x_1'（B））组成。

当温度达到包晶温度时，发生包晶反应 A+L ===A_4B，组分 A_4B 的晶体开始出现。

由于此时的体系中包含三个相（组分 A、组分 A_4B 和熔体 L），所以体系的自由度为 0（$k=3-1=2$，$f=3$，$v=0$），这就意味着由于包晶反应产生热量的释放，即使周围环境温度更低，体系温度不再下降。体系将停留在包晶温度直到熔体消失且体系完全凝固。在包晶温度以下，是组分 A 与组分 A_4B 晶体的机械混合物。

对组成为 $x_2(B)$ 的熔体进行冷却，从点 X_2 处开始冷却。在温度为 T_{pc,A_4B} 时，组分 A_4B 首先结晶析出，熔体开始与组分 A_4B 的固相共存。由于组分 A_4B 在结晶时有热量放出，使熔体的冷却速度变慢，此时体系的自由度为 1（$k=2$，$f=2$，$v=1$）。在 T_{pc,A_4B} 温度以下时，此时组分 A_4B 的固相和组成为 $x_2'(B)$ 的熔体共存固相和熔体的量可由杠杆定律得到，体系由 n_{A_4B} mol 的组分 A_4B 和 n_L mol 的熔体（组成为 $x_2'(B)$）组成。

当温度达到共晶温度时，组分 B 开始结晶析出。在共晶温度时体系的自由度为 0（$k=2$，$f=3$，$v=0$），体系温度不再下降。体系会保持为共晶温度直到体系完全凝固。在组分 B 的初晶区，结晶过程和简单共晶体系的结晶过程相似。

在共晶温度以下，可得到晶相 A_4B 和 B 的机械混合物，此时体系的自由度为 1（$k=2$，$f=2$，$v=1$）。

3.2.1.7 某一组分发生晶型转变的体系

此种情况下，某一组分存在两种或两种以上的晶型转变，且最高的晶型转变温度高于体系的共晶温度。

某一组分存在多种晶型转变的二元体系的相图中有五个区域，如图 3-27 所示。L 区代表组分 A 和 B 均相溶液区。$A_\alpha+L$ 区代表结晶的 α 型固相 A 和 A_α 的饱和溶液的共存区，$A_\beta+L$ 区代表结晶的 β 型固相 A 和 A_β 的饱和溶液的共存区，B+L 区代表结晶的固相 B 和 B 组分的饱和溶液的共存区。最后，$A_\beta+B$ 区代表固相 A_β 和固相 B 的共存区。

点 T_{fus,A_α} 和 $T_{fus,B}$ 分别代表组分 A_α、B 的熔点。起始于各个熔点的线代表它们的初晶线。组分 A_α 的初晶线终止于晶型转变温度 T_{pt}。在晶型转变温度以下，初晶线为 A_β 的初晶线。组分 A_β 和 B 初晶线在共晶温度 T_e 下相交于共晶点 e。

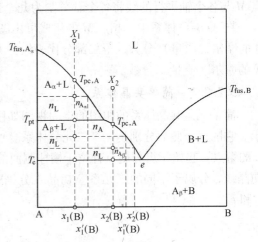

图 3-27 某一组分存在多种晶型转变的
二元体系的相图

对组成为 $x_1(B)$ 的熔体进行冷却，从相点 X_1 处开始冷却。在温度为 T_{pc,A_α} 时，组分 A_α 首先结晶析出，熔体与组分 A_α 的固相共存。在 T_{pc,A_α} 温度以下时，此时组分 T_{pc,A_α} A 的固相和组成为 $x_1'(B)$ 的熔体共存，固相和熔体的量可由杠杆定律得到，体系由 n_{A_α} mol 的组分 A_α 和 n_L mol 的熔体（组成为 $x_1'(B)$）组成。

当温度达到组分 A 的晶型转变温度 T_{pt} 时，发生晶型转变反应

$$A_\alpha \longrightarrow A_\beta \tag{3-152}$$

β 型固相 A 晶体出现。

由于此时的体系中包含三个相（组分 A_α、组分 A_β 和熔体 L），所以体系的自由度为 0

（$k=3-1=2$，$f=3$，$v=0$），这就意味着由于晶型转化热的释放，体系温度保持恒定。体系将停留在晶型转变温度直到体系中组分 A 的 α 型晶体完全转变成 β 型晶体。在晶型转变温度以下，β 型晶体和组成为 $x_1'(B)$ 的熔体共存。固相和熔体的量可由杠杆定律得到，体系由 n_{A_β} mol 的组分 A_β 和 n_L mol 的熔体（组成为 $x_1'(B)$）组成。

对组成为 $x_2(B)$ 的熔体进行冷却，从相点 X_2 处开始冷却。在温度为 T_{pc,A_β} 时，组分 A_β 首先结晶析出，熔体开始与组分 A_β 的固相共存。在 T_{pc,A_β} 温度以下时，此时组分 A_β 的固相和组成为 $x_2'(B)$ 的熔体共存。固相和熔体的量可由杠杆定律得到，体系由 n_{A_β} mol 的组分 A_β 和 n_L mol 的熔体（组成为 $x_2'(B)$）组成。

当温度降到共晶温度时，组分 B 开始结晶析出，体系的自由度为 0（$k=2$，$f=3$，$v=0$）冷却停止。

在共晶温度以下，可得到晶相 A_β 和 B 的机械混合物，此时体系的自由度为 1（$k=2$，$f=2$，$v=1$）。

3.2.2　三元系

三元系的等压相图由四个变量确定：三个浓度坐标和温度。考虑到摩尔分数和质量分数的和为 1，可以在三维空间中表示这些相图，浓度坐标在 x-y 平面上，z 轴为温度坐标。

处于等边三角形中的三元系的相点可由三个浓度坐标表示，如图 3-28 所示。经过相点 M 与各个轴平行的线将各个轴分割为几个部分，每一部分代表各个组分的浓度坐标。

在 A-B-C 体系中，相点 M 的组成可由图读出，例如在 A-B 轴上，第一部分代表组分 B 的摩尔（质量）分数，第二部分代表组分 C 的摩尔（质量）分数，第三部分代表组分 A 的摩尔（质量）分数。

3.2.2.1　简单共晶体系

简单三元共晶体系的相图的空间视图如图 3-29 所示。三元相图可以用三棱柱形来表示。它的每个侧面分别是一个二元分体系。点 $T_{fus,A}$、$T_{fus,B}$ 和 $T_{fus,C}$ 分别代表组分 A、B 和 C 的熔点。起始于组分熔点且位于棱柱侧面的线代表组分的初晶线。因此每个组分有两条初晶线，分属于不同的二元系。初晶线分别在共晶温度 T_{e1}、T_{e2} 和 T_{e3} 相交于共晶点 e_1，e_2 和 e_3。

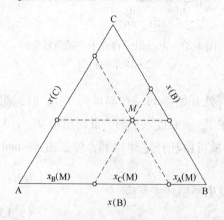

图 3-28　处于等边三角形中的三元系的
　　　　　相点可由三个浓度坐标表示

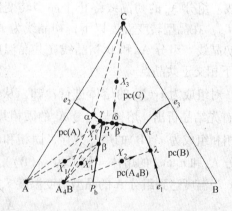

图 3-29　简单三元共晶体系的相图

起始于各个二元共晶点的边界线（共晶线），分别代表各个二元分体系的共同的结晶线。所有的结晶线相交于三元共晶点，此点是三元系中有液相存在的最低温度点。

考虑到在三元系中，某一组分的初晶温度是受另外存在的两组分影响的，三元系相图有三个面分属于各个组分。$T_{fus,A}$-e_1-e_t-e_2 面代表组分 A 的初晶面，$T_{fus,B}$-e_1-e_t-e_3 面代表组分 B 的初晶面，$T_{fus,C}$-e_2-e_t-e_3 面代表组分 C 的初晶面。在三个提到的初晶面以上的空间代表所有三个组分的均相溶液区。在初晶面 $T_{fus,A}$-e_1-e_t-e_2 以下，三元共晶温度以上的空间代表固相 A 的晶体和组分 A 的饱和溶液的共存区，在初晶面 $T_{fus,B}$-e_1-e_t-e_3 以下，三元共晶温度以上的空间代表固相 B 的晶体和组分 B 的饱和溶液的共存区，在初晶面 $T_{fus,C}$-e_2-e_t-e_3 以下，三元共晶温度以上的空间代表固相 C 的晶体和组分 C 的饱和溶液的共存区，在三元共晶温度以下，代表三固相 A、B、C 的机械混合物区。

由于三元相图在使用三棱柱作为图解法时不是很方便，所以采用垂直投影的方式，把相图垂直投影到 x-y 平面上，如图 3-30 所示。在图 3-29 中的二元共晶点 e_1'，e_2'，e_3' 投影到 x-y 平面上为 e_1，e_2，e_3（图 3-30）。在图 3-29 中的二元共晶点 e_t' 投影到 x-y 平面上为 e_t（图 3-30）。在图 3-29 中的二元边界线（共晶线）$e_1' - e_t$，$e_2' - e_t$，$e_3' - e_t$ 投影到 x-y 平面上为 $e_1 - e_t$，$e_2 - e_t$，$e_3 - e_t$（图 3-30）。在三角形相图中因此形成三个区域。区域 pc(A) 代表组分 A 初晶面的投影图，区域 pc(B) 代表组分 B 初晶面的投影图，区域 pc(C) 代表组分 C 初晶面的投影图。在每

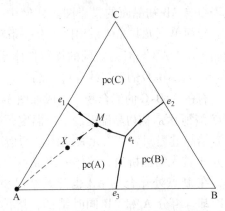

图 3-30 采用垂直投影的方式的相图

份三元相图的投影图上等温线（类似于地图上的等高线），即具有相同初晶温度的线，都可以被表示出来。

在混合物 A-B-C 中，如图 3-30 所示，相点的组成处于组分 A 的初晶区。当温度高于组分 A 的初晶温度时，混合物为全部三个组分的均相溶液。熔体的自由度为 3（$k=3$，$f=1$，$v=3$），可以任意改变熔体的温度和另两个组分的含量而不会有新相产生。由给定的温度对组分进行冷却，溶液的组成不会发生改变，直到温度降到组分 A 的初晶温度。因此，不会看到点 X 的任何移动。

在初晶温度时，组分 A 首先结晶析出，固相 A 开始与组分 A 的饱和熔体共存。由于组分 A 在结晶时有热量放出，使熔体的冷却速度变慢。继续冷却，组分 A 继续从饱和熔体中结晶析出，熔体中的此组分含量减少。在此过程中，熔体的组成沿 A-X 直线向箭头方向移动到达 M 点。在初晶温度和共晶温度之间（X-M 线段上），此时体系的自由度为 2（$k=3$，$f=2$，$v=2$），例如可以改变熔体的两个浓度坐标，同时温度也被确定下来，或者温度和熔体的一个浓度发生改变，则另一个浓度将被确定下来。

在点 M 处，组分 C 开始从熔体中结晶析出。由于组分 C 在结晶时有热量放出，使熔体的冷却速度变慢。在共晶线 e_1-e_t 上，体系的自由度为 1（$k=3$，$f=3$，$v=1$），只有一个变量可变，例如，熔体的一个浓度坐标或是温度确定了，则其他的变量将由线 e_1-e_t 确定下来。

继续对体系进行冷却，两组分 A 和 C 同时结晶析出，且熔体的组成将会向共晶线 e_1-

e_t 移动，直到到达三元共晶点 e_{t}，此点处组分 B 也开始结晶。在共晶温度时，体系的自由度为 0 ($k=3$, $f=4$, $v=0$)，此时意味着冷却停止。体系会保持在共晶温度，直到体系完全凝固。组分 B 和组分 C 结晶区中的混合物的结晶过程是完全相似的。

在共晶温度以下，体系的自由度为 1 ($k=3$, $f=3$, $v=1$)，在给定组成的情况下可以任意改变温度。

3.2.2.2 有二元同分熔融化合物生成的体系

在三元系中存在二元同分熔融化合物，二元化合物 AB 的相点位于 A-B 二元系范围之内。此类三元共晶体系的相图的垂直投影如图 3-31 所示。

此体系的相图有四个区域。区域 pc(A) 代表组分 A 初晶面的投影图，区域 pc(B) 代表组分 B 初晶面的投影图，区域 pc(C) 代表组分 C 初晶面的投影图，最后，区域 pc(AB) 代表组分 AB 初晶面的投影图。此例中，同分熔融化合物的相点处于化合物的初晶区之内。与简单三元共晶体系相比，有一条新的共晶线 (e_{t_1}-e_{t_2})，代表组分 C 和组分 AB 同时结晶析出。AB 与 C 点之间的连线把体系 A-B-C 分为两个简单三元共晶体系 A-AB-C 和 AB-B-C。AB-C 的连接线穿过共晶线 e_{t_1}-e_{t_2} 的交点代表共晶线 e_{t_1}-e_{t_2} 上的最高温度。

有一 A-B-C 的混合物，组成如图 3-31 上的相点 X_1 所示。从初晶温度以上的温度开始冷却，降温结晶过程同简单三元共晶体系的情况相同。组分 A 首先结晶析出，熔体的组成点向点 M 移动，在 M 点处化合物 AB 也开始结晶析出。继续冷却，组分 A 和 AB 同时结晶，熔体的组成沿共晶线由点 M 向 e_{t_1} 点移动，在 e_{t_1} 点组分 C 开始结晶且体系完全固化（根据三角形规则，组成点 X_1 位于三角形 A-AB-C 中）。

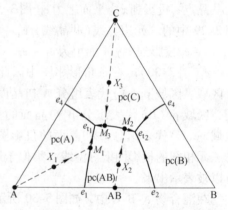

图 3-31 含有二元同分熔点化合物的三元共晶体系的相图

如图 3-31 所示，组成为相点 X_3 的混合物也会发生相似的情况。根据相点 X_3 的位置，存在两个三元共晶点，体系都会凝固。由于共晶线 e_{t_1}-e_{t_2} 的最高点为二元系 AB-C 的共晶点，共晶线将会由最高点下落到两个三元共晶点。因此组成点位于三角形 A-AB-C 中的混合物将会在共晶点 e_{t1} 最终凝固，组成点位于三角形 AB-B-C 中的混合物将会在共晶点 e_{t2} 最终凝固。

有一 A-B-C 的混合物，组成如图 3-31 上的相点 X_2 所示。开始冷却，组分 AB 首先结晶析出，此组分开始与其饱和熔体共存。继续冷却，更多的组分 AB 继续从饱和熔体中结晶析出，熔体中的此组分含量减少。在此过程中，熔体的组成沿 AB-X_2 直线向箭头方向移动到达 M_2 点。在点 M 处，组分 C 开始从熔体中结晶析出。继续冷却，熔体的组成沿共晶线 e_{t_1}-e_{t_2} 向箭头方向移动到达 e_{t_2} 点。在 e_{t_2} 点组分 B 开始结晶且体系完全固化（根据三角形规则，组成点 X_2 位于三角形 AB-B-C 中）。

3.2.2.3 有二元异分熔融化合物生成的体系

与前面提到的例子相同，二元异分熔融化合物也可以在三元系中形成。此类三元共晶体系的相图的垂直投影如图 3-32 所示。

有二元异分熔融化合物生成的体系的相图有四个区域。区域 pc(A)、pc(B)、pc(C)、pc(A₄B)分别代表组分 A、B、C、A_4B 初晶面的投影图。二元化合物 A_4B 的相点处于 A-B 二元系的范围之内，然而位于初晶区之外。如图 3-32 所示，位于二元包晶点 P_b 的左侧，与上一个例子相反，此类相图只有一个三元共晶点 e_t。第二个特殊的点为三元包晶点 P_t。共晶线 P_t-e_t 代表组分 C 和组分 A_4B 同时结晶析出。

混合物（位于组分 A 的初晶区 pc(A) 的相点）的结晶方式依赖于相点位于初晶区的位置，有如下三种情况。

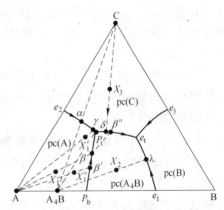

（1）如果点 X 位于四边形 A-A_4B-α-e_2（如图 3-32 所示点 X_1）中，根据三角形规则，其结晶过程最终结束于固相 A、A_4B 和 C（三角形 A-A_4B-C 的顶角）的点 P_t 处。由于在组分 A 的结晶区，对熔体进行冷却时，组分 A 首先结晶析出，组分 A 的晶相与组分 A 的饱和熔体共存。继续冷却，更多的组分 A 继续从饱和熔体中结晶析出，熔体中的此组分含量减少。在此过程中，熔体的组成沿 A-X_1 直线向箭头方向移动到达 β 点。在 β 点处，组分 A_4B 开始从熔体中结晶析出，体系的自由度

图 3-32　含有二元异分熔融化合物的三元共晶体系的相图

为 1，熔体的组成由 β 点沿边界线（包晶线）移动到 P_t 点，在 P_t 点组分 C 开始结晶，直到整个体系完全凝固。

（2）如果混合物组成位于三角形 A_4B-P_t-α（如图 3-32 所示的点 X_1'）或 A_4B-P_b-P_t（点 X_1''）中，根据三角形规则，其结晶过程最终结束于固相 B、A_4B 和 C（三角形 A-A_4B-C 的顶角）的混合物的共晶点 e_t 处。当然，两种情况的结晶路径不同。

对相点 X_1' 处混合物冷却，组分 A 首先结晶析出，当熔体组成点移动到共晶线 e_2-P_t 上的点 γ 时，组分 C 开始结晶析出，熔体的组成点到达点 P_t。在点 P_t 处有四相共存：A、A_4B、C 和熔体。体系的自由度为 0。在三元包晶点的温度下，体系的冷却停止，根据四边形规则有包晶反应发生直到组分 A 消失

$$A+L \longrightarrow A_4B+C \qquad (3\text{-}153)$$

体系的自由度变为 1，熔体的组成点由点 P_t 移动到点 e_t，在点 e_t 处，整个体系凝固成 A_4B、B、C 等结晶相的混合物。

（3）对相点 X_1'' 处混合物冷却，组分 A 首先结晶析出，熔体的组成由点 X_1'' 移动到点 β'。当熔体组成点移动到共晶线 P_b-P_t 上的点 β' 时，组分 A_4B 开始结晶析出，因为根据四边形规则，反应熔体按照下面的反应开始溶解组分 A

$$A+L_1 \longrightarrow A_4B+L_2 \qquad (3\text{-}154)$$

熔体的组成点然后沿边界线 P_b-P_t（自由度为 1）移到点 P_t。然而熔体的组成点将不会到点 P_t，就如熔体 L_2 的组成点沿 X_1''-A_4B 线到达点 β，X_1'' 的原始组成依据其与熔体和组分 A_4B 之间的杠杆规则而变，即所有组分 A 被耗尽。体系的自由度达到 1，且进入 A_4B 的初晶过程直到点 β''，随着组分 C 的结晶析出，熔体的组成点沿共晶线 P_t-e_t 到点 e_t，在点 e_t 处，整个体系完全凝固成 A_4B、B 和 C 结晶相的混合物。

冷却组成位于 X_2 点处的混合物，此相点位于组元 A_4B 的初晶区，组元 A_4B 初晶过程开始。熔体的组成沿直线 A_4B-X_2 由点 X_2 移到点 λ，此时组分 B 也开始结晶。体系的自由度为 1 且熔体的组成沿边界线（共晶线）e_1-e_t 到三元共晶点 e_t，在点 e_t 处，整个体系完全凝固成 A_4B、B 和 C 结晶相的混合物。

有一混合物组成如图 3-32 上的相点 X_3 所示。结晶情况与简单三元共晶体系的相似。组分 C 首先结晶析出，熔体的组成移到点 δ，此点处组分 A_4B 开始结晶。进一步冷却，熔体的组成点沿共晶线 P_t-e_t 到三元共晶点 e_t，在点 e_t 处，组分 B 开始结晶析出，直至整个体系完全凝固。

在三元共晶温度以下，如果体系的组成点位于三角形 A-A_4B-C 中，体系形成固相 A、A_4B 和 C 的机械混合物；假如体系的组成点位于其他的三角形中，体系形成 B、A_4B 和 C 三种固相的混合物。

3.2.2.4　有同分熔融三元化合物生成的体系

此三元体系相图的垂直投影如图 3-33 所示。此相图有四个区域，区域 pc(A)、pc(B)、pc(C)、pc(ABC) 分别代表组分 A、B、C、ABC 初晶面的投影图。三元化合物 ABC 的相点位于三元系 A-B-C 之内。有三条边界线 e_{t_1}-e_{t_2}，e_{t_2}-e_{t_3}，e_{t_3}-e_{t_1} 分别代表组分 B、C 和 A 与组元 ABC 同时结晶。相点 ABC 与浓度三角形定点之间的连线把相图分为三个简单三元共晶体系 A-ABC-B、B-ABC-C、C-ABC-A。三角形的顶点与 ABC 相点的连线穿过边界线，形成了边界线的最高点。

组成点位于区域 pc(A)、pc(B)、pc(C) 的混合物的结晶过程与简单共晶三元系完全相同。当相点位于区域 pc(ABC)（例如相点 X 所示），化合物 ABC 首先结晶，熔体的组成将向点 M 移动，在点 M 处组分 A 也开始结晶。继续冷却，组分 A 和 ABC 同时结晶，且熔体的组成点沿边界线由点 M 移到共晶点 e_{t_1}，在点 e_{t_1} 处，组分 B 也将结晶析出，直至整个体系完全凝固（根据三角形规则，相点 X 位于三角形 A-ABC-B 中）。

3.2.2.5　有异分熔融三元化合物生成的体系

此三元体系相图的垂直投影如图 3-34 所示。此相图有四个区域，区域 pc(A)、pc(B)、pc(C)、pc(ABC) 分别代表组分 A、B、C、ABC 初晶面的投影图。三元化合物 ABC 的相点位于其初晶区之外。与前面提到的例子相比，此类相图只有一个共晶点，另外两个

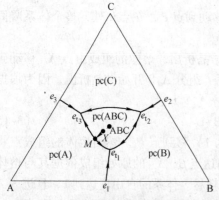

图 3-33　含有同分熔融三元化合物的
三元共晶体系的相图

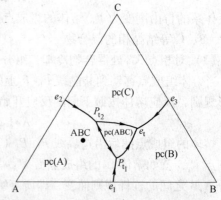

图 3-34　含有异分熔融三元化合物的
三元共晶体系的相图

特殊点为三元包晶点 P_{t_1} 和 P_{t_2}。边界线 P_{t_1}-e_t，P_{t_2}-e_t 分别是组分 B 与组元 ABC、组分 C 与组元 ABC 的共晶线。

混合物（位于组分 A 的初晶区 pc(A) 的相点）的结晶路径与位于初晶区的相点位置相关。结晶路径非常复杂，因此此处不作讨论。然而，在三元共晶点以下，可以得到三种最终组成。体系由以下固相的机械混合物组成：

（1）A，ABC 和 C，组成点位于三角形 A-ABC-C 中；

（2）A，ABC 和 B，组成点位于三角形 A-ABC-B 中；

（3）B，ABC 和 C，组成点位于三角形 B-ABC-C 中。

3.2.2.6 三元交互体系

三元交互体系的通式为 $A_p X_q$-$B_r Y_s$，即没有共同的离子。例如，LiF-NaCl，KF-Na_2SO_4，KCl-Na_3AlF_6 体系等属于这一类。与其他的三元系相似，在三元交互体系中，可以形成几个二元或三元同分熔融化合物或二元或三元异分熔融化合物。

三元交互体系相图的垂直投影为矩形，不含相同离子的组元的相点位于对角线上。

A 简单三元交互体系

简单三元交互体系的相图如图 3-35 所示。在此类体系中，在复分解反应过程中组分间会发生互换，例如当 $p=q=r=s=1$，

$$AX+BY \Longrightarrow AY+BX \quad \Delta G^{\ominus} \tag{3-155}$$

尽管体系中包含四种化合物，但事实上它们属于三元系，因为组分数的减少是由于发生复分解反应（3-34）的缘故。交换反应以吉布斯自由能 $\Delta G^{\ominus}$ 的变化为特征，吉布斯自由能决定了某对化合物的稳定性。对于上面的交换反应，如果吉布斯自由能的变化量为负，反应由左向右进行，则稳定的化合物对是 AX-BY 体系。下一条规则是，稳定化合物对通常是较大-较大离子和较小-较小离子的化合物的模式。

AX-BY 相图有四个区域，区域 pc(AX)、pc(BX)、pc(AY)、pc(BY) 分别代表组分 AX、AY、BX、BY 初晶面的投影图。有五条边界线分别代表两组元同时结晶。短划线标出了稳定体系 AX-BY，它把交互体系分为两个简单共晶体系。

$\Delta G^{\ominus}$ 的值决定了体系的平衡组成。根据三角形规则，任何位于给定稳定三角形中的相点都可以分解为单独的三个组元。这就意味着在三角形 AX-BX-BY 中，组元 AY 不能存在，而在三角形 AX-AY-BY 中不存在组元 BX。当然，根据四边形规则，所有四个组元 AX、BX、AY 和 BY 都是存在的。它们的平衡浓度由复分解反应中该变量的值决定，即由反应吉布斯自由能决定。

有一混合物组成如图 3-35 上的相点 X_1 所示。冷却时，其结晶情况与简单三元共晶体系完全相似。组分 BY 首先结晶析出，熔体的组成移到点 M_1，此点处组分 AX 开始结晶。进一步冷

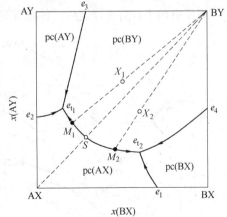

图 3-35 简单三元交互体系的相图

却，两个组元同时从熔体中析出，熔体的组成点沿共晶线 e_{t_1}-e_{t_2} 由 M_1 点到三元共晶点 e_{t_1}，

在点 e_{t_1} 处，组元 AY 也开始结晶，同时整个体系将要凝固。

对于位于三角形 AX-BX-BY 中相点为 X_2 的混合物也会发生相似的情况。组分 BY 首先结晶析出，熔体的组成移到点 M_2，此点处组分 AX 开始结晶。进一步冷却，两个组元同时从熔体中析出，熔体的组成点沿共晶线 e_{t_1}-e_{t_2} 由 M_2 点到三元共晶点 e_{t_2}，在点 e_{t_2} 处，组元 BY 也开始从熔体中析出，同时整个体系完全凝固。

两个三元共晶点中哪个点为最终的凝固点，取决于混合物的组成。边界线 e_{t_1}-e_{t_2} 由峰点 S 下落到两个共晶点。此峰点同时还是伪二元系 AX-BY 的共晶点。

B   有两个二元同分熔融化合物生成的体系

三元交互体系 A^+，$B^{2+}//X^{2-}$，Y^{2-} 的相图如图 3-36 所示。因为二价阳离子 B^{2+} 比一价离子 A^+ 小，所以稳定斜线由 BX-A_2Y 对组成。形成两二元化合物 A_2BX_2 和 $A_2B_2Y_3$。这两个二元化合物把浓度矩形分割为三个简单三元共晶体系 A_2BX_2-A_2Y-BX、A_2X-BX-$A_2B_2$$Y_3$ 和 BX-$A_2B_2Y_3$-BY 和带有连续固溶体 A_2X-A_2Y 的三元系 A_2X-A_2Y-A_2BX_2。组元 A_2X 经历了固-固相转变，相图中由短线反映出。体系 A^+，$B^{2+}//X^{2-}$，Y^{2-} 的相图有六个结晶区。分别属于各个相的初晶区。任何混合物最终在四个结晶点上凝固，具体点取决于混合物的组成。

这类相图构成了如 K_2SO_4-$PbSO_4$-K_2WO_4-$PbWO_4$ 体系，这个体系是由 Belyaev 和 Nesterova（1952）测量得到的。这个体系对于钨的生产有一定边际效应。它是不可逆转变形式的三元交互体系，且具有稳定的 $PbWO_4$-K_2SO_4 对角线。

C   有三元异分熔融化合物生成的体系

三元交互体系 A^+，$B^{2+}//X^-$，Y^{2-} 的相图如图 3-37 所示。有三个二元异分熔融化合物：ABX_3 和 A_2BX_4 形成于 AX-BX_2 体系；$A_2B_3Y_4$ 形成于 A_2Y-BY 体系。AX-BY 体系组成了三元交互体系的稳定对角线。在三元亚体系 AX-BX_2-BY 中有两个三元包晶点和一个三元共晶点。在三元亚体系 AX-A_2Y-BY 中有一个三元包晶点，此点处有三个固相和一个液相。体系的变量为 0，所以有下面的反应发生

$$BY+L_1 \longrightarrow AX+L_2 \tag{3-156}$$

当所有的 BY 消耗掉之后，体系移到三元共晶点，此点处整个体系完全凝固。

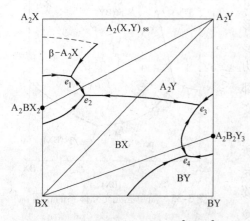

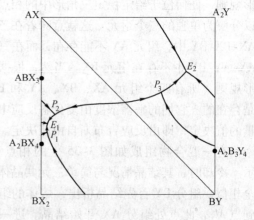

图 3-36 三元交互体系 A^+，$B^{2+}//X^{2-}$，　　　　图 3-37 三元交互体系 A^+，$B^{2+}//X^-$，
　　　　　Y^{2-} 的相图　　　　　　　　　　　　　　　　Y^{2-} 的相图

这类相图构成了如 NaCl- MgCl$_2$- NaSO$_4$- MgSO$_4$ 体系，这个体系是由 Speranskaya (1938) 测量得到的。这个体系的熔体用于镁的电化学生产。

D 有两个二元同分熔融化合物和一个三元同分熔融化合物生成的体系

三元交互体系 A$^+$，B^{2+}//X$^-$，Y^{2-} 的相图如图 3-38 所示。两个二元化合物 ABX$_3$ 和 A$_2$BY$_2$，一个三元化合物 A$_3$B$_2$X$_3$Y$_2$，所有的同分熔融化合物都在这个体系中形成。组元 A$_3$B$_2$X$_3$Y$_2$ 的相点与每个简单化合物、二元化合物的连线把三元交互体系分为四个简单三元共晶相图，其中一个相图中包含一组元的结晶区，且此组元的相点在它的浓度三角形之外。有一个相图没有三元共晶点。

有五个三元共晶点和一个三元包晶点。位于三角形 BY- A$_3$B$_2$X$_3$Y$_2$- BX$_2$ 和 A$_3$B$_2$X$_3$Y$_2$- P- BX$_2$ 中的相点，其混合物的结晶过程都是以 BY，A$_3$B$_2$X$_3$Y$_2$ 或 X$_2$ 的初晶开始的，随后相邻的盐也开始结晶，直到包晶点 P。此时体系包含三个固相和一个液相，且自由度为 0。发生两个不同的反应

$$BY+L \longrightarrow BX_2+L' \qquad (3-157)$$

或

$$BY+L \longrightarrow A_3B_2X_3Y_2+L'' \qquad (3-158)$$

当所有的 BY 消耗掉之后，体系移到三元共晶点 E$_4$。此点处，整个体系完全凝固。

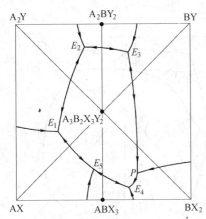

图 3-38　三元交互体系 A$^+$，B^{2+}//X$^-$，Y^{2-} 的相图

这类相图构成了如 KCl- K$_2$SO$_4$- MgCl$_2$- MgSO$_4$ 体系，这个体系是由 Jänecke(1912) 测量得到的。这个体系的熔体对于镁的电化学生产从技术的角度而言很重要。

3.2.3 四元系

四元系是由具有相同离子的四个组元组成，形成了四个三元系和六个二元系。四元系的浓度图可由一四面体表示。每个三元系都垂直投影到四面体的面上。有二元同分熔融化合物 BCX$_3$ 生成的四元系 A$^+$，B$^+$，C^{2+}，D^{2+}//X$^-$ 的相图如图 3-39 所示。

二元化合物 BCX$_3$ 把三元系 AX- BX- CX$_2$ 和 DX$_2$- BX- CX$_2$ 分割为四个简单三元分体系。三元化合物结晶过程都以六个三元共晶点 E$_i$ 中某点为结束点，在结束点处三元混合物凝固。任何四元混合物的结晶过程都是沿着虚线进入浓度四面体中，且以两个四元共晶点 E$_{qi}$ 中的一个为结束点。

在文献中，四元系的相图经常以铺开的

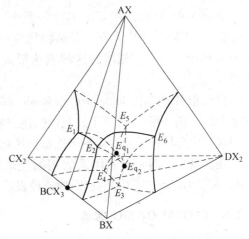

图 3-39　有二元同分熔融化合物 BCX$_3$ 生成的四元系 A$^+$，B$^+$，C^{2+}，D^{2+}//X$^-$ 的相图

四面体的形式表示。四元系 A^+，B^+，C^{2+}，$D^{2+}//X^-$ 的相图的此种表示形式如图3-40所示。这样的表示方法有助于较好地理解三元系以及三元系中的二元系的相平衡，但是不能研究四元系内的相平衡。

这种类型的相图看起来像 NaF-KF-CaF₂-BaF₂ 体系的相图，该相图由 Bukhalova 和 Sememtsova 测定（1967）。

3.2.3.1 四元交互体系

四元交互体系由六个组元组成，形成三个三元交互体系和两个具有相同离子的三元系。此类体系的浓度图可通过一三棱柱表示，每个侧面为三元交互体系的垂直投影图，顶面和底面为具有相同离子的两个三元系的垂直投影图。四元交互体系 A^+，B^+，$C^{2+}//X^-$，Y^- 的三棱柱图如图3-41所示。

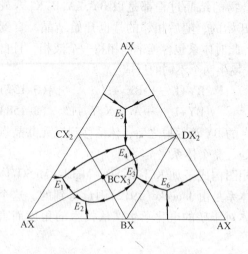

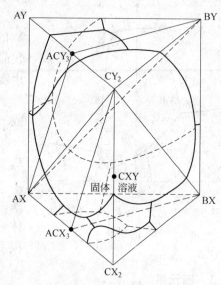

图3-40　四元系 A^+，B^+，C^{2+}，
$D^{2+}//X^-$ 的相图

图3-41　四元交互体系 A^+，B^+，$C^{2+}//X^-$，
Y^- 的三棱柱图

如图3-41所示，在 CX₂-CY₂ 体系中，有异分熔融化合物 $CX_2 \cdot CY_2$ 生成，在 AX-CX₂ 和 AY-CY₂ 体系中，有同分熔融化合物 ACX_3 和 ACY_3 生成。这些组元产生了几个共晶点和两个包晶点。相图的这种表达形式不能表现出四元交互体系的棱柱内的任何相关系。

这个相图效仿由 Bukhalova 和 Maslennikova（1962）测得的 Na^+，K^+，$Ca^+//F^-$，Cl^- 体系相图。正如图3-41所示，只能描述三棱柱表面上的相平衡，即三元和三元交互体系。在三棱柱内部的四元交互体系不能被描绘出来，因为它们还没有被研究出来。

在文献中，四元交互体系的相图经常以铺开的三棱柱的形式表示。四元交互体系 Na^+，K^+，$Ca^+//F^-$，Cl^- 的相图的此种表示形式如图3-42所示。

3.2.4　CaO-Al₂O₃-SiO₂体系

在冶金学、耐火陶瓷和特种玻璃生产、水泥生产中，CaO-Al₂O₃-SiO₂ 体系的相图是一个不可缺少的工具。该体系的相图首先被 Osborn 和 Muan（1960）构建，其中 CaO·

$6Al_2O_3$区经过 Gentile 和 Foster（1963）的修订，如图 3-43 所示。

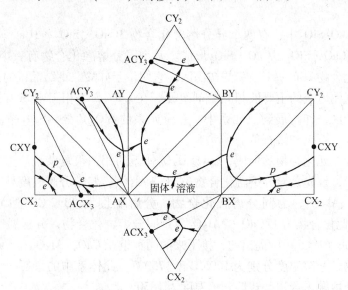

图 3-42　四元交互体系 Na^+，K^+，$Ca^+//F^-$，Cl^- 的相图

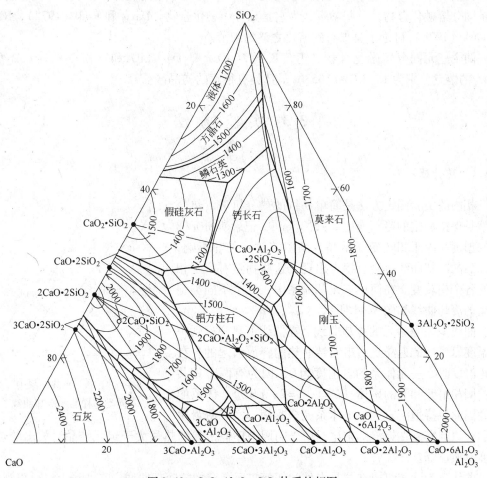

图 3-43　CaO-Al_2O_3-SiO_2 体系的相图

CaO-Al$_2$O$_3$-SiO$_2$体系形成一非常复杂的相图，在相图中有一些二元化合物和两个三元化合物。

在二元系 CaO-SiO$_2$ 中，有两个异分熔融化合物 3CaO · SiO$_2$、3CaO · 2SiO$_2$，两个同分熔融化合物 2CaO · SiO$_2$、CaO · SiO$_2$ 形成。两个同分熔融化合物有一个很宽的初晶区，两个异分熔融化合物只有一个很窄的初晶区，它们位于硅酸二钙结晶区的两边。硅酸三钙和硅酸二钙是水泥熔渣的主要液相黏结剂组元。在 CaO-SiO$_2$ 相图中 SiO$_2$ 的高浓度区，可观察到两个液相区，并扩展到三元系中。在三元系的 SiO$_2$ 角处，SiO$_2$ 晶型转变的两个区域，可以观察到方石英和鳞石英。

由于有多种二元化合物的形成，CaO-Al$_2$O$_3$ 体系的相图很复杂且经过多次的修订。从 CaO 的一侧开始，首先是异分熔融化合物 3CaO · Al$_2$O$_3$，转熔分解温度是 1539℃。下一个组元为 5CaO · 3Al$_2$O$_3$，为同分熔融化合物，分解温度为 1392℃。然而，在 1965 年，Nurse 等人探明此化合物为 12CaO · 7Al$_2$O$_3$，是同分熔融化合物，分解温度为 1455℃。根据 Rolin 和 Thanh（1965）所提出的，接下来的两种组元 CaO · Al$_2$O$_3$ 和 CaO · 2Al$_2$O$_3$ 都是同分熔融化合物，分解温度分别为 1605℃ 和 1750℃。此体系中的最后一个组元是 CaO · 6Al$_2$O$_3$，为异分熔融化合物，转熔分解温度为 1850℃。

在 Al$_2$O$_3$-SiO$_2$ 体系中，只有一个组元 3Al$_2$O$_3$ · 2SiO$_2$（莫来石）生成，一些学者认为它是同分熔融化合物，一些学者认为它是异分熔融化合物。Davis 和 Psak（1972），Risbud 和 Pask（1978）讨论了莫来石的熔化之谜的细节。

两个三元同分熔融化合物，钙黄长石 2CaO · Al$_2$O$_3$ · SiO$_2$ 和钙长石 CaO · Al$_2$O$_3$ · 2SiO$_2$ 的熔点分别为 1593℃ 和 1553℃，且具有很宽的初晶区。

3.3 实验方法

3.3.1 热分析

相图的实验测定方法是简单易行的热分析法，热分析就是保持一定的冷却速度 2~5℃/min，记录所研究样品的温度。由于相转变（结晶，晶型转变）的热影响，在样品的冷却曲线上会有拐点出现，这些拐点对应于相应的各个相转变。在简单三元共晶系中，三个不同类型样品的冷却曲线如图 3-44 所示。

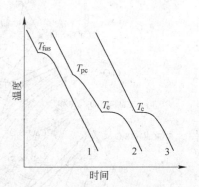

图 3-44 简单三元共晶系中三个
不同类型样品的冷却曲线

曲线 1 为纯组元的冷却曲线。在曲线上只观察到一个温度迟滞，此迟滞是由组元结晶热的释放引起的。在熔化温度时，一元体系的自由度为 0，因为有两个相共存：固相组元和它的熔体（$k=1$，$f=2$，$v=0$）。体系的温度因此保持恒定直到整个体系完全凝固。实际测量中我们可以观察到在迟滞的末尾，由于向周围环境传递的热量大于组元结晶时放出的热量，温度有所下降。

曲线 2 为除了组成在共晶点处的任何二元混合物的冷却曲线。在曲线上，可以观察到一个折点和一个迟滞。折点代表某一组元初晶开始。初晶时，二元系的自由度为1，因为此时固相组元和组元的饱和熔体共存（$k=2$，$f=2$，$v=1$）。由于结晶热的释放冷却速度减慢，直到到达共晶点。在共晶点处，由于体系的自由度为0（$k=2$，$f=3$，$v=0$），冷却推迟开始。体系的温度在理论上将保持恒定直到混合物完全凝固。实际测量时也会观察到温度的下降，因为向周围环境传递的热量大于组元结晶时放出的热量。

曲线3为共晶点处混合物的冷却曲线。在曲线上只观察到一个迟滞，此迟滞是由两组元共晶热的释放引起的。在共晶点温度时，体系的自由度为0，因为有两个固相共存：两个固相组元和两个固相组元的饱和熔体（$k=2$，$f=3$，$v=0$）。体系的温度因此保持恒定直到整个体系完全凝固。然而，实际测量中我们又可以观察到在迟滞的末尾时温度有所下降，因为体系向周围环境传递的热量大于组元结晶时放出的热量。

通过足够多样品的热分析，可以构造出所研究体系的相图。5%（摩尔分数）NaF+95%（摩尔分数）$NaBF_4$混合物的冷却曲线（如图3-45所示）是由Chrenková（2001）所测得的。NaF- $NaBF_4$体系相图中混合物的相点位于共晶点和纯组元$NaBF_4$之间。组元$NaBF_4$的熔化焓在408℃时为$\Delta_{fus}H_{NaBF_4}=13.5\,kJ/mol$。曲线上的第一个折点出现在400℃时，此时$NaBF_4$的晶相作为早期的相。冷却曲线上的折点不是很明显，因为$NaBF_4$结晶时释放的热量较少。折点的形状取决于冷却速度，当冷却速度较快时，将完全观察不到折点。温度停止于380℃，对应于共晶温度，此时NaF和$NaBF_4$同时结晶。在共晶温度时可以观察到一个小的过冷度，约为6℃，同时伴随着短时间的恒温。不明显的折点和较小的过冷度表明熔体的冷却速度相当快。

在共晶温度时温度恒定的持续时间取决于共晶时热量的释放量。通过相律很明显可以知道，由纯组分到组成位于共晶处，共晶熔体的量增加了，同理共晶时热量的释放量也增加了。绘制相对于组成的共晶的持续时间，可以得到"塔曼三角"，如图3-46所示。这个过程可以帮助找出共晶时刻的位置。

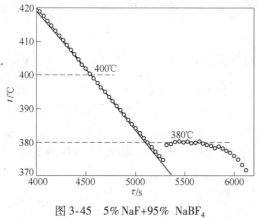

图3-45　5% NaF+95% $NaBF_4$
混合物的冷却曲线

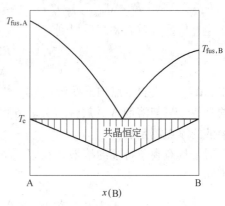

图3-46　熔体共晶过程中温度迟滞
所形成的"塔曼三角"

3.3.2　冰点测定法

冰点测定法是一种测量少量物质 B 加入到溶剂 A 所引起的熔点降低的分析方法。应用于分子溶剂的经典冰点测定法既可以用来测定溶剂的溶解热，还可以用来测定溶剂的分子量。

如 3.3.2.1 节将提到的，离子熔体中的冰点测定法被用来测定当小量的溶质加入到溶剂中时溶剂的溶解热或新（外来）离子粒子的量。

然而离子熔体中冰点测定法有时会给出不确定的结果。问题可能会在以下这些情况中发生，当溶剂中有缔合反应发生且分子量不能确定时。还有当溶解热不确定时也会造成错误的结果。另外，冰点测定法结果的解释有时不统一，尤其是对于由两个或更多反应造成的新粒子的量。

冰点测定法的一个特殊的情况是应用于高熔熔化的溶剂，即在此种情况下，熔体在熔化时会受到热解离的作用。此种例子会在 3.3.2.2 节中讨论。

3.3.2.1　理论背景

在简单二元系中溶剂 A 的饱和溶液的活度和温度之间的平衡关系如 Le Chatelier-Schreder 方程所示

$$\ln a_A = \frac{\Delta_{fus}H_A}{R}\left(\frac{1}{T_{fus,\,A}} - \frac{1}{T}\right) \tag{3-159}$$

式中，a_A 代表活度；$T_{fus,A}$ 代表溶解温度；$\Delta_{fus}H_A$ 代表组分 A 的溶解焓。

现在我们考查组分 A 熔点以上的液相线的走向。因为所研究的为稀溶液，对于溶剂 A 有下列的限制关系

$$x_A \longrightarrow 1, \quad a_A \longrightarrow x_A, \quad T \longrightarrow T_{fus,\,A} \tag{3-160}$$

其中 $\ln x_A$ 可以写成

$$\ln x_A = \ln(1 - x_B) \approx -x_B \tag{3-161}$$

且对于方程（3-159）的右侧

$$\frac{\Delta_{fus}H_A}{R}\left(\frac{1}{T_{fus,\,A}} - \frac{1}{T}\right) = \frac{\Delta_{fus}H_A}{R}\frac{T - T_{fus,\,A}}{TT_{fus,\,A}} = \frac{\Delta_{fus}H_A}{R}\frac{-\Delta T_{fus,\,A}}{T_{fus,\,A}^2} \tag{3-162}$$

经过代换和重新整理后得到

$$\Delta T_{fus,\,A} = \frac{RT_{fus,\,A}^2}{\Delta_{fus}H_A}x_B = K_{td,\,A}x_B \tag{3-163}$$

式中，$\Delta T_{fus,A}$ 代表熔点的下降量；$K_{td,A}$ 代表组分 A 热量降低常数。$K_{td,A}$ 类似于冰点测定法的常数，只与溶剂 A 的属性有关。方程（3-163）是经典方程，适用于符合拉乌尔定律的溶液的冰点测定法。

对于具有离子特征的溶液，在组元 A 熔点附近，Le Chatelier-Schreder 方程的处理有些不同

$$R\ln a_A = \Delta_{fus}H_A\left(\frac{T - T_{fus,\,A}}{TT_{fus,\,A}}\right) \tag{3-164}$$

方程的右侧重新整理可得

$$R\ln a_A = T\frac{\Delta_{fus}H_A}{T_{fus,\,A}} - \Delta_{fus}H_A = T\Delta_{fus}S_A - \Delta_{fus}H_A \tag{3-165}$$

又

$$T(\Delta_{fus}S_A - R\ln a_A) = \Delta_{fus}H_A \tag{3-166}$$

最后可得

$$T = \frac{\Delta_{\mathrm{fus}}H_{\mathrm{A}}}{\Delta_{\mathrm{fus}}S_{\mathrm{A}} - R\ln a_{\mathrm{A}}} \tag{3-167}$$

等式（3-167）是用来明确描述温度的简化的 Le Chatelier-Schreder 方程。等式（3-167）对温度求微分可得

$$\frac{\mathrm{d}T}{\mathrm{d}x_{\mathrm{A}}} = \frac{R\Delta_{\mathrm{fus}}H_{\mathrm{A}}}{(\Delta_{\mathrm{fus}}S_{\mathrm{A}} - R\ln a_{\mathrm{A}})^2} \times \frac{1}{a_{\mathrm{A}}} \times \frac{\mathrm{d}a_{\mathrm{A}}}{\mathrm{d}x_{\mathrm{A}}} \tag{3-168}$$

对于液相线 $x_{\mathrm{A}} = 1$ 点处的正切线有

$$k_0 = \lim_{x_{\mathrm{A}} \to 1} \frac{\mathrm{d}T}{\mathrm{d}x_{\mathrm{A}}} = \frac{RT_{\mathrm{fus, A}}^2}{\Delta_{\mathrm{fus}}H_{\mathrm{A}}} \lim_{x_{\mathrm{A}} \to 1} \frac{\mathrm{d}a_{\mathrm{A}}}{\mathrm{d}x_{\mathrm{A}}} = K_{\mathrm{td, A}} \lim_{x_{\mathrm{A}} \to 1} \frac{\mathrm{d}a_{\mathrm{A}}}{\mathrm{d}x_{\mathrm{A}}} \tag{3-169}$$

对于具有离子特征的体系有

$$\lim_{x_{\mathrm{A}} \to 1} \frac{\mathrm{d}a_{\mathrm{A}}}{\mathrm{d}x_{\mathrm{A}}} = k_{\mathrm{St, A}} \tag{3-170}$$

式中，$k_{\mathrm{St,A}}$是由 Stortenbeker（1892）引入的半经验修正系数，此系数在数字上等于新（外来）分子尺寸的量，为 1 分子的溶质 B 进入到纯溶剂 A 中。

实践中，把依赖于由实验所确定的初晶温度的多项式应用到溶质的摩尔分数 x_{A} 和 $x_{\mathrm{A}} \to 1$ 处导数的界限上，可得出 k_0 的斜率。知道溶质的溶解熔和热量降低常数的值 $K_{\mathrm{td,A}}$，就能很容易地计算出 Stortenbeker 修正系数的值。

在文献中，冰点测量经常被用到，此种测量的例子在本书中也会提到。

3.3.2.2 溶剂中含有高熔熔化的冰点测量法

在碱金属的卤化物、过渡金属的卤化物、硫酸盐、钼酸盐和钨酸盐等的二元系中，像 $NaF\text{-}AlF_3$、$KF\text{-}NbF_5$、$KF\text{-}K_2SO_4$，有配合物的生成，根据基本反应，体系或多或少都会受到热解离的影响

$$A_pB_q \xrightarrow{\alpha} pA + qB \tag{3-171}$$

Daněk 与 Cekovský（1992）和 Daněk 与 Proks（1999）等学者论述过 $p = q = 1$ 时，此种行为存在的证据。

由于配合物 AB 的热解离的影响，它的液相线显示为一条曲线，在组成为 AB 的熔融温度处的切线斜率为 0，此现象被称作融化的高熔熔化型（图 3-47）。因此在熔融温度处满足下面的等式

$$\left[\frac{\mathrm{d}T}{\mathrm{d}x_{\mathrm{w}}(\mathrm{AB})}\right]_{x_{\mathrm{w}}(\mathrm{AB}) = 1} = 0 \tag{3-172}$$

式中，$x_{\mathrm{w}}(\mathrm{AB})$ 代表溶剂 AB 的摩尔质量分数。液相线的曲率半径取决于配合物 AB 的解离度 α。解离度越高，液相线越平。需要注意的是，当溶剂和溶质间有化学反应发生时，视图中的理论点是在溶剂冰点测定量的估计值。此种情况下问题出现了，为了确定反应的类型需要明确外来粒子的量。在工艺上很重要的此类体系的一个典型的例子是高熔点型熔体冰晶石 Na_3AlF_6。即使不考虑冰晶石的解离机理，在冰晶石溶解某些化合物的情况下，如金属氧化物，除了溶质与冰晶石发生的化学反应生成的新物质以外，与冰晶石解离产物相同的化合物也会产生。Proks（2002）给出了适用于此类溶剂冰点测量的理论导出关系式。

探究在高熔点溶剂 AB 中添加物 X 的溶解（图 3-48）。Le Chatelier-Schreder 方程描绘了 AB-X 体系中物质 AB 的液相线的走向，当 $x_r(AB) \to 1$ 时，可以得到方程的微分形式

$$\lim_{x_r(AB) \to 1} \frac{dx_r(AB)}{x_r(AB)} \frac{1}{dT} = \lim_{x_r(A) \to 1} \frac{\Delta_{fus}H(AB, T)}{RT^2} = \frac{\Delta_{fus}H[AB, T_{fus}(AB)]}{RT_{fus}^2(AB)} = K_{td}$$

(3-173)

式中，$x_r(AB)$ 代表溶质 AB（即平衡活度）真实摩尔分数；$T_{fus}(AB)$ 和 $\Delta_{fus}H[AB, T_{fus}(AB)]$ 分别代表 AB 的溶解温度和溶解焓。把等式（3-173）上下反转扩展后得到

$$\lim_{x_r(AB) \to 1} \frac{dT}{dx_r(AB)} x_r(AB) = \lim_{x_r(AB) \to 1} \frac{dT}{dx_w(AB)} \times \frac{dx_w(AB)}{dx_r(AB)} = \frac{1}{K_{td}}$$ (3-174)

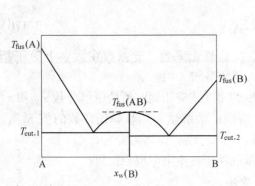

图 3-47　含有高熔点化合物 AB 的 A-B 系相图　　图 3-48　含有高熔点化合物 AB 以及 AB 与溶质存在化学反应的 AB-X 系相图

现在考查在 $x_w(AB)$ 极限区 $x_w(AB) \to 1$ 时，$x_r(AB)$ 的行为，例如，根据反应机理 AB+X ══AX+B，此时 X 与热解离后的 AB 发生反应，形成新的化合物以及和 AB 的热解离产物相同的化合物。X 和物质 AB 的混合物的物质的量为 1mol，发生反应后，引起的物质 AB 量的增加用 l（只有当 AB 是高熔点物质时，l 不为零）来表示，引起的物质 AB 量的减少用 m 来表示。对于 $x_r(AB)$ 可以得到

$$\lim_{x_w(AB) \to 1} x_r(AB)$$

$$= \lim_{x_w(AB) \to 1} \frac{x_w(AB) + l[1 - x_w(AB)] - m[1 - x_w(AB)]}{x_w(AB) + l[1 - x_w(AB)] - m[1 - x_w(AB)] + k_{St}[1 - x_w(AB)]}$$

$$= \lim_{x_w(AB) \to 1} \frac{x_w(AB) + n[1 - x_w(AB)]}{x_w(AB) + n[1 - x_w(AB)] + k_{St}[1 - x_w(AB)]} = \frac{x_w(AB)}{x_w(AB)} = 1$$ (3-175)

式中，$l - m = n$。因此可以把 $x_r(AB)$ 替换为极限区的 $x_w(AB)$。等式（3-174）可以变形为

$$\lim_{x_w(AB) \to 1} \frac{dT}{dx_w(AB)} = \lim_{x_w(AB) \to 1} \frac{dx_r(AB)}{dx_w(AB)} \times \frac{1}{K_{td}}$$ (3-176)

或

$$\lim_{x_w(AB) \to 1} \frac{dT}{dx_w(AB)} \cdot K_{td} = \lim_{x_w(AB) \to 1} \frac{dx_r(AB)}{dx_w(AB)}$$ (3-177)

等式（3-177）的右侧可以表示为下面的形式

$$x_r(AB) = \frac{x_w(AB) + n[1 - x_w(AB)]}{x_w(AB) + n[1 - x_w(AB)] + k_{St}[1 - x_w(AB)]} = \frac{x_w(AB) + n[1 - x_w(AB)]}{F}$$

(3-178)

等式（3-178）对 $x_w(AB)$ 求微分得到

$$\frac{dx_r(AB)}{dx_w(AB)} = \frac{1}{F} - \frac{x_w(AB)F'}{F^2} - \frac{n}{F} - \frac{n[1 - x_w(AB)]F'}{F^2}$$

$$= \frac{F - F'x_w(AB) - nF - F'n[1 - x_w(AB)]}{F^2}$$

(3-179)

在极限区

$$\lim_{x_w(AB) \to 1} \frac{dx_r(AB)}{dx_w(AB)} = \lim_{x_w(AB) \to 1} \frac{F(1 - n) - F'\{x_w(AB) + n[1 - x_w(AB)]\}}{F^2}$$

(3-180)

在极限区关于 F 及 F 的一阶导数 F' 有

$$\lim_{x_w(AB) \to 1} F = \lim_{x_w(AB) \to 1} \{x_w(AB) + n[1 - x_w(AB)] + k_{St}[1 - x_w(AB)]\} = 1$$

(3-181)

$$\lim_{x_w(AB) \to 1} F' = 1 - n - k_{St}$$

(3-182)

最终对于等式（3-180）有

$$\lim_{x_w(AB) \to 1} \frac{dx_r(AB)}{dx_w(AB)} = \frac{1 - n - (1 - n - k_{St})}{1} = k_{St}$$

(3-183)

等式（3-183）左侧的倒数不必单独计算。导数值通常与 AB 溶剂和混合物 X 之间反应所形成的新物质（k_{St}）的量相等。然而需要选择一个 AB 与 X 之间的反应方案以确保（k_{St}）等于等式（3-177）左侧实验测量值。

以上提到的热力学方法应用于 Na_3AlF_6-Al_2O_3 体系，在此应用中考虑到一般冰晶石的解离方案，已经变形为下列形式

$$A_3B \xrightarrow{\alpha} AB + 2B$$

(3-184)

我们采用新的方法代替常用的方法。根据 Robert 等人（1997a）最近的拉曼光谱研究和 Daněk 等人（2000b）进行的 LECO 氧分析的结果，氧化铝溶解于冰晶石中形成两种主要的氟铝酸盐 $Na_2Al_2O_2F_4$ 和 $Na_2Al_2OF_6$，反应式如下

$$2Na_3AlF_6 + Al_2O_3 \Longrightarrow Na_2Al_2OF_6 + Na_2Al_2O_2F_4 + 2NaF$$

(3-185)

此式表明 1mol Al_2O_3 溶解到大量的冰晶石中会引入两种新的物质，即 $k_{St} = 2$。根据 Chin 和 Hollingshead（1996）测得的相图，选择三个 k_{St} 计算液相线的斜率如图3-49所示。上面反应的质量守恒如下。

考虑 1mol 混合物和组成 $x_1(= x_w(Na_3AlF_6))$ mol$Na_3AlF_6 + x_2(= x_w(X))$ molAl_2O_3，其中 $x_2 \ll x_1$。根据等式（3-184）冰晶石解离，解离度为 α。Al_2O_3 溶解于冰晶石中伴随反应（3-185）。平衡时，可以得到各个物质的量

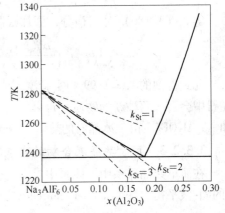

图3-49　Chin 和 Hollingshead 测定的 Na_3AlF_6-Al_2O_3 系相图

$$n(\mathrm{Na_3AlF_6}) = \left[(1-\alpha)x_1 - 2x_2\right]\mathrm{mol}$$

$$n(\mathrm{Na\,AlF_4}) = \alpha x_1\,\mathrm{mol}$$

$$n(\mathrm{NaF}) = (2\alpha x_1 + 2x_2)\,\mathrm{mol}$$

$$n(\mathrm{Na_2Al_2OF_6}) = x_2\,\mathrm{mol}$$

$$n(\mathrm{Na_2Al_2O_2F_4}) = x_2\,\mathrm{mol}$$

物质的总量为 $\sum n_i = \left[x_1(1+2\alpha)+2x_2\right]\mathrm{mol}$。与稀溶液区相似，摩尔分数可以等同于活度，即物质的真实摩尔分数。对于冰晶石的真实摩尔分数有

$$x_r(\mathrm{Na_3AlF_6}) = \frac{n(\mathrm{Na_3AlF_6}) + n(\mathrm{NaAlF_4}) + n(\mathrm{NaF})}{\sum n_i} = \frac{x_1(1+2\alpha)}{x_1(1+2\alpha)+2x_2} \quad (3\text{-}186)$$

等式（3-186）对 x_1 微分，添加限制条件（$x_1 = 1$，$x_2 = 0$），可得

$$\lim_{x_r(\mathrm{Na_3AlF_6})\to 1}\left[\frac{\partial x_r(\mathrm{Na_3AlF_6})}{\partial x_1}\right] = \frac{(1+2\alpha)(x_1 + 2x_1\alpha + 2x_2) - (x_1 + 2x_1\alpha)(1 + 2\alpha - 2)}{(x_1 + 2x_1\alpha + 2x_2)^2}$$

$$= \frac{(1+2\alpha)(1+2\alpha) - (1+2\alpha)(2\alpha - 1)}{(1+2\alpha)^2} = \frac{2}{1+2\alpha} = k_{\mathrm{St}}$$

$$(3\text{-}187)$$

根据 Grjotheim 等人（1982）测得的结果，当温度达到 1000℃ 时 α 的值为 0.3，Stortenbeckers 修正系数为 1.25，与预期的值不同，很明显这个算法没能带来正确的结果。

然而，按照 Proks 等人（2002）所提出的方法，在计算 k_{St} 时不必考虑冰晶石解离，由于溶剂不把冰晶石的解离产物考虑在外来物质之内。质量守恒如下面所示。

各个物质平衡时的量为

$$n(\mathrm{Na_3AlF_6}) = (x_1 - 2x_2)\,\mathrm{mol}$$

$$n(\mathrm{NaF}) = 2x_2\,\mathrm{mol}$$

$$n(\mathrm{Na_2Al_2OF_6}) = x_2\,\mathrm{mol}$$

$$n(\mathrm{Na_2Al_2O_2F_4}) = x_2\,\mathrm{mol}$$

物质的总量为 $\sum n_i = 1 + 2x_2\,\mathrm{mol}$。对于冰晶石的真实摩尔分数有下列关系式

$$x_r(\mathrm{Na_3AlF_6}) = \frac{n(\mathrm{Na_3AlF_6}) + n(\mathrm{NaF})}{\sum n_i} = \frac{x_1}{1 + x_2} \quad (3\text{-}188)$$

等式（3-186）对 x_1 微分，添加限制条件（$x_1 = 1$，$x_2 = 0$），可得

$$\lim_{x_r(\mathrm{Na_3AlF_6})\to 1}\left[\frac{\partial x_r(\mathrm{Na_3AlF_6})}{\partial x_1}\right] = \frac{(1 + x_2) + x_1}{(1 + x_2)^2} = 2 = k_{\mathrm{St}} \quad (3\text{-}189)$$

此式得到的 $k_{\mathrm{St}} = 1.99$ 和实验测定值吻合很好。这就意味着 $1\mathrm{mol\,Al_2O_3}$ 溶解到大量的冰晶石中会引入两种新的物质，符合等式（3-185）的假设。新物质种类为组元 $\mathrm{Na_2Al_2O_2F_4}$ 和 $\mathrm{Na_2Al_2OF_6}$，由于冰晶石的热解离 NaF 已经存在于冰晶石中。

3.3.2.3　用于共晶混合物的冰点测定法

在简单共晶体系中，体系中没有化合物生成，且组元在固态时没有溶解性，对于组元 i 的固-液平衡，Le Chatelier-Schreder 方程的微分形式为

$$\mathrm{d}\ln a_i = \frac{\Delta_{\mathrm{fus}}H_i}{RT^2}\mathrm{d}T \quad (3\text{-}190)$$

式中，a_i 和 $\Delta_{fus}H_i$ 分别代表组分 i 的活度和溶解焓；T 代表溶解温度；R 代表理想气体常数。为简便起见，假设 $\Delta_{fus}H_i \neq f(T)$ 且溶液为理想溶液，即 $a_i = x_i$。在 A-B 体系中，溶剂 A 的熔点的温度降 ΔT（事实上为初晶温度的下降值）受少量溶质 B 加入的影响，经过对等式（3-190）的整合和重新整理，得到一个熟悉的关系式

$$\Delta T = \frac{R T_{fus,A}^2}{\Delta_{fus}H_A} T x_B \tag{3-191}$$

问题是在共晶混合物 A-B 中，即为了测定少量添加物质 C 引起共晶温度的下降量，是否可以采用相似的测量。对于此种情况，Førland（1964）导出了与等式（3-191）相似的等式。其中 $\Delta T_{fus,E}$（共晶温度）替换了等式（3-191）中的 $\Delta T_{fus,A}$，$\Delta_{fus}H_E$（共晶混合物的溶解焓，它与组元 C 的浓度 x_C 无关）替换了等式（3-191）中的 $\Delta_{fus}H_A$，x_C 替换了等式（3-191）中的 x_B。需要讨论的问题是，Førland 所提出的等式是否具有普遍适用性。

Fellner 和 Matiašovský（1974）导出一个用于共晶化合物冰点测定法的等式，此等式与 Le Chatelier-Schreder 方程是不同的。

考查理想的三元共晶体系 A-B-C。在本例中，等式（3-190）对于任何一种化合物都是适用的。从用于组元 A 和 B 的等式（3-190）的整体形式来看，组元 E-P 同时结晶的单变线的投影如图 3-50 所示，单边线的投影方程可被导出如下

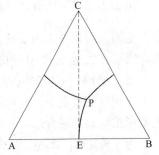

$$\frac{\ln x_A}{\Delta_{fus}H_A} - \frac{\ln x_B}{\Delta_{fus}H_B} = \frac{1}{R}\left(\frac{1}{T_{fus,A}} - \frac{1}{T_{fus,B}}\right) \tag{3-192}$$

组元 A 和 B 在共晶点处的浓度表示为 x_A^* 和 x_B^*。在等式（3-192）中，温度并没有明确表示出来；可以通过把等式（3-192）分别带入到关于组元 A 和 B 的等式（3-190）完整形式中。

图 3-50　无固溶体生成的
A-B-C 三元系相图

正如上面所提到的，用于计算共晶温度降的 Førland 等式是在假设 $\Delta_{fus}H_E$ 恒定的基础上建立的。因此假设等式 $\Delta_{fus}H_E = x_A^* \Delta_{fus}H_A + x_B^* \Delta_{fus}H_B$，组元 A 和 B 同时结晶的单变度线上 x_A^* 和 x_B^* 的比例也是恒定的，即一定不是 x_C^* 函数。此种情况只适合假设 E-P 的单变度线和 E-C 是相同的，至少是在二元共晶点 E 处是相同的情况。为了对所推荐的方程进行说明，Førland 可以满足上述情况的方式画出相图。然而在一个一般的例子中，组元 A 和 B 的同时结晶线的切线的斜率可以被计算得出，在替换等式（3-192）的 A 为表达式 $x_A = 1 - x_B - x_C$ 之后，通过对等式（3-192）微分得到一绝对的函数。

$$\frac{dx_C}{dx_B} = -1 - \frac{x_A \Delta_{fus}H_A}{x_B \Delta_{fus}H_B} \tag{3-193}$$

等式（3-193）可以通过等式（3-190）的不同的形式推导得出。连接倾斜角中 E-C 的斜率的坐标等于 $-1/x_B^*$，根据等式（3-193），对于斜率可得

$$\lim_{x_C \to 1} \frac{dx_C}{dx_B} = -1 - \frac{x_A^* \Delta_{fus}H_A}{x_B^* \Delta_{fus}H_B} \tag{3-194}$$

只有当 $\Delta_{fus}H_A = \Delta_{fus}H_B$ 时，极限为 $-1/x_B^*$。只有在此种情况下，理想体系中比例 x_A/x_B 是恒定的等于 x_A^*/x_B^*。结果，x_A/x_B 比例恒定的说法表明组成共晶混合物的两组元的

溶解熔是相等的。

令 $i=B$ 把等式（3-193）代入等式（3-190）中，可以得到下面的关系式

$$dT = - \frac{RT^2}{x_A \Delta_{fus} H_A + x_B \Delta_{fus} H_B} dx_C \qquad (3\text{-}195)$$

此式与组元 A 和 B 同时结晶的单变度线的等式的形式不同。等式也可直接由等式（3-190）导出，比较等式（3-195）和等式（3-196）可以断定在等式（3-195）中，组分 C 浓度的增加被表示为 dx_C 而不是 $d\ln x_C$。只有当 $\Delta_{fus} H_A = \Delta_{fus} H_B$ 时，通过重新整理等式（3-195）可以得到下面的关系式

$$dT = \frac{RT^2}{\Delta_{fus} H_A (x_A + x_B)} d(x_A + x_B) = \frac{RT^2}{\Delta_{fus} H_A} d\ln(x_A + x_B) \qquad (3\text{-}196)$$

在极限情况下 $x_C \to 0$，由等式（3-195）可得

$$\lim_{x_C \to 0} \frac{dT}{dx_C} = - \frac{RT_E^2}{x_A^+ \Delta_{fus} H_A + x_B^+ \Delta_{fus} H_B} \qquad (3\text{-}197)$$

因为 $\lim\limits_{x_C \to 0} \dfrac{dT}{dx_C}$ 的值可以被确定下来，所以冰点测定方法的测量可以应用于共晶化合物中。然而，需要考虑的是函数 $\Delta T = fx(C)$ 不为线性的原因，在本例中某种程度上是不同的。需要在实验工作中考虑这种区别，尤其是在估计 x_C 的最大值的时候，由于等式（3-195）的分母不是常数，温度测定的误差会超出实验的测定极限。

在相同的情况下，共晶混合物溶解熔 $\Delta_{fus} H_A$ 和 $\Delta_{fus} H_B$ 的计算显然依赖于温度，同时也要考虑组元的混合熔。然而这却不会影响上面的推导关系的重要性。

为了确定 K_2TiF_6 在共晶混合物 LiF-LiCl 中的行为，Daněk 等人（1975）采用了共晶混合物的冰点测定法的测量。K_2TiF_6 在纯 LiCl 中和阴离子之间的反应依据下面的机理

$$K_2TiF_6 + 4Cl^- \Longrightarrow 2K^+ + 6F^- + TiCl_4 \qquad (3\text{-}198)$$

出现九个新粒子，这就意味着在 TiF_4 中的氟离子被氯离子所替换。然而，当氟离子达到足够高的浓度时，反应（3-198）的平衡将会大大地向左移动。根据热力学的计算，这种情况会发生在 LiF-LiCl 共晶混合物中。此假设通过冰点测定法的测量给出了证明。

由于 K_2TiF_6 的加入引起的共晶温度降的实验测量值与基于 LiF-LiCl 混合物的冰点测定法常数的测定值相比较，Stortenbekers 修正系数 $k_{St} = 3$，表明由于 K_2TiF_6 的解离，有三个新粒子形成。因此可以推测在 LiF-LiCl 共晶混合物中 K_2TiF_6 的解离可表示为下面的等式

$$K_2TiF_6 \Longrightarrow 2K^+ + 2F^- + TiF_4 \qquad (3\text{-}199)$$

且转换反应不会发生。

这个结果的证明有助于 LiF-LiCl 共晶混合物溶解熔的理解。一些相关数据是未知的，因此他们决定应用冰点测定法理论。在 LiF-LiCl 共晶混合物的共晶温度降的测量中，氯化钠被用作溶剂。从测得的单变度线的切线的斜率中，可得到共晶混合物的溶解熔

$$\Delta_{fus} H_E = x_{LiF} \Delta_{fus} H_{LiF} + x_{LiCl} \Delta_{fus} H_{LiCl} + \Delta_{mix} H \qquad (3\text{-}200)$$

式中，$\Delta_{fus} H_{LiF}$，$\Delta_{fus} H_{LiCl}$ 和 $\Delta_{fus} H_E$ 分别代表纯组元的溶解熔和共晶温度下共晶混合物的溶解熔。x_{LiF} 和 x_{LiCl} 分别代表 LiF 和 LiCl 的摩尔分数，$\Delta_{mix} H$ 代表混合熔。依赖于温度的溶解熔可使用 JANAF 热力学表（1971）计算得出。共晶温度下共晶混合物中 LiF 和 LiCl

的活度系数可由 Haendler 等人（1959）测定的相图得出。由于活度系数的值接近于 1
（$\gamma_{LiF} = 0.951$，$\gamma_{LiCl} = 0.991$），溶液可以被当做理想溶液，因此混合焓接近于 0。假设溶液
是常规溶液，计算得到值为 $-0.15kJ/mol$，此值低于测量准确性的极限值。LiF-LiCl 共晶
混合物的溶解焓的计算值 $\Delta_{fus}H_E \approx 20.9kJ/mol$ 与实验测量值很好地吻合。

3.3.3 差热分析

差热分析在物质研究中是一个有力的工具。应用这个理论，可以确定不同相的转变和
反应。这个理论的原理和热力学分析的原理相同，但是在差热分析中，还测定了样品和参
照物在恒定升温速率下的温度差。

一个典型的实验装置如图 3-51 所示。两个铂金做的坩埚并列放置在陶瓷砌块内，陶
瓷砌块作为热量的吸收体。样品的量为 $0.05 \sim 0.5g$。在测量温度改变时，参照物不可以
发生相变且不能与周围环境发生反应。质量较好的氧化铝粉末，经过仔细提纯和干燥后可
作为参照物。

在每个坩埚的底部连接一个热电偶。两套热电偶的相同的金属丝在陶瓷砌块外相连。
这样的连接方式可以确保测量在加热期间两个坩埚的温度差，记录下相对于时间的温度
差。当样品不受热影响时，产生的电压为 0，记录下一条直线。然而最终的扫描非常依赖
于设备的配置。温度的探测受到坩埚表面的限制，不完全取决于热量在样品中的流动。温
度记录图基线的漂移会对热效应温度的评估引起一些不确定性。

在相图测定时，差热分析的运用如图 3-52 所示。假设一个有异分熔融化合物 A_4B 生

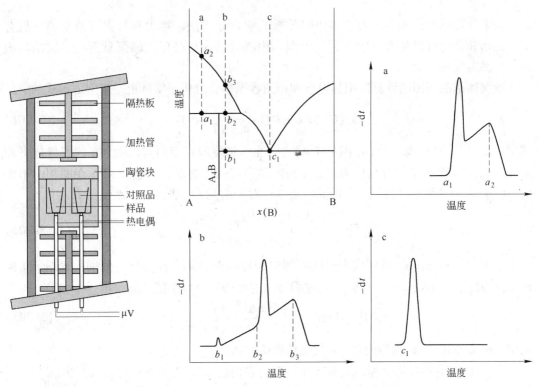

图 3-51　差热分析的实验装置

图 3-52　采用差热分析测定相图

（假想体系的不同成分的温度记录图 a～c）

成的二元共晶体系 A-B。选择三个温度记录图 a、b、c 作为例子加以说明。在温度记录图 a 中，第一个热效应发生在温度 a_1 处，对应于 A-A_4B 的共晶熔化，接下来是持续熔化，直到液相达到温度 a_2，此时整个体系变为液相。在温度记录图 b 中，第一个热效应发生在温度为 b_1 处，对应于 A_4B-B 的共晶温度，接下来是 A_4B 的持续熔化，直到液相达到温度 b_2，此时仍有一部分纯 A_4B 存在，经过等温包晶转变为固相 A 和一个液相。此后 A 持续熔化，直到液相温度 b_3。最后的温度记录图 c 代表体系 A_4B-B 中共晶混合物的熔化。与温度记录图 c 相似，也可以得到纯组元 A、B 和它们的中间组元 A_4B 的温度记录图。

3.4 相 图 计 算

相图的理论计算是一个很重要的工具，可应用在预测材料属性和研究熔体结构中，且成为了一个独立的科学领域。相图的一些特征和计算值及理论上的特殊项有关。与理想行为之间的偏差的扩展是一个重要的特征，它可以解释化合物形成的概率。

基于一些实际原因，大量事实证明相图计算作用很大，如下：

（1）由纯物质的数据和二元系相图推测三元相图的结构形式。

（2）利用热力学自洽性理论来检查相图中不一致的地方和不可能发生的情况。

（3）为了从少量的测量数据中推算出符合理论的少量的试验点运用这个理论，因此应用这个理论可以减少用于描绘相图的测量点的数量。

3.4.1 热力学和相图数据联合分析

为了计算相图，使用热力学和相图数据的耦合分析法，热力学数据有溶解焓、混合焓、热熔和其他可以从文献中查到的数据。相图数据为初晶温度的测量值、二次结晶温度、共晶温度等。

凝聚体系的相图的计算使用热力学和相图数据耦合分析，实际上是求下面等式的解

$$\Delta_{\mathrm{fus}} G_i^{\ominus}(T) + RT\ln \frac{a_{\mathrm{l},i}(T)}{a_{\mathrm{s},i}(T)} = 0 \tag{3-201}$$

式中，$\Delta_{\mathrm{fus}} G_i^{\ominus}(T)$ 代表组分 i 在温度 T 时的标准摩尔溶解吉布斯自由能；R 代表气体平衡常数；$a_{\mathrm{s},i}(T)$ 和 $a_{\mathrm{l},i}(T)$ 分别代表组分 i 在固相和液相中的活度。假设组元在固相中不溶（$a_{\mathrm{s},i}(T)=1$）且组元的溶解焓不随温度而变，对于组元 i 的热力学初晶温度 $T_{\mathrm{pc},i}$ 有

$$T_{\mathrm{pc},i} = \frac{\Delta_{\mathrm{fus}} H_i^{\ominus} + RT_{\mathrm{pc},i}\ln\gamma_{\mathrm{l},i}}{\Delta_{\mathrm{fus}} S_i^{\ominus} - R\ln x_{\mathrm{l},i}} \tag{3-202}$$

式中，$\Delta_{\mathrm{fus}} H_i^{\ominus}$ 和 $\Delta_{\mathrm{fus}} S_i^{\ominus}$ 分别代表标准溶解焓和标准溶解熵；$x_{\mathrm{l},i}$ 和 $\gamma_{\mathrm{l},i}$ 分别代表组元 i 的摩尔分数和活度系数。活度系数可由过剩摩尔吉布斯混合自由能计算得出

$$RT_{\mathrm{pc},i}\ln\gamma_{\mathrm{l},i} = \left[\frac{\partial(n\Delta G_{\mathrm{ter}}^{\mathrm{E}})}{\partial n_i}\right]_{T,p,n_{j\neq i}} \tag{3-203}$$

式中，n_i 代表组元 i 的物质的量；n 代表总物质的量。

在三元系 A-B-C 中，摩尔过剩吉布斯混合自由能 $\Delta G_{\mathrm{ter}}^{\mathrm{E}}$ 可由下面的通式得出

$$\Delta G_{\mathrm{ter}}^{\mathrm{E}} = \sum_j (x_{\mathrm{A}}^{k(j)} x_{\mathrm{B}}^{l(j)} x_{\mathrm{C}}^{m(j)}) G_j \tag{3-204}$$

式中，x_i 为组元的摩尔分数；G_j 是此组成下的经验系数，取决于摩尔过剩混合吉布斯自由能；$k(j)$，$l(j)$ 和 $m(j)$ 是可调整的整数，对于二元系，其中的一个整数为 0。

使用等式（3-202），用于耦合热力学分析，有下面的数学模型

$$T_{\text{pc}, i} = F_{0, i} + \sum_j F_{j, i} G_j \tag{3-205}$$

式中，$T_{\text{pc}, i}$ 可由相图的测量中得到。右侧的第一项代表理想情况，第二项代表与理想情况间的偏差。联系到吉布斯-杜亥姆（Gibbs-Duhem），对于辅助函数 $F_{0,i}$ 和 $F_{j,i}$，包含于下面的等式中

$$F_{0, i} = \frac{\Delta_{\text{fus}} H_i^{\ominus}}{\Delta_{\text{fus}} S_i^{\ominus} - R\ln x_{1, i}} \tag{3-206}$$

$$F_{j, i} = \frac{\left[\dfrac{\partial(n x_A^{k(j)} x_B^{l(j)} x_C^{m(j)})}{\partial n_i} \right]_{n_{j \neq i}}}{\Delta_{\text{fus}} S_i^{\ominus} - R\ln x_{1, i}} \tag{3-207}$$

如果在三元体系中有一个中间组元 $Z = A_p B_q C_r (p+q+r=1)$ 生成，对于此组元等式（3-204）、等式（3-206）和等式（3-207）一定可以写为下面的形式

$$\Delta G_{\text{ter}}^E = \sum_j \left(x_A^{k(j)} x_B^{l(j)} x_C^{m(j)} - p^{k(j)} q^{l(j)} r^{m(j)} \right) G_j \tag{3-208}$$

$$F_{0, z} = \frac{\Delta_{\text{fus}} H_Z^{\ominus}}{\Delta_{\text{fus}} S_Z^{\ominus} - R\ln K x_A^p x_B^q x_C^r} \tag{3-209}$$

$$F_{j, z} = \frac{p\left[\dfrac{\partial G'}{\partial n_A} \right]_{n_B, n_C} + q\left[\dfrac{\partial G'}{\partial n_B} \right]_{n_A, n_C} + r\left[\dfrac{\partial G'}{\partial n_C} \right]_{n_A, n_B}}{\Delta_{\text{fus}} S_Z^{\ominus} - R\ln K x_A^p x_B^q x_C^r} \tag{3-210}$$

其中
$$K = (p^p q^q r^r)^{-1} \tag{3-211}$$

且
$$G' = n(x_A^{k(j)} x_B^{l(j)} x_C^{m(j)} - p^{k(j)} q^{l(j)} r^{m(j)}) \tag{3-212}$$

如果体系的摩尔混合焓是已知的，摩尔吉布斯混合焓可表示为下面的形式

$$\Delta G_{\text{mix}} = \Delta H_{\text{mix}} + T\Delta S_{\text{mix}} \tag{3-213}$$

混合焓可以被表示为组成的函数，如下

$$\Delta H_{\text{mix}} = \sum_i x_{AX}^{\alpha_i} x_{BX}^{\beta_i} H_i \tag{3-214}$$

式中，H_i 是经验测定系数，例如对实验数据使用最小二乘理论；α_i 和 β_i 是整数，混合熵的相似的等式可写为下列形式

$$\Delta S_{\text{mix}} = \sum_i x_{AX}^{\alpha_i} x_{BX}^{\beta_i} S_i \tag{3-215}$$

在三元系中，可以使用两个不同的方法来计算摩尔过剩吉布斯混合自由能。

第一种方法，对于有单独边界的二元系使用二元相图来计算摩尔过剩混合吉布斯自由能。然后再把二元系的计算结果用到使用三元相图来计算三元系的摩尔过剩混合吉布斯自由能中。这个方法经常用于所谓的对称三元体系中，此体系中所有的相同顺序的二元系的摩尔吉布斯混合自由能是相似的。

第二种方法，三元系中摩尔过剩吉布斯混合自由能的计算的第一步应用等式（3-204）。这个方法在用于"不对称"三元系时有优势，在此体系中，一个二元系的摩尔

过剩吉布斯混合自由能与其他两个二元系不同。第一种方法应用于二元系比较确定的三元系，但是不适合用于不确定的三元系。此种情况下由于计算二元相图的准确性较低，后一种方法应用起来就很方便。

Qiao 等人（1996）确定了判别三元系的对称性及其应用的热力学标准。基于前面重要的研究和受到 Toop（1965）、Ansara（1979）、Hillert（1980）、Lukas（1982）研究工作的启发，考虑到组元间的相互反应，从能量的角度判断三元体系对称性的热力学标准被明确表示如下：

"如果三元系 A-B-C 内的三个二元亚系的过剩热力学性质是相同的，此三元系是对称的。如果二元亚系 A-B 和 A-C 对于理想状态的偏差是相同的，但是明显不同于另一个二元亚系 B-C，那么 A-B-C 三元系是不对称的。在不对称体系中，在两个热力学相似的二元亚体系中组元 A 可以作为热力学不对称组元。"

例如 Qiao（1996）提出的"不对称"三元系 $PrCl_3$-$CaCl_2$-$MgCl_2$。二元系 $CaCl_2$-$MgCl_2$ 和 $PrCl_3$-$MgCl_2$ 的摩尔过剩吉布斯自由能相对于理想溶液表现为正偏差，而 $PrCl_3$-$CaCl_2$ 体系的摩尔过剩吉布斯自由能相对于理想溶液表现为负偏差。因此根据上面所提到的热力学标准，$MgCl_2$ 是不对称组元。

对于多数的 $LnCl_3$-$CaCl_2$-$MgCl_2$（Ln = 稀土金属）体系，$MgCl_2$ 可以很合理地被选作不对称组元。根据 Papatheodorou 等人（1967）提出的，在纯 $MgCl_2$ 中，存在 Mg—Cl—Mg 桥键。当 $CaCl_2$ 和 $LnCl_3$ 被加入到 $MgCl_2$ 中时，原始的桥键被破坏。这部分外加的能量被吸收，体系总的能量增加，此现象表现了体系的热力学性质。

$NdCl_3$-$CaCl_2$-$LiCl$ 体系可以作为不对称体系的又一个例子。此体系中，所有的二元体系与理想溶液相比都呈现为负偏差。然而，二元系 $NdCl_3$-$LiCl$ 的负偏差远大于 $NdCl_3$-$CaCl_2$ 和 $CaCl_2$-$LiCl$ 体系的负偏差。由三元系中能量的不对称分配来看，选择 $CaCl_2$ 作不对称组元是合理的。

不对称模型被成功地应用于金属熔渣体系中。正如 Pelton 和 Blander（1986）所描述的，在二元系 CaO-FeO-SiO_2 中，有一个酸性组元（SiO_2）和两个碱性组元（CaO 和 FeO）。因此 SiO_2 应该是最合适的不对称组元。然而根据上面提到的标准，FeO 应该被选作热力学不对称组元，因为与理想情况相比，CaO-SiO_2 比 CaO-FeO 和 FeO-SiO_2 表现出更负的偏差。

通过对过剩热力学特性和相图的计算结果和测量结果进行系统比较之后，可以总结出选择合适几何模型的关键点是在对称与不对称中选择合理的模型，以便从二元热力学标准中推测出三元热力学标准。在大多数情况下，计算中误差主要来自于非对称模型中非对称组元的不正确选择。

耦合热力学分析，即等式（3-204）中系数 G_j 的计算可以通过运用多元线性回归分析得到，通过斯图登检验得到的某置信水平下的不重要的项，在计算时不必考虑。作为初晶温度的实验值和计算值相拟合的最优的标准，下面的条件可以用作所有 p 的测量点

$$\sum_{i=1}^{p} (T_{pc, exp, i} - T_{pc, calc, i})^2 = \min \tag{3-216}$$

为了计算过剩摩尔吉布斯混合自由能，除了需要等式（3-216），为了得到与热力学

一致的相图和一个合理的标准差的近似值，还需要 G_j 系数。此计算通常是在假设 $\Delta_{fus}H_i \neq f(T)$ 和 $\Delta G_{ter}^E \neq f(T)$ 的条件下得到的。

使用热力学和相图数据耦合分析时，Fe-Cr-O、Fe-Ni-O、Cr-Ni-O 体系相图（Pelton 等人 1979a），MnO_4-CrO_3 和 Fe_3O_4-Co_3O_4 尖晶石体系（Pelton 等人 1979b），$NaCl$-Na_2SO_4-Na_2MoO_4-Na_2WO_4 体系（Liang 等人 1980）的二元和三元体系，AlF_3-LiF-NaF 体系（Saboungi 等人，1981），Na^+、$K^+//F^-$、SO_4^{2-} 体系（Hatem 等人，1982）等的相图可以被计算得出。Thompon 等人（1987）开发了一个专业程序 F*A*C*T（对于分析化学热力学很方便）来计算多种体系的相图，例如 70 种具有相同离子的二元碱金属的卤化物体系（Sangster 和 Pelton，1987）和一些二元和三元的碱金属盐体系（Sangster 和 Pelton，1987）。

下面这节将会以一个例子讲述热力学和相图数据耦合分析法。

3.4.2　四元系 KF-KCl-KBF_4-K_2TiF_6 相图的计算

Chrenková 等人（2001）对四元系 KF-KCl-KBF_4-K_2TiF_6 体系的相图采用热力学和相图数据耦合分析法进行了计算。这个体系很重要，因为它可作为二硼化钛电沉积的潜在电解质。

四元系 KF-KCl-KBF_4-K_2TiF_6 体系中液相的摩尔过剩混合吉布斯自由能是多部分的和，包括二元系的混合摩尔过剩吉布斯自由能，三元系的混合摩尔过剩吉布斯自由能和四元相互作用的混合摩尔过剩吉布斯自由能。

二元边界体系混合摩尔过剩吉布斯自由能可以用下面的常规等式来表示

$$\Delta G_{i,\,bin}^E = \sum_k x_1^{b(k)} x_2^{c(k)} G_k \tag{3-217}$$

在三元系中

$$\Delta G_{j,\,ter}^E = \sum_{i=1}^{3} \Delta G_{i,\,bin}^E + \sum_k x_1^{b'(k)} x_2^{c'(k)} x_3^{d'(k)} G_k' \tag{3-218}$$

对于四元系中摩尔过剩吉布斯混合自由能，最终的等式如下

$$\Delta G_{quat}^E = \sum_{j=1}^{4} \Delta G_{j,\,ter}^E + \sum_k x_1^{b''(k)} x_2^{c''(k)} x_3^{d''(k)} x_4^{e''(k)} G_k'' \tag{3-219}$$

式中，第二项代表四元系的内反应。在 1~3 范围内系数 $b''(k)$，$c''(k)$，$x_3^{d''(k)} x_4^{e''(k)}$ 和 $e''(k)$ 是整数。

两个加成的二元化合物 K_3TiF_7 和 K_3TiF_6Cl 在体系中形成，在使用等式（3-208）～等式（3-212）计算时要把这些因素考虑在内。

耦合热力学分析法，即分别计算等式（3-204）、等式（3-205）和等式（3-206）中的系数 G_k，G_k' 和 G_k''。可以通过运用多元线性回归分析得到，此时通过斯图登检测对置信水平为 0.99 的所统计出的不重要的项，在分析时不必考虑。

计算中所用到的各个组元的溶解焓的值总结如表 3-4 所示。三元系 KF-KCl-KBF_4 体系的初晶温度由 Paterak 和 Daněk（1992）通过实验测得。KF-KBF_4-K_2TiF_6 体系的值由 Chrenková 等人（1996）测得。KCl-KBF_4-K_2TiF_6 体系的值由 Chrenková 等人（1995）测得。KF-KCl-KBF_4-K_2TiF_6 体系的初晶和共晶温度由 Chrenková 等人（2001）测得。

表 3-4　用于相图计算的化合物的熔点和熔化焓

化合物	$\Delta_{fus}/kJ \cdot mol^{-1}$	T_{fus}/K	参考文献
KF	27.196	1131	Knacke 等（1991）
KCl	26.154	1045	Knacke 等（1991）
KBF_4	17.656	843	Knacke 等（1991）
K_2TiF_6	21.000	1172	Adamkovičová 等（1995a）
K_3TiF_7	57.000	1048	Adamkovičová 等（1995b）
K_3TiF_6Cl	47.000	969	Adamkovičová 等（1996）

对于边界二元系的摩尔过剩吉布斯混合自由能有下面的常规等式

$$\Delta G^E_{i,\,bin} = x_1 x_2 (G_1 + G_2 x_2 + G_3 x_2^2) \tag{3-220}$$

被证实是有效的。表 3-5 给出了系数 G_i 和标准差的值。

表 3-5　四元体系 KF- KCl- KBF_4- K_2TiF_6 的二元分体系的初晶温度偏差
和过剩吉布斯混合能与浓度关系的系数 C'_i

体系	$G_1/J \cdot mol^{-1}$	$G_2/J \cdot mol^{-1}$	$G_3/J \cdot mol^{-1}$	$\sigma/℃$
KCl- KF	2144 ± 547	−7379 ± 284	6111 ± 829	1.2
KF- KBF_4	3836 ± 233	−14434 ± 790	6625 ± 833	1.9
KF- K_2TiF_6	−11507±1743	−19918±6050	33344±5830	6.5
KCl- KBF_4	50±22	3725±736	−7175±2367	5.6
KCl- K_2TiF_7	−7531±2458	25700±6335	−31125±8457	5.0
K_2TiF_7- KBF_4	8475±830	−25810±1426	12905±713	6.1

对于单独的三元系的过剩摩尔吉布斯混合自由能有下面的等式成立

$$\Delta G^E_{KCl- KF- KBF_4} = \sum_{i=1}^{3} \Delta G^E_{i,\,bin} + G'_1 x_1 x_2^2 x_3 + G'_2 x_1 x_2^2 x_3^2 \tag{3-221}$$

$$\Delta G^E_{KF- K_2TiF_6- KBF_4} = \sum_{i=1}^{3} \Delta G^E_{i,\,bin} + G'_1 x_1^3 x_2 x_3 + G'_2 x_1^3 x_2^2 x_3^2 \tag{3-222}$$

$$\Delta G^E_{KCl- K_2TiF_6- KBF_4} = \sum_{i=1}^{3} \Delta G^E_{i,\,bin} + G'_1 x_1 x_2^3 x_3^2 + G'_2 x_1 x_2 x_3^3 + G'_3 x_1^2 x_2^2 x_3^3 + G'_4 x_1^3 x_2 x_3$$
$$\tag{3-223}$$

$$\Delta G^E_{KCl- KF- K_2TiF_6} = \sum_{i=1}^{3} \Delta G^E_{i,\,bin} + G'_1 x_1 x_2 x_3 + G'_2 x_1 x_2^2 x_3 + G'_3 x_1^3 x_2^2 x_3^3 \tag{3-224}$$

依赖混合摩尔过剩吉布斯自由能和三元系中温度的标准差，计算所得的浓度系数如表 3-6 所示。

三元系 KCl- KF- KBF_4 是一个简单共晶体系，共晶点的坐标（百分数为摩尔分数）如下：

21% KF，19% KCl，60% KBF_4，t_e =409℃。

计算三元系相图的不确定度是±6.8℃。

在三元系 KF- K_2Ti- KBF_4 中，中间化合物 K_3TiF_7 把三元系分为两个简单共晶体系。计

表 3-6 四元体系 $KF\text{-}KCl\text{-}KBF_4\text{-}K_2TiF_6$ 的三元分体系的初晶温度偏差和
混合摩尔过剩吉布斯能与浓度关系的系数 C_i'

系　数	体　系			
	$KCl\text{-}KF\text{-}KBF_4$	$KCl\text{-}KF\text{-}K_2TiF_6$	$KF\text{-}K_2TiF_6\text{-}KBF_4$	$KCl\text{-}K_2TiF_6\text{-}KBF_4$
$G_1'/J\cdot mol^{-1}$	-22709 ± 1429	36975 ± 2173	-14718 ± 5725	-263005 ± 16623
$G_2'/J\cdot mol^{-1}$	-36041 ± 1843	-31585 ± 2067	-198846 ± 16972	92415 ± 8284
$G_3'/J\cdot mol^{-1}$	—	-1241825 ± 89126	—	796972 ± 72485
$G_4'/J\cdot mol^{-1}$	—	—	—	41055 ± 5182
$\sigma/℃$	6.8	—	15.2	17.6

算得到的两个三元共晶点的坐标（百分数为摩尔分数）如下：

e_1：26% KF，68% KBF_4，6% K_2TiF_6，$t_{e_1}=450℃$；

e_2：3% KF，69% KBF_4，28% K_2TiF_6，$t_{e_2}=435℃$。

计算三元系相图的不确定度是 $\pm15.2℃$。

在三元系 $KCl\text{-}K_2TiF_6\text{-}KBF_4$ 中，中间化合物 K_3TiF_6Cl 把三元系分为两个简单共晶体系。计算得到的两个三元共晶点的坐标（百分数为摩尔分数）如下：

e_1：18% KCl，66% KBF_4，16% K_2TiF_6，$t_{e_1}=449℃$；

e_2：6% KCl，63% KBF_4，31.0% K_2TiF_6，$t_{e_2}=417℃$。

计算三元系相图的不确定度是 $\pm17.6℃$。

在三元系 $KF\text{-}KCl\text{-}K_2TiF_6$ 中，形成两种中间化合物 K_3TiF_7 和 K_3TiF_6Cl。计算得到的三个三元共晶点的坐标（百分数为摩尔分数）如下：

e_1：13% KF，25% KCl，62% K_2TiF_6，$t_{e_1}=635℃$；

e_2：21% KF，50% KCl，29% K_2TiF_6，$t_{e_2}=620℃$；

e_3：46% KF，44% KCl，10% K_2TiF_6，$t_{e_3}=586℃$。

相图是由二元边界线和测得的四元混合物计算得到的，因此合适的标准差没被给出。此体系的计算相图如图 3-53 所示。Chernov 和 Ermolenko（1973）由实验测得的相图可能不是很正确，因为在存在包晶点的区域没有实验数据。

最后，对于四元系 $KCl(1)\text{-}KF(2)\text{-}K_2TiF_6(3)\text{-}KBF_4(4)$，可以得到下面的等式

$$\Delta G_{quat}^{E} = \sum_{j=1}^{4} \Delta G_{j,\ ter}^{E} + G_1'' x_1 x_2 x_3 x_4^3 +$$
$$G_2'' x_1^3 x_2 x_3 x_4^2 + G_3'' x_1 x_2 x_3^3 x_4 \tag{3-225}$$

混合摩尔过剩吉布斯自由能的计算系数、测得的标准差和四元系的初晶温度的计算值都被列于表 3-7 中。

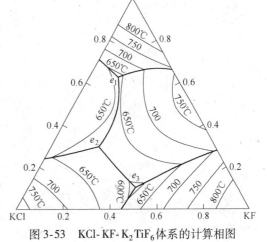

图 3-53　$KCl\text{-}KF\text{-}K_2TiF_6$ 体系的计算相图

表 3-7　四元体系 KF- KCl- KBF$_4$- K$_2$TiF$_6$的三元分体系的初晶温度偏差和
混合摩尔过剩吉布斯能与浓度关系的系数 C'_i

$G''_1/\text{J} \cdot \text{mol}^{-1}$	2009367 ± 145628
$G''_3/\text{J} \cdot \text{mol}^{-1}$	249546 ± 20491
$G''_2/\text{J} \cdot \text{mol}^{-1}$	15367354 ± 1123575

在四元相图 KF- KCl- KBF$_4$- K$_2$TiF$_6$中有三个四元共晶点，它们的坐标（百分数为摩尔分数）是：

e_1：2.8% KF，5.8% KCl，64.5% KBF$_4$，26.9% K$_2$TiF$_6$，t_{e_1} =413℃；

e_1：4.9% KF，13.7% KCl，73.9% KBF$_4$，7.5% K$_2$TiF$_6$，t_{e_2} =389℃。

相图计算的不确定度是±20.7℃。在四元系 KF- KCl- KBF$_4$- K$_2$TiF$_6$相图中，KBF$_4$的摩尔分数为20%，60%和80%的截面区如图3-54 ~ 图3-56 所示。

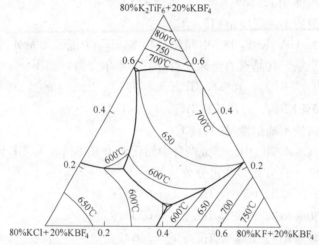

图 3-54　四元相图 KF- KCl- KBF$_4$- K$_2$TiF$_6$在 KBF$_4$含量为 20%（摩尔分数）处的横截面

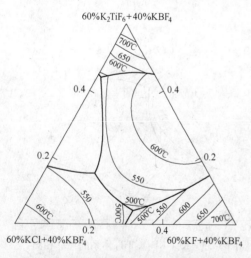

图 3-55　四元相图 KF- KCl- KBF$_4$- K$_2$TiF$_6$
在 KBF$_4$含量为 40%（摩尔分数）处的横截面

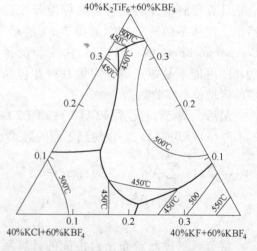

图 3-56　四元相图 KF- KCl- KBF$_4$- K$_2$TiF$_6$
在 KBF$_4$含量为 60%（摩尔分数）处的横截面

4　焓

对各种反应热进行测量是进入热力学研究领域的第一步。对于任何化学过程的每一项研究都是从与热力学第一定律相联系的实验室工作开始的。另外，当通过热力学分析不能得到合理的结果时，也有必要返回实验室研究。

热的基本单位是焦耳（J），以前也用过卡路里（cal）作为单位，它们之间的关系为 1cal=4.184J。

4.1　热力学原理

热力学第一定律——能量守恒定律的目标是测量不同化学过程的焓或热。所有化学过程都伴随有一定量的焓变，即系统从周围环境吸收焓或者将焓释放到环境中。

设想一个内部发生化学反应，且该反应只与周围环境进行热交换的封闭系统。在反应过程中，大量的热释放到周围环境。我们可以定义内能函数 U，表征系统从初态到终态变化过程中与环境交换的能量。这个过程中内能的变化量是传递到系统的热及做的功的和

$$\mathrm{d}U=\mathrm{d}Q+\mathrm{d}W \tag{4-1}$$

式（4-1）为热力学第一定律的数学表达式。在绝热过程中，系统与环境间没有热量交换，因此

$$\mathrm{d}Q=0 \quad 且 \quad \mathrm{d}U=\mathrm{d}W \tag{4-2}$$

对于绝热膨胀，有

$$\mathrm{d}U=p\mathrm{d}V \tag{4-3}$$

类似地，当系统不对环境做功，则

$$\mathrm{d}W=0 \quad 且 \quad \mathrm{d}U=\mathrm{d}Q \tag{4-4}$$

在上面两种情况下，内能的变化仅取决于系统的初态和终态。

根据经验，我们知道功可以转化成热（例如，液体在混合时生热）。因此存在功 W 和热 Q 之间的等量关系：$W=JQ$。J 是一个物理量，叫做热功当量，其值为 $J=4.184\mathrm{J/cal}$（J 是热和功的单位，焦耳），这就是热功等量原理。

热力学第一定律包括盖斯定律和基尔霍夫定律两个基本定律，可以用来测量任意温度下的任何反应。

4.1.1　盖斯定律

大多数过程都是在常压下进行的。1840 年，盖斯发现，对于一个化学反应，无论反应是一步还是多步完成的，系统释放或消耗的热量总是相等的。这就是盖斯定律的原理。盖斯定律可以通过下述硫的氧化反应来证明

$$S + \frac{3}{2}O_2 \Longrightarrow SO_3 \qquad\qquad Q_p = -395.68\,kJ$$

$$S + O_2 \Longrightarrow SO_2 \qquad\qquad Q_p = -296.75\,kJ$$

$$SO_2 + \frac{1}{2}O_2 \Longrightarrow SO_3 \qquad\qquad Q_p = -98.93\,kJ$$

（上述第 2、第 3 式）总热量　　　　$Q_p = -395.68\,kJ$

现在引入一个新的函数，焓

$$H = U + pV \tag{4-5}$$

焓是个状态函数，它的值仅取决于系统的初态和终态（$Q_p = H_2 - H_1$）。对于一个化学反应，它的值仅取决于反应物及产物的状态。

恒容、恒压下的摩尔热容定义式分别如下

$$C_V = \frac{dQ_V}{dT} = \left(\frac{\partial U}{\partial T}\right)_v \quad C_p = \frac{dQ_p}{dT} = \left(\frac{\partial H}{\partial T}\right)_p \tag{4-6}$$

它们的单位为，$[C_V] = [C_p] = J/(mol \cdot K)$。比热容的单位$[C_V] = [C_p] = J/(kg \cdot K)$。

热容取决于温度和压力，或者温度和体积。在实际应用中，C_p 与温度的关系以下述经验公式的形式列于表中

$$C_p = a + bT + cT^2 + dT^3 + \cdots \tag{4-7}$$

$$C_p = a + bT + eT^{-2} \tag{4-8}$$

在热容测量的温度区间内，上述公式有效。加热 1mol 某物质所需的总热量为

$$Q_p = \int_{T_1}^{T_2} C_p dT \tag{4-9}$$

4.1.2　基尔霍夫定律

用 ΔH_1 表示 T_1 温度下的反应热，即系统与环境间交换的热。如果反应在 T_1 温度下发生，反应热是什么呢？换言之，我们正在寻找的是常压下焓与温度的关系：

$$\left(\frac{\partial \Delta H}{\partial T}\right)_p = \sum \left(\frac{\partial H_{产物}}{\partial T}\right)_p - \sum \left(\frac{\partial H_{反应物}}{\partial T}\right)_p$$

$$= \sum n_j C_{p,\,产物} - \sum n_i C_{p,\,反应物} = \Delta C_p \tag{4-10}$$

方程（4-10）是基尔霍夫定律的微分形式。其积分形式为

$$\Delta H_2 = \Delta H_1 + \int_{T_1}^{T_2} \Delta C_p dT \tag{4-11}$$

4.1.3　反应焓

若一个放热反应在恒压绝热（系统不与环境换热）条件下进行，反应放出的热使反应产物的温度从 T_1 升到 T_2，则有

$$\Delta H_T + \int_{T_1}^{T_2} \sum (\Delta C_p + iC_{p,\,惰性}) dT = 0 \tag{4-12}$$

式中，i 表示那些不直接参与反应的惰性物质的量。通过方程（4-12）可以计算在绝热反应结束时反应产物的最终温度 T_2。

大多数的化学过程都伴随着能量的变化。由于多数反应在常压下进行，通过焓变来表

征反应是很方便的。因此，通过各个物质的焓变 ΔH，可以得到化学计量方程

$$bB(s) + cC(g) \Longrightarrow rR(l) + sS(s) \tag{4-13}$$

$$\Delta H_T^{\ominus} = \sum n_j H_j^{\ominus} - \sum n_i H_i^{\ominus} = rH_R^{\ominus} + sH_S^{\ominus} - bH_B^{\ominus} - cH_C^{\ominus}$$

从式（4-13）可以看出，焓变也取决于系数 r、s、b 和 c，即已知的化学计量数，例如

$$H_2(g) + \frac{1}{2}O_2(g) \Longrightarrow H_2O(l) \tag{4-14}$$

$$\Delta H_{298}^{\ominus} = -285.24\,\text{kJ/mol}$$

上标$\ominus$表示认为反应物和生成物都是在标准状态下。由于我们不知道焓或者内能的绝对值，出于实用的目的，我们选择了某一精确限定的标准状态，并将已知量与其进行比较。

下面几种标准状态会经常用到：

（1）气体。101325Pa，特定温度（例如 298.16K，或者系统的温度）下的理想状态气体。

（2）液体。101325Pa，特定温度下的液体。

（3）固体。101325Pa，特定温度下的最稳定变体。

认为元素单质的焓为零。

生成焓是反应焓中一个非常重要的类型，它是指由处于标准状态下的元素单质直接生成 1mol 特定化合物的过程中，系统从环境中获得的热量。

在熔盐化学中有不同种类的反应焓。

键能是指特定化学键解离（气态分子拆开成气态原子的反应）能的平均值。

混合焓是指与由纯液态组分生成 1mol 特定浓度的溶液相关的焓。

溶解焓是指与给定溶液的溶解相关的焓，其值取决于溶液组成，并且可以通过初始态和最终态溶液的积分溶解焓来计算。

其中一种组分是气态或者固态时，积分溶解焓与上述情况一样，它的值取决于溶液的组成，对于稀溶液，其值达到某一极限值。

熔化焓是指与化合物从固态转化成液态的过程相关的热。

多晶转变焓是指与化合物从一种变体转变成另一种变体的过程相关的热。

4.1.4　熔化焓的估算

对于其组分形成了熔化时全部或部分分解的二元化合物的二元系统相图进行热力学计算或分析时，必须已知二元化合物组分，以及两种低共熔混合物的熔化热，以作为输入量。当通过文献无法查到这些数据时，可以使用熵或者焓平衡进行估算。

4.1.4.1　二元化合物（A_qB_r）的熔化焓

二元化合物 A_qB_r 的熔化焓可以通过两种准相似的方法来估算。原则上，计算是基于在加成化合物 A_qB_r 熔化温度下对物质的焓的求和。

（1）如果已知物质 A 和 B 的熔化焓和熔化温度，加成化合物 A_qB_r 的熔化焓就可以通

过物质 A 和 B 的熔化熵根据下式来估算

$$\Delta_{\text{fus}}H\,(\text{A}_q\text{B}_r) = [\,q\Delta_{\text{fus}}S(\text{A}) + r\Delta_{\text{fus}}S(\text{B})\,]\,T_{\text{fus}}H\,(\text{A}_q\text{B}_r) \tag{4-15}$$

在该估算中，忽略了 A 和 B 形成加成化合物 A_qB_r 的混合熵。

（2）A_qB_r 熔体在熔化温度下的熵可以通过计算在熔化温度下结晶化合物 A_qB_r 的熵与 A_qB_r 的熔化熵之和来得到

$$S_{\text{melt}}(\text{A}_q\text{B}_r) = S_{\text{cr}}(\text{A}_q\text{B}_r) + S_{\text{fus}}(\text{A}_q\text{B}_r) \tag{4-16}$$

或者通过计算熔化温度下，A 和 B 熔体按照相应的化学计量比的机械混合物的熵，与该混合物在相同温度下的混合熵之和来得到

$$S_{\text{melt}}(\text{A}_q\text{B}_r) = qS_{\text{melt}}(\text{A}) + rS_{\text{melt}}(\text{B}) + \Delta_{\text{mix}}S_{\text{melt}}(\text{A}_q\text{B}_r) \tag{4-17}$$

混合熵可以由下式计算

$$\Delta_{\text{mix}}S_{\text{melt}}(\text{A}_q\text{B}_r) = \frac{\Delta_{\text{mix}}H_{\text{melt}}(\text{A}_q\text{B}_r)}{T_{\text{fus}}(\text{A}_q\text{B}_r)} - R[\,q\ln a_{\text{melt}}(\text{A}) + r\ln a_{\text{melt}}(\text{B})\,] \tag{4-18}$$

于是，A_qB_r 的熔化焓的计算式为

$$\begin{aligned}
\Delta_{\text{fus}}H(\text{A}_q\text{B}_r) = &\left\{ q\left[\int_0^{T_{\text{fus}}(\text{A})} \frac{C_{p,\,\text{cr}}(\text{A})}{T}\mathrm{d}T + \Delta_{\text{fus}}S(\text{A}) + \int_{T_{\text{fus}}(\text{A})}^{T_{\text{fus}}(\text{A}_q\text{B}_r)} \frac{C_{p,\,\text{melt}}(\text{A})}{T}\mathrm{d}T \right] + \right. \\
&r\left[\int_0^{T_{\text{fus}}(\text{B})} \frac{C_{p,\,\text{cr}}(\text{B})}{T}\mathrm{d}T + \Delta_{\text{fus}}S(\text{B}) + \int_{T_{\text{fus}}(\text{B})}^{T_{\text{fus}}(\text{A}_q\text{B}_r)} \frac{C_{p,\,\text{melt}}(\text{B})}{T}\mathrm{d}T \right] + \\
&\frac{\Delta_{\text{mix}}H_{\text{melt}}(\text{A}_q\text{B}_r)}{T_{\text{fus}}(\text{A}_q\text{B}_r)} - R[\,q\ln a_{\text{melt}}(\text{A}) + r\ln a_{\text{melt}}(\text{B})\,] - \\
&R[\,q\ln a_{\text{melt}}(\text{A}) + r\ln a_{\text{melt}}(\text{B})\,] - \\
&\left. \int_0^{T_{\text{fus}}(\text{A}_q\text{B}_r)} \frac{C_{p,\,\text{cr}}(\text{A}_q\text{B}_r)}{T}\mathrm{d}T \right\} T_{\text{fus}}(\text{A}_q\text{B}_r)
\end{aligned} \tag{4-19}$$

在方程（4-19）中，$a(\text{X}) = \gamma(\text{X})x(\text{X})$，$a(\text{X})$、$\gamma(\text{X})$ 和 $x(\text{X})$ 分别是 X（X ≡ A 或者 B）的活度、活度系数和摩尔分数，$x(\text{A}) = q/(q+r)$，$x(\text{B}) = r/(q+r)$。方程（4-19）是绝对零度下的结晶物质 A 和 B 在 A_qB_r 熔化温度下形成熔融加成化合物 A_qB_r 的完全熵平衡。在该方程中，假设从绝对零度到熔化温度区间内结晶物质的热容是已知的。

然而，如果一些量无法获得，可以进行几次简化。如果不知道结晶化合物 A_qB_r 的热容，可以使用 Neumann-Kopp 法则的第一近似来估算

$$C_{p,\,\text{cr}}(\text{A}_q\text{B}_r) = qC_{p,\,\text{cr}}(\text{A}) + rC_{p,\,\text{cr}}(\text{B}) \tag{4-20}$$

将式（4-20）代入式（4-19）中，并通过如下方程

$$\Delta_{\text{fus}}C_p(\text{X}) = C_{p,\text{melt}}(\text{X}) - C_{p,\text{cr}}(\text{X}) \tag{4-21}$$

可将方程（4-19）简化成如下形式

$$\begin{aligned}
\Delta_{\text{fus}}H(\text{A}_q\text{B}_r) = T_{\text{fus}}(\text{A}_q\text{B}_r) &\left\{ q\left[\Delta_{\text{fus}}S(\text{A}) + \int_{T_{\text{fus}}(\text{A})}^{T_{\text{fus}}(\text{A}_q\text{B}_r)} \frac{(\Delta_{\text{fus}}C_p(\text{A})}{T}\mathrm{d}T \right] + \right. \\
&r\left[\Delta_{\text{fus}}S(\text{B}) + \int_{T_{\text{fus}}(\text{B})}^{T_{\text{fus}}(\text{A}_q\text{B}_r)} \frac{\Delta_{\text{fus}}C_p(\text{B})}{T}\mathrm{d}T \right] + \\
&\left. \frac{\Delta_{\text{mix}}H_{\text{melt}}(\text{A}_q\text{B}_r)}{T_{\text{fus}}(\text{A}_q\text{B}_r)} - R[\,q\ln a_{\text{melt}}(\text{A}) + r\ln a_{\text{melt}}(\text{B})\,] \right\}
\end{aligned} \tag{4-22}$$

在含有高熔点化合物 A_qB_r 的系统中，各个成分的活度、活度系数取决于解离反应 $A_qB_r \xrightarrow{\alpha} qA + rB$ 的解离度 α。在平衡状态下，熔体中 A、B 和 A_qB_r 的比为 $\alpha q : \alpha r : (1-r)$。

4.1.4.2 低熔混合物的熔化焓

在低熔混合物的热力学平衡计算和冰点测定中，必须已知它的熔化焓。然而，文献中这方面的数据很少，因此必须基于焓或者熵平衡进行估算。

可以通过下面的步骤对熵变或者焓变进行估算以计算低熔混合物的熔化焓：

(1) 从固态开始，在共晶温度下首先将结晶组分 A 和 A_qB_r 或者 B 和 A_qB_r 混合成相应的低熔混合物，然后将固体混合物熔化。

(2) 从固态开始，首先把结晶组分 A 和 A_qB_r 或者 B 和 A_qB_r 从共晶温度加热到它们的熔点，因此它们在该温度下熔化，然后再降温到共晶温度，最终在共晶温度下混合形成熔融的低熔混合物。

通过焓或者熵的平衡（后者为通过将 Le Chatelier-Shreder 方程应用于两种组分而得），得出如下低熔混合物熔化热的关系式

$$\Delta_{\mathrm{fus}}H(\mathrm{eut}) = y(\mathrm{eut,\ A\ or\ B})\ \Delta_{\mathrm{fus}}H(\mathrm{A\ or\ B}) +$$
$$y(\mathrm{eut,}A_qB_r)\left[\Delta_{\mathrm{fus}}H(A_qB_r) + \int_{T_{\mathrm{fus}}(A_qB_r)}^{T_{\mathrm{fus}}(\mathrm{eut})}\Delta_{\mathrm{fus}}C_p(A_qB_r)\mathrm{d}T\right] +$$
$$\Delta_{\mathrm{mix}}H_{\mathrm{melt}}(\mathrm{eut}) \tag{4-23}$$

式中，$y(\mathrm{eut,\ Y})$ 是 $A-A_qB_r$ 或 $B-A_qB_r$ 体系中 Y 的摩尔分数。如果不知道化合物 A_qB_r 的焓值，可以通过式（4-19）（或式（4-22））对 $\Delta_{\mathrm{fus}}H(A_qB_r)$ 的值进行估算，$\Delta_{\mathrm{fus}}C_p(A_qB_r)$ 的值可以通过 Neumann–Kopp 法则计算。

4.1.4.3 应用

对于大多数二元系，方程（4-1）（或者方程（4-22））和方程（4-23）中的热力学量未知。但是使用这些方程的简化形式来估算二元化合物和二元低共熔体的熔化热也是可行的。

在二元化合物熔化热的估算中，简化的假设条件可以分为三个限定组：

(1) $\Delta_{\mathrm{mix}}H_{\mathrm{melt}}(A_qB_r) = 0$

$\Delta_{\mathrm{mix}}S_{\mathrm{melt}}^{\mathrm{Ex}}(A_qB_r) = 0$

$\gamma(\mathrm{X,\ melt}) = 1$

（理想溶液）

(2) $\Delta_{\mathrm{mix}}H_{\mathrm{melt}}(A_qB_r) \neq 0$

$\Delta_{\mathrm{mix}}S_{\mathrm{melt}}^{\mathrm{Ex}}(A_qB_r) = 0$

$\gamma(\mathrm{X,\ melt}) \neq 1$

（正规溶液）

(3) $\Delta_{\mathrm{mix}}H_{\mathrm{melt}}(A_qB_r) = 0$

$\Delta_{\mathrm{mix}}S_{\mathrm{melt}}^{\mathrm{Ex}}(A_qB_r) \neq 0$

$\gamma(\mathrm{X,\ melt}) = 1$ 或者 $\neq 1$

在第一近似中，为了估算二元低共熔体的熔化热，可以在如下条件下使用方程

（4-23）的最简化形式

$$\Delta_{\mathrm{mix}} H_{\mathrm{melt}}(\mathrm{eut}) = 0 \tag{4-24}$$

$$\Delta_{\mathrm{fus}} C_p(\mathrm{A}_q \mathrm{B}_r) = 0 \tag{4-25}$$

　　Kosa 等人（1993）根据条件（1）、（2）和（3），在二元化合物 $\mathrm{Na_3FSO_4}$ 和 $\mathrm{K_3FSO_4}$ 的熔化热，以及 $\mathrm{NaF\text{-}Na_3FSO_4}$、$\mathrm{Na_3FSO_4\text{-}Na_2SO_4}$、$\mathrm{KF\text{-}K_3FSO_4}$、$\mathrm{K_3FSO_4\text{-}K_2SO_4}$（$q = r = 1$）体系熔化热的估算中，使用了简化了的方程（4-22）和方程（4-23）。其中 NaF、KF、$\mathrm{Na_2SO_4}$ 和 $\mathrm{K_2SO_4}$ 的熔化温度、熔化热，以及结晶相和液相的热容与温度的关系引自 Barin 和 Knacke 的文献（1973）。假设 $\Delta_{\mathrm{mix}} H_{\mathrm{melt}}(\mathrm{AB})$、$\Delta_{\mathrm{mix}} H_{\mathrm{melt}}(\mathrm{eut})$ 以及组分的活度系数与温度无关，通过 Hatem 等人（1982）发表的数据对它们的值进行了计算。各共晶点的坐标数据出自于 Kleppa 和 Julsrud（1980）的文献。将 $\mathrm{Na_3FSO_4}$ 和 $\mathrm{K_3FSO_4}$ 熔化热的估算值与 Adamkovičová 等人（1991，1992）的测量值进行了比较。

　　二元化合物 $\mathrm{Na_3FSO_4}$ 和 $\mathrm{K_3FSO_4}$ 的熔化热估算值列于表4-1，$\mathrm{NaF\text{-}Na_2SO_4}$ 和 $\mathrm{KF\text{-}K_2SO_4}$ 系中各低熔混合物的熔化热估算值列于表4-2。二元化合物熔化热的估算误差与实验测量值有关，低熔混合物熔化热的估算误差与使用实验测定的二元化合物的熔化热，以及相应的低熔混合物的混合焓的计算值有关。

表4-1　不同简化条件下 $\mathrm{Na_3FSO_4}$ 和 $\mathrm{K_3FSO_4}$ 熔化热的估算值

序号	$\Delta_{\mathrm{mix}} H_{\mathrm{melt}}$（AB）/$\mathrm{kJ \cdot mol^{-1}}$	γ	$\Delta_{\mathrm{mix}} S_{\mathrm{melt}}^{\mathrm{R}}$（AB）/$\mathrm{J \cdot (mol \cdot K)^{-1}}$	$\Delta_{\mathrm{mix}} H_{\mathrm{melt}}^{\mathrm{estim}}$（AB）/$\mathrm{kJ \cdot mol^{-1}}$	$\Delta/\%$
		$\mathrm{Na_3FSO_4}$：1051K，$\Delta_{\mathrm{fus}} H_{\mathrm{exp}} =$（69±4）kJ/mol			
1	0	1	0	60	−13
2	2.78	$\neq 1$	0	60	−13
3	2.78	γ（NaF）= 0.837 γ（$\mathrm{Na_2SO_4}$）= 1.003	4.08	64	−7
		$\mathrm{K_3FSO_4}$：1148K，$\Delta_{\mathrm{fus}} H_{\mathrm{exp}} =$（86±3）kJ/mol			
1	0	1	0	75	−13
2	−2.58	$\neq 1$	0	75	−13

　　从表4-1可以看出，$\mathrm{Na_3FSO_4}$ 和 $\mathrm{K_3FSO_4}$ 熔化热的估算值比测量值低，估算误差范围为 7% ~ 13%。该差值可能归因于 Neumann-Kopp 法则有限的有效性，在大多数情况下，该法则使得方程（4-19）中结晶化合物 AB 的热容值偏高。

　　前三个低熔混合物各自熔化热的估算值（见表4-2）表明混合焓为零，并且熔化时热容的不同对低熔混合物熔化焓的估算值影响很小，估算误差范围为 0 ~ 12%。

　　一般而言，二元化合物和低熔混合物的熔化焓估算的可靠性取决于：

　　（1）输入信息的量；

　　（2）简化条件的选择；

　　（3）组分和二元化合物的熔点与共晶温度的差。

　　从实验中获得的关于待测体系的有效信息越多，所求量的估算值就越可靠。有时把实验测定输入量的不确定值忽略掉会更好。

表4-2　不同输入参数值条件下，NaF-Na$_2$SO$_4$和KF-K$_2$SO$_4$体系子系中低熔混合物熔化热的估算值

$\Delta_{fus}H$（AB）/kJ·mol^{-1}	$\Delta_{mix}H_{melt}$（eut）/kJ·mol^{-1}	$\Delta_{fus}C_p$（Y）[1] /kJ·mol^{-1}	$\Delta_{fus}H^{estim}$（eut）/kJ·mol^{-1}	Δ/%
NaF-Na$_3$FSO$_4$：1054K				
69	0.42	$\neq 0$	57	
69	0	$\neq 0$	57	0
69	0	0	58	2
60[2]	0	0	52	−9
64[2]	0	0	54	−2
Na$_3$FSO$_4$-Na$_2$SO$_4$：1021K				
69	0.36	$\neq 0$	41	
69	0	$\neq 0$	40	−2
69	0	0	40	−2
60[2]	0	0	36	−12
64[2]	0	0	38	−5
KF-K$_3$FSO$_4$：1051K				
86	−0.61	$\neq 0$	39	
86	0	$\neq 0$	39	0
86	0	0	40	3
75[2]	0	0	38	−3
K$_3$FSO$_4$–K$_2$SO$_4$：1143K				
86	−0.18	$\neq 0$	73	
86	0	$\neq 0$	73	0
86	0	0	72	−1
75[2]	0	0	64	−12

①Y＝MF，M$_2$SO$_4$，或者 M$_3$FSO$_4$（$\Delta_{fus}C_p$（M$_3$FSO$_4$）根据 Neumann-Kopp 法则计算）；
②估算值（参见表4-1）。

4.1.5　焓平衡

重要过程的焓平衡可以通过求解如下方程来计算

$$\psi(H, \text{composition}, T) = 0 \tag{4-26}$$

因此，完全的焓分析是为了将焓值（测量的或计算的）与待测体系相图上的各特征点明确地对应上，即确定 Ψ 函数的形状。由于不能测定内能的绝对值，Ψ 函数仅可以通过与系统中某一参考状态对应的一些基值为焓增而建立。例如，该基值可以为基本粒子的焓值，将这些焓值组合得到了298K 下的各自体系。如果我们把由于进入给定系统的基本成分的结合而导致的焓增定义为 $\Delta_{form}H$（$T_{ref}=298$K），则在实验温度 T_m 下系统的绝对焓可以由下述方程给出

$$H_{abs}(T_m) = \sum \nu_i H_i(T_{ref}) + \Delta_{form}H(T_{ref}) + \int_{T_{ref}}^{T_m} C_{syst}(T)\,dT \tag{4-27}$$

式中，H_i（T_{ref}）是参考状态下组成系统的粒子的绝对焓；v_i是方程的化学计量系数（基本粒子根据该系数组成研究系统）；$C_{syst}(T)$是系统的等压摩尔热容。

4.2 实验方法

对于研究过程热效应测量的适合量热法选择，受到几个因素的影响。这些因素几乎都会影响到测量精度。例如下面的几个因素：所测量化学反应的速度、样品的物理性质、样品与坩埚的反应、温度等。由于不存在可以评估各个量热法的标准，本章中将给出各量热法的信息综述，不过，综述的重点是中高温量热法。

4.2.1 量热法

量热法是研究材料的有力手段。通过该方法，我们能够获得物质热力学量的值。该方法用来表征熔盐的热力学性质，包括温度、焓、热容的测量，以及它们的混合物的混合焓和相图的测定。

4.2.1.1 量热法原理

量热计是一个测量系统状态变化过程中释放或者消耗的热的设备。状态变化会引起相组成、温度、体积或者化学组成的变化。量热计的主要组件如图4-1所示。

如果我们用T_c表示量热筒的温度，T_s表示量热套的温度，则指定过程中量热计在单位时间内从待测系统获得的热量Q，可以用Tian（1923）提出的量热公式计算

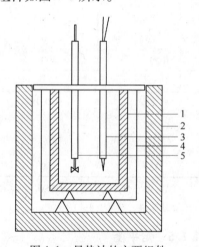

$$\frac{dQ}{dt} = W\left(\frac{dT_c}{dt}\right) + K(T_c - T_s) \qquad (4\text{-}28)$$

式中，W是量热筒的热容；K是热传递系数。方程(4-28)右侧的第二项代表从量热筒到量热套传递的热量。

基于Tian量热公式，量热计可以根据下面的方案方便地进行分类：

（1）等环境量热计。T_s＝恒量，T_c变化。

（2）绝热量热计。$T_s = T_c$，两个温度都变化。

（3）等温量热计。$T_s = T_c$＝恒量。

图4-1 量热计的主要组件
1—量热筒；2—量热套；3—热电偶；
4—防护层；5—搅拌器

（4）恒热流量热计。dQ/dt＝恒量，$T_s = T_c$＝恒量。

也有量热计的其他分类标准，如可以根据它们的测量目标进行如下分类：

（1）反应和非反应系统用量热计。

（2）低温、中温和高温量热计。

（3）简单和双量热计。

（4）静态和动态量热计。

（5）量热计和微量热计。

下面具体介绍。

（1）等环境量热计。等环境量热计的一个特性就是保持量热套的温度为一恒量。量

热计中发生过程的热效应可以通过温度-时间曲线来估算。放热过程的典型曲线形式如图4-2所示。

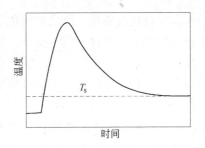

图 4-2　使用等环境量热计测得的
放热过程的温度-时间曲线

由于搅拌会引入热量，并且存在量热筒和量热套之间的热交换，因此从温度与时间的关系曲线读取的量热筒和量热套之间的温度差需要校正。

等环境量热计也包含基于热流测量的量热计，因为这种量热计满足条件：T_s = 恒量，T_c 变化。这种量热计测得的不是温度差 $T_c - T_s$，而是直接测量量热筒与量热套之间的热流。

（2）绝热量热计。使用绝热量热计时，量热筒和量热套之间的热交换会受到抑制。因此，量热筒和量热套的温度几乎相同。对于恒定的量热套温度，使用置于量热筒中的内加热器或者散热器对量热筒进行加热或者冷却，可以实现条件 $T_c - T_s$ = 0。该"补偿"法适用于吸热过程。绝热法的特征不仅在于量热筒与量热套的等温性，也在于变化着的温度值，其测量需要在动态条件下进行（量热套的温度随着量热筒的温度而改变）。

（3）等温量热计。使用等温量热计时，通过量热筒中发生的、向散热器的完全热传递过程来实现"$T_c - T_s$ = 常数"这一条件，这会导致散热器中物质发生局部相变。然后，根据量热物质的体积变化测量研究过程的热效应。根据相变不同，已知的有使用固相转变为液相或者液相转变为气相的等温量热计。

（4）恒热流量热计。恒热流量热计的特征为：量热筒与量热套之间的温差恒定。这类量热计在导体或半导体热容测量和变体间转变热测量中也属于高速量热计，热量由测量物质的电阻提供。

4.2.1.2　温度测量

为了计算量热计中变化或吸收的热，就有必要测量量热筒和量热套温度的变化（除了等温量热计）以及量热计热容的变化。

在中温和高温量热测量中，热电偶是最常用的。例如，用铁和康铜制备的中温用热电偶，用铂、铑和铱制备的高温用热电偶。将许多热电偶串联，以获得具有足够精度的测量电势差也很常用。

电阻温度计因为具有高精度和稳定性，是目前最适合的温度计。它们主要用于电阻元件直接缠绕于量热筒和量热套表面的情况。在量热计温度变化（小于3K）的电流区间内，可以认为电阻随着温度线性变化。

热敏电阻属于电阻温度计，其中感温元件是由不同金属氧化物混合物制成的半导体，其电阻很大，因此与其他电阻温度计相比，我们可以充分减少其尺寸。热敏电阻具有高敏感和快速响应性，非常适合在小型量热计中使用。

不久前，石英晶体也在量热测量中用作温度计。这种用途是基于相对于石英晶体结构轴的某种取向的切口的响应频率与温度的依赖关系，这种依赖程度很高，而且几乎是呈线性的。

4.2.1.3　量热计的标定

量热计的标定意味着热容的测量，并且取决于量热计类型、使用目的以及热效应的种类。

　　反应量热计常用一个已知的化学反应热来标定。国际上没有一个公认的标准反应。对于热容的测量，常用下落量热计，并使用热容与温度的依赖关系已知的物质进行标定。通常使用 Cu、Ag、Au 等金属，以及蓝宝石形式的氧化铝作为标准物质。对于测量放热效应的量热计，最有效的方式是直接使用电能进行标定。标定过程中，电压与标定电阻、电流强度和时间的依赖关系的测定必须在最高精度下进行。

4.2.1.4 反应系统的热量测定

　　化学反应的焓变是通过反应系统的热量测定而得到的。反应热为通过使用盖斯定律对测得的生成热、溶解热和混合热计算而得。

　　影响测量方法选择的一个重要因素就是所研究化学反应的持续时间。对于快速反应，即 30min 内就结束的反应，使用恒温量热计最合适，因为使用这种量热计可以非常精确地测定其热效应。反应在配有热电偶、（使一组分进入到另一组分的）下落设备以及搅拌器的量热筒中进行。将量热套加热至一恒定温度下。在混合热、尤其是溶解热测量中，混合前两种液相组分必须完全加热到同一温度。这可以通过如下方法来实现：将盛有一种组分的坩埚恰好置于放在第二个坩埚中的另一组分上方，然后将其翻转或浸入以使两种组分混合。

　　另外，对于慢速反应，适合使用绝热和等温量热计，对于热效应非常小的情况，适合使用热流微型量热计。使用 Tian（1923）提出的微量热计或其改进型，可以方便地测量热力学过程中低于 1J 的热效应，使用热电偶热电池测量量热筒和量热套的温度。在放热过程中，第一块电池的电动势与量热筒和量热套间的热流成正比。第二块电池使得我们能够通过 Peltier 效应对量热筒中散出的热进行补偿。使用焦耳热对吸热效应进行补偿。Calvet 和 Prat（1955，1958）之后改进了 Tian 量热计，引入了使用两个量热池的差示测量方法，可以直接测定反应热。

　　下述各项简要描述了最高工作温度 1200K 的 Calvet 型双微量热计。它包括以下主要部分：

　　（1）外部钢套内侧装有一圆柱形炉 G；

　　（2）量热块由三部分组成：顶部 D、中部 F 和底部 H，三部分都是氧化铝材质；

　　（3）氧化铝块上有 2 个孔，孔内为热电堆 E，热电堆由几百个热电偶组成，并且提供最大的热通量；

　　（4）每个热电堆都围绕着量热计池 B，量热计池 B 是由直径 17mm、高 80mm 的薄壁氧化铝制成的；

　　（5）量热块被两层覆盖物 C 包围，作为电和热的屏蔽层；

　　（6）位于量热计中心的热电偶 A，用于测量总温度。

　　为了给量热计提供高的时间和温度稳定性，把两个热电堆以相反的方向连接，用于消除大多数外部热干扰问题。使用电脑处理所有输入的温度信号，并控制量热计。绝热 Calvet 双微量热计如图 4-3 所示。

　　热量测量中需要考虑的最重要条件是消除由各种相互作用引起的所有效应，这些作用包括材料与空气之间的作用（如氧化、水蚀等）、试样与坩埚之间的作用，溶质与溶剂的混合效应，不同温度下组分的混合等。所有这些效应实质上都会降低热量测量的精度和准度。

4.2.1.5 非反应系统的热量测定

非反应系统的热量测定包括热容与温度关系的测量，这使得我们可以进行相变焓的计算。基于各部分热交换的占优模式，量热计可以分为低温、中温和高温量热计。在熔融电解质热力学参数的测量中，主要使用后两种类型的量热计。

在热容测量的中温领域中，使用的为对样品直接加热的绝热量热计，或者对处于量热计外、炉中的样品进行加热的下落量热计。而对于样品加热过程中反应热的测量，差示扫描量热法（DSC）比较适用。在 Perkin-Elmer 公司制造的 DSC 量热计中，加热过程中实验样品的温度与标准样品的温度保持一致。在反应的温度范围内，对样品和标准样品分别进行的附加加热对热效应进行了补偿，使得它们之间的温度差为零。然后通过传递的能量值计算出反应热。Dupont、Setaram 和 Rigaku Denki 公司也生产 DSC 量热计。

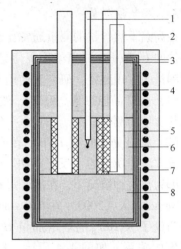

图 4-3　绝热 Calvet 双微量热计

1—热电偶；2—量热池；3—热和电屏蔽层；
4，6，8—量热块三部分；5—热电堆；7—炉体

在高温领域中，主要的测量方法是下落量热法，在该方法中，在量热计外的炉中将样品加热到所选择的温度，将样品落入量热计后测量它的焓变与温度的关系，并以此计算热容。然而，该方法的应用会影响样品在炉中的加热过程（在该过程中，应该避免样品分解、与坩埚的反应等）以及从炉温到量热计温度的冷却过程的行为。有的时候样品在冷却过程中并不能完全相变（如在熔化温度下，一部分样品结晶，另一部分变成玻璃态）。在这种情况下，为了得到所有样品与给定参考态之间的焓的差值，必须使用一个溶液量热计对下落量热计进行补充。

下落法测量常使用等温量热计。量热设备包括两个主要部分：炉子和加热块。在量热块和炉子之间，有一个手工、液压或者电磁设备控制的保护系统，用于防止炉子向量热块的热交换。量热计由带有凹槽的铜制成，凹槽由一个屏蔽罩密闭。使用缠绕在量热块上的电阻温度计测量其温度。这种量热计可以在高达 1700℃ 下工作，尤其是当炉子是使用直接缠绕在烧结氧化铝（Degussite）管的 Pt-Rh 丝进行加热的时候。然而，高温测量会出现很多问题，例如，当测量极易反应样品时寻找合适的样品载体，将挥发性样品在 Pt-Rh 管中密封会产生蒸气膨胀等。

4.2.1.6 热容测量

最近，Gaune-Escard（2002）对测定热容的不同实验量热方法进行了详尽的综述，本书承蒙她惠准，进行了摘录。

恒压热容 C_p 是由温度变化产生的焓变对温度的导数（参见方程（4-6））。高温下 C_p 的测量方法是基于程序化加热速率下，焓和温度对时间变化的同步测量。

间接法，是在一个大的温度区间内进行热含量的测量，例如下落量热法，C_p 是通过分析热容与温度曲线的偏差而得的。

直接法，是在一个大的温度区间内，或者连续加热样品，或者以连续的小温度区间加热样品，在每个小温度区间内，温度与时间呈线性关系。

A　热含量测量

在高温下热含量的测量通常比热容的测量容易。其广泛应用于测量的早期阶段，以得到熔盐的 C_p 数据。常常采用下落量热法测量某物质温度 T_1 和 T_2 之间的焓增量，$H_{T_2} - H_{T_1}$。根据测量的实现路径，研究者使用了两种方法：

（1）将样品加热到高温 T_2，然后在量热计中，于实验温度 T_1（通常为 25℃）下进行实际热含量的测量。

（2）样品处于低温 T_1 下，在高温量热计中，于实验温度 T_2 下进行实际热含量的测量。该方法即所谓的"反下落法"。原则上，这种方法更适用于具有形成玻璃态趋势的熔体，因为在这种情况下，在冷却过程中可以获得非平衡最终态。

Nerád 等人（2003）在 610~867℃范围内测量了 K_3NbF_8 的焓增加量 $H_T - H_{298}$ 与温度的关系，如图 4-4 所示。K_3NbF_8 的熔化焓是由熔体焓的外推值和熔化温度下结晶相焓值的差值确定的。777℃，K_3NbF_8 熔化焓的估算值为 $\Delta_{fus}H$（K_3NbF_8）=（60.5±3.1）kJ/mol。通过 $H_T - H_{298}$ 与温度的关系，获得了如下固体和液体 K_3NbF_8 的热容：对于结晶相：C_p（K_3NbF_8, sol）=（384.0±18.8）J/（mol·K）；对于熔体，C_p（K_3NbF_8, liq）=（395.9±31.9）J/（mol·K）。这些值在用来计算相对焓方程的数据的温度区间内是有效的。

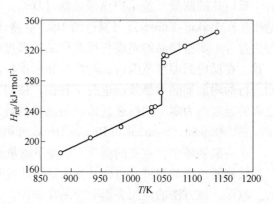

图 4-4　Nerád 等人（2003）进行的
K_3NbF_8 熔化焓的测定

类似地，Holm 等人（1973）使用高精度绝热下落量热计，测量了碱金属氯化物和氯化镁分别为 2:1 和 1:1 的同分熔融化合物的焓增量，$H_T - H_{298}$。他们通过几组固态和液态试样在实验温度下获得的结果确定了这些化合物的熔化焓。同样得到了熔盐混合物的热容。通过二元化合物的热容，根据如下关系式估算了 2:1 和 1:1 化合物的热容

$$C_p = nC_p(\text{AlkCl}) + C_p(\text{MgCl}_2) \qquad (n=1 \text{ 或 } 2) \tag{4-29}$$

Adamkovičová 等人（1995a, b）使用 Setaram HTC 1800K 型高温量热计测定了 K_2TiF_6 和 K_3TiF_7 的熔化焓，在测定试验中，量热计处于 1K/min 扫描频率的 DSC 模式，样品密封于铂坩埚，并置于量热池的较高的氧化铝坩埚中。较低的氧化铝坩埚中有一个铂坩埚，其中装有小片的、作为参比物质的 Al_2O_3。记录了样品温度以及两个坩埚之间的温度差。在研究中，使用 Na_2SO_4 和 KCl 作为标定盐。测定了熔化温度 1172K、K_2TiF_6 的熔化焓，$\Delta_{fus}H$（K_2TiF_6）=（21±1）kJ/mol 和熔化温度 1048K、K_3TiF_7 的熔化焓，$\Delta_{fus}H$（K_3TiF_7）=（57±2）kJ/mol。

B　比值法

在样品温度线性增加的过程中，进入样品的热流率与它的瞬时热容成正比。把这个热流率看作温度的函数，并把它与同条件下的标准物质相比较，我们就能得到热容与温度的函数。O'Neil（1966）详细地表述了该步骤。该方法的原理如图 4-5 所示。

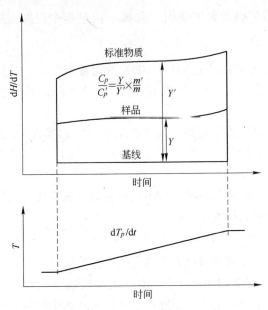

图 4-5　使用比值法测定热容

将空池置于样品和参考托盘中。在较低温度下记录等温基线，在一定范围内按程序升温，然后记录下较高温度时的等温基线，如图 4-5 中的下面部分所示。这两条基线用于在扫描区域插入一条基线，如图 4-5 中上面部分所示。在样品池中，使用已知量的样品重复该程序，记录下 dH/dT 相对于时间的曲线。曲线与基线的偏差是由样品的吸热所引起的。然后，我们可以得出

$$\frac{dH}{dT} = mC_p \frac{dT_p}{dt} \qquad (4-30)$$

式中，m 是样品的质量；C_p 是热容；dT_p/dt 是程序设定的升温速率。

通过上述方程可以直接得到 C_p 的值，为了将实验误差最小化，使用已知量的、热容值精确已知的标准样品重复该过程。因此，为了得到待测样品和标准样品 C_p 值之比，只需要知道同一个温度下两个纵坐标与基线的偏差（Y 和 Y'）即可。通过该通用的方法可以得到比较精确的结果。

C　"阶梯"法

该方法由小而连续的温度区间组成，在每个区间内，温度随时间线性增加（图4-6）。每个小的温度阶梯后都有一个等温阶段，以确保样品的热平衡。通过一个热脉冲区间内两个池热平衡偏差的差值，即可获得置于工作池中的样品的热容与温度的函数。标准池和工作池中放置的两个坩埚的质量应尽可能接近。

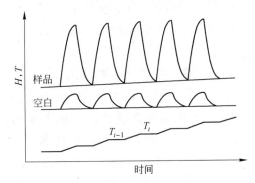

图 4-6　使用"阶梯法"测量热容

因为通过实验得到的为焓、温度与时间的关系，热容的表达式可以写成下面形式

$$C_p = \left(\frac{dH}{dT}\right)_p = \frac{\left(\dfrac{dH}{dt}\right)_p}{\left(\dfrac{dT}{dt}\right)_p} \qquad (4-31)$$

温度 T 随着时间 t 线性变化，因此，在 T_1 到 T_2 这个小的温度区间内，在与 T_1 和 T_2 对应的时间 t_1 和 t_2 区间内积分，可以得到一个平均的热容值 $\overline{C}_p$。

$$\int_{t_1}^{t_2} \left(\frac{dH}{dt}\right)_p dt = \int_{t_2}^{t_1} C_p \left(\frac{dT}{dt}\right)_p dt = \int_{T_2}^{T_1} \left(\frac{dH}{dT}\right)_p dt = \int_{T_2}^{T_1} C_p dt = \overline{C}_p (T_2 - T_1) \qquad (4-32)$$

因此，除了在相变温度附近，通过该方法几乎可以得到材料热容的"真实"值。对

于在相变温度附近的情况，相变对应的焓增量叠加到了使用"阶梯"法过程中温度增加引起的焓增量上，使得 $\overline{C_p}$ 估算值失效。

实验过程中，工作池和标准池处于纯氩气流中。在 300～1100K 的温度范围内，$\overline{C_p}$ 的测量是一步步进行的，每一步温度区间通常为 5K，加热速度为 1.5K/min，然后保温 400s。

需要使用与实验样品测量过程相同的两个空池重复进行同样的实验（空白实验）。通过两个实验系列每一个温度区间下获得的焓增值的差值，得到了每一个温度下试样的热容。

Gaune-Escard 等人（1996a）、Rycerz 和 Gaune-Escard（1999）曾将该方法应用于几种稀土卤化物及其与碱金属卤化物形成的化合物的研究中。

4.2.1.7 混合焓的测定

Gaune-Escard（2002）最近给出了用于混合量热测定的不同实验方法的综述。混合焓的量热测定可以分为两组：温度在 1200K 以下和 1200K 以上。有几种实验方法可以用于混合焓的测定。在所有测量方法中遇到的主要问题是如何消除由下述原因而产生的所有副作用：

（1）材料与大气的相互作用，如氧化和润湿；

（2）坩埚和熔体的相互作用；

（3）密度差别很大组分的混合所遇到的困难；

（4）需要搅拌使得混合物均匀；

（5）不同温度组分的混合等。

高温下液态体系的主要热量测试技术将在下面章节中进行介绍。

A 液体与固体的混合

测量实验温度 T_E 下、物质的量为 n_A、作为溶剂的熔盐 A，与室温下、加权量为 n_B 的固态盐 B 的混合热的最简单方法为"下落法"。该方法非常容易操作，Kubashewski 和 Evans（1964）对该方法进行了描述，并应用于微量热测量中。该方法的示意图如图 4-7a 所示。根据下式，测得的焓值与混合焓相对应

$$n_A A(1,\ T_E) + n_B B(s,\ T_0)$$
$$= (n_A + n_B)AB(1,\ T_E) \qquad (4\text{-}33)$$

但是测得的焓不仅包括需要测定的混合焓，还包括固态盐 B 在 T_0-T_{fus} 温度范围内的热容项、熔化焓以及液态 B 从 T_{fus} 到 T_E 的热容增量。然而对于许多体系，焓的总增加值的不确定度与混合焓本身的量的数量级相同，导致混合焓的测量结果不

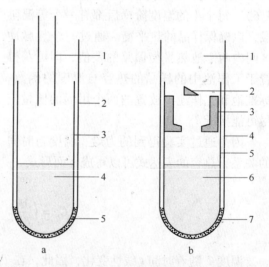

图 4-7 "下落法"（a）和"间接下落法"（b）
a: 1—下落管；2—石英套；3—石英或铂坩埚；
4—熔盐；5—高岭棉底
b: 1—下落管；2—塞子；3—漏斗；4—石英套；
5—石英或铂坩埚；6—熔盐；7—高岭棉底

可靠。

"间接下落法"实现了对"下落法"的改进（图4-7b）。在该方法中，将固态试样B进行了预热，而且混合过程分为两步。首先，将样品B落入一个带有塞子的漏斗下端进行预热。在样品B达到热平衡后，垂直移动下落管使两种盐混合。在熔融混合物中上下活动下落管，或者使用附加搅拌设备，以确保混合物成分均匀。为了能够在真空或者惰性气氛下进行实验，系统的上部有一套塞子和密封圈，而且下落管和搅拌器都是电磁控制操作的。

"间接下落法"也有不同的改型，例如，Fehrmann等人（1986）进行的$K_2S_2O_7$-K_2SO_4-V_2O_5体系混合熔的测定中使用的方法。通过上述下落法可以实现连续添加。下落法的主要优点在于它的简单和快速，这是相对于更直接和精确的液-液混合法而言的。液-液混合法是直接测量液态组分的混合，原则上，这种方法的精确度更高。

B　两种液体的混合

Gaune-Escard（1972）开发了"破坏泡法"，这种方法经常用于熔盐混合物混合熔的测量。该方法的示意图见图4-8a。在派热克斯耐热玻璃（或者石英）套中，有一圆柱形坩埚盛装液态熔盐A，而熔盐B置于一个球形、薄壁的派热克斯耐热玻璃或者石英安瓿内。

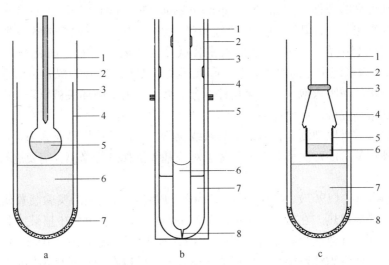

图4-8　"破坏泡法"（a）、"破坏安瓿法"（b）和"悬杯法"（c）

a：1—下落管；2—锥体；3—石英套；4—石英或铂坩埚；5—装有熔盐B的破坏安瓿；6—熔盐A；7—高岭棉底

b：1—操作管；2—镍铬铁合金支架；3—派热克斯耐热玻璃安瓿；4—派热克斯耐热玻璃坩埚；

5—银管；6—熔盐B；7—熔盐A；8—破坏尖

c：1—坩埚固定装置；2—石英套；3—银坩埚；4—银夹；5—银杯；6—熔盐B；7—熔盐A；8—高岭棉底

安瓿须由薄玻璃制成以确保一击致碎。通过向坩埚底压碎破坏泡，或者使用锥体击打泡壁，以使两种液体混合。通过空白实验测试了由安瓿破碎产生的热效应，发现该热效应很小而且具有重现性。Gaune-Escard等人（1996）最近使用"破坏泡法"测量了碱金属卤化物-稀土卤化物体系的混合熔。

破坏泡法在原理上与Kleppa（1960）首创并广泛使用的熔盐量热研究方法相似。在他使用的装置中，把熔盐 B 置于一个派热克斯耐热玻璃管制成的并带有破碎尖的安瓿中（图 4-8b）。与破坏泡法相比，在该方法中，由于表面张力效应以及坩埚和安瓿浸湿，熔盐组成会有轻微变化。在前述的破坏泡法中，由于熔盐置于单一而不是两个容器中，可以保持样品的均匀性。

对于熔体与玻璃发生反应的情况，如对于熔融碱金属氢氧化物的研究，Aghai-Khafri 等人（1976）开发了"悬杯法"（如图 4-8c）。盛装液体氢氧化物 B 的银制圆柱坩埚处于派热克斯耐热玻璃或者石英套中，而熔盐或者氢氧化物 A 置于一个小银杯中。银杯用夹子固定住，可以通过外部操作使夹子松开。通过把银杯落入坩埚中来实现两种液体的混合。与杯子落入液体 A 相关联的热效应很小，且具有重现性。

上述的混合方法仅仅是实际应用中的少数几种。对于特定系统适合混合方法的选择取决于待测熔体的物理化学性质。当进行的研究涉及如 $AlCl_3$ 的挥发性物质，可能会遇到大多数实验限制。在 Haterm 等人（1988）进行的 KCl-$AlCl_3$-$AlCl_3NH_3$ 三元体系研究中，两组反应物质，液态 KCl-$AlCl_3$ 混合物和液态 $AlCl_3NH_3$ 都置于密闭的派热克斯耐热玻璃安瓿中，两个安瓿都置于量热计中。内部的、装有 $AlCl_3NH_3$ 的安瓿底很薄，很容易被外部安瓿的锋利边缘破碎。

在其他高活性熔体的混合焓测定实验中，研究者们使用了非常精密的量热计进行精心测量，以得到可靠的数据。例如，在 Papatheodorou 和 Kleppa（1973）对含卤化锌熔体进行的研究中，采用了一种新颖的实验装置和步骤以控制由于卤化锌的挥发造成的质量损失。在石英玻璃套中有一个圆柱型坩埚盛装低蒸气压的液态盐。卤化锌放入一个真空"双破坏"石英玻璃泡中。向坩埚底部压碎破坏尖，两种液体开始混合。由于泡中的压力稍低，一部分熔体被吸入泡中并与卤化锌混合。然后，上部破坏尖被压碎，卤化锌被排入坩埚与剩下的熔体混合，混合结束。

有时，混合后可以观测到轻微的吸热基线位移。在挥发性样品研究中，由于样品的质量损失，这种现象可能每次都会发生。为了对该基线位移进行修正，需要进行一系列空白实验。

Holm 和 Kleppa（1967），Østvold 和 Kleppa（1969）用下述的实验装置研究了氧化物熔体中氧化铅的溶解热。在直径 17mm、高 75mm 的 Au20Pb 坩埚中盛装大约 60g 氧化物熔体。需要溶解于其他氧化物熔体中的氧化铅，置于一个直径约为 10mm 且很浅的铂杯中。通过三根铂丝将铂杯连接在一根石英玻璃管上，可以在炉外对该铂杯进行操作。溶解反应从降低铂杯到熔体中开始。通过上下移动一根铂棒，或者更简单地、在 Au20Pd 坩埚中简单地上下移动铂杯实现搅拌。量热计中的垂直温度梯度以及熔体的非均匀性会引起物质偏移，对于与其相关联的吸热进行了修正。由搅拌产生的附加热占总反应热的 10% ~ 50%；而在没有搅拌的情况下，仅仅进行了 10% ~20% 的修正。

由于熔融碱金属碳酸盐的腐蚀性，其混合焓测量与大多数其他熔盐不同，不能在石英玻璃容器中进行，也不能使用常规的"破坏泡法"混合。Andersen 和 Kleppa（1976）的研究表明，在碱金属碳酸盐处于一个相对高的 CO_2 压强下时，其对 Au20Pd 合金的腐蚀可以忽略。它们所用的实验装置包括一个可上下移动的棒和一个可以在炉外进行操作的、更深的坩埚。实验研究发现，挥发性最强的碳酸盐 Rb_2CO_3 的损失量大约为 0.3%。然而，尽管挥发损失相对很小，蒸汽对石英玻璃套的破坏还是很大的，设备的下部在 10~15 次实验后就必须更换了。

C 1200K 以上的混合量热测量

在温度高于 1200K 时，由于构造材料的限制，需要使用不同的量热计。由于使用"自制"量热计时的大量困难，在大多数情况下，研究者们使用的都是商业化设备。Setaram 量热计是应用最广泛的、可以在 1800K 高温下工作的设备之一。整个量热装备包括以下几个部分。

竖直筒形炉包括一个围绕着一根气密氧化铝管的石墨电阻，氧化铝管的内径为 23mm、长为 600mm，量热探测器和实验舱位于管中。根据石墨电阻几何尺寸，管的中间部分有 140mm 长的恒温区。炉子带有外冷却水套，炉体可以加热到大约 2000℃。

对炉子输入低电压电流。它的温度由一根电子系统通过一根位于炉子中心部分的 Pt-Pt13Rh 热电偶进行控制。

通过使用一组阀门和流量计可以对炉体和实验舱抽气，以及向其中通入气流，或者保持净化气气压。

用一个很简单的装料设备（类似于前述的为 Calvet 量热计所设计的设备），在初步抽气后，将样品在室温下引入量热计，并保持在实验条件下。

根据实验的性质，量热探测器以及位于实验舱内部的混合和搅拌系统的特征也会变化。实验数据的获得和处理是由电脑操作完成的。

图 4-9 给出了 Setaram 传感器高温量热计的垂直剖面。量热传感器由一个量热传感器电路 A 和用氧化铝托架支撑的感温热电偶 B 组成。传感器由形成微分网络的毛细管支撑着的热电偶组成，根据被圆柱外套 D 包住的两个叠加环形齿轮组安排微分网络的结点。C_w 和 C_r 分别为由烧结氧化铝制成的工作和参比坩埚。参比坩埚 C_r 滑入底部的环形齿轮，并通过一个横块 E 固定位置，C_r 置于 E 上，并通过末端顶在外套壁上。外套由三根平行的悬线 F 固定住，F 密封到外套壁中，并与装有导体的纵管配合连接，导体延续到量热传感器和感温热电偶。

通过一个圆环将热电偶固定在合适的位置，圆环由管 D 固定，并组成了整套装配的保温层。整个装配通过三根中空氧化铝管 H 悬在炉子的中间部分，这些氧化铝管用于保护热电偶。

系统研究表明，为了获得重现性好、精度高的混合热变化值，这种量热计需要满足如下两个条件：

（1）探测器具有高敏感度；

（2）对工作池中，由混合热变化产生的热流量进行适当的积分。

使用足够数量的热电偶可以很好地满足上述条件（1），而对工作坩埚周围热电堆的连接点进行有序排列可以满足条件（2）。因此，Gaune-Escard 和 Bros（1974）和 Haterm 等人（1981）发现有必要对 Setaram 量热计的设计做出一些修改。按照这些条件，构建了一些探测器。在一种探测器样式中，16 个上部热电偶连接点交替地分布在两条 10mm 间隔的水平线上。

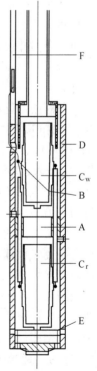

图 4-9 Setaram 高温量热计的垂直剖面

由于技术原因，并且参比坩埚 C_r 中没有出现热偏移，下部连接点组处于同一水平线上。最终，在大量的后续研究中，使用了另一种具有更多热电偶的探测器。

D 混合法

由于操作简单，常用"下落法"来获得液态混合物 A-B 的生成焓。然而，需要再次强调的是，液-液混合的焓变是通过两个非常大的量的差进行计算的，因此带来了很大的误差。Hatem 和 Gaune-Escard（1979）所进行的 NaF-K_2SO_4 熔融混合物的研究为上述情况提供了例证。他们发现在 $x_{NaF}=0.6$ 时，混合焓为 6.7kJ/mol，而修正项为 250kJ/mol。

为了提高结果的准确性，需要消除或者大量减少由加入熔池 A 中的固态样品 B 的熔化焓所引起的焓增项及其热容项。这可以通过在等于或尽可能接近实验温度 T_E 时将样品 B 引入熔池 A 来实现。

为了使两种熔盐有更接近的温度，也对"间接下落法"进行了适应性改进。添加了一个直径为 6mm、靠近漏斗孔、附着在上边缘的小铝球，一根氧化铝操作杆，以及一个位于底面上的薄氧化铝搅拌器。氧化铝杆中，有一根 Pt6Rh-Pt30Rh 热电偶，用于测量固态盐 B 的温度。当样品 B 达到热平衡时，提高氧化铝杆以打开漏斗，使两种盐混合。上下移动薄氧化铝搅拌器以使混合物均匀。

为了得到可靠的结果，需要考虑很多因素。打开漏斗前粉末样品 B 可能烧结，导致不完全混合。盐 B 应该有合适的物理化学性质，如蒸气压、与漏斗和容器间的化学反应性等，以在热稳定化过程中保持在漏斗中，并且在漏斗打开时完全落下。

在某些实验中，液体 A 和 B 之间巨大的密度差会使所得混合物不均匀。在这种情况下，增加一个搅拌设备很有必要。实验中，添加了一根足够长可以浸入液体中的细氧化铝杆作为搅拌器。Hatem 和 Gaune-Escard（1980）在研究 LiF-K_2SO_4 体系时使用了这种设备。

研究者们使用这种方法进行了大量的、1000~1500℃之间的离子混合物研究，例如 NaF-Na_2SO_4 和 KF-K_2SO_4 体系（Hatem 等人，1982），NaF-Rb_2SO_4 体系（Hatem 和 Gaune-Escard，1984），ZrF_4-MF(M=Li，Na，K，Rb) 体系（Hatem 等人，1989），AlF_3 基混合物（Peretz 等人，1995），KF-NdF_3（Hatem 和 Gaune-Escard，1993）等。

在 Hayer 等人（1993）对所有热力学数据进行的分析中，发现 1000K 时所进行的两组测量的差值小于 2%，这些测量使用的为 Calvet 微量热计，或者上述装置。而在更高的温度下，由于可用的数据很少，无法进行这样的比较。

也有研究者设计和研制了自动样品装料器，能够在非常高的温度下进行完全自动操作。该设备允许 30 个样品连续添加的完整实验运行。每一个单独混合实验都由电脑操作，量热温谱图也自动积分。

然而，应该注意到，在高温混合量热研究领域，没有一种设备或者方法可以被认为是通用的，根据测量系统的特殊要求，总需要对设备或方法进行适应性改进。

4.2.1.8 玻璃形成系统的双量热测定

由于聚合性，许多硅酸盐化合物和体系趋向于形成玻璃。当从熔融态迅速降温时，一部分样品结晶，另一部分保持玻璃态。这就是测量它们热容、热含量、熔化焓和混合焓的主要不利之处。

直接对硅酸盐体系物理化学过程中的焓变进行测量具有本质上的不准确性，主要原因如下：

（1）所研究的过程通常非常缓慢；

（2）硅酸盐体系高温过程中，量热计向环境中的热损失难以计算和补偿。

然而，可以通过求解方程（4-26）和方程（4-27）对过程的焓平衡进行计算。焓平衡与加热以及系统中发生的常规反应有关。在这两种情况下，系统的初始态和最终态都包含同样数量的基本粒子，因此，总是将方程（4-27）右侧的第一项删去。在计算这两类过程的焓变时，可以使用相对焓的值 $H_{rel}(T_m)$

$$H_{rel}(T_m) = H_{form}(T_{ref}) + \int_{T_{ref}}^{T_m} C_{syst}(T) dT \tag{4-34}$$

选择以 $T_{ref} = 298K$ 时，样品溶解于浓氢氟酸和硝酸为 2：1 的混合物形成的溶液作为参考态。可以通过间接双量热法测定相对焓 $H_{rel}(T_m)$。该步骤使得我们可以将系统冷却过程中使用下落量热计测量的焓增（$\Delta_{cool}H$）以及溶解过程中使用溶液量热计测量的焓增（$\Delta_{sol}H$）之和确定为 $H_{rel}(T_m)$。因此，方程（4-34）可写成下面形式

$$H_{rel} = -(\Delta_{cool}H + \Delta_{sol}H) \tag{4-35}$$

通过双量热法测定的 H_{rel} 值与 $\Delta_{cool}H$ 和 $\Delta_{sol}H$ 的量无关。在硅酸盐体系中，当对一种成分进行重复测量时，H_{rel} 的值常常发生变化。由于 $\Delta_{cool}H$ 的值（因此 $\Delta_{sol}H$ 也一样）取决于下落量热计中冷却后样品的不可重现状态，因此上述情况是可能发生的。样品可能经常由玻璃和晶体相的混合物组成，其中不仅包括系统的组分，还包括它们的分解产物。

当系统中发生一个反应时，使用双量热法测定的各自反应焓由以下关系式给出

$$\begin{aligned} \Delta_{react}H &= \sum \Delta_{cool}H_{start} + \sum \Delta_{sol}H_{start} - \sum \Delta_{cool}H_{prod} - \sum \Delta_{sol}H_{prod} \\ &= \sum \Delta_{rel,\ prod} - \sum \Delta_{rel,\ start} \end{aligned} \tag{4-36}$$

当各相被大量的选择溶剂充分稀释时，证明可以使用方程（4-36）中的溶解焓。至于溶液量热法中的误差，只有当形成的溶液中溶剂的量不变时，混合焓和溶解焓才可以忽略。

Proks 等人（1977a）和 Eliášová 等人（1978）对硅酸盐体系的等压焓进行了分析。这些作者使用了两个量热计测量了高温熔融样品和 298K 下其稀释溶液（选择的参考状态）的焓差。

在下落量热炉中，将大约 1g 密封于 Pt10Rh 圆柱坩埚中的样品加热到所需温度（Proks 等人（1977）对下落量热计进行了详细的描述）。在温度平衡后保持 1h，将坩埚落入温度保持在 298K 的量热块中。使用 Pt30Rh-Pt6Rh 热电偶测量炉中样品的温度，测温精度为 ±3K。通过热敏电阻电桥测量样品落入量热块后其温度的增加值。通过估算量热块向环境中的总热损耗获得焓增值 $\Delta_{cool}H$。在测量焓值高达 3000J 时，下落量热计的总测量误差不超过 5J。

在下落量热计中的测量结束后，小心切开坩埚盖，打开载物坩埚，将整个样品取出，研磨至粒子尺寸小于 0.04mm 并混合均匀。取一部分样品进行 X 射线衍射和红外光谱分析。然后，在溶液量热计中（Proks 等人（1967）对溶液量热计进行了详细的描述）测量了样品的溶解热。将大约 0.05g 样品溶解于 100mL 浓氢氟酸和硝酸为 2：1 的混合物中。对其溶解热重复测量 3 次取平均值。

　　冷却焓 $\Delta_{cool}H$ 和溶解焓 $\Delta_{sol}H$ 之和，就是所谓的样品相对焓 H_{rel}。通过相对焓与温度的关系，可以计算热容与下述所有焓变。

　　研究者使用这种方法测定分析了很多体系的焓，如镁黄长石 $Ca_2MgSi_2O_7$ 的熔化热（Proks 等人，1977a），$2CaO \cdot MgO \cdot 2SiO_3$-$CaO \cdot MgO \cdot 2SiO_2$ 体系的焓（Eliášová 等人，1978），钙硅石 $CaSiO_3$ 的熔化热（Adamkovičová 等人，1980），镁硅钙石 $3CaO \cdot MgO \cdot 2SiO_2$ 的异分分解热（Kosa 等人，1981），铝酸三钙 $3CaO \cdot Al_2O_3$ 的异分分解焓（Adamkovičová 等人，1985），$2CaO \cdot Al_2O_3 \cdot SiO_2$-$CaO \cdot Al_2O_3 \cdot 2SiO_2$ 体系共晶熔体的结晶焓（Kosa 等人，1987），铝方柱石 $2CaO \cdot Al_2O_3 \cdot SiO_2$ 的熔化热（Žigo 等人，1987）等。

5 密 度

5.1 理 论 背 景

密度定义为常温常压下单位体积物质的质量

$$\rho = \frac{m}{V} \tag{5-1}$$

密度的单位是 kg/m^3。在实践中，通常使用更小的单位，例如 g/cm^3。密度的倒数是比体积。

熔体的密度取决于温度和压力，温度对熔体密度的影响通过热膨胀系数表示

$$\alpha = \frac{1}{V} \left(\frac{\partial V}{\partial T} \right)_p \tag{5-2}$$

式中，V 是体系的体积。恒压下温度对密度的影响通常用如下的经验公式来表示

$$\rho = \rho_0 (1 + at + bt^2 + \cdots) \tag{5-3}$$

对于那些组成不随温度而变化的简单熔体来说，密度是温度的线性函数。

5.1.1 摩尔体积

可以根据下面的公式，由密度计算摩尔体积

$$V = \frac{M}{\rho} \tag{5-4}$$

当熔体的组成不受温度的影响时，摩尔体积和密度一样，是温度的线性函数

$$V = V_0 (1 + \alpha t) \tag{5-5}$$

对于由 n 元混合物，公式（5-4）变成如下形式

$$V = \frac{\sum_{i=1}^{n} x_i M_i}{\rho_{\exp}} \tag{5-6}$$

通过 3.1.3.1 节知道，当各组分理想混合时，体积既不会收缩也不会膨胀。然而，对于实际的二元混合物，观察到了与理想行为的正偏差或负偏差，其摩尔体积与组成的关系通常以多项式的形式表示

$$V = \sum_{i=0}^{n} a_i x_2^i \tag{5-7}$$

式中，a_i 是通过实验得到的多项式系数。

5.1.2 偏摩尔体积

下面考虑二元熔体，体系的体积可以用温度、压力和两种组分的物质的量的函数表示

$$dV = \left(\frac{\partial V}{\partial T}\right)_{p,n_1,n_2} dT + \left(\frac{\partial V}{\partial P}\right)_{T,n_1,n_2} dP + \left(\frac{\partial V}{\partial n_1}\right)_{T,p,n_2} dn_1 + \left(\frac{\partial V}{\partial n_2}\right)_{T,p,n_1} dn_2 \tag{5-8}$$

偏导数 $\left(\dfrac{\partial V}{\partial n_1}\right)_{T,p,n_2}$ 和 $\left(\dfrac{\partial V}{\partial n_2}\right)_{T,p,n_1}$ 为组分的偏摩尔体积，分别以 $\bar{V}_1$ 和 $\bar{V}_2$ 来表示。通常，i 组分的偏摩尔体积定义式如下

$$\bar{V}_i = \left(\frac{\partial V}{\partial n_i}\right)_{T,p,n_{j\neq i}} \tag{5-9}$$

偏摩尔体积取决于体系的温度、压力和组成。偏摩尔体积的物理意义为：在恒定的温度和压力下，向一定量的溶液中添加 1mol 组分所引起的体积增加，并且在该过程中，溶液的组成不变。因此偏摩尔体积也可以是负数。

5.1.3 二元和三元体系中的应用

5.1.3.1 二元体系

通常使用截距法，通过由实验确定的摩尔体积与组成的关系估算二元体系中的偏摩尔体积。对于恒定的温度和压力下的 1mol 二元熔体，有

$$dV = \bar{V}_1 dx_1 + \bar{V}_2 dx_2 \tag{5-10}$$

式中，V 是混合物的摩尔体积，由于 $dx_1 = -dx_2$，于是

$$\left(\frac{\partial V}{\partial x_2}\right)_{T,p} = \bar{V}_2 - \bar{V}_1 \tag{5-11}$$

对于该体系，同时有

$$V = x_1 \bar{V}_1 + x_2 \bar{V}_2 = \bar{V}_1 + x_2(\bar{V}_2 - \bar{V}_1) \tag{5-12}$$

将式 (5-11) 代入式 (5-12)，得

$$\bar{V}_1 = V - x_2 \left(\frac{\partial V}{\partial x_2}\right)_{T,p} \tag{5-13}$$

类似地，可得

$$\bar{V}_2 = V + x_1 \left(\frac{\partial V}{\partial x_2}\right)_{T,p} \tag{5-14}$$

因此，如果通过密度的测量得到了体系的摩尔体积和组成之间的关系，就可以根据式 (5-13) 和式 (5-14) 计算出两种组分的偏摩尔体积。在摩尔体积与组成的关系图中，它们的值分别为曲线上某一给定组成点处的切线与 $x_2 = 0$ 和 $x_2 = 1$ 两条 y 轴的交点的值，即截距。

5.1.3.2 三元体系

三元体系中，其中一种组分的偏摩尔体积可以在其他两种组分的恒比例截面上计算出来。例如，在 A-B-C 体系中，可以根据类似于式 (5-14) 的方程来计算组分 A 的偏摩尔体积。由于 $(1-x_A) = x_B + x_C$，式 (5-14) 可以转化为

$$\bar{V}_A = V + (x_B + x_C) \left(\frac{\partial V}{\partial x_A}\right)_{T,p} \tag{5-15}$$

对于 $x_B / x_C = N$ 的截面，方程 (5-15) 可以写为

$$\bar{V}_A = V + x_C(N + 1) \left(\frac{\partial V}{\partial x_A}\right)_{T,p} \tag{5-16}$$

对于组分 B 和 C，也可以推导出类似的方程。

对于实际三元体系的过剩摩尔体积，可以认为 Redlich-Kister（1948）一般方程有效。使用如下方程表示摩尔体积与组成的关系

$$V = \sum_{i=1}^{3} x_i V_i + \sum_{\substack{i,j=1 \\ i \neq j}}^{3} x_i x_j \sum_{n=0}^{n} A_{nij} x_j^n + \sum_{a,b,c=1}^{m} B_m x_1^a x_2^b x_3^c \qquad (5\text{-}17)$$

方程右侧第一项代表添加剂的（理想）行为，第二项代表二元相互作用，第三项代表所有三种组分的相互作用。

可以使用多重线性回归分析法计算回归方程（5-17）的系数。略去在选择置信水平上的统计非重要项，并将相关项的数目最小化，可以得到表述研究性质与浓度关系的解，拟合的标准偏差与实验误差在同一数量级。对于统计重要的二元、三元相互作用，寻找合适的化学反应，通过计算各反应的标准反应吉布斯自由能，检查它们的热力学可行性。认为熔体在急冷后至少定性地保留了其在高温下的组成，对急冷熔体进行 X 射线相分析和 IR 光谱分析以确定反应产物。

下面将举两个例子。在这两个例子中，所获得的实验数据的复杂程度是不同的，第二个例子所述的三元体系中，仅一部分组成可以通过实验进行研究。

例 5-1　第一个例子给出了某三元系的体积性质分析，对于此三元系，在整个浓度三角形范围内，都可以进行实验研究。

Chrenková 等人（2005）通过阿基米德法测量了 LiF-NaF-K_2NbF_7 体系熔体的密度。使用线性回归分析得到了密度与温度的关系 $\rho = a - bt$ 中常数 a 和 b 的值，并将它们与近似标准偏差一起列于表 5-1 中。

表 5-1　LiF-NaF-K_2NbF_7 体系相关研究熔体密度与温度关系式 $\rho = a - bt$ 中的 a 和 b，以及近似标准偏差的值

x_{LiF}	x_{NaF}	$x_{K_2NbF_7}$	$a/g \cdot cm^{-3}$	$b/g \cdot (cm^3 \cdot ℃)^{-1}$	$sd/g \cdot cm^{-3}$	$t/℃$
1.000	0.000	0.000	2.1968	4.6247×10^4	0.4×10^4	860 ~ 960
0.000	1.000	0.000	2.5814	6.360×10^4	0.5×10^4	1010 ~ 1100
0.000	0.000	1.000	3.2791	10.928×10^4	1.2×10^4	750 ~ 860
0.900	0.100	0.000	2.2598	5.102×10^4	—	850 ~ 1050
0.800	0.200	0.000	2.2857	5.118×10^4	—	850 ~ 1050
0.700	0.300	0.000	2.3268	5.227×10^4	—	850 ~ 1050
0.600	0.400	0.000	2.3810	5.552×10^4	—	850 ~ 1050
0.500	0.500	0.000	2.4037	5.596×10^4	—	850 ~ 1050
0.400	0.600	0.000	2.4269	5.575×10^4	—	850 ~ 1050
0.300	0.700	0.000	2.4301	5.434×10^4	—	860 ~ 1050
0.200	0.800	0.000	2.5116	6.043×10^4	—	950 ~ 1050
0.100	0.900	0.000	2.7061	7.789×10^4	—	990 ~ 1060
0.250	0.000	0.750	3.2028	10.1782×10^4	1.7×10^4	720 ~ 820
0.500	0.000	0.500	3.2572	11.0828×10^4	0.3×10^4	770 ~ 850
0.750	0.000	0.250	3.2347	11.3694×10^4	1.7×10^4	820 ~ 910

x_{LiF}	x_{NaF}	$x_{K_2NbF_7}$	$a/g \cdot cm^{-3}$	$b/g \cdot (cm^3 \cdot \text{℃})^{-1}$	$sd/g \cdot cm^{-3}$	$t/\text{℃}$
0.000	0.250	0.750	3.0598	8.150×10^4	8.5×10^4	690 ~ 790
0.000	0.250	0.750	2.9936	7.4251×10^4	14.6×10^4	690 ~ 800
0.000	0.500	0.500	3.0677	8.357×10^4	11.1×10^4	770 ~ 860
0.000	0.500	0.500	2.9314	6.880×10^4	8.0×10^4	770 ~ 880
0.000	0.500	0.500	2.9922	7.6184×10^4	9.0×10^4	770 ~ 870
0.000	0.750	0.250	2.8300	6.2926×10^4	8.7×10^4	880 ~ 950
0.000	0.750	0.250	2.9170	7.044×10^4	7.1×10^4	880 ~ 960
0.563	0.187	0.250	2.9668	7.925×10^4	17.0×10^4	750 ~ 850
0.563	0.187	0.250	2.8604	6.4847×10^4	16.9×10^4	750 ~ 810
0.563	0.187	0.250	2.8101	6.1368×10^4	20.9×10^4	740 ~ 820
0.375	0.375	0.250	2.9981	7.834×10^4	8.3×10^4	730 ~ 800
0.375	0.375	0.250	3.0499	8.5244×10^4	36.9×10^4	730 ~ 800
0.375	0.375	0.250	3.0752	8.8990×10^4	24.9×10^4	740 ~ 800
0.187	0.563	0.250	2.8982	7.044×10^4	12.1×10^4	770 ~ 870
0.375	0.125	0.500	2.9529	7.265×10^4	12.3×10^4	730 ~ 830
0.375	0.125	0.500	3.0489	8.5547×10^4	19.9×10^4	750 ~ 830
0.250	0.250	0.500	2.9729	7.763×10^4	5.9×10^4	730 ~ 830
0.250	0.250	0.500	2.8596	6.4971×10^4	25.7×10^4	730 ~ 820
0.250	0.250	0.500	2.9235	7.3037×10^4	20.3×10^4	730 ~ 830
0.125	0.375	0.500	3.0352	8.484×10^4	10.3×10^4	670 ~ 770
0.125	0.375	0.500	2.8412	5.6766×10^4	41.6×10^4	670 ~ 770
0.125	0.375	0.500	2.8779	6.2613×10^4	16.9×10^4	670 ~ 770
0.125	0.125	0.750	2.9332	6.864×10^4	13.0×10^4	700 ~ 800
0.125	0.125	0.750	2.8884	6.3996×10^4	17.3×10^4	700 ~ 800

　　首先，考察了无限稀释的 LiF 和 NaF 溶液中 K_2NbF_7 的行为，这需要计算在 LiF-K_2NbF_7 和 NaF-K_2NbF_7 体系中 K_2NbF_7 的偏摩尔体积与浓度的关系。

　　950℃下，LiF-K_2NbF_7 体系的摩尔体积（cm^3/mol）与浓度的关系可以通过下式表示

$$V = 14.73 + 117.74 x_{K_2NbF_7} + 3.25 x_{K_2NbF_7}^2 \tag{5-18}$$

将式（5-18）两边对 $x(K_2NbF_7)$ 取微分，并将其代入如下方程

$$\overline{V}_{K_2NbF_7} = V + x_{LiF}\left(\frac{\partial V}{\partial x_{K_2NbF_7}}\right) \tag{5-19}$$

得到了 K_2NbF_7 的偏摩尔体积（cm^3/mol）与组成的关系公式

$$\overline{V}_{K_2NbF_7} = 135.72 - 3.25 x_{LiF}^2 \tag{5-20}$$

当 $x_{LiF} \rightarrow 1$ 时，得到了无限稀释的以 LiF 为溶剂的溶液中，K_2NbF_7 的偏摩尔体积的值 $\overline{V}_{K_2NbF_7} = 132.47\ cm^3/mol$。该值比纯 K_2NbF_7 的摩尔体积的值 $V^0_{K_2NbF_7} = 135.72\ cm^3/mol$ 小

一些。

950℃下，NaF–K$_2$NbF$_7$体系的摩尔体积（cm^3/mol）与组成的关系如下式所示

$$V = 21.24 + 104.78x_{K_2NbF_7} + 9.53x_{K_2NbF_7}^2 \qquad (5-21)$$

将式（5-21）两边对 $x(K_2NbF_7)$ 微分，并代入类似（5-19）的方程，得到了 K$_2$NbF$_7$ 的偏摩尔体积（cm^3/mol）与组成的关系方程

$$\overline{V}_{K_2NbF_7} = 135.60 - 9.58x_{NaF}^2 \qquad (5-22)$$

对于无限稀释的以 NaF 为溶剂的溶液，得到了 K$_2$NbF$_7$ 的偏摩尔体积的值 $\overline{V}_{K_2NbF_7}$ = 126.02 cm^3/mol。这个值同样也小于纯 K$_2$NbF$_7$ 的摩尔体积的值。考虑到偏摩尔体积的物理原因，认为当向 LiF 和 NaF 两种体系中添加 K$_2$NbF$_7$ 时，体系的体积收缩很小表明了在两种体系中都有 [NbF$_8$]$^{3-}$ 配合阴离子形成，因为其体积小于 F$^-$ 和 [NbF$_7$]$^{2-}$ 的体积和。

根据式（5-17）计算了 LiF–NaF–K$_2$NbF$_7$ 三元体系的摩尔体积与组成的关系。使用多重线性回归分析法计算了回归系数的值，在计算中，在 0.99 的置信水平上，略去了统计非重要项。950℃下，LiF（1）–NaF（2）–K$_2$NbF$_7$（3）体系的摩尔体积（cm^3/mol）如下式所示

$$V = 14.844x_1 + 21.303x_2 + 134.102x_3 - 7.048x_2x_3^2 -$$
$$69.872x_1x_2x_3 + 122.746x_1x_2x_3^2 \qquad (5-23)$$

近似标准偏差 $sd = 0.21\,cm^3/mol$。950℃下，LiF–NaF–K$_2$NbF$_7$ 三元体系的摩尔体积如图 5-1 所示，该体系在相同温度下的过剩摩尔体积如图 5-2 所示。

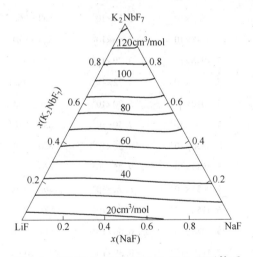

图 5-1　950℃下，LiF-NaF-K$_2$NbF$_7$三元体系的摩尔体积

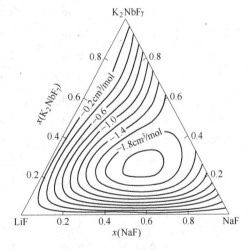

图 5-2　950℃下，LiF-NaF-K$_2$NbF$_7$三元体系的过剩摩尔体积

通过方程（5-23），发现了 NaF–K$_2$NbF$_7$ 二元系和 LiF–NaF–K$_2$NbF$_7$ 三元系的统计重要相互作用，这明显是由于更大的 [NbF$_8$]$^{3-}$ 的生成造成的。在 LiF–K$_2$NbF$_7$ 体系中，Li$^+$ 的强极化性会阻止 [NbF$_8$]$^{3-}$ 的生成，但是当同时有 Na$^+$ 存在时，Li$^+$ 的作用将被抑制。

例 5-2　第二个例子也给出了一个三元系的体积性质分析，然而对于此三元系，只有浓度三角形的一部分才能进行实验分析。为了进行分析，必须对某一组分的密度进行近似。另外，该体系的三元共晶混合物也被选择作为一种组成的研究熔体。

Chrenková 等人（2002）采用阿基米德法测量了 KF- K_2MoO_4- SiO_2 体系熔体的密度。该体系熔体有望成为熔盐电沉积钼的电解质，尤其是对于在金属表面制备光滑的、附着力好的钼镀层的情况。以线性方程 $\rho = a - bt$ 的形式表述了密度与温度之间的关系。表 5-2 给出了使用线性回归分析得到的研究熔体的常数 a、b 以及近似标准偏差的值。

表 5-2   KF- K_2MoO_4- SiO_2 体系密度与温度关系式的系数 a、b 以及标准偏差的值

x_{KF}	$x_{K_2MoO_4}$	x_{SiO_2}	$a/g \cdot cm^{-3}$	$b/g \cdot (cm^3 \cdot ℃)^{-1}$	$sd/g \cdot cm^{-3}$	$t/℃$
1.00	0.00	0.00	2.5579	7.5523×10^4	2.53×10^4	870~970
0.90	0.00	0.10	2.5665	7.1977×10^4	7.80×10^4	860~970
0.80	0.00	0.20	2.6130	7.3544×10^4	7.18×10^4	850~970
0.70	0.00	0.30	2.6480	7.2570×10^4	7.67×10^4	840~970
0.00[①]	0.00	1.00	3.2500	7.5000×10^4	—	
0.00	0.10		2.9189	6.1871×10^4	9.63×10^4	940~990
0.00	0.90	0.10	3.1834	8.5258×10^4	8.69×10^4	940~990
0.00	0.80	0.20	3.3196	9.6037×10^4	3.40×10^4	940~990
0.00	0.80	0.20	3.0926	7.6621×10^4	3.41×10^4	940~1000
0.75[②]	0.25	0.00	2.8505	9.2080×10^4	2.90×10^4	840~960
0.50[②]	0.50	0.00	3.0120	9.3800×10^4	3.10×10^4	880~990
0.25[②]	0.75	0.00	3.0690	8.9000×10^4	3.50×10^4	920~1010
0.72	0.18	0.10	2.7760	7.5530×10^4	5.74×10^4	860~960
0.54	0.36	0.10	2.6623	7.5348×10^4	5.46×10^4	850~970
0.36	0.54	0.10	2.9539	7.4946×10^4	3.70×10^4	870~950
0.18	0.72	0.10	2.9797	7.5348×10^4	4.72×10^4	900~1020
0.18	0.72	0.10	3.0168	7.4010×10^4	5.20×10^4	920~1040
0.64	0.16	0.20	2.7919	7.2104×10^4	7.50×10^4	850~970
0.64	0.16	0.20	2.8218	7.3336×10^4	6.50×10^4	850~970
0.48	0.32	0.20	2.9040	7.6849×10^4	9.25×10^4	860~990
0.48	0.32	0.20	2.8579	7.0653×10^4	8.72×10^4	860~990
0.32	0.48	0.20	2.8553	6.4150×10^4	6.75×10^4	900~1020
0.32	0.48	0.20	2.8746	6.5020×10^4	6.80×10^4	900~1020
0.16	0.64	0.20	3.0239	7.4179×10^4	8.39×10^4	900~1040
0.56	0.14	0.30	3.0387	7.9259×10^4	8.59×10^4	980~1070
0.42	0.28	0.30	3.1598	8.5503×10^4	9.18×10^4	1030~1100

① Ličko 和 Daněk（1982）的估算值；
② Chrenková 等人（1994）发表的数据。

首先考察 KF- K_2MoO_4 体系的体积性质，在该体系中形成了同分熔融化合物 K_3FMoO_4。Chrenková 等人（1994）测量了 KF- K_2MoO_4 体系的密度，其随着 K_2MoO_4 含量单调增加。由过剩摩尔体积的值可以看出，该体系相对于理想行为只存在一个很小的正偏差，因为 827℃，$x(KF) = 0.5$ 时体系的过剩摩尔体积的值仅为 $V^{ex} = 1.94 cm^3/mol$。这或许归因于熔

体中配合阴离子团 $[FMoO_4]^{3-}$ 的生成。但是，摩尔体积的正偏差的低值表明，该配合离子团可能有一个明显的热分解。Chrenková 等人（1994）使用获得的密度数据计算了加成化合物 K_3FMoO_4 的热分解度，其值为 $\alpha_0(827℃) = 0.86$，该值与 Daněk 和 Chrenková（1993）通过相图分析得到的值 $\alpha_0 = 0.81$ 非常吻合。

然而，配合阴离子团 $[FMoO_4]^{3-}$ 的存在性和结构可能需要讨论。即使由于 Mo-F 和 O-F 键很弱，并且其寿命可能也很短，无法使用光谱法确定这种离子团，也可以认为该配合阴离子团为一个联合体。至少可以从热力学上认可它的存在，这也可以作为理解所研究熔体的性质和行为的一个有用的例子。

现在测量在无限稀释的以 KF 和 K_2MoO_4 为溶剂的溶液中 SiO_2 的行为。可以使用特定的设备（其仅能测量 SiO_2 摩尔分数低于大约 30% 的体系）对 KF-K_2MoO_4-SiO_2 体系进行测量。在 KF-SiO_2 体系摩尔体积与浓度关系的计算中，接受了 Ličko 和 Daněk（1982）所估算的纯液态 SiO_2 摩尔体积的外推值。827℃ 下，KF-SiO_2 体系的摩尔体积（cm^3/mol）与浓度的关系可以通过下式表述

$$V = 30.084 - 3.641x_{SiO_2} - 3.591x_{SiO_2}^2 \tag{5-24}$$

将方程（5-24）两边对 x_{SiO_2} 取微分，并代入如下方程

$$\overline{V}_{SiO_2} = V + x_{KF}\left(\frac{\partial V}{\partial x_{SiO_2}}\right) \tag{5-25}$$

得到了 SiO_2 的偏摩尔体积（cm^3/mol）公式

$$\overline{V}_{SiO_2} = 26.443 - 7.181x_{SiO_2} + 3.591x_{SiO_2}^2 \tag{5-26}$$

于是得到了无限稀释的以 KF 为溶剂的溶液（$x_{SiO_2} \to 0$）中，SiO_2 的偏摩尔体积的值 $\overline{V}_{SiO_2} = 26.443\ cm^3/mol$，该值比纯 SiO_2 的摩尔体积（$V_{SiO_2}^0 = 22.85\ cm^3/mol$）略高一些，这也许是因为体系中两种组分间微弱的化学作用导致了很小的体积膨胀。然而，这些化学作用的性质不能仅靠密度测量来确定。

827℃ 下，K_2MoO_4-SiO_2 体系的摩尔体积（cm^3/mol）与浓度的关系可以由如下方程表述

$$V = 298.744 - 95.095x_{SiO_2} + 19.209x_{SiO_2}^2 \tag{5-27}$$

将方程（5-27）两边对 $x(SiO_2)$ 取微分，并代入类似于式（5-25）的方程，得到了如下 SiO_2 偏摩尔体积（cm^3/mol）公式

$$\overline{V}_{SiO_2} = 3.649 + 38.418x_{SiO_2} - 19.209x_{SiO_2}^2 \tag{5-28}$$

于是得到了无限稀释的以 K_2MoO_4 为溶剂的溶液（$x_{SiO_2} \to 0$）中，SiO_2 的偏摩尔体积的值：$\overline{V}_{SiO_2} = 3.65\ cm^3/mol$，该值远低于纯 SiO_2 的摩尔体积（$V_{SiO_2}^0 = 22.85\ cm^3/mol$），这也许是因为体系两组分之间存在强烈的化学作用，这种作用引起了很大的体积收缩。这种行为可以通过熔体中杂多阴离子 $[SiMo_{12}O_{40}]^{4-}$ 的生成来解释，该阴离子的生成反应如下

$$12K_2MoO_4 + 7SiO_2 + 36KF \Longrightarrow K_4[SiMo_{12}O_{40}] + 6K_2SiF_6 + 22K_2O \tag{5-29}$$

该反应式是由 Silný 等人（1993）和 Zatko 等人（1994）提出来的，他们通过电解质结构的变化解释了 SiO_2 在钼电沉积中的积极作用。炉顶和炉壁处固体沉积物的 X 射线衍射分析证明了沉积物中含有纯 K_2SiF_6，这支持了上述生成杂多阴离子 $[SiMo_{12}O_{40}]^{4-}$ 的

假设。

由式（5-15）计算了三元体系的摩尔体积。使用多重线性回归分析法计算了回归系数，计算中，在 0.99 的置信水平下，略去了统计非重要项。827℃下，KF（1）-K_2MoO_4（2）-SiO_2（3）三元体系摩尔体积与组成的关系表达式如下

$$V = 30.52x_1 + 96.22x_2 + 22.91x_3 + 10.16x_1x_2 + 256.5x_1x_2^2x_3 - 479.0x_1x_2x_3^2$$

$$(5\text{-}30)$$

方程（5-30）的近似标准偏差 $sd = 0.73cm^3/mol$。827℃下，三元体系 KF-K_2MoO_4-SiO_2 的摩尔体积如图 5-3 所示，相同温度下，其过剩摩尔体积如图 5-4 所示。

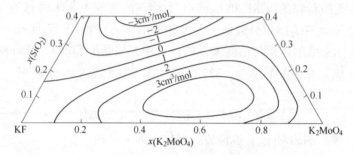

图 5-3　827℃下，KF-K_2MoO_4-SiO_2 三元体系的摩尔体积

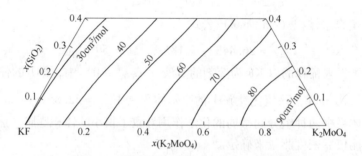

图 5-4　827℃下，KF-K_2MoO_4-SiO_2 三元体系的过剩摩尔体积

由图 5-4 可以看出，所研究体系的组成部分存在两个不同的区域。在低 SiO_2 含量、靠近 K_2MoO_4 一侧的区域是熔体体积膨胀的区域；而在高 SiO_2 含量区的熔体则表现出体积收缩。体积膨胀表明更大的 K_2MoO_4 联合体的生成。另外，在高 SiO_2 含量区熔体表现出的体积收缩最可能是由非常大的结构体的生成导致的自由体积减少所引起的。如 Zatko 等人（1994）和 Silný 等人（1993）所提出的，该结构体可能是按照式（5-29）所生成的杂多阴离子 $[SiMo_{12}O_4]^{4-}$。然而，由于缺少热力学数据，不能证明此反应的热力学可行性。

5.2　实验方法

由于熔盐的腐蚀性以及实验材料的热膨胀，仅有少量方法适用于高温下密度的测量。最常用的熔盐密度测量方法为流体静力称重法和最大气泡压力法。对于如硅酸盐熔体等更黏稠的液体，适合使用落体法。下面将对这三种方法进行详细的讲述。如果读者想要进行更深入的学习，可以参考 Mackenzie（1959）的杰著。

5.2.1 流体静力称重法

流体静力称重法是测量熔盐密度的最常用和最精确的方法。由于这种测量方法基于阿基米德原理，也以阿基米德法为人所熟知。

该方法的原理是在空气和液体中测量已知体积的物体（大多数情况下为球体）的质量，通过如下公式计算密度

$$\rho = \frac{m_0 - (m_t - \delta_\sigma)}{V_t} \tag{5-31}$$

式中，m_t 和 m_0 分别为物体在温度为 t 的液体中和在空气中的质量；δ_σ 为施加于吊线的表面张力效应的校正值，V_t 为物体在温度 t 下的体积。物体的体积需要标定，如果标定是在不同的温度下进行的，则必须在测量温度下重新计算物体的体积。通过使用物体体积膨胀系数的已知值，或者在密度与温度的关系已知的液体中称重（间接标定）进行重新计算。如果测试对象为高温下的腐蚀性液体，最适合于测量物体的材料是 Pt、Pt-Rh 合金或者 Pt-Ir 合金。施加于吊线上的表面张力效应校正值由如下公式给出

$$\delta_\sigma = \frac{\pi d \sigma}{g} \tag{5-32}$$

式中，d 是吊线的直径；σ 是液体的表面张力；g 是重力加速度。

Silný（1990）报道了一套熔盐密度的自动测量装置，该装置的简化图如图5-5所示。该测量装置的核心部分是基于"零偏轨"原则实现自动平衡功能的精密分析天平，认为该原则是最精确和可靠的自动平衡方法。天平的最高灵敏度为0.1mg，量程为200g。当平衡质量改变时，天平臂开始偏离平衡位置，使得位置读取器发出一个与偏离量成比例的信号。这个信号在装置的电子部分被积分和加强，然后提供给电磁线圈，这导致悬挂在第二

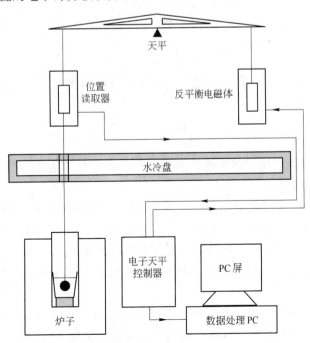

图 5-5　熔盐密度自动测量装置图

个天平臂上的线圈中的磁铁受迫向减小与平衡位置的偏离的方向运动。线圈中的电流与平衡质量成正比。

使用适合的装置记录电流（因此也可以为质量）与温度（热电偶的电势差）或者时间的关系，也可以以选定的单位在选定的温度范围内，将记录的关系直接显示在 TV 屏上。

使用一块水冷盘将天平与炉子隔开以避免对天平的加热和腐蚀。用一根 0.2mm 粗的 Pt20Rh 线将直径为 20mm，质量为 46g 的空心铂球悬挂在天平臂上。控制 PC 的程序是用 Basic 5.0/G 编写的，可以实现密度的测量、铂球的标定以及密度-温度关系图的显示。最终输出的为密度与温度的回归关系。该程序以与操作人员对话的形式编写。该测试装置的整体测量误差不超过 0.1%。

可以使用阿基米德法测量不是很黏稠的液体的密度，在这种情况下，球体可以保持平衡。对于黏度超过 0.5Pa·s 的液体，适合使用落体法。使用该方法可以同时测量黏度和密度，在 9.2.2 节中将对该方法进行详细的描述。

5.2.2 最大气泡压力法

应用最大气泡压力法测量密度与表面张力在本质上是相同的。但是，应用该方法测量熔盐密度的精度要远低于流体静力称重法，并且该方法只在特殊情况下使用。另外，这种方法具有可以在更高的温度下同时测量氧化物体系的密度和表面张力的优点。

由于这种方法实质上在表面张力的测量中更重要，在 6.2.2 节再对其进行详细介绍，本节只讨论密度测量的方面。

测量两个浸入深度 h_i 下的最大气泡压力 $p_{max, i}$，得到

$$\sigma = \frac{r}{2}(p_{max,\ 1} - g\rho h_1) \tag{5-33}$$

$$\sigma = \frac{r}{2}(p_{max,\ 2} - g\rho h_2) \tag{5-34}$$

式中，σ 是表面张力；g 是重力加速度；ρ 是待测液体的密度。公式（5-34）减去公式（5-33），并整理，可得

$$\rho = \frac{1}{g}\left(\frac{p_{max,\ 2} - p_{max,\ 1}}{h_2 - h_1}\right) \tag{5-35}$$

由式（5-35）可以看出，在密度的测量过程中不需要知道毛细管的半径，这也表示毛细管口不需要精确加工。

Vadász 等人（1993）应用此方法测量了 Fe_2O_3-FeO-CaO-X（X=MgO，Al_2O_3）体系的密度，Vadász 和 Havlík（1995）应用此方法同时测量了 Fe_2O_3-FeO-CaO-SiO_2 体系的密度和表面张力，Vadász 和 Havlík（1996）应用此方法同时测量了 Fe_2O_3-FeO-CaO-ZnO 体系的密度和表面张力，Vadász 和 Havlík（1998）应用此方法同时测量了 Fe_2O_3-CaO-CuO 的密度和表面张力。

在上述测量中使用了内径为 1.285mm 的铂毛细管。使用精度为 ±0.005mm 的千分尺测量浸入深度，采用纯氮气产生气泡。调整气体流速，使得每分钟产生 3~5 个气泡。使用一个充满蒸馏水的斜臂微压计测量气泡中的压力。气泡中压力读数的精度为 ±2.5Pa。

　　将质量大约为 100g 的熔渣样品在铂坩埚中熔化，然后将坩埚放入一个起保护作用的刚玉坩埚中，随后在空气气氛中放入电阻炉内。根据其组成，熔渣在 1～1.5h 后达到稳定态。在接下来的至少 2h 中，熔体的组成能保持均衡。有些时候，由于纯净的氮气吹入炉腔，熔体上方的氧分压会降低。

　　使用 Pt6Rh-Pt30Rh 热电偶测量熔渣的温度，其中一根在实验前后都是直接浸入在待测熔体中的，另一根与坩埚的底部接触。测温精度为±2.5K。

6 表面张力

表面张力是熔盐化学中最重要的工艺参数之一，因为大多数重要的反应都发生在电解质或者熔融反应媒质的界面。例如，在铝电解中，表面张力会影响电解质对炭质内衬的渗透、炭颗粒与电解质的分离、铝液滴和金属雾在电解质中的聚合、氧化铝在电解质中的溶解速率等。在铝回收中也有类似的界面效应。

众所周知，液体倾向于形成最小表面能的形状，主要为球形。长为 l 的平液膜每厘米的作用力为

$$\sigma = \frac{F}{2l} \tag{6-1}$$

式中，σ 为液体的表面张力；分母中的数字 2 是因为液体薄膜有两个表面。

在国际单位制（SI）系统中，表面张力的单位是 mN/m。表面能是指单位面积的表面所具有的能量。在 SI 系统中表面能的单位是 J/m^2，因此其在数值上等于表面张力。

通常，大多数液体的表面张力随着温度的升高而线性减小

$$\sigma = a - bT \tag{6-2}$$

式中，σ 为表面张力，mN/m；T 为温度，K。

6.1 热力学原理

常温常压下增加 dA 液体表面需要的可逆功为 σdA，该值等于系统吉布斯自由能的增量

$$dG = \sigma dA \tag{6-3}$$

因此，单位面积的表面吉布斯自由能为

$$G^s = \sigma = \left(\frac{\partial G}{\partial A}\right)_{T,p,n} \tag{6-4}$$

由于上述过程是可逆的，与之相关的热代表表面熵

$$dq = TdS = TS^s dA \tag{6-5}$$

式中，S^s 为单位面积表面的表面熵，由于 $(\partial G / \partial T)_p = -S$，于是

$$\left(\frac{\partial G^s}{\partial T}\right) = -S^s \tag{6-6}$$

或者由式（6-4）

$$\frac{d\sigma}{dT} = -S^s \tag{6-7}$$

表面张力通常随着温度的升高而线性减小。σ 与 T 的斜率为表面熵。

单位面积表面所具有的表面焓 H^s 为

$$H^s = G^s + TS^s \tag{6-8}$$

或者

$$H^s = \sigma - T\frac{\mathrm{d}\sigma}{\mathrm{d}T} \tag{6-9}$$

现在考虑一半径为 r 的球形熔滴，它的总表面吉布斯自由能为 $4\pi r^2\sigma$。如果半径增加了 $\mathrm{d}r$（例如由于温度的升高），表面能的变化为 $8\pi r\sigma\mathrm{d}r$。由于液滴膨胀增加了其表面能，该过程必然带来压力差 Δp。此压力差所做的功，$\Delta p 4\pi r^2\mathrm{d}r$，等于表面吉布斯自由能的增加量。因此

$$\Delta p 4\pi r^2 \mathrm{d}r = 8\pi r\sigma\mathrm{d}r \tag{6-10}$$

或者，最终

$$\Delta p = \frac{2\sigma}{r} \tag{6-11}$$

毛细管中的基本方程是一个特殊情况，称为拉普拉斯方程。通常，描述任一曲面都需要考虑两个曲率半径，方程形式如下

$$\Delta p = \sigma\left(\frac{1}{r_1} + \frac{1}{r_2}\right) \tag{6-12}$$

很明显对于平面来说，$\Delta p = 0$。毛细管带来的问题将在 6.2.3 节中讨论。

现在来研究一种液体的表面曲率对摩尔吉布斯自由能的影响。从热力学的角度来分析，恒温条件下，由于压力的变化造成的摩尔吉布斯自由能的变化为

$$\Delta G = \int V\mathrm{d}p \tag{6-13}$$

对于恒定的体积，并且对 Δp 使用方程（6-12），得到

$$\Delta G = \sigma V\left(\frac{1}{r_1} + \frac{1}{r_2}\right) \tag{6-14}$$

以蒸气压的形式表示液体的吉布斯自由能，并假设蒸气的理想行为，即，$G = G^0 + RT\ln p$，则对于半径为 r 的球形表面，可得

$$RT\ln\frac{p}{p^\ominus} = \frac{2\sigma V}{r} \tag{6-15}$$

式中，$p^\ominus$ 为液体的标准蒸气压；p 为曲面的蒸气压。方程（6-15）是开尔文方程与拉普拉斯方程的结合式，而开尔文方程和拉普拉斯方程是表面化学的基本关系式。对于液滴来说，Δp 是正值，并且液滴上方的蒸气压是增加的。

6.1.1 吉布斯方程

表面张力反映了所研究体系中结构体间的化学键的性质。由于熔盐是离子性的，表面张力主要由所含离子团的化学性质决定。由于离子团之间的不同库仑作用，共价性更强的离子集中于表面并且具有表面活性。因此，二元体系表面张力与浓度的关系实质上受其离子组成的影响。由于液体本体和表面间的平衡，因此，表面张力与组成的关系反映了液体本体实际的化学平衡。

由于表面张力是一个热力学性质，因此进行研究的主要问题之一就是定义理想溶液的表面张力。定义理想溶液的表面张力的最初尝试是引入基于摩尔分数的简单加和规则。然而，在实际体系中从没有观察到这种行为，因此研究者给出了几种复杂的、描述二元系表

面张力与组成关系的非常精确的方法，在这些方法中，考虑了两种组分的性质。大多数方法都基于体积分数对摩尔分数的替代。出于对该量能量学而不是体积性质的考虑，这样的方法似乎不是十分可靠。

液体的表面吉布斯自由能取决于温度 T、压力 p、表面积 A 和表面层中所有组分的量 n_i^s，其可由下式定义

$$G^s = f(T, A, p, n_i^s) = \sigma A + \sum_i n_i^s \mu_i^s \qquad (6\text{-}16)$$

式中，μ_i^s 是表面层中组分的化学势。在恒压下微分，可得

$$\mathrm{d}G^s = \left(\frac{\mathrm{d}G^s}{\mathrm{d}T}\right)_{A,n_i} \mathrm{d}T + \left(\frac{\mathrm{d}G^s}{\mathrm{d}A}\right)_{T,n_i} \mathrm{d}A + \sum_i \left(\frac{\mathrm{d}G^s}{\mathrm{d}n_i}\right)_{T,A,n_{i\neq j}} \mathrm{d}n_i = A\mathrm{d}\sigma + \sigma\mathrm{d}A + \sum_i \mu_i \mathrm{d}n_i + \sum_i n_i \mathrm{d}\mu_i$$

$$(6\text{-}17)$$

考虑到 $\left(\dfrac{\mathrm{d}G^s}{\mathrm{d}T}\right)_{A,n_i^s} = -S^s$，$\left(\dfrac{\mathrm{d}G^s}{\mathrm{d}A}\right)_{T,n_i^s} = \sigma$ 和 $\left(\dfrac{\mathrm{d}G^s}{\mathrm{d}n_i}\right)_{T,A,n_{i\neq j}} = \mu_i^s$，方程两边同时除以表面积 A，并整理后，直接得到了表面张力的吉布斯方程

$$\mathrm{d}\sigma = -S^s\mathrm{d}T - \sum_i \Gamma_i \mathrm{d}\mu_i^s \qquad (6\text{-}18)$$

式中，σ 为表面张力；S^s 为单位面积的表面熵；Γ_i 为表面吸附量；μ_i^s 是表面层中组分 i 的化学势。

然而，表面张力数据处理的主要问题之一是以液体本体的性质代替表面性质是否可行。至今没有足够的实验证据可以给这个重要的问题一个可靠的答案。仅仅在最近，有研究者尝试推导了理想的和实际的二元混合物的表面张力和表面吸附量与浓度的关系。一些例子证明，在不同的二元体系中，表面张力和表面吸附量与浓度的关系与理想行为仅仅存在很小的偏差。

平衡状态下，组分在液体本体、表面层和气相中的化学势必然是相等的：$\mu_i^l = \mu_i^s = \mu_i^g$。因此，可以用液相本体的化学势 μ_i^l 替代表面层中的化学势 μ_i^s。对于恒定温度下的二元混合物，可以写为

$$\mathrm{d}\sigma = -\Gamma_1\mathrm{d}\mu_1 - \Gamma_2\mathrm{d}\mu_2 \qquad (6\text{-}19)$$

液体内部和蒸气相并不是"突然"分开的，而是如图 6-1 所示的，存在着一个区域，在这个区域内，组成、密度、压力都是逐渐变化的。由于 Γ_1 和 Γ_2 是相对于一个任意选择的分割面而定义的，原则上可以将此分割面置于液体本体和表面相之间，并使得 $\Gamma_1 = 0$。然后可以得到

$$\left(\frac{\mathrm{d}\sigma}{\mathrm{d}\mu_2}\right)_{T,p,n_2} = -\Gamma_2 \qquad (6\text{-}20)$$

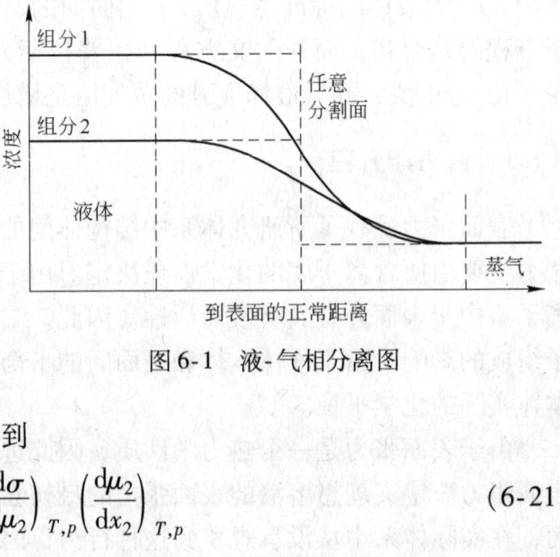

图 6-1　液-气相分离图

对通过实验确定的表面张力与浓度的关系式 $\sigma = f(x_2)$ 的两边对 x_2 求导，可以得到

$$\left(\frac{\mathrm{d}\sigma}{\mathrm{d}x_2}\right)_{T,p} = \left(\frac{\mathrm{d}\sigma}{\mathrm{d}\mu_2}\right)_{T,p}\left(\frac{\mathrm{d}\mu_2}{\mathrm{d}x_2}\right)_{T,p} \qquad (6\text{-}21)$$

对于液相中第二个组分的化学势，可得

$$\mu_2 = \mu_2^0 + RT\ln a_2 = \mu_2^0 + RT\ln x_2 \gamma_2 \tag{6-22}$$

式中，x_2 为液体本体中第二组分的摩尔分数；γ_2 为液体本体中第二组分的活度系数。将式（6-22）两边对 x_2 微分，可得

$$\left(\frac{d\mu_2}{dx_2}\right)_{T,p} - RT\left(\frac{1}{x_2} + \frac{d\ln\gamma_2}{dx_2}\right) \tag{6-23}$$

将方程（6-20）、方程（6-23）代入方程（6-21）中，得到

$$\frac{d\sigma}{dx_2} = -\Gamma_2 \frac{RT}{x_2}\left(1 + x_2\frac{d\ln\gamma_2}{dx_2}\right) \tag{6-24}$$

式中，γ_2 是液体本体第二组分的活度系数，其通过下式定义

$$RT\ln\gamma_2 = \left[\frac{\partial(n\Delta_{ex}G)}{\partial n_2}\right]_{n_1} \tag{6-25}$$

式中，$\Delta_{ex}G$ 为液体本体的混合过剩吉布斯自由能。将方程（6-25）代入方程（6-24）中，得到了第二组分的表面吸附量 Γ_2 的一般关系式

$$\Gamma_2 = -\frac{\dfrac{x_2}{RT} \times \dfrac{d\sigma}{dx_2}}{1 + \dfrac{x_2}{RT}\left[\dfrac{\partial^2(n\Delta_{ex}G)}{\partial n_2 x_2}\right]_{n_1}} \tag{6-26}$$

可以通过使用混合过剩吉布斯自由能来计算表面吸附量 Γ_2 的值，例如，通过相图的热力学分析。

对于理想溶液，方程（6-24）表示为如下的形式

$$\frac{d\sigma}{dx_2} = -\Gamma_2 \frac{RT}{x_2} \tag{6-27}$$

方程（6-27）通常用来计算稀溶液的表面吸附量。对于严格的正规溶液，活度系数定义为

$$RT\ln\gamma_2 = B(1-x_2)^2 \tag{6-28}$$

式中，B 是混合过剩吉布斯自由能的相互作用系数。将方程（6-28）代入方程（6-24）中，得到

$$\left(\frac{d\sigma}{dx_2}\right)_{T,p} = -\frac{\Gamma_2}{x_2}(RT - 2Bx_1x_2) \tag{6-29}$$

该方程是由 Hildebrand（1936）基于分割面的简单吉布斯模型提出来的。需要强调的是，反应参数 B 与液体本体组分的相互作用有关，所以，表面张力受液体本体行为的影响。

Guggenheim（1997）给出了一个更加常用的表示表面张力与组成的关系变化的方法，该方法不需要定义分割面。通常情况下，对于一个由以（1）表示液态二元混合物，以（g）表示气相，并且两相被以（s）表示的单层表面相分开所表示的系统，通过该方法得到如下的方程

$$\sigma = \sigma_i + \frac{RT}{A}\ln\frac{x_i^s}{x_i^l} \tag{6-30}$$

式中，σ 和 σ_i 分别为溶液和纯组分 i 的表面张力；A 为界面面积；x_i^s 和 x_i^l 分别为表面和液相中组分 i 的摩尔分数。方程（6-30）是由 Butler（1932）推导出来的。

现在，由方程（6-30）计算理想二元溶液的表面张力。由于体系处于平衡状态，于是有

$$\mu_i^s = \mu_i^l = \mu_i^g \tag{6-31}$$

对于液相（1），有

$$\mu_i^{0,1} + RT\ln x_i^l = \mu_i^{0,s} + RT\ln x_i^s - \sigma(x_i^s)A_i \tag{6-32}$$

众所周知，溶液接近于理想行为的条件之一为其组分颗粒具有相似的尺寸，于是可以假设对于所有组成来说，溶液的表面是被相同的颗粒所占据的。因此对于纯组分可以得到

$$\mu_i^{0,s} - \mu_i^{0,1} = \sigma_i A \quad (A_1 = A_2 = A) \tag{6-33}$$

式中，σ_i 是纯组分 i 的表面张力。令 $i = 1$，2，对于两种组元使用关系式 $x_1^s + x_2^s = 1$（$x_1^l \equiv x_1$；$x_2^l \equiv x_2$）和方程（6-32），得到

$$\exp\left(\frac{-\sigma A}{RT}\right) = x_1 \exp\left(\frac{-\sigma_1 A}{RT}\right) + x_2 \exp\left(\frac{-\sigma_2 A}{RT}\right) \tag{6-34}$$

Szyszkowski（1908）在更早的时候给出了一个类似的公式（但是该公式为经验公式）。当两种组分的表面张力的差别不是很大时，通过公式（6-34）可以得到一个表面张力的简单加和定律。如果 σ_1 和 σ_2 的值足够接近，其指数可以展开为麦克劳林级数

$$1 + \frac{\sigma A}{RT} = x_1\left(1 + \frac{\sigma_1 A}{RT}\right) + x_2\left(1 + \frac{\sigma_2 A}{RT}\right) = 1 + \frac{x_1\sigma_1 A}{RT} + \frac{x_2\sigma_2 A}{RT} \tag{6-35}$$

最终得到的公式为：

$$\sigma = x_1\sigma_1 + x_2\sigma \tag{6-36}$$

所以理想溶液的表面张力应该遵从充分逼近的简单加和公式。

6.1.2　理想和严格正规二元混合物的表面吸附量

Daněk 和 Proks（1998）提出了一种计算理想和严格正规二元体系表面吸附量的新方法。

考虑到 Γ_2 与组成的关系，可以对方程（6-29）两边积分。然而，任何表面吸附量与组成的关系都必须满足如下边界条件：当 $x_2 = 0$ 时，$\Gamma_2 = 0$；当 $x_2 = 1$ 时，Γ_2 达到某一非零值。下示通用函数可以很好地表示这一性质。

$$\Gamma_2 = x_2 \sum_{i=0}^{n} C_i x_2^i \tag{6-37}$$

对于理想溶液，方程（6-29）右侧括号中的第二项为 0，而且可以认为表面吸附量随组成的变化呈线性变化，即 $\Gamma_2 = x_2 C_0$。该行为可以通过例如熔盐混合物-饱和蒸气相边界表面层的分子动力学计算结果间接得出。因此

$$\mathrm{d}\sigma = -RT\frac{x_2 C_0}{x_2}\mathrm{d}x_2 = -RTC_0\mathrm{d}x_2 \tag{6-38}$$

积分后得到

$$\sigma = \sigma_1 - RTC_0 x_2 = \sigma_1 x_1 + (\sigma_1 - RTC_0)x_2 = \sigma_1 x_1 + \sigma_2 x_2 \tag{6-39}$$

从方程（6-39）中可以看出，理想溶液的表面张力遵循简单的加和法则。对于第二

组分的表面张力，由方程（6-39），可得

$$\sigma_2 = \sigma_1 - RTC_0 \tag{6-40}$$

或者

$$\sigma_1 - \sigma_2 = RTC_0 = RT\frac{\Gamma_2}{x_2} \tag{6-41}$$

以及

$$\Gamma_2 = \frac{\sigma_1 - \sigma_2}{RT}x_2 \tag{6-42}$$

从方程（6-42）可知，在理想溶液中，表面吸附量与纯组分表面张力的差成正比。对于严格正规溶液，可以认为满足如下函数式

$$\Gamma_2 = x_2(C_0 + C_1 x_2) \tag{6-43}$$

将该式代入方程（6-29）中，并进行积分，得到

$$\int_{\sigma_1}^{\sigma} \mathrm{d}\sigma = -RT\int_0^{x_2}\frac{C_0 x_2 + C_1 x_2^2}{x_2}\mathrm{d}x_2 + 2B\int_0^{x_2}(C_0 x_2 + C_1 x_2^2)(1-x_2)\mathrm{d}x_2 \tag{6-44}$$

积分后，得到

$$\sigma - \sigma_1 = x_2(-RTC_0) + x_2^2\frac{2BC_0 - RTC_1}{2} + x_2^3\frac{2B(C_1 - C_0)}{3} + x_2^4\frac{-2BC_1}{4} \tag{6-45}$$

或者，最终得到

$$\sigma = \sigma_1 + D_1 x_2 + D_2 x_2^2 + D_3 x_2^3 + D_4 x_2^4 \tag{6-46}$$

式中

$$D_1 = -RTC_0 \quad D_2 = \frac{2BC_0 - RTC_1}{2} \quad D_3 = \frac{2B(C_1 - C_0)}{3} \quad D_4 = -\frac{2BC_1}{4} \tag{6-47}$$

因此由表面张力与浓度关系的多项式系数计算表面吸附量的参数 C_0 和 C_1，以及液体本体中混合过剩吉布斯自由能的相互作用参数 B 的值是可行的。需要注意的是这里有三个未知量和四个方程，因此也适合使用三次多项式计算参数。

6.1.2.1　二元体系的例子

为了应用上述理论，有必要知道体系的表面张力和混合过剩吉布斯自由能。本节给出了 Daněk 和 Proks（1998）以及 Nguyen 和 Daněk（2000）分别测量的 KF-KBF$_4$ 和 LiF-K$_2$NbF$_7$ 二元体系的表面吸附量的计算作为例子。

A　KF-KBF$_4$ 体系

Barton 等人（1971）和 Daněk 等人（1976）测量了二元系 KF-KBF$_4$ 的相图，之后 Patarák 和 Daněk（1992）又重新进行了测量，他们同时进行了热力学和相图数据的耦合分析，得到了混合过剩吉布斯自由能。该体系为一个接近于理想溶液的简单共晶体系。

Lubyová 等人（1997）使用最大气泡压力法测量了该体系的表面张力。将使用线性回归分析得到的 KF-KBF$_4$ 熔体的表面张力与温度的关系式 $\sigma = a - bt$ 中的常数 a 和 b 的值、近似标准偏差值，以及 823℃ 下的表面张力值一起列于表 6-1 中。

对实验数据进行线性回归分析，得到了表面张力（N/m）与 x_{KBF_4} 的关系方程

$$\sigma = 0.14597 - 0.28352 x_{KBF_4} + 0.26538 x_{KBF_4}^2 - 0.06911 x_{KBF_4}^3 \tag{6-48}$$

表 6-1   KF- KBF₄熔体各组成中，表面张力与温度的关系式 $\sigma=a-bt$ 中的常数 a 和 b、近似标准偏差，以及 823℃下的表面张力值

x_{KF}	x_{KBF_4}	$a/N \cdot m^{-1}$	$b/N \cdot (m \cdot ℃)^{-1}$	$sd/N \cdot m^{-1}$	σ (823℃)/$N \cdot m^{-1}$
1.00	0.00	213.46	0.08088	0.72	146.57
0.75	0.25	176.32	0.10869	0.57	86.43
0.50	0.50	143.91	0.08373	0.54	74.67
0.50	0.50	159.86	0.11223	0.54	67.05
0.25	0.75	138.16	0.10492	0.84	51.39
0.25	0.75	137.75	0.10498	0.59	50.93
0.00	1.00	130.92	0.08661	1.16	59.29

然后，可以根据式（6-47），由式（6-48）中的多项式系数计算出表面吸附量与浓度的关系式中的系数 C_0 和 C_1，以及液体本体的混合过剩吉布斯自由能的相互作用参数 B 的值。得到了以下值：$C_0 = 4.144 \times 10^{-5}$ mol/m²，$C_1 = -4.727 \times 10^{-5}$ mol/m² 以及 $B = 5012$J/mol。然后根据方程（6-43）计算了 KF- KBF₄体系中 KBF₄的表面吸附量。

Patarák 和 Daněk（1992）基于热力学和相图数据的耦合分析，计算了 KF- KBF₄体系的过剩摩尔吉布斯自由能（J/mol），他们得到了如下的方程

$$\Delta_{ex}G = 3014 + 6760x_{KF} + 394x_{KF}^2 \qquad (6-49)$$

为了比较通过表面张力测量和通过相图计算得到的相互作用参数 B 值，通过一个简单的正规行为，对研究体系的混合吉布斯自由能的非对称变化过程进行了近似。获得了相互作用参数 B 的值：$B = 6512$J/mol。将 Patarák 和 Daněk（1992）得到的液体的混合过剩吉布斯自由能代入方程（6-25），并据此计算出了 KBF₄的表面吸附量。图 6-2 给出了根据方程（6-43）和方程（6-46）计算出来的 KF- KBF₄体系中 KBF₄的表面吸附量值的比较。

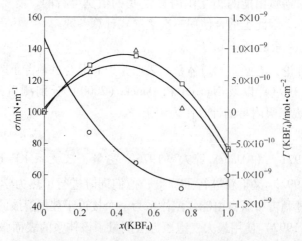

图 6-2   KF- KBF₄体系的表面张力（○）以及 KBF₄的表面吸附量
□—公式（6-43）；△—公式（6-46）

KF- KBF₄体系的表面张力随着 KBF₄含量的增加而减小，这明显归因于 BF₄⁻配合阴离子中化学键的共价性，这些阴离子具有表面活性，并且聚集在熔体表面。发现通过多项式

系数以及通过液相混合过剩吉布斯自由能计算出了相似的值和表面吸附量曲线的形状。甚至两个相互作用参数 B 的计算值也相对接近些。

B LiF- K_2NbF_7 体系

Chrenková（1999）通过热力学和相图数据的耦合分析测定并计算了 LiF- K_2NbF_7 体系的相图。LiF- K_2NbF_7 体系是三元交互体系 Li^+，$K^+//F^-$，$[NbF_7]^{2-}$ 的稳定对角体系，形成了简单共晶相图（共晶点坐标为72%（摩尔分数）K_2NbF_7，670℃）。

Nguyen 和 Daněk（2000）使用最大气泡压力法测量了 LiF- K_2NbF_7 体系的表面张力。将使用线性回归分析得到的 LiF- K_2NbF_7 熔体的表面张力与温度的线性方程 $\sigma = a - bt$ 中的系数 a 和 b 的值，与近似标准偏差值以及823℃下的表面张力值一起列于表6-2 中。

表6-2 各组成 LiF- K_2NbF_7 熔体中，表面张力与温度的关系式中的常数 a 和 b、近似标准偏差，以及823℃下的表面张力的值

x_{KF}	$x_{K_2NbF_7}$	$a/N \cdot m^{-1}$	$b/N \cdot (m \cdot ℃)^{-1}$	$sd/N \cdot m^{-1}$	σ (823℃)$/N \cdot m^{-1}$
1.000	0.000	346.50	0.09880	0.71	137.82
0.750	0.250	303.25	0.18463	0.92	100.16
0.500	0.500	259.02	0.16190	0.71	80.93
0.250	0.750	261.07	0.16898	0.65	75.19
0.000	1.000	226.54	0.12774	0.44	86.03

获得了表面张力（N/m）与 x_{KBF_4} 的关系公式

$$\sigma = 0.2378 - 1.0355 x_{K_2NbF_7} + 2.5793 x_{K_2NbF_7}^2 - 2.8480 x_{K_2NbF_7}^3 + 1.1524 x_{K_2NbF_7}^4 \quad (6-50)$$

获得了表面吸附量与浓度关系式的系数 C_0 和 C_1，以及混合过剩吉布斯自由能的作用参数 B 的值：$C_0 = 1.132 \times 10^{-4} mol/m^2$，$C_1 = -1.339 \times 10^{-4} mol/m^2$，$B = 17412 J/mol$。然后，通过公式（6-43）计算了 LiF- K_2NbF_7 体系中 K_2NbF_7 的表面吸附量。

对于体系的过剩摩尔吉布斯自由能（J/mol），Chrenková 等人（1999）得到了如下的公式

$$\Delta_{ex}G = 21437 - 61335 x_{K_2NbF_7} + 99548 x_{K_2NbF_7}^2 - 75576 x_{K_2NbF_7}^3 \quad (6-51)$$

通过简单的正规行为对研究体系的混合吉布斯自由能的非对称变化过程进行近似之后，获得了相互作用参数 B 的值：$B = 5519 J/mol$。然后将混合过剩吉布斯自由能插入方程（6-25）中，并据此计算了 K_2NbF_7 的表面吸附量。图6-3 给出了根据公式（6-43）和公式（6-46）计算出的 LiF- K_2NbF_7 体系中 K_2NbF_7 的表面吸附量值的比较。

由图6-3 可以看出，K_2NbF_7 的摩尔分数大约在0.5% 时，K_2NbF_7 的表面吸附量达到最大值，并且无论采用哪种计算步骤，曲线形状都非常相似。这表明熔体表面与熔体本体具有相似的特性。表面吸附量曲线的最大值表明，熔体中仍然存在比配合阴离子 $[NbF_7]^{2-}$ 更具表面活性的结构体，这种结构体只能是 $[NbF_8]^{3-}$。该结论与 Chrenková 等人（1999）通过相图测量的结果一致，在该测量中，涉及了 LiF- K_2NbF_7 熔体的结构。

6.1.3 三元体系的表面张力

对于三元体系，只能将吉布斯方程应用于物质的量的恒比例截面，例如，A- B- C 体

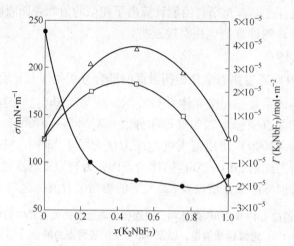

图6-3   LiF- K_2NbF_7 体系的表面张力 （●）和 K_2NbF_7 的表面吸附量

□—公式 （6-43）；△—公式 （6-46）

系中的伪二元体系 A/B- C。三元体系的吉布斯方程为

$$d\sigma = -\Gamma_1 d\mu_1 - \Gamma_2 d\mu_2 - \Gamma_3 d\mu_3 \tag{6-52}$$

对于液体本体和表面相的分割面，选择条件：$\Gamma_1 \approx \Gamma_2 \approx 0$，对于 Γ_3，得到

$$\left(\frac{d\sigma}{d\mu_3}\right)_{T,p,n_2} = -\Gamma_3 \tag{6-53}$$

下一步骤以及第三组分的表面吸附量计算与上述二元系的处理过程类似。

为了得到关于三元体系熔体的一些信息，对理想溶液中的表面张力变化过程进行定义非常重要。Guggenheim（1977）给出了表面张力随组成变化的一般测量方法，他指出理想溶液的表面张力应该遵循充分逼近的简单加和公式。可以通过 Redlich 和 Kister（1948）的过剩函数来描述真实体系的过剩表面张力。真实三元体系的表面张力可以表达为如下形式

$$\sigma = \sum_{i=1}^{3} \sigma_i x_i + \sum_{\substack{i=1 \\ i \neq j}}^{3} \left(x_i x_j \sum_{n=0}^{k} A_{nij} x_j^n \right) + x_1 x_2 x_3 \sum_{m=1}^{l} B_m x_1^a x_2^b x_3^c \tag{6-54}$$

式中，σ_i 为纯组分的表面张力值；x_i 为各组分在混合物中的摩尔分数。系数 a，b，c 是 $0 < a$，b，$c < 3$ 范围内的整数。方程（6-54）右侧的第一项代表理想行为，第二项代表二元体系的相互作用，第三项代表所有的三种组分之间的相互作用。通过多重线性回归分析法计算了系数 A_{nji} 和 B_m 的值，在计算中，去掉了选择置信水平上的在统计非重要项。对于统计重要的二元和三元相互作用，寻找合适的化学反应，计算它们的标准反应吉布斯自由能以检查它们的热力学可行性。

6.1.3.1   三元体系的例子

本节给出 KF- KCl- KBF$_4$ 体系作为一个计算三元体系表面张力的例子。Lubyová 等人（1997）使用最大气泡压力法测量了该体系的表面张力。该体系是在整个浓度三角形中都能够进行实验测量的简单共晶系。

使用线性回归分析法得到了表面张力与温度关系式 $\sigma = a - bt$ 中的常数 a 和 b 的值，同

时得到了近似标准偏差的值。

根据方程（6-54）计算了 KF(1)-KCl(2)-KBF$_4$(3)三元系的表面张力与组成的关系。使用多重线性回归分析法计算了回归系数，在计算中，在 0.99 的置信水平上去掉了统计非重要项。823℃下，体系的表面张力（N/m）以下式描述

$$\sigma = \sigma_1 x_1 + \sigma_2 x_2 + \sigma_3 x_3 + x_1 x_2 A_{102} + x_1 x_3 \left(A_{013} + A_{113} x_3 + A_{213} x_3^2\right) +$$
$$x_2 x_3 \left(A_{023} + A_{123} x_2 + A_{223} x_2^2\right) + x_1 x_2 x_3 \left(B_0 + B_1 x_1 x_2\right) \tag{6-55}$$

在选定的 723℃、823℃ 和 923℃下，纯组分的表面张力 σ_i、系数 A_{nij} 和 B_m，以及近似标准偏差列于表 6-3 中。

表 6-3 不同温度下，KF(1)-KCl(2)-KBF$_4$(3)体系中表面张力与浓度关系式中的系数 σ_i，A_{nij} 和 B_m，以及近似标准偏差 sd 的值

系数/N·m^{-1}	温度		
	723℃	823℃	923℃
σ_1	152.91±2.23	144.37±2.55	137.26±3.33
σ_2	105.67±1.15	98.41±1.31	91.10±1.72
σ_3	68.67±1.07	59.57±1.15	51.13±1.36
A_{012}	−48.69±7.82	−54.06±8.63	−65.94±11.12
A_{013}	−318.36±28.23	−311.54±28.24	−341.24±35.30
A_{113}	668.99±95.31	594.47±96.67	638.23±118.38
A_{213}	−586.33±84.94	−515.87±87.69	−541.95±106.20
A_{023}	−106.95±7.93	−118.88±9.39	—
A_{123}	114.12±15.73	98.98±17.61	−141.11±7.91
A_{223}	—	—	−89.39±23.90
B_0	—	238.18±39.51	39045±47.28
B_1	1401.58±368.34	—	—
sd	1.26	1.34	1.58

823℃下，KF-KCl-KBF$_4$三元系的过剩表面张力如图 6-4 所示。2.1.3.2 节给出了 KF-KCl-KBF$_4$体系中观察到的相互作用（系数 A_{nij} 和 B_m）的解释。

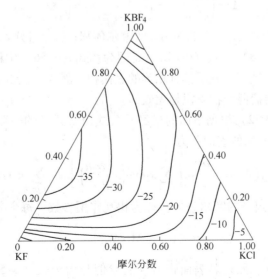

图 6-4　823℃下，KF-KCl-KBF$_4$三元系的过剩表面张力

Daněk 和 Ličko（1982）和 Daněk 等人（1985）分别计算了 CaO-MgO-SiO$_2$ 三元系和 CaO-FeO-Fe$_2$O$_3$-SiO$_2$ 四元系的表面张力和表面吸附量。

6.1.4 表面张力模型

研究者们进行了几次尝试来描述二元和三元体系表面张力与组成的关系。

Grjotheim 等人（1972）使用 Guggenheims 方程（6-34）的三种不同变形计算了二元体系的表面张力：

$$\exp\left(\frac{-\sigma a}{RT}\right) = x_1 \exp\left(\frac{-\sigma_1 a}{RT}\right) + x_2 \exp\left(\frac{-\sigma_2 a}{RT}\right) \tag{6-56}$$

每个分子的表面积，a 为

$$a = \left(\frac{x_1 M_1 + x_2 M_2}{\rho N}\right)^{2/3} \tag{6-57}$$

式中，M 为分子质量；ρ 为混合物的密度；N 为阿伏伽德罗常数。

$$\exp\left(\frac{-\sigma A}{RT}\right) = \phi_1 \exp\left(\frac{-\sigma_1 A}{RT}\right) + \phi_2 \exp\left(\frac{-\sigma_2 A}{RT}\right) \tag{6-58}$$

在该公式中，以体积分数代替了摩尔分数

$$\phi_1 = \frac{x_1 V_1}{x_1 V_1 + x_2 V_2} \quad \phi_2 = \frac{x_2 V_2}{x_1 V_1 + x_2 V_2} \tag{6-59}$$

式中，V_i 是纯组分的摩尔体积。每个分子的平均表面积 A 由下面公式给出

$$A = \left(\frac{\phi_1 V_1 + \phi_2 V_2}{N}\right)^{2/3} \tag{6-60}$$

$$\exp\left(\frac{-\sigma A}{RT}\right) = \phi_1 \exp\left(\frac{-\sigma_1 A_1}{RT}\right) + \phi_2 \exp\left(\frac{-\sigma_2 A_2}{RT}\right) \tag{6-61}$$

式中，A_i 是混合物中组分 i 的每个分子的表面积

$$A_1 = \left(\frac{M_1}{\rho_1 N}\right)^{2/3} = \left(\frac{V_1}{N}\right)^{2/3} \quad A_2 = \left(\frac{V_2}{N}\right)^{2/3} \tag{6-62}$$

式中，M_i 为组分 i 的摩尔质量；V_i 为组分 i 的摩尔体积；ρ_i 为组分 i 的密度。

之所以引入式（6-58）和式（6-61），是因为在式（6-56）中最初假设了两种组分具有相同的摩尔体积，并且每个分子具有相等的表面积。然而，正如从摩尔体积数据中看到的，这两种假设对于熔盐混合物来说是无效的。

Grjotheim 等人（1972）根据下面的半经验公式由二元系的表面张力值计算出了碱金属-碱土金属卤化物三元系的表面张力

$$\sigma_{123}(A) = -\frac{RT}{a} \ln\left[\sum_{i=1}^{3} x_i \exp\left(\frac{-\sigma_i a}{RT}\right)\right] + \sum_{i<j=1}^{3} x_i x_j \lambda_{ij} \tag{6-63}$$

式中，x_i 为三元体系中组分的摩尔分数；λ_{ij} 为相互作用参数。每个分子的表面积为

$$a = \left(\sum_{i=1}^{3} x_i M_i / N\rho 2\right)^{2/3} \tag{6-64}$$

相互作用参数是以二元过剩表面张力（实验值与由公式（6-56）计算出的值的差）除以二元体系的摩尔分数的形式给出的

$$\lambda_{ij}(A) = \sigma_{ij}^{ex}/x_i x_j \tag{6-65}$$

基于摩尔体积，分别使用由方程（6-58）和方程（6-61）推导出的相互作用参数，采用相同的方式计算了表面张力 $\sigma_{123}(B)$ 和 $\sigma_{123}(C)$。作者发现所有的计算值与实验值的差都不超过±3%。

Grjotheim 等人（1976）使用一个最早由 Eberhart（1966）提出的另一方法计算了 NaCl-NaF、NaBr-NaF 和 NaBr-NaCl 体系的表面张力。在该方法中，假设表面张力是表面摩尔分数 x_i^τ 的线性函数，x_i^τ 以实验参数的形式由两式定义

$$\sigma = x_1^\tau \sigma_1 + x_2^\tau \sigma_2 \tag{6-66}$$

$$x_1^\tau + x_2^\tau = 1 \tag{6-67}$$

假设熔体本体与表面之间达到平衡，通过下式定义一个与浓度无关的富集因子 S_{12}

$$S_{12} = \frac{x_1^\tau \gamma_1^\tau / x_2^\tau \gamma_2^\tau}{x_1 \gamma_1 / x_2 \gamma_2} \tag{6-68}$$

式中，γ 为活度系数；上标 τ，如以前一样，代表表面相。令式（6-68）中的活度系数比等于1，得到

$$S_{12} = \frac{x_1^\tau / x_2^\tau}{x_1 / x_2} \tag{6-69}$$

将式（6-67）和式（6-69）联立并整理，得到

$$\sigma = \frac{S_{12} x_1 \sigma_1 + x_2 \sigma_2}{S_{12} x_1 + x_2} \tag{6-70}$$

或者整理后，得到

$$S_{12} = \frac{x_2}{x_1} \left(\frac{\sigma_2 - \sigma}{\sigma - \sigma_1} \right) \tag{6-71}$$

假设的、与温度无关的因子 S_{12} 可以通过最小二乘拟合法由式（6-70）得到，或者由 Bratland 等人（1966）提出的、通过检查整理后的式（6-70）（式（6-72））的线性度得到

$$\frac{\sigma - \sigma_1}{\sigma_2 - \sigma} = -S_{12} \frac{x_2}{x_1} \left(\frac{\sigma - \sigma_1}{\sigma_2 - \sigma} \right) + 1 \tag{6-72}$$

由此模型得到的另一个推论是：如果通过实验确定了富集因子 S_{12} 和 S_{23} 的值，则根据式（6-69），有

$$S_{13} = S_{12} S_{23} \tag{6-73}$$

表6-4 给出了所研究体系的富集因子 S_{ij}，及其与表面张力实验数据的偏差的值。

表6-4 900℃下，富集因子及其与表面张力实验数据的偏差的值

体 系	S_{ij}	$sd/\%$
NaCl-NaF	5.05±0.25	0.97
NaBr-NaF	5.84±0.17	1.03
NaBr-NaCl	1.86±0.60	0.36

引入参数 S_{ij} 的 Eberhart 模型，对表面张力实验测定值的拟合似乎给出了更令人满意的结果，该模型的标准偏差范围在 0.4% ~ 1%，与实验测定标准偏差（0.1% ~ 0.9%）在同一数量级。相对于 Guggenheim 模型，Eberhart 模型能够调节由加和性造成的更大的偏

差。然而，由于 Eberhart 模型忽略了活度系数，这限制了其对含有介质化学作用体系的应用，而且其也可能不适用于具有强烈相互作用的体系，例如那些含有较高化合价阳离子的体系。

对于有强配合倾向的体系，例如那些含有冰晶石的体系，Utigard（1985）将液-气界面视为分离相，他假设该相由单层构成，所有的表面性质都是由该层所引起的。根据 Utigard 的观点，可以通过如下方程计算二元液体混合物的表面张力

$$\sigma_{12} = \frac{\theta\sigma_1\Gamma_1^{-1} + (1 - \theta)\sigma_2\Gamma_2^{-1}}{\theta\Gamma_1^{-1} + (1 - \theta)\Gamma_2^{-1}} \tag{6-74}$$

式中，σ_i 是纯组分的表面张力；Γ_i 是纯组分的表面吸附量；θ 是结构体 1 的表面覆盖分数。对于如式（6-75）所示的交换反应，θ 可以通过标准吉布斯自由能变化 $\Delta G^{\ominus}$ 计算出来

$$1(\text{bulk}) + 2(\text{surface}) = 1(\text{surface}) + 2(\text{bulk}) \tag{6-75}$$

然而，对于含有冰晶石的体系，Utigard 模型是不适用的，因为不能假设某一离子组分的活度与该组分的表面浓度成比例。Fernandez 和 Østvold（1989）改进了 Utigard 模型，对于冰晶石基熔体的表面张力，他们使用了如下方程

$$\sigma_{12} = \frac{x\sigma_1\Gamma_1^{-1} + (1-x)\sigma_2 K\Gamma_2^{-1}}{x\Gamma_1^{-1} + (1-x)K\Gamma_2^{-1}} \tag{6-76}$$

式中，K 为调节系数；x 是二元熔体中组分 1 的摩尔分数。对于最终组成物的表面张力已知的体系，可以使用该方程进行计算。

6.2　实 验 方 法

6.2.1　毛细管法

根据拉普拉斯方程可以很容易对毛细上升现象进行近似处理。如果液体润湿了毛细管壁，则液体表面受力与管壁平行，液体表面呈凹形。液面下液体的压力要比液面上气体的压力小。如果毛细管的横截面是圆形的，并且半径不大，则其弯月面近似为半球状，如图 6-5 所示。公式（6-11）描述了这种情况。如果以 h 表示平液面上方弯月面的高度，则平衡状态时，Δp 也必须与毛细管内液柱的流体静力学压力相等。因此有，$\Delta p = \Delta\rho g h$，式中，

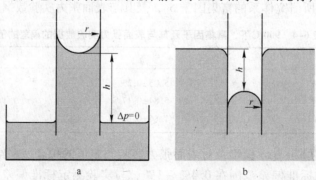

图 6-5　毛细上升（a）和毛细下降（b）

$\Delta\rho$ 为液相和气相密度差，g 为重力加速度。于是，式（6-11）变成

$$\Delta\rho gh = 2\sigma/r \qquad (6-77)$$

或者

$$a^2 = 2\sigma/\Delta\rho g \qquad (6-78)$$

由式（6-78）定义的常数 a，称为毛细管常数。

相似地，对于没有完全润湿毛细管壁的液体，简单的处理后得到了同样的方程。这时，可以观察到毛细下降现象，因为弯月面是凸面，此时 h 是凹陷深度。

对于完全没有润湿毛细管壁的液体，即液体与毛细管壁是以某一角度 θ 接触的。从几何学考虑，有 $R_2 = r/\cos\theta$，由于 $R_1 = R_2$，式（6-77）变为

$$\Delta\rho gh = 2\sigma\cos\theta/r \qquad (6-79)$$

然而，对于毛细上升现象的精确解，必须考虑弯月面与球面的偏差，也就是说，液平面以上任何一点的曲率都必须满足拉普拉斯方程。Lord Rayleigh（1915）通过一系列近似得到了近似解。对于一个接近于球面的弯月面，即 $r \ll h$，由偏差函数扩展得到了如下方程

$$a^2 = r(h + r/3 - 0.1288r^2/h + 0.1312r^3/h^2 - \cdots) \qquad (6-80)$$

方程右侧第一项代表最初的公式（6-78），第二项考虑了假设弯月面是球面时弯月面的质量，后面的项是与球面偏差的修正值。

Bashforth 和 Adams（1883）提出了一种不同的方法，Sugden（1921）扩展了该方法。当毛细上升底部弯月面是旋转形时，两个顶点处曲率半径应相等。将曲率半径以 b 表示，并且曲面上普通点的升高表示为 $z = y - h$，则无因次量 β 由下式给出

$$\beta = \Delta\rho gb^2/\sigma = 2b^2/a^2 \qquad (6-81)$$

对于旋转式扁圆球形，参数 β 为正值，也就是说，毛细管中的弯月面是一个静止液滴，是盘下的一个气泡；而当毛细管液面是扁长状时，也就是说，其为一个下垂的液滴或者相邻的气泡，参数 β 为负值。Bashforth 和 Adams（1883）以表的形式给出了他们的研究结果。如果想要了解更加详细的内容，可以参阅 Adamson（1967）的文献资料。

6.2.2 最大气泡压力法

在该方法中，将毛细管浸入液体中，在其前端形成气泡，将气体缓慢注入气泡中，测量的为气泡的压力。任何时刻，气泡中的气体压力都满足下面的方程

$$p = \frac{2\sigma}{r} + gh\rho \qquad (6-82)$$

式中，p 为气泡中的压力；σ 为表面张力；r 为气泡的半径；h 为浸入深度；ρ 为液体的密度；g 为重力加速度。式（6-82）右边第二项代表从毛细管排出的液柱的压力。

正如从图 6-6 所看到的，气泡的半径先是减小，直到等于毛细管的半径，然后其开始增大，气泡逸出。当气泡的半径达到最小值时，气泡中的压力最大，$p = p_{max}$。

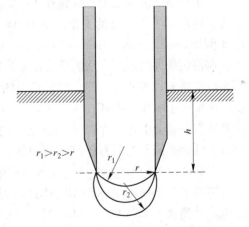

图 6-6 最大气泡压力测量法

　　Daněk 和 Østvold（1995）描述了熔盐表面张力的测量装置，并且应用该装置测量了不同的熔盐体系。该装置包含一个电阻炉（电阻炉配有一个固定铂毛细管位置的可调节头）、Pt-PtRh10 热电偶和一根铂丝，铂丝用作调节毛细管和液体表面准确接触的电触头。

　　使用一台合适的控温仪，通过另一支 Pt-PtRh10 热电偶调节进行炉温控制需要的操作常数，该热电偶在电阻炉的竖直工作区和竖直加热区之间。

　　铂毛细管的外径为 3mm，两端的内径不同，使得其能够测量不同表面张力的液体。其中一端的孔口直径约为 1mm，另一端约为 2mm。较大的直径是用来测量那些气泡对铂有很大黏附性的熔体。为了获得精确的结果，毛细管的尖端必须要经过仔细的加工处理。孔口须要尽可能圆，并带有锋利的圆锥边缘。如果要进行精确的测量，精确的毛细管内径非常重要。使用显微镜测量孔口的直径。通过铂的线膨胀系数计算给定温度下毛细管的实际半径。

　　使用一个特殊的水冷炉盖固定毛细管，一个固定在盖子上的测微螺杆确定了毛细管和液体表面准确接触的位置，并且给出了需要的沉浸深度，精度为 0.01mm。

　　使用一个具有两个测量范围（200Pa 和 1000Pa）的数字微压计来测量压力，其测压精度为 ±1Pa。用氮气形成气泡，并且在样品上方保持惰性气氛。在实验过程中，氮气慢慢地注入毛细管以避免毛细管上部的冷凝。使用一个细针阀调节氮气的流量。大概每 20 ~ 30s 形成一个气泡。

　　表面张力可以通过下式计算

$$\sigma = \frac{r}{2}（p_{max} - gh\rho） \tag{6-83}$$

式中，p_{max} 为当气泡为一个半球，并且其半径等于毛细管的半径时的最大气泡压力值。然而，在不知道熔体密度的情况下计算出表面张力也是有可能的。对于两种不同的浸入深度，将式（6-83）中的密度 ρ 消去，得到如下公式

$$\sigma = \frac{r}{2}\left(\frac{p_{max,1}h_2 - p_{max,2}h_1}{h_2 - h_1}\right) \tag{6-84}$$

式中，$p_{max,i}$ 为浸入深度 h_i 的最大气泡压力。由于通常不知道熔体的密度，因此公式（6-84）经常使用。

　　每个样品的表面张力都应该在 5 ~ 7 个不同的温度下测量，开始测量温度比样品的初晶温度约高 20℃，温度的变化范围为 100 ~ 120℃。通常在四个不同的浸入深度下进行测量（例如 2mm，3mm，4mm 和 5mm），于是在每个温度下得到六个表面张力值。

　　在使用最大气泡压力法测量表面张力时，因为几个原因会产生误差。如上所述，毛细管孔口的精确加工非常重要。圆形孔口的偏差会引起 ±0.3% 的误差。误差为 ±0.01mm 的浸入深度产生的误差为 ±0.3%。误差为 ±1Pa 的测量压力会产生 ±0.4% 的额外误差。这些误差加在一起会引起大约 ±1% 的误差。使用上述装置，基于最小二乘统计分析得到的实验数据的标准偏差范围为 $0.5\% < sd < 1\%$。

　　下面介绍 MF-AlF₃(M=Li,Na,K,Rb,Cs) 体系。Fernandez 和 Østvold（1989）使用针脱离法测量了 NaF-AlF₃ 和 KF-AlF₃ 体系的表面张力，Daněk 和 Østvold（1995）使用最大气泡压力法测量了 LiF-AlF₃、RbF-AlF₃ 和 CsF-AlF₃ 体系的表面张力。

　　在所有研究体系中，表面张力的值都是随着 AlF₃ 含量的增加而减小的。该行为可以

通过 AlF_6^- 和 AlF_4^- 的形成来解释，它们比纯 MF 的熔体共价性更强。由于它们的共价性，这些配合离子团会聚集在熔体的表面上。

由图 6-7 可以看出，表面张力与浓度的关系从 LiF 体系到 CsF 体系显著变化。当碱金属阳离子尺寸增加时，大约在 $x(AlF_3) = 0.25$ 处，σ 与 $x(AlF_3)$ 曲线斜率的增加趋势发生了变化。这种现象可以解释为：随着碱金属阳离子尺寸的增加，AlF_6^{3-} 的稳定性增强了。然而，在 MF-AlF_3（M= Li，Na 和 K）熔体的拉曼研究中并没有观察到该趋势。上述的假设与 Hehua Zhou（1991）所进行的热力学研究也不相符。另外，在 Puschin 和 Baskow（1913）测量得到的 RbF-AlF_3 和 CsF-AlF_3 体系的相图中，分别在 Rb_3AlF_6 和 Cs_3AlF_6 组成处出现了尖锐的最大值，这可能与体系中 AlF_6^{3-} 的低解离度相关。

对于一个处于平衡状态的体系，吉布斯方程对于表面张力是有效的。吉布斯方程使得我们可以通过温度与表面张力的关系计算表面熵。表面熵与表面上结构体的结构和分布有关。因此表面熵也与由于表面和液体本体之间的平衡导致的离子分布有关。图 6-8 为表面熵与 $x(AlF_3)$ 的关系图。表面熵曲线有一个最大值，并且该值随着碱金属阳离子尺寸的增加向高 AlF_3 浓度方向移动。这反映了纯 MF 和 $MAlF_4$ 熔体相对于 $0 < x(AlF_3) < 0.5$ 熔体的相对简单结构。同时，该最大值按照 Li→Cs 的顺序减小并变宽。该行为很可能是由 MF-AlF_3 熔体中，KF、RbF 和 CsF 熔体的结构比 NaF 和 LiF 的结构更有序所引起的。

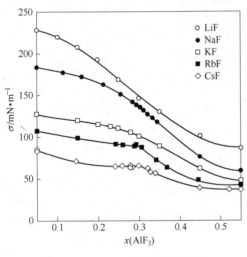

图 6-7　MF-AlF_3 体系的表面张力

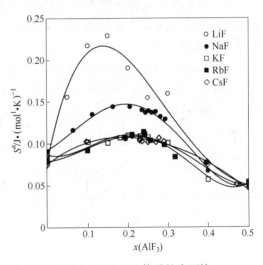

图 6-8　MF-AlF_3 体系的表面熵

6.2.3　脱离法

测量将物体脱离液体表面所需要的力（质量）是许多变形的、测量表面张力的脱离方法的基础。物体可以是一个带有圆底座的棒（针脱离法）、带有矩形底座的棒（经典白金板法）以及水平圆环（圆环法）等。研究者们使用不同形式的脱离法测量了室温到大约 1000℃ 的液体的表面张力。很明显，脱离法只适用于液体可以润湿待测物体的情况。

表面张力定义为单位表面积的能量，或者是单位长度的力。原则上，通过脱离法，黏附在物体底部的液体被抬起来，直到挂在物体上的液柱破裂。如果物体底座的周长已知，则将物体从液体表面脱离所需要的力 $\Delta_{max}F$，可以通过下面的公式给出

$$\Delta_{\max}F = \sigma L \tag{6-85}$$

式中，σ 是表面张力；L 是物体的周长。然而，正如 Freud 和 Freud （1930） 的研究所表明的，当一个圆环从液体表面脱离的时候，式（6-85）是无效的，因为在这种情况下，带出的液体的形状差别很大。

6.2.3.1 针法

基本拉普拉斯方程给出了由一个圆形物体带到表面上方的最大液体体积

$$\Delta_{\max}F = \Delta p = \frac{2\sigma}{r} \tag{6-86}$$

式中，r 为表面点上圆形物体的半径；Δp 是该点压力相对于未受扰动平面的压力差。在这种情况下，未受扰动平面即为相对于物体无限远处的表面。因此，对于圆柱形物体，有

$$\sigma = \frac{\Delta_{\max}F}{2\pi r} \tag{6-87}$$

式中，r 是针的半径；将液体附着于针的最大的力与最大体积 V 有关

$$\Delta_{\max}F = Vg\rho \tag{6-88}$$

式中，V 是未受扰动表面上方液体的体积；ρ 是液体的密度；g 是重力加速度。该情况如图6-9所示。当最大力的值 $\Delta_{\max}F$ （最大重量）和针的半径已知时，可以计算出表面张力。应该强调的是针脱离法是一种绝对的方法，因为它不需要任何的校正。

Lillebuen （1970） 给出了从液体表面分离出圆柱棒（针脱离法）和矩形棒（经典白金板法）的数学分析。他的研究表明液体的表面张力可以由下面公式给出

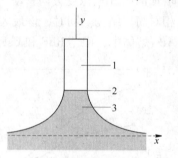

图6-9　针脱离法
1—待测物体；2—圆形底座；
3—液体

$$\sigma = \frac{\Delta_{\max}F}{2\pi r} \times \frac{\pi r_r}{V_r} \tag{6-89}$$

根据下面的公式，若知道脱离力 $\Delta_{\max}F$、针半径 r 和液体的密度 ρ，即可计算出（$\pi r_r / V_r$）

$$\frac{\pi r_r}{V_r} = 0.092 + 2.564 \times 10^{-6} \Big/ \left(\frac{r_r^3}{V_r} \right) - 6.605 \left(\frac{r_r^3}{V_r} \right) + 73.25 \left(\frac{r_r^3}{V_r} \right)^2 - 454.0 \left(\frac{r_r^3}{V_r} \right)^3 \tag{6-90}$$

式中

$$\left(\frac{r_r^3}{V_r} \right) = \frac{r^3}{\Delta_{\max}F/g\rho} \tag{6-91}$$

对于矩形物体来说，如果其边缘效应可以忽略的话，公式（6-87）也是适用的。

Grjotheim 等人 （1972） 描述了一个相对简单的实验装置，它可以同时进行密度和表面张力的精确测量。

Grjotheim 等人 （1971） 详细描述了所使用的、密度测量的可记录热分析电子天平。用于表面张力测量的、带有针的密度重锤如图6-10所示。该重锤是由 Pt10Rh 合金制造的，25℃时针的直径是 1.98mm。在实际测量温度下需要根据铂的热膨胀系数计算针的直径。

在该实验装置中，物体悬挂在一根与天平连接的细丝上，当物体缓慢下降进入液体表面时，天平记录棒的质量。当棒的底座与液体表面的接触恰好被破坏之前，所测量的质量

出现某一最大值。

表面张力测量的步骤如下：重锤悬挂在与天平连接的丝上且其恰好在熔体上方。然后缓慢、持续地提升装有盛载熔盐坩埚的炉子。当针与熔体表面开始接触时，重锤的质量，σ_{pin}，突然增加，这归因于施加于针的表面张力效应，这种效应"努力"润湿针并且轻微地将针"拽"入熔体。然后将炉子缓慢、持续地下降，直到液柱破坏。在该测量过程中，使用电子大平记录重锤质量。重锤质量增加，并且在悬在针上的熔体柱破坏前出现最大值。在刚刚脱离接触时重锤的质量与其质量最大值之差 $\Delta_{max}F$，与表面张力成正比。然而，质量并没有减小到重锤最初的基线时的值，而是停留在某一值 m_{rem}，这是因为仍然有少量熔体留在针的底部。典型的天平记录如图 6-11 所示。

研究者使用针脱离法测量了冰晶石基熔盐的表面张力，例如，Bratland 等人（1989）、Fernandez 等人（1986）、Fernandez 和 Østvold（1989）以及 Daněk 等人（1995）进行的研究。

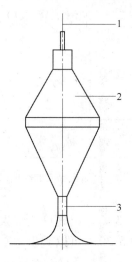

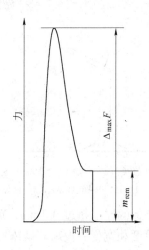

图 6-10　用于同时测量密度和表面张力的铂制物体

1—Pt10Rh 丝；2—密度测量用重锤；3—针

图 6-11　使用针脱离法进行表面张力测量的典型天平记录

$\Delta_{max}F$—将针从熔体中脱离所需的力；

m_{rem}—仍保留在针上的熔体质量

6.2.3.2　经典白金板法

该方法是由 Wilhelmy（1863）发明的，相对比较简单。然而，由于该方法有几种变形，因此没有唯一的测量步骤。

将一薄板从液体中取出时，其周围表面不再是旋转面，因此在这种情况下，式（6-87）是无效的。

假设一矩形体，其长 L 比宽 B 长很多（图 6-12）。在这种情况下，棒所提起的最大液体体积可以由函数 $V=f(L+B)$ 得到。使用简化式表明已将边缘效应忽略了。因此，下式对于表面张力进行了很好的近似

$$\sigma = \frac{\Delta_{max}F}{2(L+B)} \tag{6-92}$$

式中，分母 $2(L+B)$ 是板的周长。当已知最大力 $\Delta_{max}F$、L 和 B 值时，通过式（6-92）可

以计算出表面张力，而不需要知道液体的密度。

　　该方法的另一种改型是将金属板悬挂在天平上并且部分浸入在液体中（图6-13）。可以得到一般方程

$$\sigma\cos\theta=\frac{W_{\text{tot}}-(W_{\text{plate}}-b)}{P} \tag{6-93}$$

式中，W_{tot}是部分沉浸在液体中的板的重量（即所施加的力）；W_{plate}是悬挂在空气中的板的重量；b是浸入部分的浮力修正值；P是板的周长。为了确定b的值，必须要知道金属板的沉浸深度h。板的周长是其宽度L和厚度B之和的两倍。于是，浮力修正值b就等于$LBHg\rho$，即浸入在液体中板的部分所排出液体的重量。

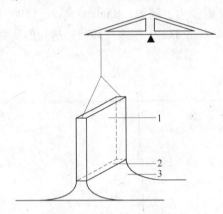

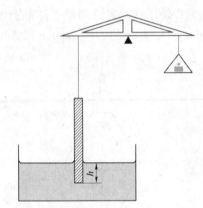

图6-12　经典白金板脱离法　　　　　　　　　图6-13　使用板浸入的经典白金板法
1—板；2—矩形端面；3—液体

　　如果板的厚度超过0.1mm，就必须考虑末端修正。为防止出现修正错误，应使用几种不同厚度和宽度的板来验证末端效应的值。由公式（6-39）可以看出，必须已知接触角θ的值。

6.2.3.3　圆环法

　　该方法是一个广泛使用的脱离法，在该方法中，测定的为使圆环从液体表面脱离的力。在第一步近似中，认为脱离的力等于表面张力与脱离表面的圆周表面积的乘积。对于圆环，有

$$W_{\text{tot}}=W_{\text{ring}}+4\pi\sigma R \tag{6-94}$$

　　然而，Harkins和Jordan（1939）发现公式（6-94）是不精确的，并提议了一个经验校正因子，其值取决于两个无量纲比值

$$f=\sigma/p=f(R^3/V,R/r) \tag{6-95}$$

式中，p代表通过式（6-94）计算出来的"理想"表面张力；r为环线的厚度。Freud和Freud（1930）给出了该方法的详细原理，该原理相当复杂，但是在0.25%的实验精度内，f的计算值与经验值大体一致。圆环法的原理如图6-14所示。

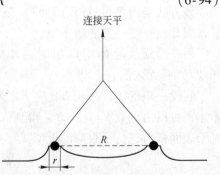

图6-14　圆环法图示

　　当满足一些实验条件时，该方法是非常精确的。圆环通常是用铂丝制作的并且应尽可

能保持水平。1°的倾斜会引起0.5%的误差。必须细心以保持圆环处于水平位置，并且当接近脱离的临界点时要注意避免来自于表面的任何干扰。在圆环使用之前，通常被加热至红热状态以除去表面杂质。确保零度或接近零度的接触角是很必要的，否则测量的值将会是错误的。

6.2.4 液滴法

由于表面力取决于面积的大小，液滴尽可能倾向于球体。由重力造成的扭曲取决于液滴的体积。原则上，当重力与表面张力可比较时，就有可能通过测量液滴的形状测定表面张力。必须考虑两种非常不同的方法。一些方法基于平放在固体表面静态液滴或者是黏附在固体板底面的气泡形状，还有些基于不断形成和落下的液体的动态方法。值得注意的是，所描述的对于液滴的原理，对于气泡也是适用的。

6.2.4.1 静滴法

一般来说，形成一个液滴后，必须小心以避免对其形状的任何干扰。然后测量液滴的尺寸，例如通过相片。通常形成的液滴的尺寸会很大，这是由于仅考虑了所绘平面的一个曲率半径。对于这个非常简单的方法，不需要知道接触角，只需要测量赤道平面和顶点之间的距离（图6-15）。表面张力可以通过下面的公式计算

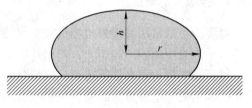

图 6-15 静滴形状的测量

$$\sigma = \Delta\rho g h^2 / 2 \qquad (6\text{-}96)$$

Porter（1933）使用 Bashforth-Adams 表格计算了 $h^2/2r^2$ 和 $a^2/2r^2$ 之间的差 Δ，式中 r 是赤道向半径。通过如下经验公式可以准确地拟合 Δ 与 h/r 的关系

$$\Delta = 0.3047\left(\frac{h^3}{r^3}\right)\left(1 - \frac{4h^2}{r^2}\right) \qquad (6\text{-}97)$$

将该方法应用于常温下液体表面张力的测量，且使用玻璃或金属盘作为底座时，能够达到大约0.2%~0.5%的精度。然而，在高温下，图片中当静滴的形状不像常温液体那样尖，精确度降低得很快。保持底座的水平位置也是个问题。当使用陶瓷或石墨底座时精度为10%~20%，原因是陶瓷和石墨材料通常是多孔的并且很难磨光，这就造成了不规则的润湿。

6.2.4.2 滴重法

对从管中落入容器的液滴进行称重是相当准确的，并且可能是最方便的表面或界面张力的实验室测量方法。该方法的原理是由 Tate（1864）提出来的。在此方法中，液体从管中缓慢滴入到坩埚中，当坩埚中的液滴足够多时，计算液滴的平均质量。坩埚中收集的液滴的量越多，所得到的结果越准确。一滴液滴的质量由下式计算

$$W = 2\pi r \sigma \qquad (6\text{-}98)$$

然而，当观察一滴下落的液滴时，很明显管中仍保留了一部分该液滴。因此，实际得到的液滴质量 W 要比管中没有液体剩余的情况小。

6.3　接　触　角

一滴液滴是以一定的角度 θ 与水平固体表面接触的，该角度称为接触角（图6-16）。存在三种界面边界：固-液，固-气和液-气界面边界，它们以界面能 σ_{sl}、σ_{sg} 和 σ_{lg} 为特征。平衡状态下，可以推导出这三个界面能之间的一个简单关系式

$$\cos\theta = \frac{\sigma_{sg} - \sigma_{sl}}{\sigma_{lg}} \qquad (6\text{-}99)$$

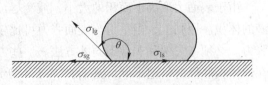

图6-16　静置在固体表面的平衡液滴

这就是著名的 Young 方程。从式（6-99）可以看出：

（1）当 $\sigma_{sg} > \sigma_{sl}$ 时，接触角 $\theta < 90°$，液体润湿固体表面；

（2）当 $\sigma_{sg} < \sigma_{sl}$ 时，接触角 $\theta > 90°$，液体不润湿固体表面。

6.3.1　接触角的测量

静滴法是最常用的接触角测量方法（参见6.2.4.1节）。在高温测量中，熔体液滴静置在水平炉管中的固体底座上，对相片中的液滴进行接触角的测量。

尽管静滴法的原理似乎很简单，但是由于种种原因，使用该方法测量高温下的接触角是相当困难的。这种方法的精确度和可靠性都很低，一般情况下会产生 20% 的误差。这种低重现性是由多种原因造成的。

接触角的值受所使用固体颗粒材质不均一性的影响。固体物质通常由大小不同的颗粒组成，很难将其抛光到需要的程度。液体也会润湿颗粒之间的固体，导致不同位置的接触角不同。几乎也不可能保持固体颗粒位置的严格水平。当测量的为铂底座上的接触角时，通常使用的为非绝对平的 Pt 片。经常有冰晶石熔体在石墨底座上的接触角测量的文献报道。然而，不可能对多孔的石墨材料进行抛光。上述原因导致所报道的数据差别很大，所用化学药品的纯度不够也是较大数据差别的原因。如 Thonstad 等人（2001）所述，铝与石墨之间的接触角测量也会受到铝与碳反应生成碳化铝的影响。

Silný（1987）详细介绍了冰晶石熔体与石墨之间接触角的测量过程以及使用静滴法对表面张力的测量过程。他使用 Leitz 显微镜对静滴进行了拍照并且使用了一种复杂的计算方法，通过液滴的形状计算接触角和表面张力。然而结果显示数据存在大约 20% 的偏差。

6.4　界面张力

在一些冶金过程中，两种液体之间的界面张力起着重要作用，例如在镁、铝和铜的生产过程中。界面张力对于详细理解电解槽的行为也是重要的，因为它是控制界面稳定性的首要因素。尽管界面现象对金属、熔渣和气体之间的平衡没有影响，但它们可能会对反应的速率造成较大影响，这些反应会在涉及这些相的界面上发生。

非反应性的表面活性溶液可能趋向于将具有较低表面活性的反应物排斥出界面，从而

降低反应速率。它们也可能通过阻碍表面更新阻止物质传递，并因此阻止反应。但是参与反应的表面活性溶液，可能在重要的界面区域通过产生湍流加速表面更新并加快反应。Richardson（1982）讨论了所有三种影响的例子以及它们的相对重要性。界面的阻塞似乎会造成反应速率高达 100 倍的降低；而在搅拌系统中，表面更新的阻碍或增强好像仅仅会降低或增加 5 ~ 10 倍的反应速率。界面现象还可能影响熔盐和熔渣中金属液滴的合并，也会影响金属液滴的发泡和金属中气体的成核。

界面张力的理论背景与表面张力是完全相同的。唯一的不同是液 1- 液 2 界面替代了液-气界面。

目前，最出名的一个例子是铝和冰晶石熔体间的界面张力测定。然而，Zhemchuzhina 和 Belyaev（1960），Gerasimov 和 Belyaev（1958）的研究结果有很大的差异，因此需要在这方面做更多的工作。研究者通过冷凝金属液滴的形状推导出界面张力的尝试完全失败了，原因在于冷凝而产生的液滴形状扭曲，很明显需要进行液体系统的直接测量。

较早的时候，废铝用于生产新产品，必须进行重熔和精炼。该工艺包括在一熔盐混合物中熔化铝的步骤，这是为了防止氧化、加强合并以及回收熔融金属。在这个过程中，铝和混合盐之间的界面张力在金属回收和浮渣去润湿中起重要作用。由于废铝总是存在一个氧化层，需要通过机械或化学方法将氧化层剥除，以利于金属液滴的合并。

6.4.1 实验方法

有几种界面张力的测量方法，然而高温下测量方法的选择有限。由于大多数高温液体是腐蚀性的，并且通常对于可见光是不透明的，很少使用静滴法。然而，通过 X 射线，可以测定浸入在另一种液体中的静滴的形状。Utigard 和 Toguri（1985）在铝和冰晶石熔体的界面张力测量中使用了该方法。基于金属和熔盐液滴的曲率和密度差，通过 X 射线得到了液滴形状的模糊轮廓，结合液滴轮廓与界面张力的敏感性，该方法的精度限为5% ~ 10%。

测量液-液界面张力的另一种方法是针脱离法。6.2.3.1 节描述了该方法对于表面张力的测量。液态金属必须要很好地润湿针本身，以证实针与金属之间的零接触角假设是合理的。最近，Fan 和 Østvold（1991）使用一个二硼化钛针通过该方法测量了液态铝和冰晶石熔体之间的界面张力。这里存在一个严重的问题，那就是 TiB_2 趋向于与铝反应生成碳化铝，并且开始溶解，从而改变金属的性质。另一个问题是二硼化钛中的杂质可能改变其湿润性，并因此改变界面张力。

El Gammal 和 Müllenberg（1980）使用滴重法测量了熔渣/金属体系的界面张力，Ho 和 Sahai（1990）使用该方法测量了铝/盐体系的界面张力。该方法基于通过一个小孔注入熔盐的各金属液滴尺寸的测量。通常记录当各液滴通过小孔注入熔盐时盛装熔盐坩埚的质量增加来测定液滴尺寸。然而，如 Richardson（1982）和 Utigard（1985）所发现的，这种方法存在一个问题，那就是在金属注入熔体之前，金属与熔盐之间并不一定处于热力学平衡。这可能会导致界面张力的快速变化。我们知道当在界面上发生反应时，界面张力会明显减小。

最大气泡压力法与滴重法多少有些相似，该方法也被用于高温测量。在该方法中，需要测量将小的金属熔滴通过孔口注入熔盐所需的压力值。Reding（1971）使用该方法测

量了 $MgCl_2$ - KCl - $BaCl_2$ 体系中熔融镁和熔盐之间的界面张力。基于密度差和最大"液滴"压力值，可以使用 Schroedinger（1914）公式计算界面张力。这种方法的要求很高，因此很少被使用。另外，当两种液体相互接触时，该方法存在交换反应的问题，这会导致界面张力梯度并可能发生湿润性变化。

6.4.1.1 毛细管法

毛细上升（或下降）法是测定表面张力或者界面张力的简单、传统的方法之一。该方法需要用不被熔体或者金属润湿的材料制成的管，当然，该方法还需要以某种方式测量需要观察的界面位置。当界面处在一不透明的金属表面的下面时，使用不透明管难以满足上述的第二个要求。因此，当该管的位置变化时，液体的相对运动将会通过一个气体缓冲器传递到炉外玻璃管中的另一液体。

Dewing 和 Desclaux（1977），Silný 和 Utigard（1996），Silný 等人（2004）分别使用该方法测量了铝-冰晶石、铝和氯化物-氟化物熔体间，以及 NaF（KF）- AlF_3 体系的界面张力，上述测量都基于管中金属-熔盐界面位置的测量，而管的移动通过界面。由于管向下移动到金属表面之前通过了熔盐层，熔盐进入管中并取代了一定体积的气体（见图 6-17a）。因为金属不润湿管，当管到达并通过盐-金属界面，只要管的浸入深度小于毛细下降值，就不会有金属进入管中。因此，在这个阶段，管中不会有进一步的气体取代（见图 6-17b）。然而，随着管被进一步下推，金属突然开始进入管中，管中气体又被取代（见图 6-17c）。将毛细管与内部有一小液滴的水平玻璃管连接，弯月面液滴的移动能够确定熔盐-金属界面的位置。

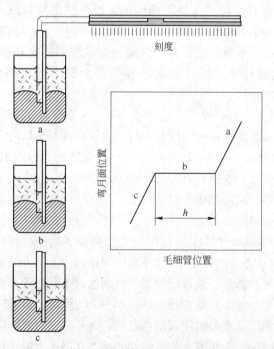

图 6-17　使用毛细下降法测量界面张力的原理

这种方法存在缺点，那就是，随着毛细管向下移动进入坩埚，毛细管中的平均温度上升，导致气体的膨胀和测量弯月面的额外运动。Dewing 和 Desclaux（1977）试图避免这个问题，办法是快速移动毛细管到一定浸入深度，然后测量弯月面在最初的快速移动过程中的行进距离，认为之后的弯月面的较慢移动才是气体膨胀的反映。他们通过将毛细管浸入不同的深度，得到一条弯月面移动距离与毛细管浸入深度的关系曲线，可以通过该曲线测定毛细下降。由于弯月面的移动是通过肉眼测量的，必须对弯月面快速移动的停止进行人为的判断。该方法的一个优点是烧结氧化铝制成的陶瓷管不会被大多数金属润湿，并且在大多数低温熔盐中几乎是惰性的。另一个优点是，在测量开始之前，金属和熔盐叫以保持长时间的接触，可以达到化学平衡。

由于上述优点，Silný 和 Utigard（1996）在铝和氯化物基熔盐之间的界面张力测量中，发明了一种改进的毛细下降法。为了去除弯月面的人工读数带来的误差，采用一台摄像机连续记录毛细管浸入的位置和弯月面的位置。实验装置示于源文献中，测量氧化铝毛细管的内径为 4.3mm，外径为 6.35mm，并且通过一根塑料管与一个内径为 2.5mm、内部有液体弯月面的水平玻璃管相连。设计了毛细定位装置，该装置具有足够的力以使毛细管平稳移动通过气密垫圈，使用该垫圈是为了阻止空气泄漏进入反应管中。以一个与弯月面位置具有同样刻度的指针来表示氧化铝毛细管的垂直运动。使用一台快门速度为 1/1000s 的摄像机对刻度进行放大，获得了高分辨率的清晰图像，将这些图像记录在一个超级 VHS 录像机中。

为了能够在惰性气氛下工作，考虑到再次充满高纯氩气后的抽气，炉膛是密封的。用聚乙烯制成的气体缓冲器实现了反应管与周围环境之间的压力均衡，这允许在不进行测量时，炉内存在轻微超压情况下进行操作。

继电单元进行的一次扫描，包括以 5cm/s 的速度将毛细管降至底部的位置，然后将其提升至较高的静止位置。整个扫描大概持续了 2s。当浸入速度超过 10cm/s 时，将会增加测量值的分散性。这可能是由于熔盐-金属界面处不稳定，或者由相机的扫描速度仅仅限于 30 帧/s 导致所得到的弯月面的位置图像分辨率很差所引起的。另外，当浸入速度小于 1cm/s 时，会引起毛细管中气体明显的热膨胀，影响记录弯月面的位置。

图 6-18 给出了浸入速度分别为 3cm/s、6cm/s 和 12cm/s 时的扫描结果。当沉浸速度为 5cm/s 时，沉浸过程的时间大约为 1s，为了进行评估，记录了 25 个测量点。

在计算过程中需要进行几次修正。为了减少修正的量，尽可能使用大直径的坩埚是更可取的。

当管浸入到金属中时，某些金属的取代会导致坩埚中金属液面的升高，首先要对此进行修正。为了弥补这个误差，由管第一次与金属接触时的点所测量的浸入深度必须要除以 $[1-(r'/r_c)^2]$，式中，r' 是毛细管的外半径，r_c 是坩埚的半径。在进行其他修正之前，错误的毛细下降深度应该除以这个因子。

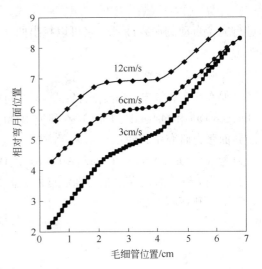

图 6-18 不同浸入速度下的浸入曲线图

在管接触到界面前，界面的曲率是进行第二个修正的原因。须要基于假设的平的、未扭曲的平面计算毛细下降。真实的界面低于假设界面，紧贴界面以下的超压为 $2\sigma/r_1$，式中，r_1 是管浸入之前的点的界面曲率半径，σ 是界面张力。

由于毛细管而引起的界面形状变化是进行第三个修正的原因。随着管进入铝液中，沿着管的外边缘产生界面张力。这个产生的界面张力均匀地传播通过坩埚的截面，导致压力的值变化了 $2\sigma r'/r_c^2$。

由于浸入的氧化铝毛细管完全不被铝液润湿，因此认为它与铝液形成了 180° 的接触角。界面张力可以通过下面的公式计算

$$\sigma = \frac{g\rho h}{2\left(\dfrac{1}{r}-\dfrac{1}{r_1}-\dfrac{r'}{r_c^2}\right)} \tag{6-100}$$

式中，σ 是界面张力；r 是测量毛细管的内半径；r_1 是坩埚中心处铝表面的曲率半径；r' 是毛细管的外半径；r_c 是坩埚的内半径；g 是重力加速度；ρ 是铝的密度；h 是毛细下降深度。用下面的公式估算直径为 65mm 坩埚的 r_1(mm)

$$r_1 = 53+75\left(\frac{\Delta\rho}{\sigma}\right)^2 \tag{6-101}$$

式中，$\Delta\rho$ 是熔体与铝液之间的密度差，kg/m^3；r_1 的值处于 $100\sim180mm$ 之间。通过对赤道向直径为 70mm（与坩埚内径相等）、接触角为 90° 的不同形状的静滴进行叠加，推导出公式 (6-101)。然后将静滴的形状数字化，并使用 Rotenberg 等人（1983）发明的程序计算了顶点直径。如果没有进行这些修正，所计算的界面张力的最大附加误差为 5%。

为了确定不同参数的不确定度对计算的界面张力的影响，进行了一系列灵敏度计算。结果发现，当毛细管直径、毛细下降深度或者铝的密度的值存在 1% 的不确定度时，会导致计算的界面张力的 $1.0\%\sim1.1\%$ 的不确定度。当熔盐的密度或者温度存在 1% 的不确定度时，会导致计算的界面张力的小于 0.1% 的不确定度。

为了估算实验数据，开发了一个用 Visual Basic 语言编写的计算机程序。该程序允许并行计算一个测试循环中的十组实验曲线，这些曲线将被带入一整套程序中。该程序允许进行完全自动的曲线计算；它可以找出曲线上的弯曲点，并通过适当的实验常数计算界面张力。

6.4.1.2　针脱离法

如在 6.2.3.3 节中介绍的针脱离法同样也可以方便地进行界面张力测量。例如，Zhanguo Fan 和 Østvold（1991）在研究 $1000\sim1100$℃ 下液态铝与 NaF-AlF$_3$-Al$_2$O$_3$ 熔体之间的界面张力研究中，使用了该测量方法。他们发现，1000℃ 下纯冰晶石和铝液之间的界面张力为 $(508\pm1)N/m$。在 NaF-AlF$_3$-Al$_2$O$_3$ 体系中，氧化铝添加的影响取决于电解质的分子比。当 $CR<3$ 时，界面张力随温度的升高线性减小；而当 $CR>3.5$ 时，发现界面张力随着温度的升高而增加。

7 蒸 气 压

蒸气压是熔盐性质研究中的重要组成部分。通过质谱法，可以测定气相的组成。蒸气压研究有助于掌握各组分的活度并可获得气液两相的组成。

形成蒸气包含很多的步骤，其中包括从凝聚相体系中产生蒸气的过程。蒸气压的测量与气-液或者气-固之间的平衡密切相关。

7.1 热力学原理

压力是热力学中的一个基本变量，它是体系中单位面积上受到的力。在国际单位制中，压力的基本单位是帕斯卡（Pa）。1Pa 等于在 $1m^2$ 的面积上施加 1N 的力，$1Pa = 1N/m^2$。还有一个较旧的单位，标准大气压（atm），$1atm = 101325Pa$。

7.1.1 气体混合物

对于理想气体或者是低压气体，可以用玻义耳定律（$pV = $ 常数）、盖-吕萨克定律（$V/T = $ 常数）和状态方程（$PV = nRT$）进行描述。

对于均相混合气体，同样可用状态方程描述

$$pV = \sum nRT \quad \sum n = n_1 + n_2 + \cdots \tag{7-1}$$

因此

$$p = \frac{n_1 RT}{V} + \frac{n_2 RT}{V} + \frac{n_3 RT}{V} + \cdots + \frac{n_i RT}{V} = \sum p_i \tag{7-2}$$

式中，$p_i = n_i RT/V$ 是气体混合物中某一气体组成的分压，即气体组分 i 在一给定的温度下，且其体积与混合物的总体积相等时产生的压力。因而，气体混合物的总压力等于各种组分气体的分压之和。下式是 1801 年道尔顿提出的道尔顿定律

$$\frac{p_i}{p} = \frac{n_i RT/V}{\sum n_i RT/V} = \frac{n_i}{\sum n_i} = x_i \Rightarrow p_i = x_i p \tag{7-3}$$

阿马加（Amagat）提出了"分体积"的概念，它是指某一组分所占有的体积，那么，混合气体在给定温度下的总体积为

$$V = \frac{n_1 RT}{p} + \frac{n_2 RT}{p} + \frac{n_3 RT}{p} + \cdots = \sum V_i$$

式中

$$V_i = \frac{n_i RT}{p} \tag{7-4}$$

气体混合物的总体积等于各组分分体积之和，这就是阿马加定律（1880）。

对于气体混合物，同样可以用单一气体的状态方程进行描述。只是由于组分增加，变

量增多了。

7.1.2　气-液平衡

1886 年，拉乌尔得出了一些经验性的结论，在一些体系中，气相中组分 i 的分压 p_i，等于在气相中组分 i 的摩尔分数 y_i 与总压 p 的乘积，同时也等于液相中该组分 i 的摩尔分数 x_i 与单一组分 i 在给定温度下的饱和压力 p_i^0 的乘积

$$p_i = y_i p = x_i p_i^0 \tag{7-5}$$

在单一组成的体系和两相体系中温度与平衡压力之间的关系由克拉佩龙方程描述为

$$\frac{\mathrm{d}p}{\mathrm{d}T} = \frac{\Delta H}{T \Delta V} \tag{7-6}$$

式中，ΔH 和 ΔV 分别是在相变过程中的焓变和体积变化值。如果我们考虑液相和气相之间的平衡关系，同时引入如下两个简化假设：

（1）气相中的摩尔体积要比液相中的摩尔体积大一些（$\Delta V = V_{\mathrm{gas}} - V_{\mathrm{liq}} = V_{\mathrm{gas}}$），

（2）在低压下，气相行为符合理想气体状态方程（$V_{\mathrm{gas}} = RT/p$）。

通过引入上述简化假设，可以得到如下方程

$$\frac{\mathrm{d}\ln p}{\mathrm{d}T} = \frac{\Delta_{\mathrm{vap}} H}{RT^2} \tag{7-7}$$

式中，p 是标准蒸气压；$\Delta_{\mathrm{vap}} H$ 是摩尔蒸发焓。公式（7-7）是克劳修斯-克拉佩龙方程的微分式。它是饱和蒸气压与温度之间所有关系的基础。

在实际应用中，需要对公式（7-7）作积分。最简单的形式是假设摩尔蒸发焓与温度无关。积分后，得到

$$\ln p = \frac{\Delta_{\mathrm{vap}} H}{RT} + A \tag{7-8}$$

在很小的温度范围内，该假设是成立的，因此公式（7-8）是描述饱和蒸气压与温度之间的关系式。

蒸发焓是由液态变化到气态的变化过程的一种能量的变量。我们可以通过直接的测量方法得到蒸发焓的值，也可由饱和蒸气压与温度之间的关系，通过克劳修斯-克拉佩龙微分方程计算得到

$$\Delta H_{\mathrm{vap}} = RT_{\mathrm{vap}}^2 \frac{\mathrm{d}\ln p}{\mathrm{d}T} \tag{7-9}$$

7.2　实 验 方 法

高温下测量蒸气压的实验方法很多。Margrave（1967），以及后来的 Kubaschewski 和 Alcock（1979）对这些方法进行了综述。而在压力范围为 1 ~ 101.325Pa，温度在 1000℃ 左右的情况下，蒸气压测量的方法不是很多。静态法的缺点是难以找到适用于高温区的耐火材料。沸点法和蒸发法在熔盐的研究中得到广泛应用。Kvande（1983）对这些方法做了非常详细的描述。

7.2.1 沸点法

文献中把沸点法也称为隙透法。沸点法有两种：第一种是，在恒定压力下温度缓慢上升；第二种是，在保持温度不变的情况下外部压力缓慢的下降。在恒温测量中，可克服由于过热和沸腾温度的精确测量带来的困难。另外，该法测量过程中压力达到平衡是很快的，而热传递过程却很慢。

沸腾通常意味着液体中蒸气气泡的形成。由于这种方法同样也应用于固体样品中，因而称之为沸点法显然不太合适。然而，在本文中所提到的"沸腾"可以理解为，当饱和蒸气压等于外部压力时，由一凝聚态样品向蒸气演变的过程。"沸点"指的是当蒸气压等于任一选定的外部压力时的温度，其中外部压力不单单指 101.325kPa。

7.2.1.1 沸点法的原理

Motzfeldt 等人（1977）给出了一个沸点法的相容理论。对于一组成和总压变化（扩散和黏流的耦合）的二元气体混合物，基于传递方程，他们研究了在毛细管中发生的传输过程。通过理论方程得到的结果与实验过程中得到的质量减少速率和惰性气体的压力关系进行计算机拟合，得到了平衡蒸气压。下面将给出这种原理的简短描述。

图 7-1 中给出了沸点法测量简图。该测量装置（逸散室）上部是一个半径为 r，长度为 l 的毛细管。测量装置悬浮在温度为 T 的炉里。下标"1"表示的是惰性气体，下标"2"表示的是蒸气，下标"f"表示的是炉内空间，下标"i"表示的是测量装置的内部。符号 c 表示的是浓度，x 是摩尔分数，p 是压力。

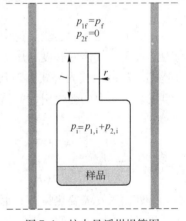

图 7-1 炉中悬浮坩埚简图

该测量过程进行了如下假设：

（1）体系是处于稳定状态下，毛细管中蒸气的净传质为 $\dot{n}_2$ mol/s，而惰性气体的净传质为 $\dot{n}_1 = 0$。流量 $J_2 = \dot{n}_2/\pi r^2$。

（2）在毛细管出口的末端，由于扩散和对流的影响，蒸气很快分散到炉子中较凉的部位，于是有 $x_{1f} = 1$，$x_{2f} = 1$，$p_{1f} = p_f$ 以及 $p_{2f} = 0$。

（3）为了抑制扩散流，毛细管管径很小，且毛细管存在一个足够大的压力差（$p_i > p_f$）。传质速率取决于由这个压力差产生的黏性流动速率。

（4）在炉温 T 下，由于稳态下的蒸发效应，使得样品的温度降低，这就意味着坩埚中的蒸气压力 p_{2i} 要比温度 T 下的平衡蒸气压 p_2^0 小。

另外，针对假设（3），Wagner（1943）假设毛细管的压力是相等的，然而，这种假设限制了结果的普遍性，只适用于一定实验条件下得到的结果，所以需要一种新的处理方法。

由组成和总压力的变化量得到的总流量 J_1 和 J_2 可由通用方程表达

$$J_1 = -D_{12}c\frac{dx_1}{dz} + cx_1v \tag{7-10}$$

$$J_2 = -D_{21}c\frac{dx_2}{dz} + cx_2v \tag{7-11}$$

式中，v 是 z 方向的分子速率。为了对速率 v 做出正确的表述，我们首先要考虑总压力不变这种特殊情况下的方程。Graham 最初所做的实验表明，扩散流与分子质量的平方根成反比。根据 Graham 扩散法则，扩散率可由下面的公式表述：$-J_{1d}/J_{2d} = D_1/D_1 = \sqrt{m_2/m_1} = \gamma$，式中 m_1 和 m_2 是分子的质量，出于叙述简明，引入了符号 γ。由于相互扩散系数是相等的，可以写成 $D_{12} = D_{21} = D$。这种情况下，净传质可以根据一个 z 方向的平均分子速率来表述，速率 v_d 可以通过下式表示

$$v_d = \frac{D(1-\gamma)}{\gamma + x_1(1-\gamma)} \times \frac{dx_1}{dz} \tag{7-12}$$

压力梯度会引起黏性流，它可以由其线性速率 v_{visc} 表示。对于一个半径为 r 的圆柱形直管，其速率可由下面的公式得出

$$v_{visc} = -\frac{r^2}{8\eta} \times \frac{dP}{dz} \tag{7-13}$$

式中，η 是混合气体的黏度。由分散和黏性流动引起的流量具有加和性，因此公式 (7-10) 和公式 (7-11) 中的速率是这两种作用的总和

$$v = v_d + v_{visc} \tag{7-14}$$

在图 7-1 描述的实验过程中，在稳定状态下，净流量等于分子速率乘以总浓度。根据动力学理论，气体的黏度与压力是相互独立的，然而黏度却随着气体组成的变化而变化。将公式 (7-14) 代入公式 (7-10) 和公式 (7-11) 中，由公式 (7-12) 中的 v_d，得到了由组成和总压力的变化引起的流量值的表达式

$$\dot{n}_2 = C\left[\left(\frac{p_{2i}}{1-\exp(-\dot{n}_2/A)}\right)^2 - p_f^2\right] - A\ln\left[\gamma + (1-\gamma)\exp(-\dot{n}_2/A)\right] \tag{7-15}$$

式中，$A = \frac{\pi r^2 D'}{RTl}$，$C = \frac{\pi r^4}{16RTl\eta}$。

另外，蒸发需要热量并且必要的热流量使得样品的温度比恒定的炉温 T 要小一些，这对测量产生影响。假设对于给定的实验过程，有特定的热量传递系数 K，于是可以得到

$$K(T - T_s) = \dot{n}_2\Delta_{vap}H \tag{7-16}$$

式中，$\Delta_{vap}H$ 是样品的摩尔蒸发焓。根据克劳修斯-克拉佩龙方程，较低的样品温度引起了较低的蒸气压

$$\ln\frac{p_{2i}}{p_2^0} = \frac{\Delta_{vap}H}{R}\left(\frac{1}{T} - \frac{1}{T_s}\right) \approx -\frac{\Delta_{vap}H}{RT^2}(T - T_s) \tag{7-17}$$

结合上面的两个公式，得到

$$p_{2i} = p_2^0\exp(-\dot{n}_2/B) \tag{7-18}$$

式中，$B = KRT^2/\Delta_{vap}H^2$，并且在恒定的温度下对于一个给定的实验方法，$B$ 的值是恒定的。将公式 (7-18) 代入到公式 (7-15) 中，得到一个关于传质速率的完整公式

$$\dot{n}_2 = C\left[\left(\frac{p_2^0\exp(-\dot{n}_2/B)}{1-\exp(-\dot{n}_2/A)}\right)^2 - p_f^2\right] - A\ln\left[\gamma + (1-\gamma)\exp(-\dot{n}_2/A)\right] \tag{7-19}$$

在实验中，通过热天平记录装有样品的坩埚质量随时间的变化，作出曲线，从曲线的斜率得到了质量减少速率。通过一个压力表读取炉内的惰性气体压力，该值随着实验的进行逐渐降低。因此随着实验的进行，可以得到一系列相对应的 $\dot{n}$ 和 p_f，可以认为它们是方程（7-15）的已知量。另外，参数 A，B，C，p_2^0 和 γ 是未知的，并且包含在参数 γ 中的蒸汽的分子质量事先也是不知道的。这些问题可以通过对实验数据进行非线性最小二乘法拟合来解决，且这些数据满足式（7-16）。

实验步骤可以概括为两部分。首先，$p_f > p_2^0$，并且质量的传递主要发生在蒸气从压力更高的惰性气体中分散出来的过程中。质量降低的速率很低，并且降低的速率只取决于参数 A 的值。

在实验的后一部分中，$p_f < p_2^0$，并且质量降低的速率很高。这主要取决于以下的因素：或者是由于毛细管中黏性流动产生的阻力，或者是由于向样品中传递热量的速率，又或者是由于上述两种效应的结合。这两种效应分别与参数 C 和 B 的值相联系。

当热量传递的过程被视为速率控制步骤时，可以假设由扩散引起的质量传递的过程中并没有伴随着毛细管中压力的下降，或者是忽略了压力的下降。在形式上，它与零黏度时一致，这表明参数 C 是无限大的值。在这种情况下，可用下面公式描述

$$p_f = p_2^0 \frac{\exp(-\dot{n}_2/B)}{1 - \exp(-\dot{n}_2/A)} \qquad (7-20)$$

应该强调的是，上面描述的方法在温度大于 900℃ 的情况下是严格有效的，此时黏性流动代表质量减少的主要控制因素。由于随着温度的升高，热量传递的效率也快速升高，因此上述的结论是合理的。

Motzfeldt 等人（1977）使用沸点法测量了温度范围在 600~1200℃，不同熔盐体系的蒸气压，并对实验结果进行了评估。然而，最准确的结果是通过使用满足公式（7-19）的计算机拟合方法得到的，这种复杂的计算机程序是由 Hertzberg（1983）开发出来的。

采用上述装置的沸点法用于测量冰晶石体系的蒸气压，下面列出了一些研究：

（1）Kvande（1983），$Na_3AlF_6(l) - Al_2O_3(s) - Al(l)$ 体系的蒸气压；

（2）Guzman 等人（1986），不同的氟化物添加剂对冰晶石熔盐体系的蒸气压的影响；

（3）Kvande（1986），溶解在冰晶石熔盐中的氧化铝的结构；

（4）Zhou 等人（1992），$NaF - AlF_3$ 和 $Na_3AlF_6 - MgF_2$ 复杂体系的蒸气压；

（5）Gilbert 等人（1995），添加 CaF_2、MgF_2 和 Al_2O_3 对冰晶石熔盐体系的酸碱性的影响；

（6）Gilbert 等人（1996），添加 CaF_2 和 MgF_2 后 $NaF - AlF_3$ 熔盐体系的结构和热力学性质；

（7）Robert 等人（1997a），碱性氟化物 - 氟化铝 - 氧化铝熔盐的结构和热力学性质、蒸气压、溶解度和拉曼光谱的研究；

（8）Robert（1997b），氟化钾 - 氟化铝熔盐的结构和热力学性质，拉曼光谱和蒸气压的研究。

7.2.1.2　实验步骤

沸点法最早是由 Ruff 和 Bergdahl（1919）提出来的，之后由 Ruff（1929）进行了改

进。等温方法的原理如下：将待研究熔盐体系放入一个坩埚中，坩埚中含有一个很细的毛细管，毛细管穿过坩埚盖。在恒定的温度下，坩埚悬挂在一个充满惰性气体的炉子中。惰性气体最初的压力要比炉温下的平衡蒸气压要高。蒸气的传输仅仅是由敞开的毛细管中气体的扩散引起的，并且质量减少的速率很低。惰性气体的气压逐渐降低，因此通过开口毛细管的气体传输以及质量减少的速率逐渐升高。当惰性气体压力最终比平衡蒸气压低时，质量减少的速率特别显著，这是由于蒸气开始直接从敞开的毛细管中流出。这种效应可以用于测定蒸气压的值。

在温度逐渐升高并保证恒定的惰性气体压力的情况下，Ruff 和 Bergdahl（1919）记录了坩埚中质量的变化情况。他们观察到当处于平衡蒸气压情况下，坩埚的质量与时间或者温度之间的相关性并没有出现明显的变化。通过对质量与时间的导数（即质量减少的速率）作图，结果没有实质的改善。Fischer 等人（1932）记录了在温度恒定下，压力逐渐降低得到的质量的变化值。然而，尽管质量发生变化，但是依然没有观察到压力与质量减少速率之间的关系存在突变。

Herstad 和 Motzfeldt（1966）以及 Kvande（1979）详细地描述了温度范围在 700 ~ 1100℃，实验装置的工作情况以及实验过程。装置的主要部分是一个具有冷却壁的真空炉，炉中含有一个垂直嵌在炉中的石墨加热管。圆柱形的坩埚是由石墨或烧结的氧化铝制成的，并且有一个有穿孔的盖子，坩埚是用来作为盛装样品的容器。蒸气是通过一个穿过盖子的开口的毛细管排出来的，毛细管的直径是 0.5mm，长度是 10mm。石墨坩埚中包含了一个光滑的玻璃碳坩埚，这是为了降低由于石墨-熔盐接触面的润湿过程造成的不稳定性。

热分析天平是标准的机械分析天平，但是为了连续电子记录进行了重新组装。天平的输出信号可以通过一个图表记录器或者是计算机来记录。天平的量程是 160g，灵敏度优于±0.2mg。

使用一支 Pt-Pt10Rh 热电偶测量温度，并且用银的熔点来对热电偶进行校正。测温热电偶的顶端距坩埚底部 3mm。通过电子温度控制器和另一支控温热电偶来控制高温炉的温度，温度保持恒定，其波动范围控制在±0.5K。

为了测量在恒定的温度、不同的惰性气体气压下的质量减少量，装置上连接了一个直接读取记录的压力传感器，因此可以快速并准确地（优于 10Pa）控制并测量惰性气体的气压。

在每个沸点法实验中大致需要 12g 的盐。装置通过一个前置螺旋泵和一个油扩散泵抽真空，从而使得压力降低到 10^{-3}Pa。惰性气体的压力是通过一个 U 形管水银压力计测量的，且通过一个连接在机械泵上的阀门进行调节。样品在 200℃下放置一夜，然后在恒定的温度和不同的惰性气体压力下测量质量的减少量。

在一些实验中，由于测量过程中组成的变化，因此所测量的蒸气压不得不进行修正。修正方法应当采用 Knapstad 等人（1981）提出的方法。

7.2.2　蒸发法

蒸发法是一种简单通用的测量高温蒸气压的方法。在恒定温度的炉子中，惰性载气在凝聚态物质上方通过。载气的流动速率是恒定的，并且要足够的小，从而使得载气内的蒸气达到饱和状态，蒸气将在随后的过程中冷凝。通过已知体积的载气的量可以知道所带走蒸气的量。如果通过沸点法得到总蒸气压，那么由蒸发法得到的结果可以用于计算蒸气的平均摩尔质量。

7.2.2.1 理论背景

Kvande 和 Wahlbeck（1976）给出了蒸发实验过程中扩散和黏性流的理论分析结果。参考现有的理论，他们避免了一些诸如装置中不存在压力变化的不正确假设。Kvande 和 Wahlbeck（1976）建立的理论对于蒸发实验研究给出了一个更加通用和精确的描述。下面将给出该理论的简短描述。

图7-2 是装置中等温部分的简图，它包括了一个处于饱和状态的空腔和毛细管进口和出口。Z 是载气以及蒸气流动的方向，下标"e"表示的是毛细管进口，并作出以下假设：

（1）载气流动的速率要足够小，以至于当载气通过毛细管出口流出饱和空腔时，载气中的蒸气处于饱和状态。

（2）在毛细管的出口端，由于对流和热扩散的影响，蒸气快速地分散到炉子中温度较低的部分。

（3）受驱载气的流动引起了毛细管中压力的下降。

（4）进出毛细管中存在扩散现象。

假设（3）是很重要的，这是因为它避免了与前面的假设中存在着装置中相同的总压。

与 7.2.1.1 节中讨论的沸点法的理论背景相似，对于组成和总压不断变化的二元气体混合物来说，校正传递方程同样适用于蒸发法。Kvande 和 Wahlbeck（1976）详细地介绍了准确的理论推导过程和方法，在这里只给出最终方程。

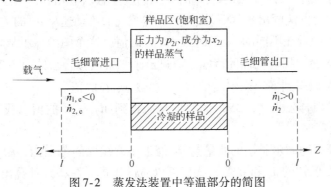

图7-2 蒸发法装置中等温部分的简图

载气的流动速率 n_1 和蒸气的流动速率 n_2 之间的关系，以及在毛细管出口的末端的总压 p_f 和平衡蒸气压 p_{2i} 之间的关系可以写成

$$p_{2i} = x_{2i}^2 \left\{ p_f^2 + \frac{\dot{n}_1 + \dot{n}_2}{C} + \frac{A}{C} \ln \left[1 - x_{2i}(1 - \gamma) \right] \right\} \tag{7-21}$$

摩尔分数 x_{2i} 可由下面的公式得到

$$x_{2i} = \frac{\dot{n}_2}{\dot{n}_1 + \dot{n}_2} \left[1 - \exp\left(-\frac{\dot{n}_1 + \dot{n}_2}{A} \right) \right] \tag{7-22}$$

对于参数 A，C 和 γ 的解释可以参看沸点法的原理。上面的方程仅仅考虑了通过装置的毛细管出口扩散和蒸气流动。当我们同时考虑流进毛细管的"逆流"扩散时，方程将会很复杂。由于它包含了太多未知的参数，因此该方程难以在实践中应用。

在不是很低的流动速率下，蒸气扩散的影响是不能忽略的。因此在公式（7-21）中，

$A = 0$，或者更准确的说，A 是一个很小的值。因此，公式（7-21）为

$$p_{2i} = \frac{\dot{n}_2}{\dot{n}_1 + \dot{n}_2}\left(p_{\mathrm{f}}^2 + \frac{\dot{n}_1 + \dot{n}_2}{C}\right)^{1/2} \tag{7-23}$$

为了计算蒸气的平均摩尔质量 M_2，这里介绍简单的表达式：$\dot{n}_2 = \dot{m}_2 / M_2$。这里，$\dot{m}_2$ 是单位时间从样品中带出的蒸气质量。如果假设

$$\left(p_{\mathrm{f}}^2 + \frac{\dot{n}_1}{C}\right) \gg \frac{\dot{n}_2}{C} \tag{7-24}$$

将公式（7-23）括号中的 $\dfrac{\dot{n}_2}{C}$ 项删除后，将公式（7-24）代入公式（7-23）中并整理，得到

$$M_2 = \frac{\dot{m}_2}{\dot{n}_1}\left[\frac{(p_{\mathrm{f}}^2 + \dot{n}_1/C)^{1/2} - p_{2i}}{p_{2i}}\right] \tag{7-25}$$

在固定温度 T 下，当蒸气压 p_{2i} 和参数 C 已知时，通过测量值 $\dot{m}_2$、p_{f} 和 $\dot{n}_1$，可以计算出平均摩尔质量 M_2。

通过 Kvande（1979）提出的实验方法，我们得到了各个参数的经典值：$A = 0.015\mathrm{mol/h}$，$C = 5.6\times10^7\mathrm{mol/(h \cdot Pa^2)}$，$p_{\mathrm{f}} = 99.325\mathrm{MPa}$ 和 $\dot{n}_1 = 0.1\mathrm{mol/h}$。当这些数值在很小范围内变化时，$\dot{n}_2$ 将从 $6\times10^{-5}\mathrm{mol/h}$ 变化到 $0.015\mathrm{mol/h}$。

使用蒸发法测定蒸气的平均摩尔质量时，我们应注意以下几点：

（1）若通过实验方法画出蒸气流动速率 $\dot{n}_2$ 与载气的流动速率 $\dot{n}_1$ 的关系图，需要在不变的温度和 p_{2i} 下，测量在不同的 $\dot{n}_1$ 下的 $\dot{m}_2$ 和 p_{f} 的值。这个图给出了从较小 $\dot{n}_1$ 的扩散区到很大 $\dot{n}_1$ 的稀释区之间接近线性的范围。通过最小二乘法拟合公式（7-21）中的 $\dot{m}_2$，p_{f} 和 $\dot{n}_1$ 数据，我们可以得到平均摩尔质量 M_2 和参数 A、C 的值。

（2）为了通过拟合公式（7-25）的数据从而得到 M_2 和 C 的值，我们需要使用最小二乘方法的计算机程序。

（3）为了保证平均摩尔质量的测量与 $\dot{n}_1$ 处于接近线性的范围内，根据已测得的 M_2、p_{f} 和 $\dot{n}_1$ 的值，以及已知的 p_{2i} 和 C 值，我们可以通过公式（7-25）计算出在其他温度下蒸气的平均摩尔质量。通过上面的步骤可以得到参数 C，它可以通过改变公式（7-25）中的温度值的方法进行校正。黏度取决于 $T^{1/2}$，因此 C 与 $T^{-3/2}$ 是成比例的。

相比于之前的理论，该理论给出了一个更加复杂的用于测量蒸气传输的速率方程。而且，它需要使用计算机拟合公式中需要的实验数据。尽管有这些缺点，这种方法仍然能够提供更加一致和准确的结果。

7.2.2.2　实验装置

Kvande（1979）详细描述了所采用的实验装置和实验步骤。图 7-3 给出了蒸发装置的主要外形及结构。实验装置为一个卧式标准坎萨尔斯铬铝电热丝炉，其炉管用因康铬镍铁合金 600（一种由 76% Ni、15% Cr 和 9% Fe 组成的合金，在 1000℃ 下与氟化物蒸气接触时不发生反应的合金）制成，且可前后移动。炉管外径 30mm，内径 24.7mm，长度 1m。

为了降低扩散的影响，Kvande（1979）做了特殊的处理。他制备了一个很长的管子，其中包含一个不锈钢管和三个高密度石墨管，这些管之间首尾相接。整个装置可以在合金

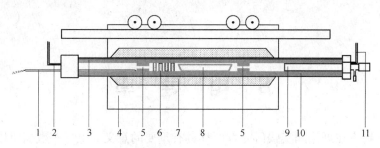

图 7-3　用于蒸发法的装置的主要结构图
1—热电偶；2—气体进口；3—石墨管；4—高温炉；5—毛细管口；6—石墨屏；7—坎萨尔斯铬铝加热丝；
8—石墨舟；9—冷销；10—因康合金管；11—气体出口

管子中前后滑动。第一个石墨管的一部分紧紧地贴合在钢管上并形成一个固定的组成部分。其他两个石墨管通过螺纹方式连接在一起，由于管子和螺纹都做了高精度加工处理，它们之间能够紧密地结合在一起从而保证连接的密闭性。

在石墨管的内部有两个很细的毛细管通道，它们的半径是 0.5mm，长度是 10mm。两个毛细管之间的空间放置样品，样品盛放在一个石墨舟中，空间内部的尺寸为：长 73mm，宽 10mm，高 9mm。

载气通过钢管和三个石墨管后，受迫穿过了两个毛细管并且通过石墨样品舟的区域。当载气通过狭窄的毛细管进口时，载气的流动速率明显增加，在毛细管进口和石墨舟之间放置一个石墨挡板，起到降低速率的作用。实验装置中使用铜制水冷器冷凝蒸气，水冷器外部由石墨圆管包围保护。

使用 Pt-Pt10Rh 热电偶测量温度，该热电偶使用前用银的熔点进行了校正。使用数字电压表测量热电势。石墨舟附近区域中的温度的变化范围小于 ±1℃。在测量过程中，使用 EurothermPID 温度控制器（Model070）保持温度恒定，变化幅度为 ±0.5℃。

使用氩气或氮气作为载气。通过一个压力缓冲阀调整气流的速率并将其保持在一恒定的数值，气流速率的值由一个转子流量计记录。之后载气通过吸收塔以去除水和二氧化碳。通过气体流量计测量载气的体积。在测量过程中，再生气体的体积控制在总气体体积的 0.1%。

装有样品的石墨舟位于两个毛细管之间的石墨管内。在钢-石墨管装置定位时，将石墨舟放置在尽可能靠近因康合金管的进口端的地方，而炉子放置在因康铬镍铁合金管的另一端。然后载气通入管子并排出所有气体。10~15min 后停止气流，然后将钢-石墨管和炉子逆向滑动并定位在准确的位置上。当样品的温度升高到设定的温度时，实验开始，在实验过程中，始终保持载气以恒定的流速通过样品。通过精确测定的温度-时间曲线图，可以发现这个温度要比期望的温度值低一些。

在测量过程中，每隔 5min 记录一次。1h 以后，停止通入气体。将组装的钢-石墨管快速地推向因康合金管的进口端的端口，将炉子推向因康合金管的出口端的端口。使用风扇冷却样品。不超过 1min，样品的温度降低到 800℃ 以下，之后将忽略质量的损失。当石墨舟的温度达到 25℃ 时，将其取出并称重，在实验过程中，通过样品质量的减少量可以得出蒸气传递的量。

通过使用室温和环境压力的总气体体积值，将从气体流量计读取的总气体体积值减小到标准条件（0℃ 和 101.325kPa）下的值。这些数值是在实验开始后半小时后读取的。

8 电导率

熔盐的电导率在理论和实践研究方面都具有重要的意义。电导率数据可以用来检验熔盐结构和迁移理论，而且电解过程中的电流和能量效率也与电解质的电导率密切相关。

碱及碱土金属卤化物的电导率值在熔化过程中增加 2~4 个数量级。这些熔体的电导率是纯的离子电导率，它们的电解过程服从法拉第定律。电解过程中的二次反应会导致与该定律的偏差，比如电解产物的溶解或逆反应。通常，离子的电导率由离子电荷、质量、半径、极化率和配位数的值确定，因此，迁移率也由这些值确定。

无机离子熔体电导率的范围为 0.1~10S/cm，而各种金属的电导率大概为 10^5S/cm，室温下水的电导率为 2×10^{-6}S/cm。熔体的电导率随着温度的升高而升高，这是因为电荷在沿电场梯度方向传递时需要一定的活化能。电导率活化能取决于温度。对于扩散或者黏性流动的情况，电导率活化能包括两个部分：离子运动的活化能，以及与温度变化引起的熔体有序性变化相关的能量。

在很多文献中，使用能斯特-爱因斯坦方程将电导率和扩散系数的值联系在一起。将该方程应用于熔盐并没有得到预期的结果，因为由扩散数据计算的电导率值往往高于实验测定值。导致该差别的一个主要原因是熔盐中存在空穴，空穴足够大可以同时容纳阴、阳离子。将这些空穴看作空位对，如果使用空位对的一对阴、阳离子同时跳跃，则两个原子只参与了物质传输，即扩散过程，而没有参与电荷传递。

8.1 理论背景

电解质的电导率在与电流密度 j 和电场梯度 φ 的关系式中是个标量

$$j = \kappa \mathrm{grad}\varphi \tag{8-1}$$

电导率的定义式为

$$\kappa = \sum_i \kappa_i = F \sum_i z_i u_i c_i \tag{8-2}$$

式中，F 是法拉第常数；c_i 是电荷数为 z_i、迁移率为 u_i 的离子的摩尔分数。电导率的国际单位是 S/m。

电导率和摩尔体积的乘积 κV_m，或者电导率和摩尔浓度的比值 κ/c，是电解质的摩尔电导率 λ，其国际单位为 S·m²/mol。

将摩尔电导率与单位正电荷或负电荷相关联，得到了当量电导率。通过当量电导率能够直接比较不同价态的离子迁移率。当量电导率为比值 κ/cz。

阳离子和阴离子参与电荷传递的表现量叫做迁移数，它是某种离子的电导率占整个电导率的比值。因此，i 离子的迁移数定义式为：

$$t_i = \frac{\kappa_i}{\sum \kappa_i} = \frac{\Lambda_i}{\sum \Lambda_i} = \frac{u_i}{\sum u_i} = \frac{D_i}{\sum D_i} \tag{8-3}$$

式中，D_i 是 i 离子的扩散系数。很明显 $\sum t_i = 1$。

电导率与温度的关系曲线形状取决于所研究的体系。通常，这种关系可以用两种方式来表示，其中一种是多项式

$$\kappa = a + bt + ct^2 + \cdots \tag{8-4}$$

另一种为阿伦尼乌斯型方程

$$\kappa = A\exp\frac{E_{cond}}{RT} \tag{8-5}$$

式中，E_{cond} 是电导率活化能。同样可以得到摩尔电导率与温度之间关系的类似方程式

$$\lambda = A'\exp\frac{E'_{cond}}{RT} \tag{8-6}$$

在不存在任何电子电导率的体系中，电导率与温度的关系曲线凹向 x 轴。这归因于液态和气态的连续性，在液态下，未解离分子数增加。

当电子也参与电荷传递时，电导率与温度的关系也可以用方程（8-4）表示，但是电导率与温度的关系曲线是凸向 x 轴的。导致电导率与温度的曲线存在差别的原因是，液体的化学势与其蒸气相相等，而气态中只存在非解离分子。在纯离子液体中，随着温度上升，未解离且不传递电荷的分子的量增加。如果熔体中同时存在电子导电（这往往是由于熔体中存在不同价态的化学元素（如 $Na(0)/Na(I)$，$Al(I)/Al(III)$，$Fe(III)/Fe(II)$，$Nb(V)/Nb(IV)$ 等），电子从低氧化态的原子跳跃到高氧化态的原子），随着温度的升高，离域电子的数量会增加，因此电子电导率在整个电导率中的比例增加。

8.1.1 "理想"和真实溶液的电导率

熔盐电导率的研究是确定熔盐结构和熔融混合物组分间相互作用的一个间接方法。熔融混合物成分的改变往往伴随着结构的变化，这会影响到电导率与成分之间的关系特征。因此，对于这种关系的分析可以提供一些熔盐中存在的离子结构体及其在熔盐中排列的相关信息。通过分析活化能与组成的关系，还可以获得一些补充信息，例如关于配合离子团的形成和分解，阳离子-阴离子键的性质，电导率的特性（阴离子的、阳离子的、电子的等）的信息。

二元混合物的电导率等温线形状由两个主要因素决定：

（1）新化合物的生成以及因此带来的新的配合离子团的生成；

（2）各组分及新生成化合物的电导率值。

为了从电导率测量中得到给定熔融体系的可能结构信息，需要定义一个合适的参比状态。由于电导率是个标量，没有关于其理想行为的定义。但是，文献中提出了几种可以很好地表述电导率与成分之间的关系的熔盐电导率模型。

8.1.1.1 Markov 和 Shumina 模型

Markov 和 Shumina（1956）最先给出了简单二元混合物的当量电导率与浓度关系的理论解释。需要强调的是，即使从简单的结构方面来看，这一理论提供的为一个解释实验数据的方法，而非一个关于熔体结构的真实图片。通常，熔盐中只存在离子而没有分子，因此认为 Markov 和 Shumin 的观点也基于此。这个理论基于熔盐混合物电导率随温度的变化

类似于纯组分的假设。就这点来说，可以认为电导率与组成之间的关系表明了各组分之间的相互作用符合理想溶液行为。

在 AX-BX 型一价盐混合物中，存在 AA、BB、AXB 和 BXA 的交互作用。最后两种相互作用是等价的，所以它们又可以写成 2AXB。Markov 和 Shumin 考虑到上述相互作用的概率与它们的摩尔分数成正比，推导出了一个熔盐混合物中当量电导率与组成的关系式

$$\lambda_{mix} = x_1^2 \lambda_1 + x_2^2 \lambda_2 + 2x_1 x_2 \lambda_2 \tag{8-7}$$

式中，λ_i 是当量电导率；x_i 是摩尔分数；假设 $\lambda_1 < \lambda_2$。因此只有当各组分在同一温度下的当量电导率已知时，才能用式（8-7）来计算二元熔盐混合物的当量电导率。

8.1.1.2 Kvist 模型

Kvist（1966）在研究 Li_2SO_4-K_2SO_4 体系的电导率时提出，阳离子在硫酸锂中成组运动，每组包含 k 个阳离子，当加入摩尔系数为 x 的外来一价阳离子时，可以通过下式计算 k 的值

$$k = \frac{1}{x} \times \frac{\Delta\lambda}{\lambda} \times \frac{u}{\Delta u} \tag{8-8}$$

式中，$\Delta u/u$ 是锂离子与外来阳离子迁移率的相对偏差；$\Delta\lambda/\lambda$ 是纯硫酸锂与混合物当量电导率的相对偏差。Kvist（1966）发现，对于 Li_2SO_4-K_2SO_4 体系，$k=2.7$。然而式（8-8）仅仅对于稀混合物才有效，类似的关系式是否对于所有的浓度都有效还是个问题。

为了将该模型扩大至整个浓度范围，Kvist（1967）选择了 Li_2SO_4-Ag_2SO_4 体系进行研究，因为该体系具备下述有利因素：阴离子比阳离子大，而且银离子的质量也比锂离子大得多。对于这个模型，进行了如下假设：

（1）阳离子成组运动，每组包含相同数量（k 个）的阳离子；

（2）既有同时包含银离子和锂离子的组，也有只包含锂离子的组；

（3）无论组的组成是什么，含有银离子的组有相同的迁移率 u_{Ag}；

（4）只含有锂离子的组的迁移率为 u_1。

由于阳离子质量相差很大，同时包含银离子和锂离子的组的迁移率以银离子的迁移率给出，不管银离子所占百分比为多少。

在模型的原始描述中，假定阳离子的分布是随机的。然而，这个假设与形成阳离子组相矛盾，也与存在两种类型的组（其中一种包含两种阳离子，另一种仅包含一种阳离子）相矛盾。因此，忽略了该假设。

在 1mol 含有 $x$molLi_2SO_4 和 $(1-x)$molAg_2SO_4 的混合物中，一组中含有 k 个锂离子的概率为 x^k，因此

$$\lambda/F = x^k u_1 + (1 - x^k) u_{Ag} \tag{8-9}$$

如果对于所有浓度，在模型中做如下假设

$$u_1 = \lambda_{Li_2SO_4}/F \quad u_{Ag} = \lambda_{Ag_2SO_4}/F \tag{8-10}$$

则由式（8-9）可得

$$\lambda = x^k \lambda_{Li_2SO_4} + (1 - x^k) \lambda_{Ag_2SO_4} \tag{8-11}$$

可以通过测量 λ 与 x 的函数关系并将不同参数 k 代入式（8-11）后考察对实验曲线的重现度来检验该模型。

Kvist（1967）通过测量 Li_2SO_4 - Ag_2SO_4 体系的电导率验证了该模型。他发现当 $k=$ 4.3 时，可以采用该模型很好地描述该体系的摩尔电导率。然而，这个模型却不能解释 Kvist 和 Lundén（1965）测量得到的 Li_2SO_4 - K_2SO_4 体系摩尔电导率的最小值。

需要注意的是，Kvist 模型是 Markov 和 Shumina（1956）模型的广义形式，因为 $k=2$ 时，式（8-11）转化为式（8-7）。

8.1.1.3　电导率的并联和串联模型

Fellner（1984）提出了一个新的熔盐混合物电导率模型。这个模型同样定义了熔融混合物的理想电导。

假设熔盐混合物由 n_A mol 的化合物 A 和 n_B mol 的化合物 B 组成。则两种组分的体积分别为

$$V_A = \frac{n_A M_A}{\rho_A} = n_A V_A^0 \quad V_B = \frac{n_B M_B}{\rho_B} = n_B V_B^0 \tag{8-12}$$

式中，M_A 和 M_B 分别是化合物 A 和 B 的摩尔质量；ρ_A 和 ρ_B 是分别是两种纯组分的密度；V_A^0 和 V_B^0 分别是两种纯组分的摩尔体积。如果把熔体放入两个底面积为 S，长度分别为 l_A 和 l_B 的长方体电导池中，则相应电导池的电阻由下式给出

$$R_{A,s} = \frac{l_A}{\kappa_A S} \quad R_{B,s} = \frac{l_B}{\kappa_B S} \tag{8-13}$$

式中，κ_A、κ_B 分别是纯组分 A、B 的电导率。

首先考虑串联模型（图 8-1）。在串联模型中，假设两种熔体混合后整个体系的电阻 $R_{mix,s}$ 为电阻 $R_{A,s}$ 和 $R_{B,s}$ 之和

$$R_{mix,s} = R_{A,s} + R_{B,s} \tag{8-14}$$

$$\frac{V_{mix}}{\kappa_{mix,s} S^2} = \frac{V_A}{\kappa_A S^2} + \frac{V_B}{\kappa_B S^2} \tag{8-15}$$

式中，$\kappa_{mix,s}$ 是熔融混合物 A+B 的电导率（下标"s"表示串联模型）。因为所研究的为一个理想模型，可以认为该近似同样适用于熔融混合物的体积。于是就能很容易获得最终的关系式

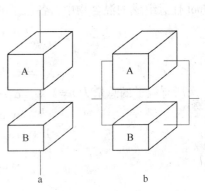

图 8-1　熔盐混合物电导率的串联模型（a）和并联模型（b）

$$\frac{x_A V_A^0 + x_B V_B^0}{\kappa_{mix,s}} = \frac{x_A V_A^0}{\kappa_A} + \frac{x_B V_B^0}{\kappa_B} \tag{8-16}$$

现在考察两个电导池的并联。假设电导池的底是正方形。则每个电导池的电阻可以以下式表示（下标"p"表示并联模型）

$$R_{A,p} = \frac{S}{\kappa_A V_A} \quad R_{B,p} = \frac{S}{\kappa_B V_B} \tag{8-17}$$

系统的电导等于两个电导池电阻倒数之和，即

$$\frac{1}{R_{mix,p}} = \frac{1}{R_{A,p}} + \frac{1}{R_{B,p}} \tag{8-18}$$

$$\frac{\kappa_{mix,p} V_{mix}}{S} = \frac{\kappa_A V_A}{S} + \frac{\kappa_B V_B}{S} \tag{8-19}$$

向方程（8-19）中引入摩尔分数，可以得到（也假设了混合物的理想行为）

$$\kappa_{mix,p}(x_A V_A^0 + x_B V_B^0) = x_A V_A^0 \kappa_A + x_B V_B^0 \kappa_B \tag{8-20}$$

式中，$\kappa_{mix,p}$ 是根据并联模型所计算的电导率值；$V_A^0 \kappa_A$、$V_B^0 \kappa_B$ 为纯组分的摩尔电导率。根据方程（8-20）可以很容易发现，熔盐体系并联模型摩尔电导率遵循加和性的概念。Fellner 和 Chrenková（1987）在许多二元和三元体系中对上述模型进行了检验，发现串联模型很好地描述了热力学理想体系的电导率，而并联模型不能对这些体系的电导率进行描述。Markov 和 Shumina（1956）的模型给出了与串联模型非常相似的结果。

8.1.1.4　熔盐混合物电导率的解离模型

Daněk（1989）基于组分的不完全电离提出了熔盐混合物电导率的解离模型。一种组分的解离度受第二种组分存在的影响，因此，系统中两种组分的解离度不是常数，而是随着组成而变化，并影响着电解质中导电粒子的浓度。这种影响是由组分间的相互作用（表现为离子间的排斥力）造成的，而这种相互作用决定了它们的实际配位层。

现在考察 AX-BX 型具有共同阴离子的二元体系。进一步假设熔融混合物的每个组分都未完全解离，并且熔体由形成平衡的离子对 $A^+ \cdot X^-$ 与 $B^+ \cdot X^-$ 和"自由"离子 A^+、B^+ 与 X^- 构成

$$A^+ \cdot X^- \rightleftharpoons A^+ + X^- \tag{8-21}$$

$$B^+ \cdot X^- \rightleftharpoons B^+ + X^- \tag{8-22}$$

如果以 α_1 和 α_2 表示混合物中组分的解离度，以 x_1 和 x_2 表示它们的摩尔分数，则在 1mol 任意组成的混合物中，各粒子的量表示如下

$$n_{A^+} = x_1 \alpha_1 \quad n_{B^+} = x_2 \alpha_2$$

$$n_{X^-} = x_1 \alpha_1 + x_2 \alpha_2 \tag{8-23}$$

$$n_{A^+ \cdot X^-} = x_1(1 - \alpha_1) \quad n_{B^+ \cdot X^-} = x_2(1 - \alpha_2)$$

所有粒子的总量为 $n = 1 + x_1 \alpha_1 + x_2 \alpha_2$。因此，可以得到每种粒子的平衡摩尔分数

$$x_{A^+} = \frac{x_1 \alpha_1}{1 + x_1 \alpha_1 + x_2 \alpha_2} \quad x_{B^+} = \frac{x_2 \alpha_2}{1 + x_1 \alpha_1 + x_2 \alpha_2}$$

$$x_{X^-} = \frac{x_1 \alpha_1 + x_2 \alpha_2}{1 + x_1 \alpha_1 + x_2 \alpha_2} \tag{8-24}$$

$$n_{A^+ \cdot X^-} = \frac{x_1(1 - \alpha_1)}{1 + x_1 \alpha_1 + x_2 \alpha_2} \quad n_{B^+ \cdot X^-} = \frac{x_2(1 - \alpha_2)}{1 + x_1 \alpha_1 + x_2 \alpha_2}$$

解离反应（8-21）和解离反应（8-22）的平衡常数为

$$K_1 = \frac{\alpha_{01}^2}{1 - \alpha_{01}^2} = \frac{\alpha_1(x_1 \alpha_1 + x_2 \alpha_2)}{(1 - \alpha_1)(1 + x_1 \alpha_1 + x_2 \alpha_2)} \tag{8-25}$$

$$K_2 = \frac{\alpha_{02}^2}{1 - \alpha_{02}^2} = \frac{\alpha_2(x_1 \alpha_1 + x_2 \alpha_2)}{(1 - \alpha_2)(1 + x_1 \alpha_1 + x_2 \alpha_2)} \tag{8-26}$$

式中，α_{01}、α_{02} 为纯组分 AX 和 BX 在给定温度下的解离度。整理式（8-25）、式（8-26），可得如下所示的任意组成的混合物中关于 α_1 和 α_2 的关系式

$$x_1 \alpha_1^2 + x_2 \alpha_1(\alpha_2 + \alpha_{01}^2) - \alpha_{01}^2(1 + x_2 \alpha_2) = 0 \tag{8-27}$$

$$x_2 \alpha_2^2 + x_1 \alpha_2(\alpha_1 + \alpha_{02}^2) - \alpha_{02}^2(1 + x_1 \alpha_1) = 0 \tag{8-28}$$

可以对这些 α_1 和 α_2 与浓度的隐式方程进行解析求解。从式（8-27）中分离出 α_2

$$\alpha_2 = \frac{\alpha_{01}^2 - x_1\alpha_1^2 - x_2\alpha_1\alpha_{01}^2}{x_2(\alpha_1 - \alpha_{01}^2)} \tag{8-29}$$

将其代入式（8-28），得到了 α_1 的三次方程

$$\alpha_1^3[x_1x_2(\alpha_{01}^2 - \alpha_{02}^2)] + \alpha_1^2\{x_2[x_1(\alpha_{01}^2\alpha_{02}^2 - \alpha_{01}^4) + x_2(\alpha_{01}^4 - \alpha_{02}^2)]\} +$$
$$\alpha_1[x_2(1 + x_2)(\alpha_{01}^2\alpha_{02}^2 - \alpha_{01}^4)] + \alpha_{01}^4(1 - \alpha_{02}^2)x_2 = 0 \tag{8-30}$$

可以对方程（8-30）进行解析求解，或者更适宜地使用牛顿-拉夫逊法求解，对于 α_1 和 α_2 的初始值，选择纯组分的解离度值 α_{01} 和 α_{02} 很有好处。因此，就可以对任意组成的混合物在纯组分的任意解离度值条件下进行 α_1 和 α_2 的计算。

对于电解质的电导率，一般方程（8-2）是有效的，对于一价电解质，$z_i = 1$，$F \cdot u_i = \lambda_i$，方程（8-2）可以转化为如下形式

$$\kappa = \sum_i c_i\lambda_i = \sum_i \frac{n_i}{V}\lambda_i \tag{8-31}$$

式中，n_i 是混合物中导电粒子的数量；V 是混合物的体积。对于熔融电解质，可以假设混合物中存在的离子对 $A^+ \cdot X^-$ 与 $B^+ \cdot X^-$ 是电中性的，对于电解质的电导率没有贡献。整个电荷传递通过"自由"离子，即 A^+、B^+ 和 X^- 来完成。在这种情况下，式（8-31）可以写成如下形式

$$\kappa = \frac{n_{A^+}}{V}\lambda_{A^+} + \frac{n_{B^+}}{V}\lambda_{B^+} + \frac{n_{X^-}}{V}\lambda_{X^-} \tag{8-32}$$

对于 1mol 混合物，根据方程（8-25），有 $n_{A^+} = x_1\alpha_1$，$n_{B^+} = x_2\alpha_2$，$n_{X^-} = x_1\alpha_1 + x_2\alpha_2$，可得混合物的摩尔电导率

$$\lambda = \kappa V = x_1\alpha_1\lambda_{A^+} + x_2\alpha_2\lambda_{B^+} + (x_1\alpha_1 + x_2\alpha_2)\lambda_{X^-} \tag{8-33}$$

整理，得

$$\lambda = x_1\alpha_1(\lambda_{A^+} + \lambda_{X^-}) + x_2\alpha_2(\lambda_{B^+} + \lambda_{X^-}) \tag{8-34}$$

由于事先不知道各离子的摩尔电导率，可以根据极限条件表示它们的和

$$\lambda_{A^+} + \lambda_{X^-} = \frac{\lambda_1}{\alpha_{01}} \quad \lambda_{B^+} + \lambda_{X^-} = \frac{\lambda_2}{\alpha_{02}} \tag{8-35}$$

于是得到了熔融混合物摩尔电导率的最终表达式

$$\lambda = x_1\frac{\alpha_1}{\alpha_{01}}\lambda_1 + x_2\frac{\alpha_2}{\alpha_{02}}\lambda_2 \tag{8-36}$$

从式（8-36）可以看出，当解离度不随着组分变化，即 $\alpha_1 = \alpha_{01}$，$\alpha_2 = \alpha_{02}$ 时，式（8-36）与 Fellner（1984）提出的并联模型公式相同。因此，可以认为表达式 $x_i(\alpha_i/\alpha_{0i})$ 为混合物中组分的活度。

计算步骤如下：对于选定的纯组分解离度 α_{01} 和 α_{02}，使用摩尔电导率的已知值，$\lambda_{i,\text{exp}}$，根据式（8-29）和式（8-30）计算出每一混合物组成下的 α_1 和 α_2 的值。使用式（8-36）计算出摩尔电导率的理论值 $\lambda_{i,\text{calc}}$，按照此方式，对于给定组成的熔融混合物，每一对 α_{01} 和 α_{02} 都可获得一组摩尔电导率的理论值。α_{01} 和 α_{02} 适合值的选择标准如下

$$\sum_{i=1}^{n}(\lambda_{i,\text{exp}} - \lambda_{i,\text{calc}})^2 = \min \tag{8-37}$$

Chrenková 和 Daněk（1990）将电导率的解离模型应用于许多含有共同阳离子或者阴

离子的二元一价碱金属卤化物、碱金属硝酸盐和卤化银体系。所需摩尔电导率的实验数据引自 Janz 等人（1972，1975，1977，1979）、Janz 和 Tomkins（1981）以及 Smirnov 等人（1971，1973a，b）发表的资料。含有共同阴离子的二元系中纯组分的解离度计算值列于表 8-1 中，含有共同阳离子二元系的相应计算值列于表 8-2 中。在这两个表中，也给出了 Tobolsky（1942）引入的几何参数 Δ 的值，其计算公式如下

$$\Delta = \frac{d_1 - d_2}{d_1 + d_2} \tag{8-38}$$

式中，d_1 和 d_2 为各组分的原子间距（阴、阳离子半径之和）。阴离子半径数据取自 Waddington（1966），Kleppa 和 Hersh（1961）的文献。

表 8-1　含有共同阴离子二元系的纯组分解离度的计算值

体系	T/K	α_{01}	α_{02}	Δ
LiF-NaF	1200	0.21	0.42	0.052
LiF-KF	1200	0.17	0.91	0.116
NaF-KF	1200	0.47	0.80	0.065
LiCl-NaCl	1100	0.28	0.52	0.050
LiCl-KCl	1100	0.19	0.83	0.104
LiCl-CsCl	1100	0.24	0.95	0.158
NaCl-KCl	1100	0.42	0.81	0.054
NaCl-RbCl	1100	0.19	0.50	0.075
NaCl-CsCl	1100	0.19	0.63	0.109
KCl-RbCl	1100	0.37	0.57	0.022
RbCl-CsCl	1100	0.41	0.58	0.034
LiI-NaI	1000	0.23	0.45	0.044
LiI-KI	1000	0.21	0.56	0.090
LiI-RbI	1000	0.19	0.84	0.109
LiI-CsI	1000	0.13	0.74	0.139
NaI-KI	1000	0.41	0.74	0.047
$LiNO_3$-$NaNO_3$	640	0.42	0.52	0.044
$LiNO_3$-KNO_3	640	0.43	0.85	0.092
$NaNO_3$-KNO_3	640	0.53	0.81	0.048

表 8-2　含有共同阳离子二元系的纯组分解离度的计算值

体系	T/K	α_{01}	α_{02}	Δ
LiF-LiCl	1100	0.73	0.24	0.099
LiF-LiBr	1100	0.99	0.19	0.130
LiF-LiI	1100	0.999	0.155	0.174
LiCl-LiBr	1100	0.67	0.44	0.030
LiCl-LiI	1100	0.705	0.33	0.076

体系	T/K	α_{01}	α_{02}	Δ
LiBr- LiI	1100	0.79	0.59	0.046
KF- KBr	1100	0.99	0.46	0.111
KF- KI	1100	0.99	0.325	0.148
CsF- CsCl	1100	0.81	0.35	0.077
CsF- CsBr	1100	1.00	0.28	0.099
CsF- CsI	1100	0.95	0.21	0.133
AgCl- AgBr	850	0.54	0.40	0.025
AgCl- AgI	850	0.50	0.21	0.064
AgBr- AgI	850	0.455	0.21	0.039

从表 8-1 中可以看出，在含有共同阴离子的体系中，往往含有较大阳离子的组分（即该组分阳离子的场强（电荷半径比）较小）具有较高的解离度。这意味着，电负性较强的阳离子对周围阴离子的成键作用较强，它们拥有更大的形成离子对或者联合体的趋势。在含有共同阳离子的体系中（参见表 8-2），含有较低极化率阴离子的组分（即阴离子较小的组分）具有较高的解离度。这是因为，一种外来离子进入熔融纯组分后，导致非随机的混合，因此降低了该熔体的构型熵。外来离子进入后，由于离子配位层中不同尺寸离子的替代以及离子电场对称性的扭曲，使得该体系的库仑能、极化能和分散能变化。正如 Førland（1955）、Lumsden（1961）和 Blander（1962）基于简单几何模型，以及 Reiss 等人（1962），Davis 和 Rice（1964）基于共形溶液理论的研究所表明的，能量变化量是无量纲参数 Δ（参见方程（8-38）），它表示带相同电荷的离子半径的分数差分。基于上述理论，可以认为混合焓为负值，它的值随离子半径差分的增加而增加，如下式所示

$$\Delta_{mix}H \approx Ex_1x_2(U_0 + U_1\Delta + U_2\Delta^2) \tag{8-39}$$

在方程（8-39）中，U_0 为阳离子第二配位层诱导偶极子的变化所引起的分散能的变化，U_1 为不同半径的阳离子的不同电负性引起的阴离子电场的非对称性导致的极化能的变化，U_2 为两组分中不同的阳离子和阴离子间距所引起的库仑能的变化。很明显，这些效应也影响混合物中"自由"离子的浓度，该浓度由 α_{01} 和 α_{02} 的值所决定。因此，认为两个解离度的差与几何参数 Δ 呈线性关系。图 8-2 给出了所有研究系统中的这种关系。通过回归分析，得到关系方程

$$\alpha_{01} - \alpha_{02} = 5.095\Delta \tag{8-40}$$

得到该方程的标准偏差为 $sd = 8.5 \times 10^{-2}$。由图 8-2 可以明显看出，两种情况下的相关性都非常好，这与极化能的变化对混合时两种组分的解离产生的影响起主要作用相关。库仑能的变化没有那么重要，因为对 $\alpha_{01} - \alpha_{02} = f(\Delta^2)$ 曲线的回归分析所得的相关系数的值较低。

尽管图 8-2 中所示关系的相关性很好，由于以下几方面的原因，导致 $\alpha_{01} - \alpha_{02}$ 的值是分散的：

（1）混合物摩尔电导率值的精度和准确性；

（2）离子半径值的不确定性；

（3）对距离较远的离子之间的库仑能变化的忽略；

（4）对线性关系的三维简化；

（5）对更复杂的 $A_m X_n^{m-n}$ 型团簇的解离的忽略。

因此很明显，为了对各组分之间的相互作用进行更深层的理论分析，需要更精确、更完整的熔盐体系电导率实验数据。上述因素很有可能也会导致与第二组分的存在相关的纯组分解离度值之间的差别。

计算结果进一步表明，摩尔电导率以及混合焓与组成的依赖关系之间有非常紧密的联系。由图 8-3 所示，某些体系中，当 $x_1 = x_2 = 0.5$ 时，通过纯组分解离度的差（$\alpha_{01} - \alpha_{02}$）与混合焓的线性关系也可以得出上述结论。图 8-3 中混合焓的数据取自 Kleppa 和 Hersh（1961），Lumsden（1964），以及 Melnichak 和 Kleppa（1970）的文献。

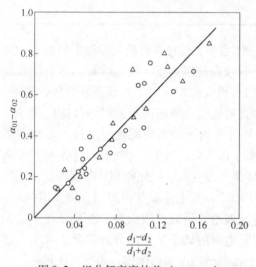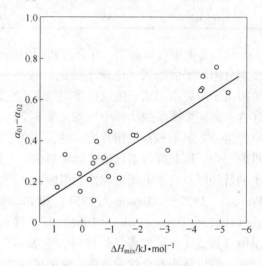

图 8-2   组分解离度的差（$\alpha_{01} - \alpha_{02}$）与参数 Δ 的关系

○—含有共同阴离子的体系；△—含有共同阳离子的体系

图 8-3   一些含有共同离子的体系中，当 $x_1 = x_2 = 0.5$ 时纯组分解离度的差（$\alpha_{01} - \alpha_{02}$）与混合焓的关系

熔盐混合物的电导率解离模型在如下体系的研究中得到了进一步的应用：

（1）Daněk 等人（1990）研究的含有共同离子的三元单价离子体系；

（2）Daněk 等人（1991）研究的二元交互单价离子体系；

（3）Chrenková 等人（1991a）研究的包含一种二价阳离子的体系；

（4）Daněk 和 Chrenková（1991）研究的包含一种三价阳离子的体系；

（5）Chrenková 等人（1991b）研究的 KF-KCl-KBF$_4$ 体系。

在含有共同阴离子的三元单价离子体系中，发现解离度随阳离子半径的增加而增加，而在含有共同阳离子的体系中，解离度随阴离子半径的增加而减少。

在二元交互单价离子体系中，熔盐中的最稳定对通常最易解离。然而，计算的准确性受制于摩尔电导率值的一致性和准确性，尤其是复分解反应的标准吉布斯自由能值的准确性。

在包含一种二价阳离子的氯化物体系 MCl-MeCl$_2$（M = Li，Na，K，Rb，Cs；Me = Mg，Ca，Ba，Cd，Pb）中，碱金属氯化物几乎完全解离，而二价金属氯化物的解离度要低许多。纯组分解离度的差与碱金属阳离子的大小成正比。这表明，碱金属阳离子的电负性越强，二价阳离子生成配合阴离子的趋势就越大。

最后，Daněk 和 Chrenková（1991）将电导率的解离模型成功地应用于包含一种三价阳离子的伪二元体系 MX-AlX$_3$（M=Li，Na，K；X=F，Cl）和 Na$_3$AlF$_6$-NaCl。然而，在该模型应用中应考虑体系真实的平衡组成。按照这种方式，同样可以对体系的相对于摩尔电导率的加和性的较罕见的正偏差进行合理的解释。

Olteanu 和 Pavel（1995）给出了熔盐混合物的电导率解离模型的理论前提。作者给出了一种通用数值计算方法及相应的计算程序，提供了一种更简单、更精确的计算方法。从方程（8-25）和方程（8-26）中消去（$x_1\alpha_1+x_2\alpha_2$），可以得到与摩尔分数 x_1 和 x_2 无关的、α_1 和 α_2 之间的关系

$$\frac{\alpha_{01}(1-\alpha_{02}^2)}{\alpha_{01}^2-\alpha_{02}^2}\frac{1}{\alpha_1}+\frac{\alpha_{02}(1-\alpha_{01}^2)}{\alpha_{02}^2-\alpha_{01}^2}\frac{1}{\alpha_2}=1 \tag{8-41}$$

由此 α_2 可以表示为

$$\alpha_2=\frac{\alpha_1\alpha_{02}^2(1-\alpha_{01}^2)}{\alpha_{01}^2(1-\alpha_{02}^2)-(\alpha_{01}^2-\alpha_{02}^2)} \tag{8-42}$$

将方程（8-42）代入方程（8-25），可得关于 α_1 的三次方程

$$\alpha_1^3 x_1(\alpha_{01}^2-\alpha_{02}^2)+\alpha_1^2[x_1(\alpha_{01}^2\alpha_{02}^2-\alpha_{01}^2)+x_2(\alpha_{01}^4-\alpha_{02}^2)]+$$
$$\alpha_1(1+x_2)(\alpha_{01}^2\alpha_{02}^2-\alpha_{01}^4)+\alpha_{01}^4(1-\alpha_{02}^2)=0 \tag{8-43}$$

解离模型的关键问题是对 α_{01} 和 α_{02} 进行准确的估算。为了解决这个问题，使用了 Nelder-Mead（1964）的数值极小化算法。该算法是 Spendly 等人（1962）单纯形法的扩展。使用 Olteanu 和 Pavel（1995）的电导率和摩尔体积的数据对程序的有效性进行了分析。

在另外两篇文章中，Olteanu 和 Pavel（1996，1997）将 Daněk（1989）的解离模型和 Fellner（1984）的串联、并联模型结合起来，提出了复杂串联-解离、并联-解离和串联-并联-解离混合模型。应当指出的是，这几种模型通过引入更多的变量，在拟合实验数据方面获得了小的进步；然而，拟合的标准偏差总是应该与实验测量误差相差不大才是。

在最近的文章中，Olteanu 和 Pavel（1999）部分地消除了 Daněk（1989）和 Olteanu 与 Pavel（1995，1996，1997）的理论模型中的主要缺陷，即"与第二组分的性质相关，同一纯盐解离度的值是变化的"。在 Olteanu 和 Pavel（1999）的新方法中，提出了一个模型，在该模型中，为了更成功地描述不完全解离和它对混合物电导率的影响，设定解离过程的平衡常数与两个相关过程的发生概率相等。使用该模型的其中一个版本，对于不同的第二组分性质，几乎能够得到相同的第一种组分的解离度值。

8.1.1.5 熔盐中的关联模型和迁移率等温线

Klemm 和 Schäfer（1996）提出了一个与熔盐不完全解离相似的观点。他们所提出的模型受到了 Klemm（1984）对 Chemla 效应的定性解释的启发。Chemla 效应指某一温度下，迁移率等温线存在交叉，这意味着当较大尺寸的阳离子浓度高时，其迁移率比较小尺寸的阳离子高。这种效应最先是由 Mehta 等人（1969）在进行 LiBr-KBr 体系研究时观察到的，后来在许多其他的单价离子体系中也观察到了此现象，并以它的一个发现者而

命名。

　　尽管熔融溴化锂的电导率比溴化钾大，但与熔融溴化钾中离子结合生成中性 KBr 分子相比，熔融溴化锂中有更多的离子结合生成了中性 LiBr 分子，因为 Li⁺ 比 K⁺ 小。在混合熔盐中，Li⁺ 与 K⁺ 争相形成 LiBr 或 KBr 分子，较小的 Li⁺ 离子更易形成分子。因此在混合物中，随着溴化钾含量的增加，锂的内部迁移率减小的速度比钾快得多，所以两者的迁移率等温线会产生交叉。

　　根据 Klemm 和 Schäfer (1996) 的观点，二元熔盐混合物 M_1X-M_2X 由五种粒子组成（其中的三种是带电的，剩余两种是中性的）：M_1^+，M_2^+，X^-，M_1X 和 M_2X。所有粒子的摩尔分数之和等于 1

$$x_1 + x_2 + x_3 + x_4 + x_5 = 1 \tag{8-44}$$

根据熔盐的电中性，有

$$x_1 + x_2 = x_3 (0 < x_3 < 0.5) \tag{8-45}$$

熔盐的摩尔分数之和也为 1

$$x_{13} + x_{23} = 1 \tag{8-46}$$

可以很容易地得出

$$x_{13} = \frac{x_1 + x_4}{1 - x_3} \quad x_{23} = \frac{x_2 + x_5}{1 - x_3} \tag{8-47a, b}$$

为了明确熔盐的组成，在下文中使用摩尔分数 x_{23}。结合常数 K_1 和 K_2 的定义式如下

$$K_1 = \frac{x_4}{x_1 x_3} \quad K_2 = \frac{x_5}{x_2 x_3} \tag{8-48a, b}$$

由方程 (8-46)，方程 (8-47a, b) 和方程 (8-48a, b)，可以得出

$$x_1 = \frac{(1 - x_{23})(1 - x_3)}{1 + K_1 x_3} \quad x_2 = \frac{x_{23}(1 - x_3)}{1 + K_2 x_3} \tag{8-49a, b}$$

将方程 (8-49a) 与方程 (8-49b) 相加，并联合方程 (8-45) 可得

$$x_3 = \left(\frac{1 - x_{23}}{1 + K_1 x_3} + \frac{x_{23}}{1 + K_2 x_3} \right)(1 - x_3) \tag{8-50}$$

最终得到一个关于 $x_3(x_{23})$ 的三次方程

$$x_3^3(x_{23}) + \alpha x_3^2(x_{23}) + \beta x_3(x_{23}) + \gamma = 0 \tag{8-51}$$

式中

$$\alpha = \left(\frac{2}{K_1} + \frac{1}{K_2} \right) - \left(\frac{1}{K_1} - \frac{1}{K_2} \right) x_{23} \tag{8-52a}$$

$$\beta = \left(\frac{2}{K_1 K_2} - \frac{1}{K_2} \right) - \left(\frac{1}{K_1} - \frac{1}{K_2} \right) x_{23} \tag{8-52b}$$

$$\gamma = -\frac{1}{K_1 K_2} \tag{8-52c}$$

　　混合物的电导率以 x_{23} 所表示的方程如下

$$\kappa(x_{23}) = [(1 - x_{23}) u_1(x_{23}) + x_{23} u_2(x_{23})] F / V_m(x_{23}) \tag{8-53}$$

式中，$u_1(x_{23})$ 和 $u_2(x_{23})$ 分别为由 x_{23} 所表示的两组分的迁移率；F 为法拉第常数；V_m 为熔盐的摩尔体积。

8.1.1.6 硅酸盐熔体的电导率模型

Ličko 和 Daněk（1983）给出了一种表征硅酸盐熔体电导率的原创方法。在 SiO_2 浓度较高（摩尔分数至少为 40%）的硅酸盐熔体中，电荷仅靠阳离子传递。作者使用式（8-2）来计算阳离子的迁移率。对于 CaO-MgO-SiO_2 体系，式（8-2）转变为如下形式

$$\kappa = 2F(u_{Ca^{2+}}c_{Ca^{2+}} + u_{Mg^{2+}}c_{Mg^{2+}}) \tag{8-54}$$

因为由 Ličko 和 Daněk（1982）的密度测量数据可以计算出研究体系中阳离子的摩尔分数，因此可以计算出阳离子的迁移率。使用多元线性回归分析，得出在 $c_i = 0$ 时的电导率不为零，而为负值。阳离子电导率与浓度的关系满足如下方程

$$\kappa = -a + b_1 c_{Ca^{2+}} + b_2 c_{Mg^{2+}} \tag{8-55}$$

式中，$b_i = 2Fu_i$。然而，电导率显然不能为负值。因此，当电导率接近于零时，导电粒子的浓度就达到了一特定极限值 c_i^0，低于该值时，阳离子因为某种原因而不能参与电荷传递。基于此点，得出

$$a = b_1 c_{Ca^{2+}}^0 + b_2 c_{Mg^{2+}}^0 \tag{8-56}$$

因此，对于这种体系，方程（8-2）可以写为如下形式

$$\kappa = F \sum_i z_i u_i (c_i - c_i^0) \tag{8-57}$$

存在一特定的极限浓度 c_i^0，在该浓度时电导率为零，这可以由"一部分 Ca^{2+} 和 Mg^{2+} 结合成了更大的结构单元——团簇（团簇由以极性共价键的形式通过阳离子连接在一起的硅酸盐多聚阴离子组成）"来解释。Daněk 等人（1986）在 CaO-FeO-Fe_2O_3-SiO_2 体系中也发现了阳离子的类似行为，在该体系中，由于铁以两种氧化态的形式存在，也存在电子电导率（参见 2.1.8.5 节）。由 FeO 和 Fe_2O_3 的摩尔分数计算了电子浓度。发现电子的迁移率比阳离子高两个数量级。表 8-3 给出了两个不同研究体系中，分别在 1773K 和 1723K 时的阳离子和电子的迁移率。

表 8-3　CaO-MgO-SiO_2 体系中阳离子的迁移率（1773K）和 CaO-FeO-Fe_2O_3-SiO_2 体系中阳离子和电子的迁移率（1723K）

体　系	$\mu_{Ca^{2+}}$ /cm$^2 \cdot (s \cdot V)^{-1}$	$\mu_{Mg^{2+}}$ /cm$^2 \cdot (s \cdot V)^{-1}$	$\mu_{Fe^{2+}}$ /cm$^2 \cdot (s \cdot V)^{-1}$	$\mu_{Fe^{3+}}$ /cm$^2 \cdot (s \cdot V)^{-1}$	μ_{e^-} /cm$^2 \cdot (s \cdot V)^{-1}$
CaO-MgO-SiO_2 $T = 1773K$	1.85×10^4	1.57×10^4	—	—	—
CaO-FeO-Fe_2O_3-SiO_2 $T = 1723K$	2.0×10^4	—	1.8×10^4	1.1×10^4	225×10^4

8.1.2　三元体系中的电导率

不能像处理标量一样，从物理上定义电导率的理想行为，对于电导率来说，不存在其全导数，因此也不能对其使用简单的加和性规则。然而，电导率具有热激活性，可以对纯组分的活化能进行加和。基于该观点，可以接受电导率的对数加和性作为其"理想"行

为。然而，需要强调的是有两种电导率，即电导率 κ 和摩尔电导率 λ。建议对摩尔电导率使用对数加和，因为浓度对摩尔电导率的影响会因为电导率与摩尔体积相乘而减小。三元体系中电导率的"理想"状态，可以表示为如下形式

$$\ln\lambda = x_1\ln\lambda_1 + x_2\ln\lambda_2 + x_3\ln\lambda_3 \tag{8-58}$$

或者

$$\lambda = \lambda_1^{x_1}\lambda_2^{x_2}\lambda_3^{x_3} \tag{8-59}$$

对于真实三元体系的过剩电导率，建议使用一般 Redlich-Kister 型方程。可以使用下面的方程描述三元体系电导率与组成的关系

$$\lambda = \lambda_1^{x_1}\lambda_2^{x_2}\lambda_3^{x_3} + \sum_{\substack{i,\,j=1 \\ i \neq j}}^{3} x_i \cdot x_j \sum_{n=0}^{k} A_{nij} \cdot x_j^n + \sum_{a,\,b,\,c}^{m} \mathcal{B}_m \cdot x_1^a \cdot x_2^b \cdot x_3^c \tag{8-60}$$

式中，方程右侧第一项表示"理想"行为；第二项表示二元相互作用；第三项表示所有三元组分的相互作用。

使用多元线性回归分析计算了回归方程（8-60）的系数。略去选择置信水平上的统计非重要项，并将相关项的数量最小化，我们试图得到一个解决方案，可以描述电导率与浓度的关系，并且拟合的标准偏差与实验误差差别很小。对于统计重要的二元和三元相互作用，寻找合适的化学反应，并通过计算它们的标准反应吉布斯自由能检查其热力学可行性。

8.2 实 验 方 法

考虑到高温熔盐、尤其是氟化物对绝缘材料的溶解能力，通常使用低电导池常数的金属电导池测量其电导率。当使用这种类型的电导池时，测量的电阻在几十欧姆的水平，因此需要使用精确的电阻电桥。对于容积很小的金属电导池，有必要确定电阻与电流频率的关系，并且必须在电阻不再变化的频率下进行测量。

一般而言，电导率的测量方法并不绝对，并且所用的电导池需要使用已知电导率的熔盐进行标定。当电导池的标定是在室温下进行时，为了得到精确的电阻值，需要根据电导池的容积随温度的变化对电导池常数进行修正。测量的总精确度受电导池制备材料线膨胀系数获知精度的影响。

所测得的大多数电导池的阻值随所用交流电的频率而变化，这是由电导池电极的极化而引起的。因此，使用大电极和高电导池常数的电导池（毛细管电导池）可以将阻值的相对变化量最小化。然而，到目前为止，对于强腐蚀性的氟化物，大多数的研究者使用的为低电导池常数的全金属电导池，因此会产生很强的极化。

所有类型的电导池对交流电都产生相同的一般响应。当施加的正弦电压的振幅低于电化学反应的发生电位时，可以用图8-4近似表示电导池。与频率无关的金属-盐界面电容（双电层电容）随电压的变化发生充放电。

当施加电位相对反应电位足够高时，可以以与双电层电容 C_s 并联的阻抗 Z_r 表示穿过界面的电荷传递。因此，可以用图8-5近似表示每次循环中的电位超过反应电位时的电导池。

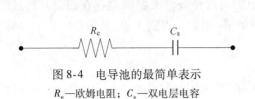

图 8-4　电导池的最简单表示

R_e—欧姆电阻；C_s—双电层电容

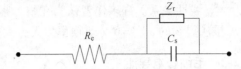

图 8-5　施加电位超过反应电位时的电导池表示

R_e—欧姆电阻；C_s—双电层电容；

Z_r—由于电极反应产生的阻抗

图 8-6 给出了最完整的电导池表示。阻抗 Z_r 分成了两部分：

（1）R_k，它是由电极反应有限速率产生的电阻项。Randles（1947）给出了其表达式

$$R_k = \frac{RT}{n^2 F^2 A C_{ox}^{1-\alpha} C_{red}^{\alpha}}\left(\frac{1}{k}\right) \tag{8-61}$$

式中，k 是电极反应的标准摩尔速率常数；C_{ox} 和 C_{red} 分别是电极反应 ox+ne⇌red 的氧化态物质和还原态物质的浓度；A 是有效电极面积；α 是能量传递系数。

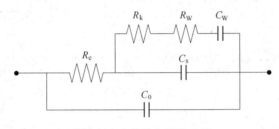

图 8-6　完整的电导池表示

R_e—欧姆电阻；C_s—双电层电容；R_W—Warburg 电阻；C_W—Warburg 电容；

R_k—由于电极反应的有限速率产生的电阻元件；C_0—"寄生"电容

（2）Warburg 阻抗，Randles（1947）给出了其电阻和电容部分的公式

$$R_W = \frac{RT(C_{ox} + C_{red})}{n^2 F^2 A C_{ox} C_{red}}\left(\frac{1}{2D\omega}\right)^{1/2} \tag{8-62}$$

$$C_W = \frac{n^2 F^2 A C_{ox} C_{red}}{RT(C_{ox} + C_{red})}\left(\frac{2D}{\omega}\right)^{1/2} \tag{8-63}$$

式中，D 为 ox 和 red 的扩散系数（假设二者的扩散系数相同）；ω 为交流电的角频率。

最后，必须提一下"寄生"电容 C_0 的存在，例如在导线之间就存在"寄生"电容。

Hills 和 Djordjevic（1968）的研究表明，在选定的实验条件下，除非电流频率非常高，将 C_0 忽略是合理的。方程（8-61）中的速率常数 k 在高温下很大，因此认为 R_k 也可以忽略。基于这些近似进行分析，给出了电导池阻抗的串联电阻元件表达式（电桥的合理安排使得可以测量该未知串联元件）

$$R_s = R_e + \frac{a}{\omega^{1/2}(a^2 + 2aC_s^{1/2} + 2C_s^2)} \tag{8-64}$$

式中，R_e 为电解质的欧姆电阻；a 为 Warburg 系数，其表达式如下

$$a = A\frac{n^2 F^2 A C_{ox} C_{red}}{RT(C_{ox} + C_{red})}(2D)^{1/2} \tag{8-65}$$

由方程（8-64）明显看出，除非双电层电容 C_s 为零，否则只有在低频条件下，R_s 与

$\omega^{1/2}$才呈线性关系。许多作者认为在整个频率范围内这种线性关系都是存在的，并通过线性外推法得到的$\omega^{1/2}=0$（即频率为无穷大）时的R_s读数，得到了R_e的值。

8.2.1　毛细管电导池

Matiašovský 等人（1971）使用一个由 Pyrex 玻璃和用直径为 0.5mm 的 Pt30Ir 丝制备的电极对（A 和 B）制成的毛细管电导池测量了熔融硝酸盐的电导率。图8-7 为玻璃毛细管电导池图示，图8-8 为整个实验装置图示。

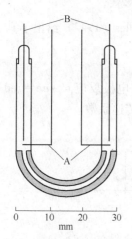

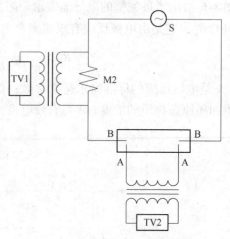

图 8-7　玻璃毛细管电导池　　　　　图 8-8　毛细管电导池测量的电路图

A—无电流流通电极；B—电流流通电极　　　A—无电流流通电极；B—电流流通电极；

S—发电机；TV1—真空管电压表；TV2—纳伏表；M2—电阻

TESLABM 344 发电机提供交流电流和电压，并施加于电极对 B。使用 TR-1202EMG-1319 真空管电压表（TV1），使通过 200kΩ 大电阻的电压降保持恒定，因此给电导池提供了一个恒定电流。使用 UNIPAM208（TV2）选频纳伏表测量电导池的电压降，对电极对 A 和 B 上的电压都进行了测量，以分离电流流通电极 B 上产生的极化效应。纳伏表的高内阻（>10MΩ）使得 A 电极的极化可完全忽略不计。因此，通过 A 电极测得的电压值不随频率变化。因为通过电导池的电流恒定，电压值与电解质的电阻值成正比，当确定电导池常数后，可以使用该电阻值计算电导率的值。使用纯 $NaNO_3$ 标定电导池常数 C，接受 Janz 等人（1986）给出的纯 $NaNO_3$ 的电导率值。电导池常数可由以下方程计算得出

$$C = \kappa_{NaNO_3} \Delta U_{NaNO_3} \tag{8-66}$$

式中，ΔU_{NaNO_3} 为熔融 $NaNO_3$ 中 A 电极间的电压降。因此，电导率表达式如下

$$\kappa_x = \frac{C}{\Delta U_x} \tag{8-67}$$

测定的 C 值在$(0.998 \sim 1.005) \times 10^{-3} A/cm$ 的范围内。

当使用电流流通电极对 B 来测定通过毛细管电导池的电压降时，得到的电阻值与频率相关，如下式所示

$$R_s(\omega) = R_e + \Delta R(\omega) \tag{8-68}$$

式中，R_e 为电解质的真实欧姆电阻；ΔR 为极化电阻。通过使用电极对 A 测定的通过电导

池的电压降所得的电阻值与电流频率无关，$R_s = R_e$。

Yim 和 Feinleib（1957）以及 Fellner 等人（1993）在氟化物熔体电导率测试中使用了氮化硼（BN）毛细管电导池。Fellner 等人（1993）使用的电导池由内径约 4mm，长 100mm 的热解氮化硼管组成（如图 8-9 所示）。其中的一个电极为直径 2mm 的钨棒，它可以精确地放置在管中的相同位置，石墨坩埚作为另一个电极。石墨坩埚内装有 10～15g 混合盐，并放置在一个竖式实验炉中，在氩气保护的气氛下将炉子加热到设定温度。使用 Pt1-Pt10Rh 热电偶来测定温度。

用一台 Solartron1250 型频率响应分析仪来测量变化频率下的电导池阻抗。ac 振幅为 10mV，用一个 10Ω 的标准电阻器与电导池串接，作为标准电阻。用一台联机电脑来控制频率分析仪，并采集和处理电导池阻抗的实部和虚部数据。将测量数据外推至频率为无穷大，并减去导线和电极的电阻（通过将钨电极置于电导池的底部测得），可以得到电解质的电阻。使用 NaCl 对电导池常数进行标定。发现电导池常数不随温度变化，而且熔体没有逐渐渗入到 BN 管中。

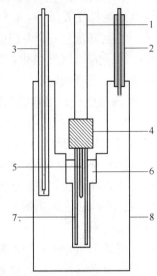

图 8-9　氮化硼（BN）毛细管
电导池示意图
1—钢管；2—钼连接棒；3—热电偶；
4—热压 BN 支撑件；5—钨电极；
6—熔体；7—热解 BN 管；8—石墨坩埚

8.2.2　连续变化电导池常数电导池

Wang 等人（1992）发明了一种新的测量氟化物熔体电导率的方法，该方法基于连续变化电导池常数（CVCC）原则，在直径相对较大的毛细管型电导池中，移动铂圆盘电极实现电导池常数的变化。同时，在一个固定的高频电流下，测量电路阻抗的实部 R_m。因为 R_m 与电导池常数呈线性关系，电解质电导率可由下式给出

$$\kappa = \left[A \left(\frac{dR_m}{dL} \right) \right]^{-1} \tag{8-69}$$

式中，κ 为熔体的电导率；A 为电导池管的内截面积；dR_m/dL 为测量电路的电阻相对于按程序变化的电导池长度 L 的斜率。

通过线性改变电导池的长度 L，达到了电导池常数连续变化的目的，保持电导池截面积 A 不变，下上下移动 Pt 圆盘电极实现了 L 的线性变化。因此，通过测量一系列按程序变化的电导池长度对应的电路电阻，可以得到该斜率。根据方程（8-69）所得的电导率与外来电导率效应、例如施加频率和导线接触电阻无关。

该电导池的装配图如图 8-10 所示。使用内径为 3cm 的石墨坩埚盛装熔盐，该坩埚也用作对电极，通过一个热电偶用因科内尔铬镍铁合金保护套与一个 LCR 阻抗仪相连接。在石墨坩埚的上部，放置一个外径为 3.8cm 的 BN 支撑件，将热解 BN 管型电导池垂直固定在其中。该管式电导池由气相沉积的热解 BN 制作而成，其致密度、绝缘性、内径恒定不变，并且可以抵抗熔融氟化物的腐蚀。热解 BN 管浸入熔融电解质中 5.5cm。Pt 圆盘电极与直径 0.16cm 的 Pt 丝相连接，通过一根 BN 管将 Pt 丝与熔盐隔离。Pt 丝的另一端拧入

直径 0.64cm 的因科内尔铬镍铁合金棒中，合金棒垂直连接于定位器的臂，定位器用来测量实际电导池长度 L。

炉子的上端盖上一个专门的分合式水冷盖。为阻止石墨坩埚在空气中燃烧，并保证测量精度，炉子需用氩气净化。将 Model Unidex XI 型定位器（AeroTech 公司，匹兹堡，宾夕法尼亚州）垂直固定在一个无振动平台上。定位器可以上下移动热解 BN 管式电导池中心处的 Pt 圆盘电极到已知的位置，定位精度为±0.001cm。用一个程序位置控制器来控制位置。

使用 SP2596 阻抗仪（Electro Scientific 公司，波特兰，俄勒冈州），在 1kHz 的固定频率下测量电导率。它可以分别测得电路阻抗的所有三个元件的值，即阻抗实部（电阻）、电容和电感。在一项频率效应的研究中，使用了一台 HP 4274A 多频 LCR 仪（ElsctroRent 公司，诺克罗斯，佐治亚州）（频率在 100Hz～100kHz 范围内变化）和一个具有 5 位有效数字的标准电阻。

通过测量 1.00mol/L KCl 水溶液的电导率标定了管式电导池的内截面积 A。认为由于温度升高所引起的管内径的热膨胀是无关紧要的，因此将其忽略。

使用熔融 KCl 和三种不同组成的冰晶石熔体测试了 CVCC 电导池的测量电阻与频率的关系。对结果的统计分析表明，各个电解质的电导率与施加频率是无关的。图 8-11 给出了电导率与施加频率的函数关系。电导率值的变化不超过±1%。这证明了该方法所基于的原理，即管式电导池中，电阻相对于距离 L 的斜率与施加频率无关。另外，传统的方法必须考虑施加的频率，而且许多电导率值是通过将测量电路的电阻推导或外推至无限大频率得到的。

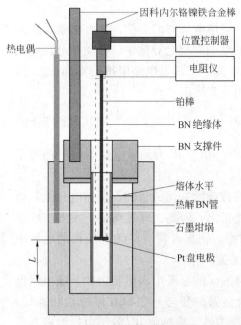

图 8-10 CVCC 法电导池组装图示

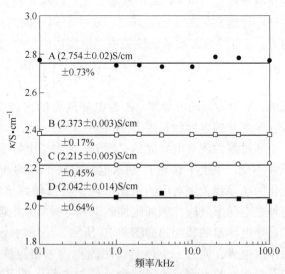

图 8-11 四种不同组成熔体的施加频率与测量电导率的关系

A—Na_3AlF_6，1022℃；B—CR = 2.5+3% Al_2O_3 +3% LiF+

4% CaF_2 +2% MgF_2，945℃；C—KCl，818℃；

D—CR = 2.2+3% Al_2O_3 +5% CaF_2，959℃

在另一篇文章中，Wang 等人（1993）使用 CVCC 电导池测量了多种添加了氟化铝、氧化铝、氟化钙、氟化镁和氟化锂的冰晶石熔体的电导率。在所测得的数据的基础上，推导出了关于冰晶石熔体电导率的多元回归方程，讨论了不同温度下电解质成分对电导率的影响，将实验测量结果与发表的冰晶石熔体的电导率数据进行了比较。这个新的回归方程可用于计算现代工业组成的冰晶石熔体的电导率。

Wang 等人（1994）使用 CVCC 电导池测量了含有碳化铝（Al_4C_3）的冰晶石熔体的电导率。碳化铝可产生于铝电解槽中任意铝和碳接触的区域。电解质的电导率随 Al_4C_3 的生成而减小，但是在此研究之前没有确定出定量结果。Wang 等人将得到的实验数据并入了一个便利的数学模型，可以确定 Al_4C_3 对铝电解质的定量影响。

8.2.3 双电极电导池

使用双电极电导池测量电导率对标定方法非常敏感，因为电导池常数的任何一个小的变化都会对测量结果产生很大的影响。常用 KCl 水溶液作为电导率标准液。由加热过程中电导池材料的热膨胀和电导池几何尺寸的变化带来的问题会对测得值产生很大的影响。Janz（1980）建议使用纯 KNO_3 和 NaCl 作为高温下标定电导池常数的标准物质。

Matiašovský 等人（1970）使用由两个直径为 5mm、相距为 12mm 的亮铂圆盘制成的双电极电导池测量了熔融氟化物的电导率。他们的研究表明，不同熔盐的大多数的 $R_s = f(\omega^{1/2})$ 曲线都与方程（8-64）完全一致，呈明显的非线性，采用频率无限大时的外推法会得出错误的电阻。这毫无疑问是文献中使用全金属电导池得到的电导率数据相互矛盾的原因之一，尤其是对于测量熔融氟化物电导率的情况，例如，1020℃ 下的 NaF 电导率在 3.32 ~ 5.60 $\Omega^{-1} \cdot cm^{-1}$ 之间。Matiašovský 等人（1970）发现对于他们的电导池，"极限"频率（高于该频率时，R_s 不随频率变化）约为 100kHz。

Winterhager 和 Werner（1956）也使用与 Matiašovský 等人（1970）类似的电导池测量了氯化物和氟化物的电导率。他们在 20 ~ 50kHz 获得了恒定的 R_s 值。这个明显更低的"极限"频率可能是由于使用了更大的镀铂电极，即有效表面积更大的电极。这导致了更大的双电层电容和更高的 a 值，因此根据方程（8-64），在更低的频率时，$R_s = R_e$。

8.2.4 四电极电导池

Ohta 等人（1981）报道了两次浸入的四电极电导率测定方法。该法源于最初由 Philips 实验室发明的、用于半导体电导率测量的四电极法，其测定原理如图 8-12 所示。该方法要求电极呈方形定位，电极作用的 90°转换消除了电极位置与该几何结构的偏差。该方法的原理是基于待测液体中电场分布的测量，测量过程如下：

第一步，当电极在较高的位置时，测量流过电极 a 和 b 之间的电流 I_1，以及电极 c 和 d 之间的电压 V_1。然后，电极作用进行 90°转换，因此电流 I_2 流过电极 b 和 c，而读取的为电极 d 和 a 之间的电

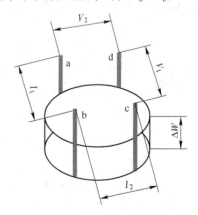

图 8-12　两次浸入四电极法的基本几何

a ~ d—电极；

ΔW—浸入深度之间的距离；

V_1，V_2—电压；I_1，I_2—电流

压 V_2。由这些测得值，分别计算第一次和第二次电极定位的表观电阻 $R_1 = V_1/I_1$ 和 $R_2 = V_2/I_2$。由这两个电阻值，计算较高位置的平均电阻 $R_U = (R_1 + R_2)/2$。

第二步，电极再向下浸入 ΔW，重复与第一步类似的过程，得出 R_L 的值。这样进行实验，实际上测得的只是厚度为 ΔW 的圆盘的电阻。Ohta 等人（1981）给出了该方法的大量数学分析，得出如下电导率方程：

$$\kappa = \frac{\ln 2(R_U - R_L)}{2\pi R_U R_L \Delta W} \qquad (8\text{-}70)$$

式中，R_U 和 R_L 分别是电极较高和较低位置的平均电阻；ΔW 为较高和较低电极位置之间的距离。

由方程（8-70）可知，唯一必须要知道的是电极浸入的深度。当待测液体的温度变化时，可不必测量液面水平的变化（新的浸入深度）。Ohta 等人（1981）也讨论了各个不同参数，即电极直径和它们之间距离的比率、坩埚的材质、电极与坩埚中心的距离、待测液体的深度、浸入深度以及电流的频率等的作用。

对该方法实行人工操作比较繁琐，也比较耗费时间，因为为获得一个单一的电导率值，必须测量八个电流/电压值，还需要精确改变电极的浸入深度。需要一台电脑设备来克服这些不足之处。

9 黏 度

碱金属卤化物熔盐的黏度范围为 $0.5 \sim 5\mathrm{mPa \cdot s}$。在一个很宽的温度范围内（大于 200K），黏流活化能不是常数。由于熔盐是由两个具有不同半径的微粒组成的，可以认为黏度值是由半径较大，因此活性较差的离子的运动决定的。特别是在含有配合阴离子的熔盐中能够观察到这种现象，其阴离子要比阳离子大很多。基于此，熔盐中黏度的值和电导率的值是没有相互关联的。同样，黏性流的活化能的值经常要比电导率活化能的值高。

在无其他化合物生成的简单熔盐体系中，熔盐的黏度要比通过加和规则计算出来的黏度值低一些。迄今为止，仅仅在 $\mathrm{CdCl_2}$-$\mathrm{CdBr_2}$ 体系中，我们观察到黏度与组成的关系符合加和规则。有趣的是，黏度的最小值与组成的关系和电导率的最小值与组成的关系通常是不一致的，或者说黏度与配合物的组成没有相关性，这可能是由离子结构的变化引起的。

9.1　理论背景

黏度是一个标量，它能够反映液体内部的摩擦性。动力黏度系数 η 由下面的微分方程定义

$$F = \eta A \frac{\mathrm{d}v}{\mathrm{d}r} \tag{9-1}$$

式中，F 是作用在液面层的力；A 是液面层的面积；v 是液面层流动的速度；r 是液面层的厚度。

动力黏度的国际单位为 $\mathrm{Pa \cdot s}$。水在 20℃ 的黏度是 $1.009\mathrm{mPa \cdot s}$。运动黏度 ν 为动力黏度与密度的商，即 $\nu = \eta/\rho$。

液体的黏度明显取决于温度，温度改变可以引起几个数量级的黏度变化。黏度与温度的关系因此通常表示为阿累尼乌斯型方程指数形式

$$\eta = A\exp\left(\frac{E_{\mathrm{vis}}}{RT}\right) \tag{9-2}$$

如果温度的变化范围不是很大，大多数的液体都遵循公式（9-2）。然而，对于玻璃态熔体，其黏度范围为 $1 \sim 10^{14}\mathrm{Pa}$，此时通常使用 Vogel-Fulcher-Tamman 公式

$$\eta = A'\exp\left(\frac{B}{T - T_0}\right) \tag{9-3}$$

式中，B 和 T_0 是常数；T 的值接近于玻璃化转变温度，该温度值等于熔盐的弛豫时间为无限大时的温度，即熔盐的结构不再变化并凝固时的温度。

9.1.1　理想和真实溶液的黏度

为了能够通过黏度的测量得到一些关于熔盐体系结构的信息，我们应该定义一个适当

的参考状态。由于黏度是一个标量，无法根据其定义确定其理想行为。

然而，基于阿累尼乌斯公式描述温度与黏度之间关系的有效性，以及基于盖斯定律对黏流活化能加和性的有效性，黏度值的对数所具有的加和性可以被视为理想行为，例如，在恒定温度下的三元体系，可以记为

$$\ln\{\eta_{id}\} = x_1\ln\{\eta_1\} + x_2\ln\{\eta_2\} + x_3\ln\{\eta_3\} \tag{9-4}$$

或者

$$\eta_{id} = \eta_1^{x_1}\eta_2^{x_2}\eta_3^{x_3} \tag{9-5}$$

式中，η_i 是某一单一组分的黏度；x_i 是它们的摩尔分数。

对于真实体系，可以写为

$$\eta = \eta_{id} + \eta_{ex} = \eta_1^{x_1}\eta_2^{x_2}\eta_3^{x_3} + \eta_{ex} \tag{9-6}$$

式中，η_{ex} 是过剩黏度，它可以被表示为 Redlich-Kister 形式的公式，即

$$\eta_{ex} = \sum_{\substack{i,\,j=1\\i\neq j}}^{3} x_i x_j \sum_{n=0}^{k} A_{nij}x_j^n + \sum_{a,\,b,\,c=1}^{m} B_m x_1^a x_2^b x_3^c \tag{9-7}$$

方程右侧第一项表示的是二元体系中的相互作用，而第二项表示的是所有三个组分之间的相互作用。然后，通过多重线性回归分析方法，并略去选择置信水平的统计非重要项，进行了选定温度下系数 A_{nij} 和 B_m 的计算。如此定义的过剩黏度及其计算值可以得到很多关于所研究的体系的结构信息。

9.1.2　二元和三元体系中的应用

9.1.2.1　二元体系

在二元体系中，可以使用上面提到的黏度与浓度之间关系的理想行为估算加成化合物 AB 的热分解率，其中加成化合物 AB 是在二元体系 A-B 中形成的。例如在 KF-K_2NbF_7 二元体系中，形成了加成化合物 K_3NbF_8。

与理想行为相比，在 KF-K_2NbF_7 体系中黏度与浓度之间的关系存在正偏差，这可能是由于中间产物 K_3NbF_8 的形成所引起的，该产物是一种同分熔融化合物。然而，这个化合物并不稳定，会根据下面的反应式发生部分分解

$$K_3NbF_8(1) \Longleftrightarrow K_2NbF_7(1) + KF(1) \tag{9-8}$$

其解离度为 α_0。假设理想黏度的解离过程可以用公式（9-8）描述，那么就可以通过 KF-K_2NbF_7 体系真实黏度的解离处于平衡状态下的假设，使用下面公式计算 α_0

$$\eta_{calc} = \eta_{KF}^{x(KF)}\,\eta_{K_2NbF_7}^{x(K_2NbF_7)}\,\eta_{K_3NbF_8}^{x(K_3NbF_8)} \tag{9-9}$$

式中，η_{KF} 和 $\eta_{K_2NbF_7}$ 分别是 KF 和 K_2NbF_7 的黏度；$\eta_{K_3NbF_8}$ 为纯的无解离的 K_3NbF_8 的假定黏度值；而 x_i 是 KF、K_2NbF_7 和 K_3NbF_8 在混合物中的平衡摩尔分数。$\eta_{K_3NbF_8}$ 的值可以通过其余的两种组分的黏度值进行估算。对于每个组成，都可以通过每一选定的 α_0 值和 $\eta_{K_3NbF_8}$ 计算组分 KF、K_2NbF_7 和 K_3NbF_8 的平衡摩尔分数。可以通过下面的条件得到 α_0 的校正值

$$\sum_{i=1}^{n}(\eta_{calc,i} - \eta_{exp,i})^2 = \min \tag{9-10}$$

计算结果见表9-1。

表 9-1 解离度 α_0、反应的平衡常数 A，以及无解离的 K_3NbF_8 黏度计算值

T/K	$\eta_{K_3NbF_8}/mPa \cdot s$	K	α_0[①]	α_0[②]	α_0[③]
1050	4.01	0.468	0.42	0.61	0.44
1100	3.55	0.510	0.45	0.55	—
1150	3.20	0.556	0.49	0.38	—

①黏度测量值。

②密度测量值。

③由相图得到的计算值。

9.1.2.2 三元体系的黏度

可以使用下面的公式来描述三元体系中黏度与组成之间的关系

$$\eta = \eta_1^{x_1} \cdot \eta_2^{x_2} \cdot \eta_3^{x_3} + \sum_{\substack{i, j=1 \\ i \neq j}}^{3} x_i \cdot x_j \sum_{n=0}^{k} A_{nij} \cdot x_j^n + \sum_{a, b, c=1}^{m} B_m \cdot x_1^a \cdot x_2^b \cdot x_3^c \qquad (9-11)$$

方程右侧第一项代表"理想"反应，第二项代表二元相互作用，第三项代表所有三个组分之间的相互反应。

可以使用多重线性回归分析方法计算公式（9-11）的回归系数。略去在选择置信水平上的统计非重要项，并将相关项的数值最小化，试图得到一个解决方案，可用于描述黏度与浓度的关系，并且拟合的标准偏差与实验误差差别很小。对于统计重要的二元和三元相互作用，试图找到合适的化学反应，计算它们的标准反应吉布斯自由能以检查它们的热力学可行性。

9.1.2.3 硅酸熔盐的黏度

黏度是熔融硅酸盐常测量的性质之一。其黏度数据范围为 $0.1 \sim 10^{16} Pa \cdot s$。实际上，通过实验得到精确的黏度数据是很困难的，特别是在高温下。而文献中经常出现的矛盾数据也证明了这一点。以 $CaSiO_3$ 熔体的黏度值为例，在 1873K 下，$CaSiO_3$ 熔体的黏度值范围在 $0.15 \sim 0.25 Pa \cdot s$ 之间。

几项相关研究讨论了硅酸盐中的阴离子结构和微粒的定量分布问题（见 2.1.9 节）。对于硅酸盐来说，Florys（1953）的聚合物理论最简单的应用是由 Masson（1965，1968，1977）和 Masson 等人（1970）提出的直链和支链理论。在这个理论中，假设硅酸盐阴离子全部是由通式 $Si_nO_{3n+1}^{2(n+1)-}$ 的直链和支链组成的。这些链是由下示类型的多聚合反应形成的

$$SiO_4^{4-} + Si_nO_{3n+1}^{2(n+1)} \Longleftrightarrow Si_{n+1}O_{3n+4}^{2(n+2)-} + O^{2-} \qquad (9-12)$$

反应平衡常数为

$$K_{1n} = \frac{x_{Si_{n+1}O_{3n+4}^{2(n+2)}} \cdot x_{O^{2-}}}{x_{SiO_4^{4-}} \cdot x_{Si_nO_{3n+1}^{2(n+1)-}}} \qquad (9-13)$$

式中，x_i 是对应的阴离子的摩尔分数。公式（9-13）表明在一给定的 SiO_2 含量的情况下，K_{1n} 的值与熔盐中的聚合度紧密相关。公式（9-13）同样也可以写成下面的形式

$$\frac{x_{Si_{n+1}O_{3n+4}^{2(n+2)-}}}{x_{Si_nO_{3n+1}^{2(n+1)-}}} = \frac{K_{1n}x_{SiO_4^{4-}}}{x_{O^{2-}}} = r \qquad (9-14)$$

在恒定的温度、压力，并且组成和 r 值也保持不变的情况下，即在热力学平衡时，同

一系列硅酸盐阴离子的连续离子团之间的摩尔分数比也是恒定的。

当缺少有关于活度和组成之间关系的数据时，可以用摩尔分数代替公式（9-13）和公式（9-14）中的活度。对于磷酸盐玻璃的观察支持了该简化方法，而磷酸盐阴离子的摩尔分数是由 Meadowcroft 和 Richardson（1965）采用色谱法测量的。

很明显，平衡常数 K_{1n} 的值取决于链的长度。直链和支链中平衡常数 K_{1n} 与 n 之间的关系由 Masson 等人（1970）推导出。由公式（9-12）给出的平衡关系可由简单的平衡常数，例如二聚作用常数 K_{11} 表述。使用同样的简化假设，Masson 等人（1970）提出了在二元硅酸盐熔盐中计算阴离子分布的公式。原始 Masson 理论的使用范围为 $x_{SiO_2} < 0.5$，因为没有考虑循环和球形结构单元的存在。

然而，Pretnar（1968），Baes（1970）和 Esin（1973，1974）认为聚合物理论的使用范围可以扩展到包括循环和球形粒子的情况，也就是，对于聚合性更强的硅酸盐熔体也适用。Pretnar 假设在二元硅酸盐熔盐中，短链（$n \leq 5$）和具有一般的形式 $Si_nO_{4n-f_n}^{2(2n-f_n)-}$ 并且 $n \geq 6$ 的球形粒子是存在的（f_n 为在多硅酸盐阴离子中 SiO_4 四面体结合的量）。Pretnar 给出反应链表达式

$$f_n = n - 1 \tag{9-15}$$

而对于凝聚性更强的聚阴离子

$$f_n = 2n - 1.71n^{2/3} - 0.5 \tag{9-16}$$

他还假设公式（9-12）的平衡关系可以由下面的一般形式表示

$$2O^- \rightleftharpoons O^0 + O^{2-} \tag{9-17}$$

其平衡常数为

$$K = \frac{x_{O^0} x_{O^{2-}}}{x_{O^-}^2} \tag{9-18}$$

式中，O^0 和 O^- 分别代表桥式氧原子和非桥式氧原子。其平衡关系可用一个简单的平衡常数描述，它可定量描述二元硅酸盐熔盐中阴离子的定量分布。

硅酸盐阴离子的平均摩尔质量和在特定阴离子中 SiO_4 四面体的平均数量可由下面的公式计算

$$\overline{M} = \frac{\sum x_n M_n}{\sum x_n}, \quad n = \frac{\sum n x_n}{\sum x_n} \tag{9-19}$$

式中，M_n 定义为

$$M_n = 28.086n + 16(4n - f_n) \tag{9-20}$$

对于 x_n，Pretnar（1968）提出了下面的公式

$$x_n = x_{SiO_2}(1 - q)^2 q^{n-1} \tag{9-21}$$

式中，$q = x_{n+1}/x_n$ 为确定下式中多聚阴离子浓度的几何参数

$$\sum n^{2/3} q^{n-1} = 1 + \sqrt[3]{4q} + \sqrt[3]{9q^2} + \cdots \tag{9-22}$$

Pretnar（1968）进一步定义聚合度为在真实结构中存在的氧桥数量和理论中可能存在的桥总量的比率

$$P = \frac{\sum_n f_n x_n}{2x_{SiO_2}} \tag{9-23}$$

式中，x_n 为具有 n 个 SiO_4 四面体的硅酸盐阴离子的摩尔分数。聚合度 P 和公式（9-18）中的平衡常数之间的关系可由下面的公式得到

$$K = \frac{P^2 + P\left(\frac{x_{MO}}{2x_{SiO_2}} - 1\right)}{4(1 - P)^2} \tag{9-24}$$

从公式（9-24）中得到聚合度为

$$P = \left(\frac{1}{2 - 8K}\right)\left\{1 - \frac{x_{MO}}{2x_{SiO_2}} - 8K + \sqrt{\left[1 + \frac{x_{MO}}{2x_{SiO_2}}\left(\frac{x_{MO}}{2x_{SiO_2}} + 16K - 2\right)\right]}\right\} \tag{9-25}$$

Pretnar 也用公式（9-14）中定义的比率 r 修正了 P，如下式所示

$$\frac{2P}{1 - r^2} = \sum_{n=1}^{5}(n - 1)r^{n-1} + \sum_{n=6}^{\infty}(2n - 1.71n^{2/3} - 0.5)r^{n-1} \tag{9-26}$$

硅酸盐阴离子的分布可由下面的公式计算

$$x_n = x_{SiO_2}(1 - r)^2 r^{n-1} \tag{9-27}$$

基于对硅酸盐阴离子分布的计算，我们还可以计算出平均链长（在各种结构体中 SiO_4 四面体的平均数量）

$$\bar{n} = \frac{\sum nx_n}{\sum x_n} \tag{9-28}$$

以及在给定的熔盐中硅酸盐阴离子 $Si_nO_{4n-f_n}^{2(2n-f_n)-}$ 的平均摩尔质量

$$\bar{M} = \frac{\sum x_n M_n}{\sum x_n} \tag{9-29}$$

聚合物理论应用的一个首要问题是要知道聚合反应的平衡常数 K_{11}。Masson（1977）计算了一些 MeO-SiO_2（M = Ca、Mn、Pb、Fe、Co 和 Ni）二元体系中的平衡常数。Balta 和 Baltat（1971）研究发现平衡常数的对数与金属阳离子的电离能呈线性关系，根据此关系，当缺少实验数据时，可以估算体系中的平衡常数。例如，对于第一电离能与 Mg 的第二电离能接近的阳离子，Masson（1977）公布了 Mn 在 1773K 和 Pb 在 1273K 时的平衡常数，其值分别为 K_{11} = 0.19 和 K_{11} = 0.196。

Ličko 和 Daněk（1986）用 Pretnar（1968）提出的理论计算了 CaO-MgO-SiO_2 的黏度，而 Daněk（1985b）也计算了 CaO-FeO-Fe_2O_3-SiO_2 四元系的黏度。基于 Masson（1977）和 Masson 等人（1970）得到的平衡常数 K_{11}，得到 MgO-SiO_2 体系的平衡常数为 0.19，CaO-SiO_2 体系的平衡常数为 0.0016。在体系 CaO-FeO-Fe_2O_3-SiO_2 中，可以得到下面的值：对于 CaO-SiO_2 体系，K_{11} = 0.0016；对于 FeO-SiO_2 体系，K_{11} = 0.7；对于 Fe_2O_3-SiO_2 体系，基于 Fe 的第三电离能，K_{11} = 20。上述计算忽略了温度对平衡常数的影响。

CaO-MgO-SiO_2 三元体系的平衡常数值可由 CaO-SiO_2 和 MgO-SiO_2 二元体系的平衡常数对数的加成计算出来

$$\log K_{11} = \frac{x_{CaO}}{\sum x_{MeO}}\log K_{(C-S)} + \frac{x_{MgO}}{\sum x_{MeO}}\log K_{(M-S)} \tag{9-30}$$

式中，$\sum x_{MeO} = x_{CaO} + x_{FeO}$，$x_{CaO}$ 和 x_{FeO} 分别是在研究熔盐中氧化物的摩尔分数。这种方法等价于一种假设：当 CaO 被 MgO 取代时，在三元体系中的聚合反应的标准吉布斯自由能将会改变。

CaO-FeO-Fe$_2$O$_3$-SiO$_2$ 体系的平衡常数 K_{11} 可以简单地计算为

$$\log K_{11} = \frac{x_{CaO}}{\sum x_{MeO}}\log K_{(C-S)} + \frac{x_{FeO}}{\sum x_{MeO}}\log K_{(F(II)-S)} + \frac{x_{Fe_2O_3}}{\sum x_{MeO}}\log K_{(F(III)-S)} \quad (9-31)$$

式中，$\sum x_{MeO} = x_{CaO} + x_{FeO} + x_{Fe_2O_3}$。

由计算结果发现，计算得到的动力黏度与当前熔盐中硅酸盐阴离子的平均摩尔质量之间呈线性关系，其斜率是热力学温度倒数的指数值（见图9-1）。其线性关系为 $\eta = f(\overline{M})$，在不同温度下得到的线实际上交于一点，这个点与单位 SiO$_4$ 四面体的摩尔质量有关。因此，对于 CaO-MgO-SiO$_2$ 体系，与硅酸盐阴离子平均摩尔质量（g/mol）和温度（K）相关的动力黏度值（Pa·s）可以由下面的简单公式得到：

$$\eta = 2.285 \times 10^{-9}(\overline{M} - 92) \times \exp\left(\frac{2.349 \times 10^4}{T}\right) + 0.07 \quad (9-32)$$

在研究的浓度和温度范围内，黏度的标准偏差不超过 1.5×10^{-2} Pa·s。在 CaO-FeO-Fe$_2$O$_3$-SiO$_2$ 体系中（见图9-2），同样得到一个公式

$$\eta = 2.281 \times 10^{-9}(\overline{M} - 92) \times \exp\left(\frac{2.293 \times 10^4}{T}\right) + 0.05 \quad (9-33)$$

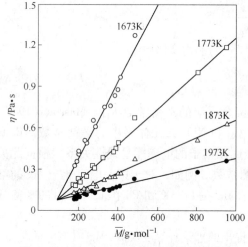

图 9-1　CaO-MgO-SiO$_2$ 体系黏度与硅酸盐
阴离子平均摩尔质量关系图

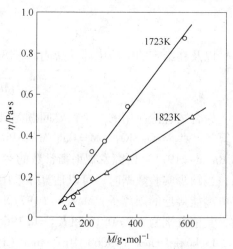

图 9-2　CaO-FeO-Fe$_2$O$_3$-SiO$_2$ 体系黏度
与硅酸盐阴离子的平均摩尔质量关系图

其中黏度值的标准偏差 $sd = 9 \times 10^{-3}$ Pa·s。比较公式（9-33）和公式（9-32），获得了非常好的一致性，这说明，两个公式对硅酸盐熔盐具有普遍性和有效性。从动力黏度和硅酸盐阴离子的平均摩尔质量的关系，我们可以得到下面的结论：

（1）摩擦力阻滞了近液层的相对运动，而摩擦力是由硅酸盐阴离子之间的动量传递造成的。也就是说，离散的硅酸盐阴离子既是结构单元，也是流动单元。

（2）从空间的角度看，硅酸盐阴离子是相似的并且很大程度上是等体积的（如果不是，那么方程 $\eta = f(\overline{M})$ 则不是线性关系）。很明显，至少在所研究的浓度范围内（SiO$_2$ 的浓度最高达60%（摩尔分数））上述的两种形式都是有效的。

（3）在 SiO$_2$ 含量不超过60%（摩尔分数）的 CaO-MgO-SiO$_2$ 和 SiO$_2$ 含量不超过

61%（摩尔分数）的 $CaO\text{-}FeO\text{-}Fe_2O_3\text{-}SiO_2$ 体系中，熔盐都是由非连续的硅酸盐阴离子组成的。这意味着，与给定值相比，形成胶体的边界条件将向更高 SiO_2 浓度的方向移动。

饶有兴趣的是，阳离子的化学性质对黏度有影响，对熔盐中配合阴离子的结构也有影响。随着电离能的增加，黏度，也就是聚合趋势也随着增加。硅酸盐阴离子的平均摩尔质量相同的情况下，起决定作用的将是阳离子与带负电荷的自由氧原子间的键的强度。化学键越强，熔体结构承受剪切力的能力越强，其动力黏度也就越高。在熔盐中，由于 Mg^{2+} 的化学键的强度要比 Ca^{2+} 高，认为当硅酸盐阴离子的平均摩尔质量相等的情况下，$MgO\text{-}SiO_2$ 熔盐的黏度要比 $CaO\text{-}SiO_2$ 熔盐的黏度高。这一点与 McMillan（1984）对于 $CaO\text{-}FeO\text{-}Fe_2O_3\text{-}SiO_2$ 玻璃体系的光谱分析结果相一致。

由于随着铁氧化物的含量的增加，$CaO\text{-}FeO\text{-}Fe_2O_3\text{-}SiO_2$ 熔盐的黏度减小，因此 Fe^{3+} 进入聚合阴离子网状结构，并参与到形成球状阳离子的假设并不是完全成立的。然而，尽管这样，在熔盐中至少有一些 Fe^{3+} 会参与四面体配位，这是完全合乎逻辑的，并且符合三价铁离子的半径和氧原子的半径比。然而，在熔盐中三价铁离子会以孤立 FeO_4^{5-} 和成对 $Fe_2O_5^{4-}$ 四面体的形式存在，或者与少量的 SiO_4^{4-} 或 FeO_4^{5-} 四面体形成其他阴离子结构。一方面，它们因此具有配合阴离子的性质；另一方面，它们不会导致熔盐黏度的增加。随着温度的升高，熔体中 Fe^{3+} 阳离子的含量降低，并产生更高浓度的、更大的纯硅酸盐聚合阴离子。该温度激活过程将导致阴离子平均摩尔质量随着温度的升高而升高。这种对硅酸盐熔体中 Fe^{3+} 行为的解释与 Waff（1977）的构想是一致的，并且与 Pargamin 等人（1972）和 Levy 等人（1976）测量的 Mssbauer 光谱的结果也一致，在测量中考虑了 $Ca_{0.5}Fe^{3+}O_2$ 形式的配合物，其为含有三价铁阳离子的四面体配位结构的化合物。

9.2 实 验 方 法

为了测量高温下熔盐和玻璃的黏度，人们提出了许多种方法。采用何种方法需要根据待测液体黏度来选择。实验数据具有很大的分散性，这反映出在黏度测量实验过程中存在很多困难。一般来说，在熔盐黏度测量方法中，扭摆法是最常用的，而在测量诸如熔融玻璃的黏度时，落体（落球）法和旋转法比较适用。这里不讨论黏度非常高（大于 $10^8 Pa \cdot s$）的液体黏度测量方法。

9.2.1 扭摆法

在测量熔盐黏度的方法中，最常用和最适合的方法就是扭摆法。该方法通过将自动化和计算机技术相结合，可以得到进一步改进。扭摆是一个悬挂在金属扭丝上可任意旋转的物体。然而，到目前为止，只针对于球体和圆柱体，给出了能够进行绝对的黏度测量而不需要任何校正的黏度计算的准确数学描述。

本节详细地介绍了 Silný 和 Daněk（1993）设计制造的高温扭摆黏度计的结构和使用方法。其测量装置，如图 9-3 所示，一般由五个主要部分构成：

（1）带有程序控温的炉子以及控温装置；

（2）扭摆；

（3）摆动触发装置；

（4）摆动探测系统；

（5）电脑控制界面。

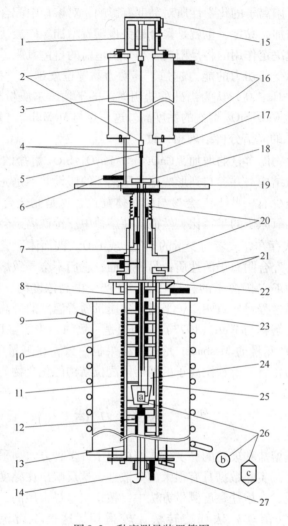

图 9-3　黏度测量装置简图

1—偏转单元；2—中心夹头；3—扭摆丝；4—镜子；5—φ12mm 黄铜棒；6—φ2mm 钢棒；7—铬镍铁合金棒；
8—φ4mm 白金棒；9—冷却水；10—坎萨尔斯铬铝加热丝；11—电表面触头；12—电对触头；13—Degussite 炉管；
14—坩埚支撑管；15—摆动连接口；16—热稳定扭摆丝的进口和出口；17—透明视窗；18—探测惯量变化的环；
19—基座；20—气密性铜法兰；21—热电偶出口；22—电阻炉冷却上盖；23—陶瓷热屏蔽环；24—控温热电偶；
25—坎萨尔斯铬铝加热线圈；26—a，b，c 为黏度测量体；27—惰性气体出口

9.2.1.1　炉子和程序控温

使用一个直径为 15mm，高为 20mm 的铂圆柱体作为测量体。所测量熔盐的体积为 25cm³，将其放置在铂坩埚中，然后将坩埚放入到电阻炉中，样品熔化之后，将摆锤浸入到熔盐中，并保持熔盐的表面距离测量体的顶部约 2mm。使用一个电子接触器连续检测和控制浸入深度。测量体连杆产生的附加阻尼可以通过计算机程序进行消除。使用计算机

控制整个测量系统，也包括炉温。当所有的测量数据以及需要的温度变化曲线输入到计算机后，计算机将会自动显示出在所测温度下的黏度值。所有与温度相关的变量（在气体中的摆动周期、圆柱尺寸、气体阻尼、液体密度、摆动系统的惯性）都会以多项式的形式表达，并计算出在实际测量温度下的值，黏度测量的实验误差不会超过1%。每个样品的测量温度间隔大概是100K，起始温度从高于初晶温度20～30K开始。

9.2.1.2 扭摆

扭摆是一个测量体，它可以是球体、圆体形或者是底端为圆锥的圆柱。测量体的表面要尽可能光滑，并且中心对称。铂制的测量体连接在一个直径为2mm的用Pt20Ir合金制成的金属扭摆丝上，将该金属丝铰接在同种材质的直径为3mm的另一金属棒上。测量体的顶端沉浸在待测液体表面以下2mm处。Pt20Ir合金金属丝放置在炉子最热部分的外面，并连接在直径为6mm的不锈钢棒上。该棒的上端直径为5mm。这里放置了一个校准用黄铜环，用以测量和改变扭摆的惯性。再往上是一个12mm黄铜棒，棒的两边对称安装有镜子，镜子是用于将光线反射到探测系统上。Kestin 和 Moszynski（1958）建议采用长度为548mm，直径为0.3mm的Pt8W合金丝做扭摆丝。这种材料具有很低的内摩擦和很稳定的扭动常数。悬挂在金属丝上的扭摆总质量为241g。金属丝的两端焊接在外径为2mm的管子中，并将管的两端用同样的螺丝钉固定。当金属丝安装到系统中后，将系统的温度升至1000℃并保持几小时进行回火处理。金属丝的外部安装有夹层水套水冷循环系统，使得在黏度测量时金属丝的温度保持在25℃。要获得可信的结果，其中一个最重要的条件是扭摆的对称性，它不能超过0.05mm。

9.2.1.3 摆动触发装置

触发装置是由一个单相电动机组成的，它只能旋转到一个固定的角度。这个系统总是保持在两个溢出位置中的一个。通过改变电流的极性来实现偏转。触发之后，系统会恢复到初始位置上。由于扭摆金属丝的非理想性，周期和阻尼系数略微受摆动的振幅影响。这就是为什么使用的系统的振幅不超过16～22cm的原因。

9.2.1.4 摆动探测系统

摆动探测系统的简图见图9-4。图中的光源代表一个光学系统。一个带有反射镜的卤素灯（12V/100W）发射光束通过一条窄缝，从而构成一束光源。光源照射到固定在扭摆

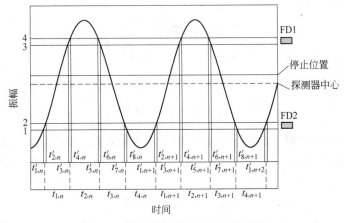

图9-4　测量体的谐波运动时间间隔

上的镜子上，镜子由一个表面镀铝玻璃制成，它将光束反射到光探测器 FD1、FD2 和 FD3 上。光探测器 FD1 和 FD2 对称放置在光束驻留的位置上，它们之间的距离大概是 100mm。没有必要精确地调整其对称性，因为通过数学计算，可对阻尼调和曲线进行重构建修复，我们可以得到高精确度的光线束驻留位置与探测器中心位置的距离数据。光束总路径大概是 3m，也就是说，光源与扭摆的轴线之间的距离大约是 1.5m。光探测器 FD3 可给出光线偏移的最大量。扭摆偏转系统启动后，光线通过光探测器 FD3 时，系统偏转停止，摆动触发器的位置恢复到初始的位置上。

9.2.1.5 具有操控界面的 PC 控制器

研究使用的是 SAPI-1 型控制计算机。正如图 9-4 中所见，在每个周期中，控制装置都必须要测量所有的八个时间段 $t'_{1,n} \sim t'_{8,n}$。水平线 1，2 和水平线 3，4 之间的距离代表的是通过光探测器 FD1 和 FD2 的光线的厚度，它们之间对应的时间间隔为 $t'_{1,n}$，$t'_{3,n}$，$t'_{5,n}$ 和 $t'_{7,n}$。为了清除光束的厚度，这些时间间隔都必须要等分为二，将这个一半的时间加到邻近的时间间隔，于是有

$$t_{m,n} = 0.5t'_{m-1,n} + t'_{m,n} + 0.5t'_{m+1,n} \tag{9-34}$$

式中，$m = 2$，4，6，8。

读取时间间隔并将它们记录在电脑存储介质中的整个过程最多花费 $1\mu s$ 的时间，所以对于时间间隔的测量，并不存在很大的误差。在数据存储过程中，读取数据是很花费时间的。在读取和存储了所选周期的数据之后，界面将设定到起始状态，同时计算机将处理存储的数据并显示最终的黏度值。

9.2.1.6 根据所测量的时间间隔计算黏度

在时间间隔的处理过程中，也定义了扭摆体阻尼摆动参数的数学重构建。其中最重要的变量是阻尼对数减少量和摆动周期，Ohta 等人（1975）也描述了这个过程，但是考虑到以前的文章中存在的一些误差，这里只能给出一些基础部分的计算过程。

摆动周期既可以通过从最大振幅 n 到 $n+1$ 时计算

$$T_{n,\max} = 0.5(t_{2,n} + t_{2,n+1}) + t_{3,n} + t_{4,n} + t_{1,n+1} \tag{9-35}$$

也可以是从通过零点到下一次通过该点

$$T_{n,\text{zero}} = 0.5(t_{1,n} + t_{1,n+1}) + t_{2,n} + t_{3,n} + t_{4,n} \tag{9-36}$$

于是，平均周期为

$$T = \frac{\sum T_n}{N} \tag{9-37}$$

式中，N 为经历的周期个数。

扭摆的摆动可以反映出摆动的减幅调和量，这可以通过下面的一般公式进行描述

$$A = A_1 \exp\left(-\frac{\delta t}{T}\right) \sin\left(\frac{2\pi t}{T}\right) \tag{9-38}$$

式中，A 是时间 t 下的振幅；A_1 是 $t = 0$ 时的最大振幅；δ 是减幅常数；T 是摆动周期。对于明显的正弦曲线部分 $A_{1,n}$ 和 $A_{3,n}$（下标 1 代表后边部分的振幅，3 代表左边部分的振幅），有

$$A_{1,n} = a/\sin(\pi t_{1,n}/T) \tag{9-39}$$

$$A_{3,n} = a/\sin(\pi t_{3,n}/T) \tag{9-40}$$

式中，a 表示 FD1 和 FD2 之间距离的一半。对于每一个摆动，光束驻留位置与光探测器的中心位置之间的距离为

$$d_{2,n} = A_{2,n} \sin\pi(1/2 - t_{2,n}/T) - a \tag{9-41}$$

$$d_{4,n} = A_{4,n} \sin\pi(1/2 - t_{2,n}/T) - a \tag{9-42}$$

式中

$$A_{2,n} = 0.5(A_{1,n} + A_{3,n}) \tag{9-43}$$

$$A_{4,n} = 0.5(A_{3,n} + A_{1,n+1}) \tag{9-44}$$

光束驻留位置与光探测器的中心位置之间的真实距离为

$$d = \frac{1}{2N}(d_{2,n} + d_{4,n}) \tag{9-45}$$

式中，N 为经历的周期个数。对于非零值 d 的校正时间间隔为

$$t_{1,n}^* = t_{1,n} - Tad^2/[2\pi(A_{1,n}^2 - a^2)^{3/2}] \tag{9-46}$$

$$t_{3,n}^* = t_{3,n} - Tad^2/[2\pi(A_{3,n}^2 - a^2)^{3/2}] \tag{9-47}$$

对于校正的正弦部分 $A_{1,n}^*$ 和 $A_{3,n}^*$，有

$$A_{1,n}^* = a/\sin(\pi t_{1,n}/T) \tag{9-48}$$

$$A_{3,n}^* = a/\sin(\pi t_{3,n}/T) \tag{9-49}$$

最终的对数衰减率可以表达为下式形式

$$\delta = \frac{\ln A_n^* - \ln A_{n+N}^*}{N} \tag{9-50}$$

实际上，对数衰减率是由右侧振幅的对数值和时间的线性关系的切线和左侧振幅的对数值的线性关系的切线决定的，其中最终得到的衰减率值等于上面两个值的平均值。

Verschaffelt（1915）推导出了描述对于一个球测量体有效的黏度与对数衰减率的对数值的关系的式子。根据这些关系式

$$\eta = \frac{3\delta I}{4\pi R^3 T_0} \times \frac{1}{2 + b_1 R + p} \tag{9-51}$$

式中，I 是摆动系统的惯性时间；对于 p 有

$$p = \frac{b_1 R + 1}{(b_1 R + 1)^2 + b_1^2 R^2} \tag{9-52}$$

参数 b_1 可以通过下面的公式计算

$$b_1 = \sqrt{\frac{\pi\rho}{\eta T}} \tag{9-53}$$

式中，ρ 是待测液体的密度。

如果将公式（9-51）中的常数 3/4 换为 2/5，且当圆柱高度等于它的直径时，那么这个公式还可以用于圆柱形的测量体。Daněk 等人（1983）认为公式（9-51）可以应用于无固定形状的测量体，但这种情况下得到的不是绝对的测量值。常数值必须通过实验进行校准。

Azpeititia 和 Newell（1958，1959）随后提出了适用于圆柱形测量体的公式

$$\frac{\pi\rho h R^4}{I}[A(p - \Delta q)x^{-1} + Bx^{-2} + Cqx^{-3}] = 2\left(\Delta - \frac{\Delta_0}{\omega}\right) \tag{9-54}$$

以及

$$\frac{\pi \rho h R^4}{I}\left[A(\Delta p - q)x + B\Delta x + Cpx\right] = \frac{1}{\omega} - 1 + \left(\Delta - \frac{\Delta_0}{\omega}\right) \tag{9-55}$$

式中　$A = 4 + R/h$；

　　　$B = \left[16(4\pi - 3 \times 3^{1/2})/9 \times 3^{1/2}\pi\right]R/h + 6 = 2.407949R/h + 6$；

　　　$C = (17/9)R/h + 3/2$；

　　　$\omega = T_0/T$；

　　　$p = 1/\{2[\Delta + (1 + \Delta^2)^{1/2}]\}^{1/2}$；

　　　$q = 0.5p$；

　　　$\Delta = \delta/2\pi$；

　　　$\Delta_0 = \delta_0/2\pi$；

　　　I——摆动系统的惯性时间；

　　　R——圆柱半径；

　　　h——圆柱高度的一半。

而且

$$x = R\left(\frac{2\pi\rho}{\eta T}\right)^{1/2} \tag{9-56}$$

　　黏度可以通过公式（9-54）的阻尼常数和公式（9-55）中周期 T 和 T_0 的增加量进行计算。所有测量的阻尼量的校正都包括一个 Δ_0 项

$$\Delta_0 = \Delta_1 - \Delta_2 + \Delta_3 \tag{9-57}$$

式中　Δ_1——气体中整个摆动系统的阻尼常数；

　　　Δ_2——气体中测量体的阻尼常数，它是在给定的温度下已知气体黏度和密度的情况下计算得到的；

　　　Δ_3——连接测量体的金属棒沉浸在待测液体中的部分的阻尼常数，它是通过非校正的黏度值计算得到的。

　　公式（9-54）和公式（9-55）的精确度优于 0.1%。

　　Brockner 等人（1979）同样提出了用于中空圆柱体的计算公式。在这种情况下，将熔盐放置在中空的圆柱中，这种方法可以测量在给定温度下蒸气压很高的液体的黏度。

　　摆动系统的惯性时间 I，是由另一个已知惯性时间的圆环决定的，计算公式如下

$$I = \frac{M}{2}(r^2 - r_0^2) \tag{9-58}$$

式中，M 是圆环质量；r 和 r_0 分别是圆环的外径和内径。摆动周期由下面的公式得到

$$T = 2\pi\sqrt{\frac{I}{K}} \tag{9-59}$$

式中，K 是丝的扭转常数。扭摆的惯性时间可以由下面的公式计算得到

$$I = I_0\left(\frac{T^2}{T^2 - T_0^2}\right) \tag{9-60}$$

式中，I 是附加黄铜圆环的惯性时间；T 和 T_0 分别是含有和不含有附加黄铜圆环时的摆动周期。

9.2.2 落体法

落体法的优点是：当熔盐的黏度在 $1 \sim 10^3 \mathrm{Pa} \cdot \mathrm{s}$ 时，可以同时测量熔盐的密度和黏度。测量方法是基于斯托克斯定律。这种方法的原理是测量局部平衡的测量体的速度，该测量体在熔盐中上下移动，移动的速度取决于该测量体是处于欠平衡还是过平衡状态。

Daněk 和 Lička（1981）使用了这种方法进行黏度测量。测量体是一个直径为 15mm 的球或者是一个底部直径为 10mm、总高度为 15mm 的圆锥，它们都是用 Pt10Ir 合金制成的。测量体用一根直径为 0.3mm 的 Pt40Rh 合金丝悬挂于 A3/200Meopta 分析天平，并将物体浸在研究熔盐中。通过分析天平上两个波动光电转化器来实现测量体在熔盐中不同的非天平平衡位置处的速度。天平的光柱移动时，通过电子跑表记录时间。时间测量的精确度为 1ms。改变分析天平的非平衡状态，测量体在熔盐中的移动速度也将改变。根据斯托克斯定律，研究熔体的黏度可以通过测量体速度与偏离平衡值的斜率，由下式计算

$$\eta = k \frac{\Delta m}{\Delta v} \tag{9-61}$$

式中，$\Delta m / \Delta v$ 是满足一定条件下的比值；k 是与装置有关的一个常数，其值取决于测量坩埚的尺寸及温度值。常数 k 的值是通过校正已知黏度的物质得到的。在温度范围为 $1000 \sim 1600\,℃$ 下进行校正测量，我们使用的校正物质是碱性钙玻璃 NBS710。当测量的黏度大约在 $1 \mathrm{Pa} \cdot \mathrm{s}$ 左右时，我们使用甘油作为校正物质。

当测量体露出熔盐和浸入熔盐的速度达到平衡后，测量此时的速度。黏度的测量结果是露出熔盐和浸入熔盐两种情况下所得黏度的平均值，此时忽略了熔盐/悬挂金属丝之间界面的表面张力。

通过测量体的露出熔盐和浸入熔盐的速度与偏离平衡的关系的截距，可以获得在研究熔体中测量体的平衡质量 m_t，其中熔盐的密度可以通过下式计算出来

$$\rho = \frac{m_0 - m_t + \delta_m}{V_0 (1 + \alpha t)^3} \tag{9-62}$$

式中，m_0 是测量体在空气中质量的测量值；V_0 是测量体在室温下的体积；δ_m 是表面张力对金属丝产生的影响的校正值，如果熔盐的表面张力很大，这个值是很显著的。线膨胀系数 α 是通过膨胀尺测量出来的。

Daněk 和 Lička（1981）已经证实了这种装置可以应用于较宽的温度范围：从室温到 $1600\,℃$。他们测量了甘油，氧化硼，钠四面体和质量组成为 $17\% \, \mathrm{Na_2O}$、$10\% \, \mathrm{CaO}$、$73\% \, \mathrm{SiO_2}$ 的钠-钙硅酸盐熔体的密度和黏度。考虑到所用设备的精度，测量的结果与文献的数据比较符合。

对于使用落体法测量密度和黏度，有一些影响测量精确度的因素需要考虑。首先是测量体的尺寸和质量，即物体的外形。在最低的非平衡位置，即 10mg 处，当天平光学系统的光线仍然通过两个光电转换器之间的间距时，那么在低黏度的液体中，天平平衡臂的惯性将产生很重要的影响。通过使用一个较大的测量体，可以部分抵消天平的阻尼效应的影响。然而，当测量硼酸钠的黏度时，我们发现当黏度值低于 $1.5 \mathrm{Pa} \cdot \mathrm{s}$ 时，测量的误差会快速增加。仅当基于斯托克斯定律实现绝对测量时，测量体的形状才会对测量结果产生影响。此时斯托克斯定律适用于黏性无限大的环境下球体自由下落的过程。因此，当测量体

具有一个圆锥底时，不可以使用黏度的计算关系式。同样在这种情况下，我们应该考虑坩埚的尺寸和熔盐液面的高度。Francis（1933）和 Hunter（1934）着重研究了这些影响。

另一个误差源是熔盐/悬挂的金属丝之间界面的表面张力产生的影响，特别是在密度的测量过程中这种影响很大。根据 Riebling（1963）的研究结果，这种影响可以通过校正值 δ_m（参见式（5-34））抵消掉，校正值可以通过下面的关系式计算出来

$$\delta_m = \frac{0.46\pi d\sigma}{g}g \tag{9-63}$$

式中，d 是悬挂丝的直径，cm；σ 是研究熔盐的表面张力，mN/m；g 是重力加速度；常数 0.46 是 Wilhelmy（1863）给出的适用于较细丝的校正因子。在测量密度时，在 NBS710 熔盐中，当测量体不同（Pt10Ir 球的体积是 1.766cm³，具有圆锥底的 Pt40Rh 圆柱的体积是 0.654cm³），对应的校正因子也不同。通常情况下，此校正常数是相同的，并且由 Wilhelmy（1863）给出。然而，认为这个校正常数取决于悬挂丝和熔盐之间的接触角。通过上面描述的实验装置测量密度的总实验误差不会超过 ±0.005g/cm³。

图 9-5 中给出了熔融硼酸钠的密度和黏度的测量结果。图中记录了当测量体在 935℃ 的熔融硼酸钠中上、下移动时，局部平衡的测量体的速度与其质量之间的关系。测量体在空气中的质量是 28.5989g，在工作温度下的体积是 0.6755cm³。从关系曲线中得到，当物体上、下移动时，对应计算出的黏度分别为 $\eta_1 = 0.1755\text{Pa}\cdot\text{s}$ 和 $\eta_2 = 0.1866\text{Pa}\cdot\text{s}$。平均值为 $\eta = 0.1811\text{Pa}\cdot\text{s}$，然而 Janz（1991）给出的值为 $\eta = 0.1789\text{Pa}\cdot\text{s}$。在熔融硼酸钠中测量体的平衡质量为 $m_0 = 27.221\text{g}$。对于熔盐/悬挂丝之间界面的表面张力产生的影响的校正值，$\delta_m = 0.017\text{g}$，是通过 Janz（1991）给出的硼酸钠的表面张力计算出来的。之后计算出熔盐的密度

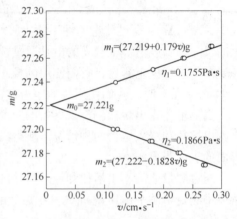

图 9-5　测量体在 935℃ 的熔融硼酸钠中上、下移动时，局部平衡的测量体的速度与其质量之间的关系

为 $\rho = 2.046\text{g/cm}^3$，然而 Janz（1991）给出的密度值为 $\rho = 2.066\text{g/cm}^3$。如图 9-5 所示，硼酸钠的密度和黏度的测量值和文献数据值，具有很高的一致性。

9.2.3　旋转法

旋转法经常用来测量一些熔融玻璃熔体的黏度。经典的旋转法测试装置适用的黏度测试范围为 $10 \sim 10^5\text{Pa}\cdot\text{s}$。当然，同样的装置也可以用于测量黏度值最高达 $10^7\text{Pa}\cdot\text{s}$ 的熔体，此时装置的测量模式称为周期测量模式。

旋转法的原理是测量两个同心圆柱之间的剪切力，其中一个圆柱以恒定的角速度旋转，并且处于圆柱之间的黏性液体拽动另一个圆柱进行旋转。剪切力 τ 取决于系统的几何形状，并由下面的公式计算

$$\tau = \frac{\tau_s}{(r/R)^2} \tag{9-64}$$

$$\tau_s = \frac{I}{2\pi R^2 h} \tag{9-65}$$

式中，r 和 R 分别是外部圆柱的内径和外径；h 是圆柱的高度；I 是系统的惯性力矩。在公式（9-65）中，忽略了末端影响的校正。

图9-6 是实验装置简图，其中包含半径为 R 的一个圆筒（中空柱），旋转的恒定角速度是 ω，圆筒中间有一个圆柱，其半径为 r，高度为 h，这个内部的圆柱被充满在两个圆柱之间的黏性液体拽动着转动。由于液体的剪切力，内部圆柱的旋转相对于外部圆柱的旋转要延后角度 α。延后的角度 α 取决于熔盐的黏度，并且符合如下关系式

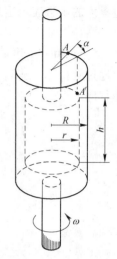

$$\eta = \alpha(a + b\alpha) \tag{9-66}$$

式中，a 和 b 是通过校正获得的与实验装置有关的常数。经典旋转法适用的黏度测量范围在 $10^{-3} \sim 10^5 \mathrm{Pa \cdot s}$ 之间，其测量范围与测量圆柱的几何尺寸有关，相对误差在 ±3% 左右。

图9-6 应用旋转法测量液体黏度的简图

Hamlík（1983）描述了一种用于测量玻璃熔体黏度的使用范围很广的黏度计。作者采用的是商业成品黏度计 RHEOTEST2。这个装置可以测量黏度、剪切力和剪切速率。使用不同尺寸的圆柱体，设备测量的黏度范围在 $10^{-3} \sim 10^4 \mathrm{Pa \cdot s}$ 之间，并且装置中含有一个调温的容器，设备的测量温度范围在 $60 \sim 300℃$ 之间。

通过一个测力计读取角动量，并且通过一个使用范围在 $0 \sim 100\mathrm{mV}$ 的模拟 α 计量器显示出来。这个装置配备一个 12 段级的机械变速箱和一个双速发动机。如此宽的使用范围使得装置在测量玻璃黏度的时候能够对设备进行平滑的调节。

该商用黏度计是由一个含有控温装置和 NETZSCH 评估系统的高温垂直管式炉构成的，它使得黏度的最高测量温度可达 1600℃。黏度计和炉子是通过一个基座连接在一起的，从而可实现系统同轴调节。

温度测量和控制通过两个 Pt30Rh-Pt6Rh 热电偶实现。控温热电偶放置在加热体的外面，并且通过炉子的上盖引出。测量热电偶穿过炉盖向下直到熔盐的表面上。两个热电偶都由刚玉管保护。坩埚和中空的圆柱都是由 Pt30Ir 制成的。

这里使用了两种测量方法。第一种方法是经典的旋转法，这种方法使用了黏度计的原始特性。因为熔盐黏度的测量需要一个自由轴结构，没有考虑确定角动量 I 与 α 和剪切力的函数关系。使用实验关系式 $\eta/\alpha = f(\alpha)$ 对实验结果进行直接校正是很简单的，并且相对而言是准确的。基于实验结果，可以用下面的关系式描述线性函数

$$\eta = \alpha(a + b\alpha) \tag{9-67}$$

式中，常数 a 和 b 通过校正决定。

使用 Hamlík（1983）描述的旋转法可以测量的熔盐黏度范围在 $10 \sim 10^{5.3} \mathrm{Pa \cdot s}$ 之间。对于黏度较低的熔盐，由于此时测力计的载荷不同，并且 α 值是上下摆动的，因此可以使用其他方法进行测量。由于 α 值超过了测力计的使用范围，因此更高的黏度不能用该装置来测量。

　　要扩展黏度的测量范围，即黏度值超过 $10^{7.5}\mathrm{Pa\cdot s}$ 时，可以采用主轴非周期运动模式进行测量。测量过程如下：使用传动的部分，旋转测力计至 $\alpha=100\mathrm{mV}$，当关闭驱动马达时，主轴在测力计弹性力的作用下返回到 α 为 0 的位置，这个移动过程由 α 计量计记录下来。选择一个恒定的、很短的 α 区间，可以将在这个 α 变化的区间内移动所消耗的时间通过黏度的函数表示出来，这个函数的关系式通过实验得出

$$\eta = t(a + b\mathrm{ln}t) \tag{9-68}$$

式中，t 是时间；a 和 b 是时间范围在 $10\sim1500\mathrm{s}$ 内的常数。

　　通过测量标准玻璃 NBS710 和 NBS717 的黏度来确定黏度计使用的校正方程和采用的工作程序。

10 熔盐结构的直接研究法

熔盐结构的直接研究法包括：X 射线和中子衍射法、红外和拉曼光谱法、NMR（核磁共振）法，以及最近发展起来的熔盐 XAFS（X 射线吸收精细结构）法。其中 X 射线和 XAFS 法、拉曼光谱法以及核磁共振法比较常用。因此，本章将主要介绍这三种方法。

一些文献中将分子动力学和蒙特卡罗（Monte Carlo）模拟也列入直接研究法的范畴。然而，在这两种方法中并没有直接测量的过程，因此本章不讨论这两种方法。

10.1 X 射线衍射和 XAFS 法

X 射线衍射和 XAFS（X 射线吸收精细结构）法是研究固液相局部原子结构的有力手段，已经成功应用于溶液、催化剂、非晶质固体等多种类型材料的研究中。然而，高温和熔盐的一些特性，给 X 射线衍射和 XAFS 的测量造成了许多困难，例如：

（1）需要价格昂贵和高能需求的实验设备；

（2）由于很多盐吸收氧气或水分，实验过程中必须避免它们的影响；然而，1999 年，Okamoto 等人使用石英样品池解决了这个问题；

（3）在高温下很难得到无干扰的信号；

（4）需要制备一层在测量过程中稳定存在的熔盐薄膜，这是最难解决的问题。

由于上述困难，仅有少量关于高温下 X 射线衍射和 XAFS 法的研究见诸文献。例如，Okamoto 等人（1998，1999）进行了一些熔融稀土和铀的三价卤化物的 X 射线衍射测试，并采用分子动力学方法分析了所得数据。这几乎是分析熔盐结构的标准步骤。

关于熔盐的 XAFS 测量的文章尤其少见。该方法不能广泛应用的原因还是苛刻的实验条件，主要的困难就是液体薄膜的制备。例如，对于固态 YCl_3 的 XAFS 研究，当样品厚度为 $140\mu m$ 时可以获得很好的测量效果；而进行温度高达 1273K 的测量时，液体层的厚度必须要低一个数量级。Mikkelsen 等人（1980）分别使用氮化硼和石墨样品池进行了熔融 CuCl 和 RbCl 的测量。Di Cicco 等人（1996）将碱金属溴化物均匀分布在氮化硼颗粒基体上，进行了 EXAFS 测量。Ablanov 等人（1999）使用带有两根玻璃管的石英样品池进行了熔融 $PbCl_2$ 的 XAFS 测试。在上述研究中，研究者们获得了 $10\mu m$ 的液膜厚度。

Okamoto 等人（2002）制备了一个熔盐 XAFS 法测量用石英样品池。该样品池外形呈沙漏状，如图 10-1

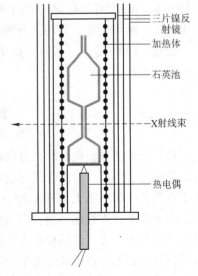

图 10-1　XAFS 测量用炉体的内腔
结构（Okamoto 等人，2002）

三片镍反射镜

加热体

石英池

X射线束

热电偶

所示。将固态样品放入上部容器中，并将样品池加热。样品熔化后，通过样品池的狭窄测量区域流入下部的收集容器中，对测量区域的样品进行测量，可以获得 XAFS 光谱。样品池测量区域由两片长 25mm、宽 5mm、厚 0.5mm 的石英薄片组成，两片石英薄片平行放置，间距为 0.1mm，形成熔盐通道。放入上部容器中的固体样品一般为 2 ~ 5g。熔盐的蒸气压导致下部容器相对于上部容器形成负压，因此熔盐才能通过测量区域流入下部容器。根据熔盐黏度、蒸气压、吸光元素的浓度以及温度的不同，可以使用两种不同空间宽度的样品池。根据 X 射线透射强度的变化，对流入测量区域的熔盐进行检测。

加热元件和石英样品池一起置于电炉的内部，电炉带有水套。X 射线窗口为一个直径 20mm、厚 50μm 的聚酰亚胺膜。炉体相对于 X 射线束能够水平或者垂直移动以调整样品的位置。可以通过改变气体的成分、压力和流量控制炉内的气氛。热电偶位于加热元件的底部。该设备可以在高达 1000℃ 左右使用。

采用透射法进行 XAFS 光谱测量。使用 Si 双晶单色器，可以得到能量为 5 ~ 20keV 的硬 X 射线。吸收边范围为 5.965 ~ 17.038keV。对于任一能量都使用了 1 ~ 3s 的步进扫描测量，获得了 XAFS 光谱。使用 Ressle（1997）开发的 WinXAS ver. 2.0 程序分析 XAFS 数据。在 k 空间，通过最小二乘法拟合得到了内部离子间距、配位数、Debye- Waller 因子等结构参数。数据分析详见 Okamoto 等人（2001）的文献。

通过空白样品池和一些熔盐试样的测量来检测石英样品池吸收的影响。在空白测试中，并没有观测到吸收基线的偏移。估计在该系统中使用的最低能量为 10keV。因此，可以成功获得某些熔融卤化物的 XAFS 光谱，各卤化物测量结果略有不同。认为改进后的设备同样适用于吸湿性熔盐的 XAFS 测量。

使用平行石英片间距为 0.1mm 和 0.2mm 的石英样品池测量了熔融 YCl₃ 的吸收光谱。对于 0.1mm 型样品池，吸收边的跳跃值仅为 0.3，而对于 0.2mm 型样品池，该值增加到 1.2。使用两种样品池测得的与最近的 Y-Cl 关联相对应的第一峰的位置几乎是相同的，并且整个光谱也没有明显的区别。使用 0.1mm 型样品池测得的光谱中，第一峰的强度稍弱于使用 0.2mm 型样品池测得的结果。曲线拟合的结果表明，通过两光谱获得的结构参数差别很小。结果表明，使用该石英样品池可以进行吸收边大约为 17keV 的测量。

最近，Ohno 等人（1994）给出了采用 XAFS 光谱测量不同类型熔盐的理论背景、实验设备以及测量结果。

10.2　拉曼光谱法

拉曼光谱法被证明是非常有效的熔盐结构研究手段。该方法的进展体现在光谱测量和光谱解释两个方面。使用常规光谱仪进行拉曼光谱测量还是很困难的，而且常常需要使用置于石英管中的石墨无窗样品池，石英管也需处于氩气气氛中。即使得到了高质量的光谱，由于峰常常重叠在一起，对其强度数据的分析也常常难以统一。然而，20 世纪 90 年代的技术进步，尤其是反卷积方法的引入，提高了光谱解析的水平。已经商品化的激光拉曼微探针，更加促进了拉曼光谱分析技术的进展。研究者在样品低温和高温情况下都对该设备的功能进行了检测，以进行实验测试。目前，许多无机熔体的拉曼光谱分析结果都已见诸文献（Nakamoto，1997）。

10.2.1 理论背景

光谱法给出了分子结构、原子的化学环境以及它们的氧化态的信息。光谱学的基础是监测激发光与物质的相互作用的变化，以及最终、激发能与物质作用后激发光的变化。不久之前，Papatheodorou 和 Yannopoulos（2002）对熔盐拉曼散射研究的方法和近期成果进行了很好的评述。

光谱测定中，光和测试系统的相互作用提供了熔盐结构和动力学的重要信息，这种相互作用称为光散射。在非弹性散射或称为拉曼散射过程中，散射光子的能量与激发光能量不同。Ferraro 和 Nakamoto（1994）总结了拉曼散射的基本原理：

（1）电磁辐射在系统中产生取决于时间的感生偶极矩。这个振动的偶极子发射次级辐射或者称为"散射"光。

（2）光谱的可见和近紫外部分的主要光散射源是分子的电子云而不是准静态原子核。

（3）拉曼散射是由于原子核运动和电子运动的耦合而产生的。换句话说，电子云的变形性（极化率）在任何时候都取决于原子核结构。

从量子力学角度分析，拉曼散射是光子和介质元激发非弹性碰撞的结果。光子或者失去一个或多个量子的振动能（斯托克斯谱线），或者得到一个或多个量子的振动能（反斯托克斯谱线）。在一阶散射中只包含一个光子，在二阶散射中包含两个光子。拉曼散射原理如图 10-2 所示。

散射截面可以分为偏振和退偏振两部分。在熔盐和其他各向同性的液体和玻璃研究实验中，最普遍使用的偏振定义为：

（1）VV，是指入射光和散射光的偏振方向都垂直于散射面。

（2）HV，是指相对于散射面，入射光是水平的，散射光是垂直的。

VV 和 HV 偏振对各向同性散射截面都

图 10-2　一阶拉曼散射机理

a—反斯托克斯散射；b—斯托克斯散射

有贡献，而各向异性散射截面与 HV 散射截面呈正比。各向同性和各向异性散射光强度可由以下两式表达

$$I_{iso}(\omega) = I_{VV}(\omega) - (4/3)I_{HV}(\omega) \tag{10-1}$$

$$I_{aniso}(\omega) = I_{HV}(\omega) \tag{10-2}$$

式中，$I_i(\omega)$（i = iso，aniso，VV，HV）是散射光的实验测定强度，通常表示为

$$I_i(\omega) = G_{exp}\omega(\omega_L \pm \omega)^{-4}M_i B^{-1}(\omega, T) \tag{10-3}$$

方程右侧第一项 G_{exp} 是所用实验设备的一个特征常数，其余项可以理论计算。$B(\omega, T)$ 是与玻耳兹曼权重因子 $n(\omega)$ 有关的温度函数

$$B(\omega, T) = n(\omega) \quad （反斯托克斯散射） \tag{10-4}$$

$$B(\omega, T) = n(\omega) + 1 \quad （斯托克斯散射） \tag{10-5}$$

式中

$$n(\omega) = \left[\exp\left(\frac{\eta\omega}{kT}\right)^{-1}\right]^{-1} \tag{10-6}$$

为了方便，引入 M_i，其为极化率的积分函数。其值只取决于散射介质极化率。$I_{iso}(\omega)$ 拉曼光谱仅仅取决于振动，而 $I_{aniso}(\omega)$ 拉曼光谱既取决于振动又取决于分子的重取向。使用退偏比 $\rho = I_{HV}/I_{VV}$ 可以进行判别对称模的定性分析（即 $\rho < 0.75$），除此以外，对 I_{iso} 和 I_{aniso} 进行的定量研究可以提供振动和重取向弛豫的详细信息。

10.2.2　熔体中的拉曼散射特性

从物理化学的观点来看，熔盐就是具有许多和其他（分子，原子）液体相似的微观和宏观性质的液体的集合体。然而，过去 50 年的实验和理论论证表明，熔盐具有一些个体或普遍的特性，这使得熔盐形态学的研究更为复杂。

熔体中离子的极化率产生了光散射，这是由于离子周围的静电场波动，以及/或者是由熔体中键的生成（即"配合物"的生成）导致的极化率变化造成的。

一个具有 n 个原子的孤立分子具有 $3n$ 个自由度，$3n-6$ 个振动自由度。原子以相同的频率集体运动，这种运动与所有其他原子同相，产生了简正振动模。原则上，任何分子简正模形式的确定都需要对具有 n 重对称性的运动方程进行解析。群论的方法对于获得简正模的对称性很重要。使用点群和简正振动对称性特征表，可以得到拉曼和红外活性"选则定律"。对于中心对称的分子，如 AX_6 这样的八面体分子，非拉曼活性模具有红外活性；而对于 BX_4 这样的四面体分子，一些模同时具有拉曼和红外活性。

当孤立分子"凝聚"成结晶固体时，由它们组成的群的振动性质会发生很大的改变。相邻"分子"和周围晶格的影响将改变分子的振动模。长程有序性将晶体中的原子联系在一起，振动通过晶格波而不是自由分子模的形式来描述。

晶体熔化过程中，固体的长程有序和空间对称被破坏了。原则上，液体的振动模可以认为是固体振动的长波长极限，因此熔体振动光谱中会存在对应于晶体的某些内模和/或外模。文献中主要采用拉曼光谱法进行了一系列熔体混合物的内模研究。这些研究的目的是确定和表征熔体中可能存在的独立结构体（即配合物）。

需要强调的是，在如熔体的凝聚相中，不能将结构体的振动模单独处理，需要考虑环境扰动的影响。因此在某些常见的 AX-NX_n 型（N 为多价金属，A 为碱金属，X 为卤素）阴离子混合物中，当 NX_n 浓度较低时，结构体（如 $FeCl_4^-$、$CsCl_6^{3-}$）内部的作用力比结构体与相邻离子间的作用力大。因此将孤立的结构体看做配合离子团来进行光谱解释是合理的。另外，当配合离子团与相邻阳离子交互作用很强（如 A 为 Li 或者在 NX_n 浓度较高的混合结构体中）时，独立配合离子团的形成将受到严重干扰，从而引起其他联合结构体和/或似网络结构的生成。

最后值得注意的是，用拉曼光谱测量的振动模可能是由熔体中短暂存在的局部结构所引起的。如果这个结构存在的时间足够长（10^{-12} s），使其有时间振动并与激发光相互作用，并且如果该结构有"键"（极化率导数非 0），则可能引起拉曼活性。然而熔体中的扩散时间是在 10^{-11} s 数量级，因此这个局部结构在与周围环境进行离子交换前，不能长时间维持其特性。从上面的讨论来看，解释熔体拉曼（和红外）光谱时需要考虑阳离子，否则可能会得到熔体及其混合物结构特性的错误信息。

10.2.3　实验测量方法

典型的熔盐拉曼光谱测量实验设备如图 10-3 所示。散射平面为页面。通常使用直角散射（$\theta = 90°$）；也有采用背散射（$\theta = 180°$）的文献报道，尤其针对于深色熔体。通常使用 Ar^+、Kr^+ 离子激光器作为可见激发光源。CW[1] 激光功率从几毫瓦（5~10mW）到几瓦（1~3W）变化。使用聚焦透镜的目的是提高散射体积的激光功率密度，使用一系列镜片会聚该散射体积的散射光。

会聚透镜（CL）的孔径决定了散射收集角 Ω。Voyiatzis 等人（1999）和 Dai 等人（1992）在熔体的测量中使用了光纤和显微镜作为 CL 系统。色散系统是指使用光栅的单级、双级或者三级单色仪系统。探测系统包括具有电子放大能力的光电倍增管（PMT）或 CCD 探测器。Iida 等人（1997）报道了准CW 激光器，包括斩波器和锁相放大器，并且使用了脉冲激光和门控技术。当前仪器的详细介绍可以参阅 Laserna（1966）的资料。

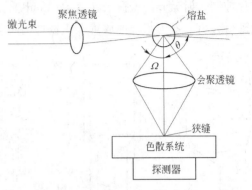

图 10-3　熔盐拉曼光谱测量实验装置示意图

需要指出的是，对于给定的具有特定散射截面的熔体，在固定激光功率下，可以通过两个因素提高拉曼信号的强度：

（1）光谱仪和光学传输。指的是所有光学元件的精心排列和配置，大的收集角度和整体系统的稳定性。

（2）检测系统的量子效率，例如使用高效率的 PMT 或者增强型 CCD 探测器。

高强度拉曼信号可以使测量时间最短化，这是非常重要的因素，特别是对于腐蚀性熔体的研究。

在拉曼研究的样品制备过程中偶尔会遇到严重的困难。即使是商业用的高纯度无机盐中也可能含有痕量的有机杂质，当熔盐熔化时，这些杂质会轻微显色，使熔盐产生荧光。干燥过程中氧化物的生成也可能带来严重的问题。将熔盐通过一个烧结质过滤器进行过滤可能会得到理想的实验效果，因为固体粒子的 Tyndall 散射常常增加噪声，而且背景散射会对低拉曼位移的数据产生干扰。以前经常将原料在水中加入活性炭进行处理，以除去荧光和其他有机杂质，然后从水溶液中将熔盐再结晶。对于像金属氟化物这样的高熔融腐蚀性盐来说，通过熔融结晶进行区域精炼也是必要的。然而，对于多数盐类来说，真空升华是理想的纯化方法。对于铝、锆、铌和锌的卤化物这样的强酸性熔盐，需要进行精细的脱水操作。

迄今为止，研究者们使用了两种类型的拉曼样品池。对于非腐蚀性熔体，内径 2~10mm 的圆柱管型的熔融石英是简单实用的材料。而对于腐蚀性氟化物和/或氧化物熔体来说，由石墨或贵金属制备的无窗样品池被证明是适用的。

Brooker（1997）使用 Renishaw 激光拉曼微探针和常规 Coderg PHO 光谱仪进行了拉曼光谱测量。在单级光栅光谱仪的入射狭缝前放置一个超陷波滤光片滤除瑞利散射光，分离出的拉曼信号被光栅色散到 400×600 CCD 探测器上。激光拉曼微探针配备有 10mW、632.8nm 氦-氖激光器和 50mW、514.5nm 氩离子激光器以及适合的超陷波滤光片。使用

---

[1] 连续。——译者注

奥林巴斯显微镜头将激光聚焦于样品，背散射的拉曼光由同一镜头收集。熔盐试样在干燥的氮气或真空条件下密封于毛细管中。

常规光谱仪包含配备冷却 PMT 的 Coderg 双单色器，其详细描述参见 Brooker 等人（1994）的文献。为了获得具有足够高的信噪比的光谱，需要 1W 的激光器。使用一个半波片控制入射激光的偏振。通过 Polaroid 偏振片，对 90°散射光的平行或垂直方向的偏振光进行分析。入射狭缝前放置 1/4 玻片，用于消除光栅对偏振方向的选择性。

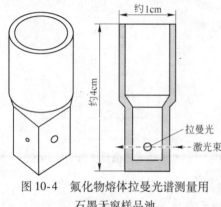

图 10-4   氟化物熔体拉曼光谱测量用
石墨无窗样品池

Gilbert 等人（1975）特制了一套高温拉曼光谱学研究用样品池和炉体，后来 Gilbert 和 Materne（1990）又对它进行了改进。该样品池是 Young（1964）紫外和可见光谱研究用无窗样品池的改进型。石墨无窗样品池的结构如图 10-4 所示。调整加入样品池的预熔化固体混合物的量，使得所有熔化的试样保持在窗口之间的空间，不允许流出。这样的安排是为了能够将样品池插入一简单的真空石英管中，可以在石英炉中加热，石英炉上有必要的开孔，炉体带有必要的保温材料。该样品池是用石墨制成的，并对其进行加工，以确保熔体液滴和样品池所置石英管之间没有任何接触。甚至是在持续几个小时的实验中，石英管也能一直保持清洁。然而，有时可以在石墨样品池周围的石英管上发现白色沉积物，这表明了熔体的挥发及其对石英的损害。

将 Coherent Radiation 520-B 型氩离子激光器的 488.0nm、300mW 激光聚焦于熔体液滴的中心，在垂直于激光束和样品管的方向检测拉曼光。通过使用半玻片旋转激光束的偏振面进行定性偏振测量。对于多数光谱来说，不必使用窄带滤波器来削弱等离子线。这些光谱是用改进的 Cary81 分光计测量的，该分光计使用的为 9558 A EMI 光电倍增管计数检测系统。

加热炉为水冷，内部包含一不锈钢块，确保了良好的控温效果，加热元件为坎萨尔斯铬铝电热丝。为了减少温度波动，使用水冷的光学平面石英窗将炉体开孔封闭。将炉体和激光器安装到一个光学平台上，使用该平台可以调整光束。在所有的光谱测量中，狭缝宽度为 $5 \sim 6.5 \mathrm{cm}^{-1}$，时间常数为 0.1s。

由于某些熔体的强挥发性，需要对光谱进行快速测量。在这种情况下，将拉曼光谱仪与 IBM PS/23 微机连接。使用软件控制光谱仪、采集数据、并从光谱中提取有用信息，如进行去基线、平滑、反卷积等操作。为了实时在屏幕上显示数据，每秒记录 2200 次测量值。每 cm^{-1} 一个点，扫描速度可达 $1000 \mathrm{cm}^{-1}/\mathrm{min}$，所得光谱的信噪比是可以接受的。

10.2.4   不同体系的拉曼光谱研究

由于金属卤化物体系在很多重要的冶金过程起重要作用，另外，出于对一价到五价金属卤化物中的电荷、极化率、"配合作用"等因素进行系统研究的需要，很多研究者采用多种物理化学方法对金属卤化物体系进行了广泛的研究。上述研究有助于对熔盐进行更好的理解。

下述部分给出了包含一价到四价阳离子体系的拉曼光谱研究结果。

10.2.4.1　碱金属卤化物

文献报道了一系列单一碱金属卤化物的测试实验，并从熔体中偶极-诱导偶极和离子间的短程相互作用的角度对实验结果进行了讨论和解释。这些研究证明，随着阴、阳离子极化率的增加，散射光强度增加。Raptis 和 McGreevy（1992）、Papatheodorou 等人（1996），以及 Papatheodorou 和 Dracopoulos（2000）的研究结果表明，对于含有高场和低极化性 Li^+ 的 LiX 熔盐，散射主要是由阴离子极化率的波动所引起的；而对于 CsX 熔盐，高极化性的 Cs^+ 和 X^- 都有助于增强散射。这些熔盐的光散射机理与以各向同性及各向异性的贡献的形式所表达的极化率的波动有关。

也有文献报道了碱金属卤化物混合物的拉曼光谱，Papatheodorou 和 Dracopoulos（1995）以及 Papatheodorou 等人（1996）对该体系拉曼光谱进行了详细分析。他们的研究包括 LiCl-CsCl、LiF-CsF 和 LiF-KF 体系，主要结论归纳如下：

（1）LiX-MX（X=Cl，F；M=K，Cs）混合物的散射强度是由两种阳离子所引起的，它们似乎占据着各自的结点（笼），每个阳离子有一个特征频率 ω_{Li} 和 ω_A。在 ω_{Li} 区域观察到的强烈散射，以及频率从纯组分到混合物的移动，主要是由混合物中局部结构造成的短程离子相互作用的变化以及阴离子周围的"对称性"缺失所引起的。另外，在 ω_{Cs} 区域观察到的强度与高度极化结构（团簇）的形成有关，这种结构在低温下有较长的存在时间。

（2）随着温度的升高，各向同性散射强度明显增加，这主要与 Li-X 的交互作用以及局部结构的"对称性"有关。因此，升温会增强短程的交错相互作用，并增加阴离子周围的局部对称性；这两种效应都会促进极化率的似呼吸波动并且导致各向同性散射强度的增加。

这些结果为所研究的体系提供了一致的图像，并有助于区分不同的相互作用-感应极化率机理。而且，上述分析指出了阴离子周围局部结构对称性对各向同性散射强度随成分和温度而变化的重要作用。

10.2.4.2　含有二价金属的卤化物体系

二价金属卤化物及其混合物是拉曼光谱法最先进行的研究系统之一。对于 MeX_2-MX（X=Cl，Br，I）型熔盐混合物进行的研究，提供了混合物中可能存在、并且具有与 MeX_2 液态结构有关信息的结构体的确定和表征方法。

固态 MgX_2、CdX_2、MeX_2（Me 是第一系列过渡金属）为八面体层结构，含有这些物质的富含碱金属卤化物的二元混合物，因生成 MeX_4^{2-} 四面体结构而稳定。同样对于富含 MeX_2 的 MeX_2-AX 体系熔盐、包括纯的二价卤化物，混合物中主要存在的为四重配位离子团。Badyal 和 Howe（1993）的热力学和中子衍射研究发现，甚至对于具有高八面体配位场稳定能的 $NiCl_2$，在所有组成的 $NiCl_2$-MCl 熔盐、包括纯 $NiCl_2$ 中，镍的四重配位离子团也是主要的离子团。玻璃态 ZnX_2（X=Cl，Br）熔盐与之类似，在富含碱金属卤化物的混合物中，四重配位的 ZnX_4^{2-} 稳定存在，而纯 ZnX_2 熔盐以主要通过边成桥的 ZnX_4 四面体构成的似网状结构为表征。HgX_2 的熔化产生了一种含有 X-Hg-X 三原子分子的分子液体，而其与 AX 形成的混合物中，存在四面体 HgX_4^{2-} 和三角形 HgX_3^- 配合离子团。BeF_2-MF（M=Li，Na）体系也是最早进行研究的熔融氟化物体系之一，在富含 MF 的混合物中，四

重配位的 BeF_4^{2-} 是熔盐中主要存在的配合离子团。随着 BeF_2 含量的增加，会出现四面体的桥接结构，有人认为熔盐中也存在类似 $Be_2F_7^{3-}$ 的结构体。

α-$BeCl_2$ 在 415℃ 熔化时，摩尔体积增加了 25%，形成了 0.01S/cm 低电导率的黏性液体。这表明 $BeCl_2$ 具有类似如 $ZnCl_2$、As_2O_3 等玻璃态无机液体的特性。将 α-$BeCl_2$ 冷却得到的是晶体而非玻璃。相反，只有通过气相转变才能得到块状玻璃，在对 As_2O_3 的研究中也发现了这种现象。

研究者记录了拉曼位移上限为 $1100cm^{-1}$ 的液态 $BeCl_2$ 光谱，并测量了熔体和玻璃态时 $328cm^{-1}$ 和 $275cm^{-1}$ 峰在不同温度下的相对强度。当温度升高至硬化温度（200℃）时，玻璃的拉曼峰强度也没有发生明显的变化，与之相反，熔体的拉曼峰强度发生了快速、明显的变化。Pavlatou 和 Papatheodorou（2000）研究得出，玻璃或熔体光谱中的 $328cm^{-1}$ 峰是由形成边桥的 $BeCl_4$ 四面体链的伸缩振动产生的，而 $275cm^{-1}$ 峰则是由 $BeCl_4$ 四面体通过顶点形成的笼状结构所引起的。因此，在纯 $BeCl_2$ 熔体或玻璃中，存在"链"和"团簇"结构，并形成了随温度而变的平衡。熔体的高黏度、低电导率表明"链"和"团簇"结构是中性的，并且具有高相对分子质量。为了确保电中性，这些结构必须以 $BeCl_3$ 末端单元结束。玻璃和熔体中"链"和"团簇"的浓度是不同的。玻璃和低温液体中，"团簇"结构更多；而高温时，液体中的边桥"链"结构更多。

10.2.4.3 含有三价金属的卤化物体系

文献中有大量关于不同组成的三价金属卤化物-碱金属卤化物混合物（LX_3-MX）、包括纯 LX_3 结构特性的拉曼光谱法研究。早期关于像 $AlCl_3$-MCl、AlF_3-MF 和 YCl_3-MCl 体系（Papatheodorou，1977；Brooker 和 Papatheodorou，1983；Gilbert 和 Materne，1990；Wilson 和 Ribeiro，1999）的研究确定了它们某些结构特性的共性和不同之处。对 $AlCl_3$-MCl 熔体结构与温度和组成的关系研究表明，纯 $AlCl_3$ 是形成二聚物 Al_2Cl_6 的分子熔体，而当存在碱金属卤化物时，熔体中存在 $AlCl_4^-$ 和 $Al_2Cl_7^-$ 的平衡。对于 AlF_3-MF 体系，拉曼峰相对强度与熔体组成的关系函数表明，熔体中至少有两种含有铝离子的不同配位结构。大量研究表明，在富含碱金属氟化物的二元熔体中，AlF_4^-、AlF_5^{2-} 和 AlF_6^{3-} 是平衡体系中的主要结构体。由于 AlF_3 在高温下的高腐蚀性和挥发性，不能进行 AlF_3 摩尔分数在 50% 以上的二元混合物的研究，因此还没有关于纯熔融 AlF_3 的光谱研究报道。

对于 YCl_3-MCl 二元体系的拉曼光谱研究表明，在富含 MCl（$x(YCl_3) < 0.25$）的熔盐中，YCl_6^{3-} 八面体是主要离子团。混合热力学研究证明了这些离子团的高稳定性以及因此而导致的长寿命。随着 YCl_3 的增加，混合物的结构逐渐改变，各 YCl_6^{3-} 八面体开始共用氯原子（$x(YCl_3)<0.25$），形成多核结构。纯 YCl_3 固态到液态过程中光谱变化的比较，以及其熔化过程中摩尔体积无变化的现象，都说明 YCl_3 液态结构与固态很接近，即由共用氯原子并形成松散"网络"结构的 YCl_6^{3-} 变形八面体组成。Neilson 和 Adya（1977）对液态 YCl_3 的中子衍射研究进一步证实了这个结构模型，在他们的研究中，局部结构的直接测定表明与 Y 原子的配位 Cl 原子数为 5.9。

对于熔融 $FeCl_3$-$CsCl$ 体系，从富含 $CsCl$ 的熔盐，到 $CsCl$ 摩尔分数为 50% 的熔盐的拉曼光谱没有变化。获得了 $FeCl_4^-$ 的特征光谱，说明这些组成的熔盐中存在"孤立的" $FeCl_4^-$ 四面体离子团。向等摩尔的 $FeCl_3$-$CsCl$ 混合物中加入 $FeCl_3$ 会使 $FeCl_4^-$ 光谱发生很大的变化。这些变化与 $AlCl_3$-MCl 体系的情况类似。当 $x(FeCl_3) \approx 0.66$ 时，最大强度峰与 $Al_2Cl_7^-$ 的频率吻合得很好，因此认为这些峰是由一个顶点将两个四面体连接的 $Fe_2Cl_7^-$ 所引起的。

    熔融 $FeCl_3$ 的拉曼光谱表明，该熔体中存在的主要离子团为中性的 Fe_2Cl_6，以及带电荷的 $Fe_2Cl_7^-$ 和 $Fe_2Cl_5^+$。$Fe_2Cl_5^+$ 由 $FeCl_4$ 四面体和 $FeCl_3$ 三角形组成，其振动频率与 $FeCl_4$ 和 $FeCl_3$ 相一致。

$$\left[\begin{array}{c} Cl \quad\quad Cl \\ Fe \quad Fe-Cl \\ Cl \quad\quad Cl \end{array} \right]^+$$

该离子团可由分子熔体自电离反应而得，反应式如下

$$2Fe_2Cl_6 \Longrightarrow Fe_2Cl_5^+ + Fe_2Cl_7^- \tag{10-7}$$

    Fe_2Cl_6 的解离和离子团的存在对于 $FeCl_3$ 熔体中的离子电导起主要作用。角连四面体结构的 $Fe_2Cl_7^-$ 中所包含的两个离子团的强库仑力，以及该结构的空间弹性，使得 $FeCl_3$ 熔体相对于 $AlCl_3$ 熔体，其中的分子和离子更容易压缩，这使得两种熔体的摩尔体积不同。

    综上所述，参加反应（10-7）的 8 个 Fe^{3+}，7 个为四重配位，1 个为三重配位。换言之，熔融 $FeCl_3$ 的预期配位数小于 4，这和 Price 等人（1998）所得的中子衍射数据结果相一致，他们所得的平均配位数为 3.8。

    文献报道也有关于采用散射法（中子、拉曼、X 射线）直接获得，或者通过热力学和传导特性间接获得的关于熔融稀土金属氯化物结构的研究结果。该方面最早的研究为 Papatheodorou（1977）进行的大量关于熔融 YCl_3 的拉曼光谱研究，研究结果表明熔融 YCl_3 结构可能为一个由扭曲的共用氯离子八面体组成的弱网状结构。Metallinou 等人（1991）、Dracopoulos 等人（1997，1998）、Photiadis 等人（1998）、Chrissanthopoulis 和 Papatheodorou（2000）对于其他稀土金属氟化物、氯化物和溴化物的拉曼光谱研究结果表明，所有 LX_3（$X=F$，Cl，Br）熔盐的普遍结构特征都是这种似八面体网络结构。在含有 $LaCl_3$、$NdCl_3$、$GdCl_3$、$DyCl_3$、$HoCl_3$、YCl_3、$LaBr_3$、$GdBr_3$、$NdBr_3$ 和 YBr_3 的熔盐体系中观察到的与成分和温度相关的拉曼光谱变化，表明对于所有组成的熔盐，稀土金属阳离子周围都存在六重配位。对于一系列 LX_3-MX（$X=F$，Cl，Br）熔盐的详细拉曼光谱研究表明，这些熔盐的结构和特性很类似，特别是低浓度稀土金属卤化物混合物。另外，对熔融 LCl_3 的总结构因子测试表明，熔盐结构根据稀土金属阳离子的尺寸不同，存在某些很小但是系统化的区别。

    Booker 等人（1994，1995）在 $CsCl$-Na_3AlF_6 熔盐的拉曼光谱中发现在 556cm^{-1} 和 622cm^{-1} 有两个峰。认为这两个峰分别是由 AlF_6^{3-} 和 AlF_4^- 所引起的。另外，Tixhon 等人（1994）和 Gilbert 等人（1996）发现在 500cm^{-1} 处还须含有第三个峰，他们提出了新的模型，该模型包含一个不常见的五重配位铝离子团，并且认为 AlF_6^{3-}、AlF_5^{2-} 和 AlF_4^- 分别对应于 500cm^{-1}、556cm^{-1} 和 622cm^{-1} 的峰。纯钠冰晶石熔盐拉曼光谱在 450~700cm^{-1} 间的包络线很宽，曲线分析可能不会得到唯一解。因此，五重配位铝离子团是否存在的问题似乎不能完全解决。为了判断铝氟离子团的存在形式，Brooker（2000）测量了 FLINAK-冰晶石熔盐的拉曼光谱。他发现在孤立于基体的固体以及熔盐中，LiF-NaF-KF 共晶中孤立于

基体的铝基离子的拉曼光谱都体现了独立的 AlF_6^{3-} 八面体的特征。750℃以下，在分子比为 23 ~ 8 的熔盐中，AlF_6^{3-} 八面体似乎是唯一的结构体。

Gilbert 等人（1996）的研究表明，铝离子与氟化物的亲和力远大于氯化物，以至于当 Na_3AlF_6 溶于 NaCl 中时，没有氯离子进入铝配位层，而且没有铝-氟-氯配合物存在的证据。

Robert 和 Gilbert（2000）测定了（M，M′）F- AlF_3（M，M′= Li，Na，K）熔盐在 1293K 下的拉曼光谱。M/M′对不同配合物特征峰的强度比有很大影响，特别是对于其中一种碱金属阳离子为 Li^+ 的情况。Li^+ 与另外一种阳离子的共存可能会增加熔盐的酸度。光谱的反卷积结果与蒸气压数据吻合很好，体现出同一种偏差。由于缺少进行光谱研究结果比较的热力学数据，现在还不能建立定量分析模型。

10.2.4.4 含四价金属的卤化物体系

关于四价金属卤化物及其与碱金属卤化物混合熔盐结构的拉曼光谱研究很有限。20 世纪 70 年代早期，Toth 等人（1973）对富含 LiF-KF 共晶的，与 ZrF_4、ThF_4 的混合熔盐进行了研究。这些研究认为混合物中会生成 ZrF_6^{2-}、ZrF_8^{4-} 和 ThF_7^{3-} 配合物。由于这些四价金属氟化物的高熔点和挥发性，不可能在宽的组成范围对其进行研究，而且它们的熔融纯组分结构也是未知的。

最近，Rhotiadis、Papatheodorou（1998，1999）和 Dracopoulos 等人（2001）对 $ZrCl_4$- CsCl、$ThCl_4$- MCl 和 ZrF_4- KF 的熔盐拉曼光谱进行了系统的研究，给出了熔盐混合物和纯组分的结构信息。

固态 $ZrCl_4$ 的主要光谱特征并不随着温度的升高而变化。在 430℃ 刚好在熔点以下时，光谱中存在 7 个明显的峰。当其熔化后，大多数上述模似乎也在液态中存在。然而，在 $375cm^{-1}$ 处，出现了一个新的、强度很高的偏振峰，认为是由 $ZrCl_4$ 四面体的伸缩振动所引起的，这表明在液体中同样存在单体。光谱表明，液相中至少有两种不同的配合离子团：$ZrCl_4$ 单体（主要偏振峰在 $375cm^{-1}$），以及"类聚合物"配合离子团（主要偏振峰在 $404cm^{-1}$）。不同温度下的液相光谱测量证实了单体的存在，并表明熔盐中可能存在下示类型的平衡

$$(ZrCl_4)_n(1) \rightleftharpoons nZrCl_4(1) \tag{10-8}$$

不能计算聚合度（n 的值），然而，认为熔盐中的聚合度非常小，而且分子液体更可能由与单体平衡的 Zr_2Cl_8 二聚体或 Zr_6Cl_{24} 六聚体组成。

不同温度下固态和熔融 Cs_2ZrCl_6、$CsZr_2Cl_9$ 的拉曼光谱表明，两相中都存在"孤立的"分子离子 $ZrCl_6^{2-}$ 和 $Zr_2Cl_9^-$。当 $x(ZrCl_4)<0.33$ 时，$ZrCl_6^{2-}$ 八面体是主要的配合离子团。当 $0.33<x(ZrCl_4)<0.66$ 时，光谱性质随着成分和温度的变化情况表明，熔盐中存在着 3 种配合离子团 $ZrCl_6^{2-}$、$Zr_2Cl_9^-$、$Zr_2Cl_{10}^{2-}$（或者 $ZrCl_5^-$）建立的平衡。在富含 $ZrCl_4$ 的熔盐中（$x(ZrCl_4)>0.66$），光谱表明熔盐中存在着 $Zr_2Cl_9^-$、$ZrCl_4$ 单体和 $(ZrCl_4)_n$ 类聚体结构体之间的平衡。所有的数据表明，在富含 $ZrCl_4$ 的熔盐中，n 的值很小而且主要的"聚合物"离子团为二聚物和/或六聚物。

由于离子半径比 $r(Zr^{4+})/r(F^-)$ 和 $r(Th^{4+})/r(Cl^-)$ 几乎相等，认为相应的二元熔盐中的结构行为也类似。因此，在这些熔盐中似乎存在"同构性"。对于所有组成的 $ThCl_4^-MCl$

（M＝Li，Na，K，Cs）熔盐、包括纯组分 $ThCl_4$ 都可以进行拉曼光谱测量。结果表明，在富含碱金属氯化物的熔盐混合物中，$ThCl_6^{2-}$ 八面体是熔盐中的主要结构体，并且熔盐中存在其与 $ThCl_7^{3-}$ 五角双锥的平衡。对于富含碱金属氟化物的 ZrF_4-MF 熔盐混合物也有类似的情形，熔盐中也存在 ZrF_6^{2-} 八面体和 ZrF_7^{3-} 五角双锥。当摩尔分数 $x(TX_4) < 0.33$（$TX_4 = ZrF_4$，$ThCl_4$）时，存在两种配合离子团的平衡

$$TX_6^{2-} + X^- \rightleftharpoons TX_7^{3-} \tag{10-9}$$

随着 TX_4 摩尔分数的降低和温度的升高，平衡右移。当摩尔分数 $x(TX_4) = 0.66$ 时，两种二元混合物表现出类似的行为。因此，当 $x(TX_4) > 0.33$ 时，随着 $x(TX_4)$ 的增加，$v_1(A_{1g})$ 峰逐渐向高频移动，并且在光谱上出现了新峰。在 $x(TX_4) \approx 0.66$ 时，光谱中存在两个偏振峰和两个退偏振峰。Dracopoulos 等人（2001）对这两个体系的拉曼光谱随温度和组成的变化进行了解释，他们认为熔盐中存在与"自由" TX_6^{2-} 八面体平衡的桥式 $T_2X_{10}^{2-}$ 和 $T_3X_{14}^{2-}$ 八面体离子团。当熔盐中 $x(TX_4) > 0.7$ 时，只能对钍体系进行测量。峰的连续移动支持如下观点：八面体通过边成桥并不断延伸，形成了 $(T_nX_{4n+2})^{2-}$ 和 $(T_nX_{4n-2})^{2+}$ 型的链，阴离子和阳离子链的边部 T 原子分别为六重配位和四重配位。

最后，认为纯熔融 $ThCl_4$ 中的主要成分为链状八面体离子结构。拉曼光谱证实了熔盐中存在生成相反电荷配合离子团的机制，该机制包含下示自电离过程

$$n ThCl_4 \rightleftharpoons \frac{1}{2}(Th_nX_{4n-2})^{2+} + \frac{1}{2}(Th_nX_{4n+2})^{2-} \tag{10-10}$$

温度的升高导致了八面体之间桥的破坏，使得反应（10-10）左移或/和降低 n 的值。在纯熔融 ZrF_4 中也可能出现类似的自电离反应。

10.3　核 磁 共 振

核磁共振（NMR）是研究熔盐结构的强大工具。由于它是对特定元素的性质和行为进行直接测试，因此该方法相对于衍射法和振动光谱法具有显著的优点。随着高场超导磁体、高温 NMR 和四极矩测量核素技术的实现，可以对更大范围的无机物进行常规检测。使用 NMR 进行熔盐结构研究也遇到了一些特殊的问题，包括无机熔盐静态结构和动态行为的测定。

使用 NMR 进行无机材料研究遇到的特殊问题包括非晶材料的结构研究、熔体的研究以及混合物中小量相的检测。

10.3.1　理论背景

核磁共振（NMR）光谱是基于置于磁场中的样品对高频辐射吸收进行测量。只有具有非零原子核自旋的磁活性样品，才可以使用 NMR 进行测定。这些样品以非零自旋量子数为特征，非零自旋原子量子数不是整数（如1，2 等）就是半整数（如 1/2，3/2，5/2 等）。大多数原子核的自旋在 0~7/2 之间。原子核最基本的性质就是它的磁矩 $\boldsymbol{\mu}$

$$\boldsymbol{\mu} = \gamma \boldsymbol{J} \tag{10-11}$$

式中，γ 是回磁比，对于一特定原子核，回磁比是常数；J 是原子核的角动量。

每个原子核都具有 $2I+1$ 个能量级，以量子数 m 为特征，m 值为 I，$I-1$，$I-2$，…，$-I$。无外加磁场时，这些能级具有同样的能量（它们是简并的），当其处在磁场中并与磁场相互作用时，简并能级分裂。这些状态之间的能量差 ΔE 表示为

$$\Delta E = |\gamma\eta B| \tag{10-12}$$

式中，η 是普朗克常数；B 是原子核处的磁场强度。

原子核仅仅可以通过吸收或者释放频率为 ν 的光子才能升高或降低能量

$$\nu = \frac{\gamma}{2\pi}B \tag{10-13}$$

选择定则只允许相邻的能量级之间的跃迁。在 NMR 实验中测得的是该辐射频率，其值在射频范围内。

NMR 测试在化学和结构研究中很有用，主要是因为原子周围的电子对原子核产生屏蔽使其不受磁场 B_0 的干扰。在不同结构环境下的原子核的磁场表现出轻微的变化，因此吸收和释放频率差别很小的光子。以屏蔽张量 σ 来表征屏蔽作用。通常，屏蔽具有各向异性。由于该屏蔽

$$B = B_0 - B_0\sigma \tag{10-14}$$

即

$$B = B_0(1 - \sigma) \tag{10-15}$$

因为 B_0 的绝对值很难测量，不可能获得完全正确的 NMR 频率的绝对值。通常以相对于实验有效标准值的化学位移 δ 来记录共振频率

$$\delta = \frac{\nu - \nu_0}{\nu_0} \tag{10-16}$$

式中，δ 是化学位移；ν 是样品的频率，Hz；ν_0 是标准频率，Hz。负得更多或者正得更少的化学位移对应于更大的屏蔽。在 NMR 对材料的结构测量中，化学位移通常是最有用的参数。

进行固体 NMR 光谱检测的一个主要问题就是有许多现象会在样品中同一核素的各原子核处产生一定范围内的磁场强度，这将导致出现宽峰。这些现象包括

（1）各原子核偶极矩的相互作用（偶极-偶极相互作用）。

（2）各位点处电子屏蔽的各向异性（化学位移各向异性）。

（3）$I \geqslant 1$ 的核素与原子核处电场梯度的四极矩相互作用。

其他相互作用，例如间接的核相互作用（角动量耦合）对于无机固体的峰加宽没有明显作用。

在低黏度液体中，原子运动频率比共振频率高很多，而且在特定的结构环境中所有原子表现出了同样的平均磁场。最终得到的峰往往非常窄。在固体中，通常不会出现这种运动致窄效应，粉状样品峰比较宽，而且经常不能解释。通常用一种叫做魔角旋转（MAS）的技术来抑制峰的变宽，然而，在非晶样品测试中，由于样品中的结构无序性，所得峰却不是那么窄。MAS 频率通常在 $2 \sim 10\text{kHz}$。

由于在大约 110 个 NMR 活性核素中有 81 个具有四极矩，这些二级效应对于无机材料的研究非常重要。大多数固体中四极矩核素的光谱只有通过观察中心 $\left(\dfrac{1}{2}, -\dfrac{1}{2}\right)$ 跃迁才能获得。

四极效应是由核四极矩（由原子核上电荷的非球形分布引起）和原子核处的电场梯度相互作用引起的。四极效应会导致峰变宽、相对于各向同性（真）化学位移的峰位移以及峰的变形。这些效应的量以磁场强度 B_0 的平方减小，通常在可用的最高磁场下记录四极矩核素的光谱。

四极矩相互作用用四极耦合常数（QCC）来表示，对于给定的原子核，QCC 是原子核处电场梯度和不对称参数 η 的量度，η 是电场梯度相对于轴对称偏差的量度。通常，可以确定 MAS 光谱的如下性质：

（1）增加磁场强度会减少四极峰的增宽。

（2）增加 QCC 会增加四极峰的增宽。

（3）峰形随着 η 的改变而改变。

（4）不均匀增宽的增加会减小奇点的锐度。

在静态条件下，各向同性化学位移距峰的左边缘大约 1/3。在 MAS 条件下，峰大约要窄 2/3，各向同性化学位移处在峰的左边缘，而且峰的重心移动到各向同性化学位移的右边。

对于单一的、容易分辨的峰，或者最多有三个重叠峰的情况，通过反复使用 Ganapathy 等人（1982）的方法，可以确定 QCC 的值 η 和各向同性化学位移的值 δ_i。

10.3.2　实验测量方法

使用 NMR 光谱仪比电子探针稍微困难些。当 NMR 频率全都处于射频范围内时，NMR 光谱仪为由电脑控制的射电发射和接收系统。位于超导磁制冷体的空腔中的样品周围有一根接收和发射天线。

射电发射系统包括 1 个可调射频发生器、1 个脉冲程序器、1 个脉冲门控系统、1 个放大器和 1 个带通滤波器。发生器能在预期频率处产生射频信号。这些信号经过脉冲程序器和门控箱时，变成合适长度的脉冲信号，并在合适的时间进入系统。然后信号进入放大器，在这里，信号获得足够大的能量（通常为几百瓦）去激发所研究的原子核自旋系统。使用带通滤波器以减少噪声。

从发射系统出来的信号进入样品探测器，探测器包括可调电容器、发射/接收天线、使样品旋转的机械装置（定子）以及位于转子中的样品，样品在转子中旋转。天线长度通常为 $1 \sim 2\mathrm{cm}$，直径约为 1cm 的线圈。定子由发射的高压气体组成，驱动转子旋转，转子上通常有很多凹槽。转子的直径通常为 $0.5 \sim 1\mathrm{cm}$，可以为圆柱形或者蘑菇形。可达到的旋转速度取决于气压和填充到转子中的样品的均匀性，并随着转子直径的减小而增加。样品通常为 $100 \sim 500\mathrm{mg}$ 且为粉末状，也可以为大的固体片，甚至为浆体或液体。超导磁制冷体的磁场强度范围为 $1 \sim 14\mathrm{T}$。

接收系统仅为一个高质量射电接收器，系统也配有适合的带通滤波器，用于向电脑发送检测信号，并在电脑中存储和处理。

在简单的 90°单脉冲测试中，发射器在所观察核素的共振频率下发出射频信号，该信号为一个足够长的脉冲，典型的脉冲为 $1 \sim 15 \mu s$ 长。在这些脉冲后，当自旋系统散相时，样品在共振频率下开始发出射频信号（弛豫时间 t_2）。在仪器 $7 \sim 50 \mu s$ 的空载时间后，天线收集这个信号并将其发送到接收器上。然后，自旋系统弛豫，不发射额外的信号（弛豫时间 t_1）。在 t_1 的 $0.1 \sim 5$ 倍的时间后，重复该过程，并且将信号加到电脑中以前的脉冲信号上。弛豫时间 t_1 可以从几毫秒到几分钟甚至几小时。根据需要，多次重复该过程，直到产生令人满意的信噪比。上述过程常常要重复上百或上千次。

核磁共振分析中最重要的性质如下：

（1）峰顶点的化学位移的值，其表征了结构片段的性质。

（2）峰的半高宽，其表征了光谱峰的形状。

（3）以其面积作为表征的峰强度，它与原子核数目成比例，通过相对强度的比较，可以决定存在的单独原子核类型的数目。

NMR 法经常用于室温或者 0℃ 以下的测量实验。通常（几乎全部）采用具有分子特性的物质作为溶剂，溶解的待测物质具有分子或离子特征。在这种情况下，光谱峰的半高宽很小（$1 \sim 200 Hz$）。具有这样半高宽的峰可以采用 Lorentzian 函数进行数学表述，我们把这种峰称为 Lorentzian 型峰。

在 NMR 光谱测量中，尤其是对于那些天然样品来说，存在一个困难，即顺磁性组分或杂质（一般是 Fe 或 Mn）会造成峰普遍变宽。最糟的情况是，峰太宽以至于淹没在噪声中不能被观测到。这种加宽现象归因于非均匀磁场导致的一定范围内的化学位移，非均匀磁场是由磁场内部不成对的 d 电子或 f 电子的相互作用所引起的。

对于这些问题并没有系统的研究见诸报道。一般而言，对于主要成分是含有 Fe 或 Mn 的相，是不能测量的。然而，如果样品中含有 1% ~ 2% 的 Fe 并不能完全破坏光谱。从原理上讲，Fe^{2+} 比 Fe^{3+} 会导致更大的峰变宽效应，这是因为 Fe^{2+} 具有更多不成对的 d 电子。而对于本身峰就很宽的四极核素来说，顺磁性的影响小一些。

10.3.3　高温 NMR 测量

在高温下，溶剂和溶解的待测物质是完全具有离子特征的，核素以极快的速度相互交换能量，并且在存在的配合离子团中体现出配位体的行为。这些交换反应的频率通常比设备的工作频率高几个数量级。这一方面使得所有结构单元的信号平均化，另一方面造成了峰加宽。光谱峰加宽的主要原因如下：

（1）交换反应的频率接近于仪器的工作频率，最终会导致独立峰的分开。

（2）由于低溶解度物质的结晶或坩埚盖上蒸气的冷凝（坩埚盖上的温度实际要低于激光加热的坩埚底），导致液态系统中生成了固体物质；这也最终会导致独立峰的分开。

（3）其他原因，例如顺磁物质的存在或者非耦合电子的交换动力学。

因此，与分子体系的低温光谱不同，并不能观察到所有结构单元的高温光谱峰。此外，被明确表示的仅为将所有结构单元的贡献平均化的一个峰。对于更宽的峰，有必要采用数学表述，即 Lorentzian 和 Gauss 函数的加权和。

熔盐作为具有离子键的相对简单液体而引人关注。NMR 研究对于了解熔盐结构有很大的帮助。一般而言，NMR 线通常在很大程度上平均化了。因此很多研究涉及了同位素化学位移和弛豫。大多数熔盐体系具有足够的运动性以产生相对狭窄的线，通过它们可以简单地从化学层面了解结构和成键对 NMR 化学位移的影响。

文献中有高温 NMR 对单一熔盐晶体结构转变的描述，也有晶相中各种结构转变、有序到无序转变的高温 NMR 研究。本书只简述几个例子。Massiot（1990）研究了加热状态下 LiNaSO$_4$的行为。518℃时，其低温三角相转变为立方结构。伴随着这个相转变，电导率增加了 3 个数量级。另外，在 620℃熔点时可以观测到电导率有一个相对小很多的增加。在相变温度以下，^{23}Na 线逐渐变窄。在相变温度，出现了一个新的、更窄的线。电导率急剧的增加表明阳离子的运动类似于液体。在熔点处，谱线进一步变窄。在^{7}Li 光谱中可以看到类似的结果。KLiSO$_4$同样表现出了到快离子导体的相变。Rigamonti（1990）客观地描述了无机盐和氧化物在低温和高温下各种结构相变核磁及四极共振研究结果。

最近，Lacassagne（1997）等人使用研制的激光加热系统对氟铝酸系熔盐进行了最可靠的高温 NMR 实验。实验设备如图 10-5 所示。

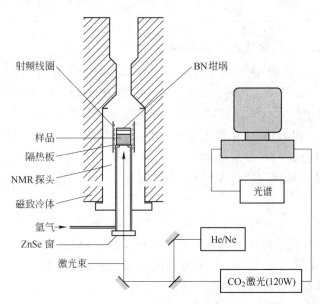

图 10-5   NMR 光谱测量设备图

氟化物熔盐的标准 NMR 测量是按下面的步骤执行的：将样品置于高纯氮化硼（BN AX05，Carborundum 公司）坩埚中，通过螺丝将坩埚用 BN 盖紧密盖紧，然后放入处于超导磁致冷体中心的射频线圈中。通过陶瓷隔热板对 NMR 轴向鞍形线圈进行绝热。连续 CO$_2$激光（$\lambda = 10.6\mu m$）轴向穿过探头对坩埚直接加热。采用两步进行温度标定：首先使用位于 BN 坩埚内的热电偶对温度与激光功率的关系进行标定，然后通过 NMR 对相变进行原位观察，对上述标定关系进行调整。^{27}Al 净信号的变化清晰地记录了冰晶

石的 α→β 相转变和熔化。重复同样的加热和冷却过程，温度精确到±5℃。液态氟化物具有很强的腐蚀性和挥发性，因此将液态的实验时间最小化（约为 5min），以避免实验过程中组分的改变。采用湿法化学分析、高分辨率 NMR 测试和 X 射线衍射图的 Rietveld 分析对实验前后样品的化学组成进行了测试。失重测量证实了坩埚中样品没有挥发。

所有的 NMR 测量都是采用 Bruker-DSX400 NMR 光谱仪在 9.4T 下进行的。使用单脉冲激发得到光谱，表 10-1 给出了冰晶石基熔盐测试的典型条件。^{27}Al、^{23}Na、^{19}F 和 ^{17}O 在室温下的化学位移分别相对于 1mol/L Al(NO$_3$)$_3$、NaCl、CFCl$_3$ 水溶液和 H$_2$O，精确到 ±5×10^{-6}。由于探头装置中存在聚四氟乙烯，^{19}F 的探头信号很宽，对其光谱进行了校正。

表 10-1　高温 NMR 试验的典型采集条件

核　素	频率(9.4T)/MHz	扫描次数	脉冲长度/μs	循环延迟时间/s	参照物
^{19}F	376.3	8	π/2	1	1mol/L CFCl$_3$
^{27}Al	104.2	64	π/8	0.5	1mol/L Al(NO$_3$)$_3$
^{23}Na	105.8	64	π/8	0.5	1mol/L NaCl
^{17}O	54.2	64	π/2	0.5	H$_2$O

10.3.3.1　NaF-AlF$_3$ 熔盐的高温 NMR 光谱

在固态碱金属氟化物中，铝只以与氟的八面体配位的形式存在。根据 Spearing（1884）和 Smith、Van-Eck（1999）的研究，^{27}Al 的化学位移在 $-13×10^{-6}$ 到 $-1.4×10^{-6}$ 之间，通常比氧化物中的 AlO$_6$ 八面体屏蔽得更好。仅有少量研究报道了氟化物中 Al 的更低配位数。Kohn 等人（1991）以铝的五重和六重配位的形式（分别在 22ppm[❶] 和 -5ppm[❶]）给出了与冰晶石混合的翡翠玻璃体的 ^{27}Al MAS NMR 光谱。Herrond 等人（1993）报道，在 [1,8-(双二甲基氨基)萘 H$^+$][AlF$_4^-$] 饱和溶液中，AlF$_4^-$ 四面体阴离子的 ^{27}Al 的化学位移在 $49×10^{-6}$。

在这些液体中，对于所有观察的原子，高温 NMR 光谱都包括一个单独的窄线，该线由其位置（各向同性化学位移）和其线宽所表征。这个单独的尖锐线反映了不同有效环境的转换（与 NMR 的从 $10^2 \sim 10^8$Hz 的时间范围相比很快）。因此，所观察到的峰位是各结构体化学位移以各自量的加权平均。

Lacassagne 等人（1999）使用研制的激光加热 NMR 设备，测定了很宽组成范围的 NaF-AlF$_3$ 体系高温液体中 ^{27}Al 的化学位移，并将所得结果与 Robert 等人（1999）发表的拉曼数据进行了比较。结果表明两种光谱方法在所得的液相结构中，AlF$_4^-$、AlF$_5^{2-}$ 和 AlF$_6^{3-}$ 配合阴离子团含量相同。Bessada 等人（1999）同样报道了单独氟铝酸盐中不同配位类型的完全分离的 ^{27}Al 的化学位移范围，包括在 NaAlF$_4$ 熔盐的高温 NMR 光谱中测得 AlF$_4^-$ 配位体的化学位移为 $38×10^{-6}$（见表 10-2），而拉曼光谱学给出了 NaAlF$_4$ 熔盐中只存在 AlF$_4^-$ 的证据。

---

❶　1ppm = 10^{-6}。——译者注

表 10-2　^{27}Al 在不同 Al- O 和 Al- F 配位体中的化学位移

含铝配位体	δ_{Al}
AlO_4^{5-}	$90\times10^{-6}/55\times10^{-6}$
AlO_5^{7-}	$30\times10^{-6}/40\times10^{-6}$
AlO_6^{9-}	$20\times10^{-6}/-20\times10^{-6}$
AlF_4^-	38×10^{-6}
AlF_5^{2-}	20×10^{-6}
AlF_6^{3-}	$1.4\times10^{-6}/-13\times10^{-6}$

Lacassagne 等人（2002）也对 NaF- AlF$_3$ 熔盐体系进行了高温 NMR 测量。不同 NaF- AlF$_3$ 熔盐的 ^{27}Al、^{23}Na 和 ^{19}F 光谱包含一个单独的 Lorentzian 峰，体现了熔盐中不同化学结构体间快速转换的特征。典型的峰宽是一个 100～200Hz 间的常数，这主要是由主场的非均匀性引起的，主场的非均匀性可以通过弛豫时间测量来检测。从 NaF 到 AlF$_3$，随着冰晶石与亚冰晶石比例的改变，δ_{Na}^{23} 逐渐减少，而 δ_{Al}^{27} 逐渐增加。另外，δ_F^{19} 从液态 NaF（$\delta=-228\times10^{-6}$）开始迅速增加，当组成在冰晶石和亚冰晶石之间时，$\delta=-192\times10^{-6}$，当熔盐中 AlF$_3$ 含量更高时，δ 值要更低。

^{27}Al 化学位移的变化明确表明，NaF- AlF$_3$ 熔盐中不止含有一类含铝离子团，而且各含铝离子团的比例与熔盐组分有关。从所测得的与氟六配位的铝的化学位移和 AlF$_4^-$ 配合离子团的化学位移（38×10^{-6}）可以得出结论，"每一种关于熔盐中只含有 AlF$_6^{3-}$、即使是扭曲了的 AlF$_6^{3-}$"的描述都是不正确的。从只包含 AlF$_4^-$ 和 AlF$_6^{3-}$ 配合离子团的 NMR 实验的化学位移数据直接计算所得的阴离子分布与以前描述的任何模型都不符合。在冰晶石和亚冰晶石组成之间所计算的 AlF$_4^-$ 和 AlF$_6^{3-}$ 的摩尔分数几乎是以相同的趋势减小的。然而，在整个 AlF$_3$ 含量范围内，所计算的平衡常数变化了 1 个数量级（0.02～0.21，1025℃）。

对于稳定的固态化学物，通过在室温下建立的实验化学位移和配位体的对应关系（如表 10-3 所示），以所研究核素的结构环境的形式描述了观测到的化学位移。当 AlF$_3$ 从 18% 增加到 50% 时，铝的氟平均配位数从 5.5 降到 4，而钠的氟平均配位数从 8.5 升到 11。^{27}Al 和 ^{23}Na 化学位移之间的联系表明可以从 Al- F 以及 Na- F 配位的观点对这些熔盐进行描述。

表 10-3　稳定固相中钠和铝的氟化物的配位体和实验化学位移

核　素	化合物	位　点	δ			
			(a)	(b)	(c)	(d)
^{27}Al	AlF_3	AlF_6^{3-}	-15×10^{-6}	-13.2×10^{-6}	—	—
	Na_3AlF_6	AlF_6^{3-}	-1×10^{-6}	1.4×10^{-6}	0	—
	$Na_5Al_3F_{14}$	AlF_6^{3-}	-1.5×10^{-6}	-1×10^{-6}	-1×10^{-6}	—
	$Na_5Al_3F_{14}$	AlF_6^{3-}	-2.8×10^{-6}	-3×10^{-6}	-3×10^{-6}	—
	$NaAlF_4$	AlF_4^-	38×10^{-6}	—	—	—
^{23}Na	NaF	NaF_6^{5-}	7×10^{-6}	7.2×10^{-6}	—	—
	Na_3AlF_6	NaF_6^{5-}	1×10^{-6}	2.4×10^{-6}	4×10^{-6}	—
	Na_3AlF_6	NaF_8^{7-}	-12×10^{-6}	-9.3×10^{-6}	-8×10^{-6}	—
	$Na_5Al_3F_{14}$	NaF_6^{5-}	-7×10^{-6}	—	-6×10^{-6}	—
	$Na_5Al_3F_{14}$	NaF_{12}^{11-}	-21×10^{-6}	—	-21×10^{-6}	—

核　素	化合物	位　点	δ			
			(a)	(b)	(c)	(d)
	AlF_3	FNa_6^{5-}	-221×10^{-6}	—	—	—
	Na_3AlF_6	FNa_3Al^{5-}	-189×10^{-6}	—	—	—
^{19}F	$Na_5Al_3F_{14}$	FNa_3Al^{5-}	-187×10^{-6}	—	—	-189.5×10^{-6}
	$Na_5Al_3F_{14}$	FNa_4Al^{6-}	-190×10^{-6}	—	—	-191.4×10^{-6}
	$Na_5Al_3F_{14}$	FAl_2^{5-}	-162×10^{-6}	—	—	-165×10^{-6}

　　需要强调的是，观察到的铝和钠化学位移的奇点，与已知的，如电导率、密度、黏度等宏观性质行为非常符合。例如，随着熔盐中 AlF_3 含量的增加，电导率迅速下降，这与配位的变化吻合得很好，即 Na 的平均配位数增加而 Al 的平均配位数减小。对于该变化需要进行一个修正，因为在 AlF_3 摩尔分数为 30% 时，斜率有一个中断。根据熔盐的拉曼研究，这个特殊成分点对应 F^- 的最低分数和 AlF_5^{2-} 的最高分数，并且此点处存在 AlF_4^-。

　　可以由实验数据直接推导得到各氟铝酸阴离子中 ^{19}F 的化学位移。首先，将测得的纯 NaF 的化学位移 $\delta=-228\times10^{-6}$ 指定给自由氟离子，将测得的纯 $NaAlF_4$ 的化学位移 $\delta=-200\times10^{-6}$ 指定给 AlF_4^-。然后就可以在整个组成范围内将化学位移的变化与各阴离子相对应，可得 AlF_5^{2-} 的 $\delta=-188\times10^{-6}$，AlF_6^{3-} 的 $\delta=-176\times10^{-6}$。这些结果说明 ^{19}F 的化学位移与熔盐中自由氟离子的量有很大关系。因此，以各氟铝酸根离子团形式对 ^{27}Al 和 ^{19}F 化学位移变化的解释证明了冰晶石系熔盐都可以以此表述。

10.3.3.2　NaF-AlF_3-Al_2O_3 熔体的高温 NMR 光谱

　　在早期的高温 NMR 中，Stebbins 等人（1992）报道了四种组成的 NaF-AlF_3-Al_2O_3 熔体中 ^{27}Al 的化学位移，系统来说，液相中的化学位移比固相中高很多。他们强调，组成和温度对液体结构有很大的影响，并且认为铝环境有向具有高四配位浓度的环境变化的趋势。

　　Lacassagne 等人（2002）使用多核 NMR 研究了含有 0.6% ~ 8.2%（摩尔分数）的、富含 ^{17}O Al_2O_3 的冰晶石-氧化铝熔体。他们发现，除了 ^{27}Al 的高温光谱中的谱线随着溶解的氧化铝量的增加而变宽外，^{23}Na、^{19}F 和 ^{17}O 核素光谱的谱线宽度没有明显变化。

　　在 Al_2O_3 摩尔分数为 0.6% 的熔体中，在 26×10^{-6} 观察到了一个小但是明显的 ^{17}O 信号。谱线的强度随着溶解氧化铝的量的增加而增加，这表明熔体中 ^{17}O 核素数的增加值在 Al_2O_3 饱和时达到最大值，^{17}O 的化学位移从 26×10^{-6} 降低到大约 8×10^{-6}。

　　添加氧化铝后，^{27}Al 的化学位移变化很大，化学位移随着氧化铝溶解量的增加而增加；而在整个组成范围内没有观察到 ^{19}F 和 ^{23}Na 化学位移的明显变化。

　　除了氧化铝的最高含量点，^{17}O 和 ^{27}Al 的化学位移的变化几乎是对称的，在氧化铝最高含量点，^{17}O 的化学位移保持不变。这些同步发生的变化表明，熔体中除了存在 NaF-AlF_3 二元熔盐体系中存在的氟铝酸配合离子团外，也存在包含 Al-O-F 氧桥的配合离子团。在 Al_2O_3 摩尔分数从 0 增加到 6.6% 时，^{27}Al 的化学位移从 10×10^{-6} 增加到了 47×10^{-6}。这个很大的变化表明氧化铝的添加对铝的局部平均环境带来了很大的改变。化学位移迅速增加超过了 NaF-AlF$_3$体系 AlF$_4^-$的最大测量值 38×10^{-6}。这表明需要考虑熔体中具有更高化学位移的新物质。当 Al$_2$O$_3$摩尔分数高于 6.6% 时，化学位移保持恒定，说明熔体中的氧化铝已达到饱和。

铝-氟-氧配合离子团的确切结构仍然是文献中讨论的主要问题。大量研究明确认可了两种主要的含氧配合离子团，一个是 AlOF$_6^{2-}$，其在氧化铝含量低时为熔体的主要成分；另一个是 Al$_2$O$_2$F$_4^{2-}$，在氧化铝含量高时为主要成分。

当 Al$_2$O$_3$摩尔分数由 0.6% 升高至 3.8% 时，^{17}O 的化学位移从 25×10^{-6}降低到 8.5×10^{-6}；而当 Al$_2$O$_3$摩尔分数由 3.8% 升高至饱和，^{17}O 的化学位移不变。^{17}O 的化学位移对氧化铝添加量的高敏感度表明，氧原子局部平均环境在氧化铝浓度（摩尔分数）升到 3.8% 的过程中变化很大。氧化铝的增加所引起的^{17}O 化学位移的变化说明，在增加到该浓度前，熔体中存在不止一种含氧结构体；高于该浓度时，^{17}O 化学位移保持不变，说明此时熔体中只存在一种含氧结构体。在氧化铝浓度增加到溶解度的过程中，^{27}Al 化学位移的变化趋势与^{17}O 相同，表明了类似的行为。

Lacassagne 等人（2002）认为，在铝-氟-氧配合离子团中，氧原子最可能形成

Al—O—Al 和 Al〈O/O〉Al 型的桥键，这个结果被 Robert 等人（1997a）的拉曼光谱研究

以及 Daněk 等人（2000b）通过 LECO 测量方法直接进行氧分析的研究所证实。Lacassagne 等人（2002）所得的^{17}O 和^{27}Al 光谱化学位移的变化说明了取决于 Al$_2$O$_3$含量不同的两种铝-氟-氧离子团的存在。假设 Al$_2$O$_3$含量（摩尔分数）为 0.6% 时，熔体中只存在 AlOF$_6^{2-}$，而在饱和状态下只有 Al$_2$O$_2$F$_4^{2-}$存在，则相应地，AlOF$_6^{2-}$ 和 Al$_2$O$_2$F$_4^{2-}$的化学位移分别为 $\delta=25\times10^{-6}$和 $\delta=8.5\times10^{-6}$。

认为熔体中只有这两种离子团，^{17}O 化学位移的变化 $\delta(^{17}O)$可由下式表示

$$\delta(^{17}O) = X^O_{Al_2OF_6^{2-}}\delta^O_{Al_2OF_6^{2-}} + X^O_{Al_2O_2F_4^{2-}}\delta^O_{Al_2O_2F_4^{2-}} \tag{10-17}$$

式中，$X^O_{Al_2OF_6^{2-}}$ 和 $X^O_{Al_2O_2F_4^{2-}}$ 分别为 Al$_2$OF$_6^{2-}$和 Al$_2$O$_2$F$_4^{2-}$中的氧原子分数，它们满足

$$X^O_{Al_2OF_6^{2-}} + X^O_{Al_2O_2F_4^{2-}} = 1 \tag{10-18}$$

通过这些关系式和实验测得的化学位移，可以计算整个氧化铝浓度区间内每种铝-氟-氧离子团的分数。

对于^{27}Al 化学位移变化的解释更为复杂，因为熔体中除了铝-氟-氧离子团外，还存在不同的铝-氟离子团。在最简单的处理方法中，认为由于氧化铝含量相对较低，冰晶石中 AlF$_X$的相对含量不受氧化铝添加的影响。^{27}Al 化学位移的变化值 $\delta(Al)$可以用下面的关系式表示

$$\delta(Al) = X_{Al_2OF_6^{2-}}\delta^{Al}_{Al_2OF_6^{2-}} + X_{Al_2O_2F_4^{2-}}\delta^{Al}_{Al_2O_2F_4^{2-}} + X_{AlF_X}\delta^{Al}_{AlF_X} \tag{10-19}$$

且

$$X_{Al_2OF_6^{2-}} + X_{Al_2O_2F_4^{2-}} + X_{AlF_X} = 1 \tag{10-20}$$

根据 Na$_3$AlF$_6$-Al$_2$O$_3$体系实验中^{27}Al 化学位移的变化和式（10-19）及式（10-20），

可以得到两种铝-氟-氧离子团中^{27}Al 的化学位移

$$\delta_{Al_2OF_6^{2-}}^{Al} = (50 \pm 0.5) \times 10^{-6} \qquad \delta_{Al_2O_2F_4^{2-}}^{Al} = (58.5 \pm 0.5) \times 10^{-6}$$

从 NMR 的观点来看，$Al_2OF_6^{2-}$ 和 $Al_2O_2F_4^{2-}$ 的局部结构可以分别用 $AlOF_3$ 和 $Al_2O_2F_2$ 四面体来描述。两种铝-氟-氧离子团的^{27}Al 化学位移在 $AlO_4^{5-}(\delta=80\times10^{-6})$ 和 $AlF_4^-(\delta=38\times10^{-6})$ 之间。铝的第一配位层上一个氟原子被氧原子取代，大约会引起^{27}Al 化学位移 10×10^{-6} 的变化。

10.3.3.3 Na_3AlF_6-Fe_xO_y 熔体的高温 NMR 光谱

在铝生产的 Hall-Heroult 过程中，铁是最重要的杂质之一。它会降低电流效率和产品质量。铁主要是以氧化物的形式与氧化铝一起引入到流程中。根据 Šimko（2004）的研究，还有一大部分铁通过电解槽维护使用的铁工具以及废阳极喷抛清理过程所用的铁球而引入流程中。

Šimko（2004）最近采用高温 NMR 光谱法研究了 Na_3AlF_6-Fe_xO_y（$Fe_xO_y = Fe_2O_3$、FeO）体系，并在 1020℃ 下获得了^{27}Al 和^{23}Na 的高温 NMR 光谱。

A Na_3AlF_6-Fe_2O_3 体系

Fe_2O_3 含量（摩尔分数）从 0.5%~1% 的 Na_3AlF_6-Fe_2O_3 熔体中，^{27}Al 和^{23}Na 的 NMR 光谱以独立的 Lorentzian 峰为特征。^{27}Al 的化学位移从纯 Na_3AlF_6 的 18.3×10^{-6} 线性增加到含有 1%（摩尔分数）Fe_2O_3 混合物的 26.0×10^{-6}（见表 10-4）。这个化学位移变化归因于以下两点：

（1）新粒子的存在导致铝原子核局部环境的改变；

（2）作为杂质存在的 $Fe(Ⅲ)$ 的未耦合电子顺磁性贡献的影响。

表 10-4 Na_3AlF_6-Fe_2O_3 熔体体系^{27}Al 和^{23}Na 的化学位移

$x(Na_3AlF_6)$	$x(Fe_2O_3)$	$\delta(^{27}Al)$	$\delta(^{23}Na)$
1.000	0.000	18.3	-6.5
0.950	0.050	22.2	-5.4
0.925	0.075	24.2	-5.0
0.900	0.100	26.0	-4.8

峰最大值的位置与包含各自原子核的粒子化学位移的平均值相对应。一般而言，最终的化学位移是存在粒子化学位移的加权和，$\delta = \Sigma x_i \delta_i$，其中，$\Sigma x_i = 1$，$x_i$ 是 i 组分的摩尔分数，δ_i 是它的化学位移。^{27}Al 化学位移的增加与熔体中 Al 配位数的减少相关。

假设 Fe_2O_3 与冰晶石能按以下反应生成氟化物和铝-氟-氧配合物

$$4Na_3AlF_6 + Fe_2O_3 \Longrightarrow 2Na_3FeF_6 + Na_2Al_2OF_6 + Na_2Al_2O_2F_4 + 2NaF \qquad (10-21)$$

在 1mol 含有 1%（摩尔分数）Fe_2O_3 和 99%（摩尔分数）Na_3AlF_6 的混合物中，各个成分的物质的量为

$$n(AlF_6^{3-}) = 0.95mol$$

$$n(FeF_6^{3-}) = 0.02mol$$

$$n(\mathrm{Al_2OF_6}^{2-}) = 0.01\,\mathrm{mol}$$

$$n(\mathrm{Al_2O_2F_4}^{2-}) = 0.01\,\mathrm{mol}$$

$$n(\mathrm{F^-}) = 0.02\,\mathrm{mol}$$

所有物质的量总和约等于 1，$n(i) \approx X_i$。化学位移最终可表示为

$$\delta(^{27}\mathrm{Al}) = X_{\mathrm{Al_2OF_6^{2-}}}\delta^{\mathrm{Al}}_{\mathrm{Al_2OF_6^{2-}}} + X_{\mathrm{Al_2O_2F_4^{2-}}}\delta^{\mathrm{Al}}_{\mathrm{Al_2O_2F_4^{2-}}} + X_{\mathrm{AlF_x}}\delta^{\mathrm{Al}}_{\mathrm{AlF_x}} \tag{10-22}$$

$$= 0.01 \times 50 + 0.01 \times 58 + 0.95 \times 18.3 = 18.5$$

化学位移的计算值相对于纯冰晶石的化学位移值仅仅增加了 0.2×10^{-6}，而实验中的化学位移增加了 7.7×10^{-6}（见表 10-4）。因此认为熔体中有一个额外的影响，这个影响比成分变化的影响大许多倍。该影响很可能是由熔体中作为杂质存在的 $\mathrm{Fe(III)}$ 原子上的未耦合电子所引起的。

$\mathrm{Na_3AlF_6\text{-}Fe_2O_3}$ 中 $^{23}\mathrm{Na}$ 的高温 NMR 光谱表明，其化学位移有一个类似的、但是不明显的增加，从纯冰晶石中的 -0.65×10^{-6}，增加到含有 1%（摩尔分数）$\mathrm{Fe_2O_3}$ 和 99%（摩尔分数）$\mathrm{Na_3AlF_6}$ 混合物中的 -4.8×10^{-6}。化学位移增加不多是由铝原子不是由钠原子直接配位导致的。

B　$\mathrm{Na_3AlF_6\text{-}FeO}$ 体系

研究者获得了 FeO 从 1%～14%（摩尔分数）的 $\mathrm{Na_3AlF_6\text{-}FeO}$ 熔体的高温 NMR 光谱。$^{27}\mathrm{Al}$ 的化学位移的值从纯 $\mathrm{Na_3AlF_6}$ 的 18.3×10^{-6} 线性增加到含 14%（摩尔分数）FeO 混合物的 34.3×10^{-6}（见表 10-5）。这个变化的原因和 $\mathrm{Na_3AlF_6\text{-}Fe_2O_3}$ 体系相同。

表 10-5　$\mathrm{Na_3AlF_6\text{-}FeO}$ 熔体体系中 $^{27}\mathrm{Al}$ 的化学位移

$x(\mathrm{FeO})$	$\delta(^{27}\mathrm{Al})$
0.000	18.3×10^{-6}
0.001	21.0×10^{-6}
0.050	27.3×10^{-6}
0.100	30.9×10^{-6}
0.140	34.3×10^{-6}

对于 $\mathrm{Na_3AlF_6\text{-}FeO}$ 体系可以采用与前述类似的分析，然而对这个体系化学位移变化的计算更为复杂，这主要是因为该体系的浓度范围更宽，而且可能发生了进一步的化学反应。$\mathrm{Al_2OF_6^{2-}}$ 和 $\mathrm{Al_2O_2F_4^{2-}}$ 的化学位移差别很大，为了简单起见，我们假设含有 14%（摩尔分数）FeO 的熔体中只生成了 $\mathrm{Al_2O_2F_4^{2-}}$，反应式如下

$$\mathrm{Na_3AlF_6} + \mathrm{FeO} \Longrightarrow \mathrm{Na_2FeF_4} + \frac{1}{2}\mathrm{Na_2Al_2O_2F_4} \tag{10-23}$$

在含有 14%（摩尔分数）FeO 和 86%（摩尔分数）$\mathrm{Na_3AlF_6}$ 的混合物中，各个成分的物质的量的计算结果如下

$$n(\mathrm{AlF_6^{3-}}) = 0.72\,\mathrm{mol}$$

$$n(\mathrm{FeF_4^{2-}}) = 0.14\,\mathrm{mol}$$

$$n(\mathrm{Al_2O_2F_4^{2-}}) = 0.07\,\mathrm{mol}$$

物质的量总和 $\Sigma n_i = 0.93\,\mathrm{mol}$，则各组分的摩尔分数为

$$x(\mathrm{AlF_6^{3-}}) = 0.774$$

$$x(\mathrm{FeF_4^{2-}}) = 0.151$$

$$x(\mathrm{Al_2O_2F_4^{2-}}) = 0.075$$

^{27}Al 的最终化学位移为

$$\delta(^{27}\mathrm{Al}) = X_{\mathrm{Al_2O_2F_4^{2-}}}\delta_{\mathrm{Al_2O_2F_4^{2-}}}^{\mathrm{Al}} + X_{\mathrm{AlF_x}}\delta_{\mathrm{AlF_x}}^{\mathrm{Al}} \tag{10-24}$$

$$= 0.075 \times 58 \times 10^{-6} + 0.774 \times 18.3 \times 10^{-6} = 18.5 \times 10^{-6}$$

然而，化学位移值的实验值为 $\delta(^{27}\mathrm{Al}) = 34.3 \times 10^{-6}$。因此，该体系也有一个更深层的效应影响了峰最大值的位置，这个效应比成分改变的影响大很多倍。与前述的情况相同，该差别可能是由熔体中作为杂质存在的 Fe(Ⅲ) 原子上的未耦合电子所引起的，而 Fe(Ⅲ) 是由一部分 Fe(Ⅱ) 氧化产生的。EPR 测试证实了上述结论。

在 $\mathrm{Na_3AlF_6}$-FeO 熔体体系中同样能观测到 ^{23}Na 化学位移类似的微小增加。这是由钠原子不直接与铝原子配位所引起的。

10.3.3.4   KF-$\mathrm{K_2NbF_7}$-$\mathrm{Nb_2O_5}$ 熔体的高温 NMR 光谱

Cibulková（2005）使用 Lacassagne 等人（1997）研制的高温激光加热系统研究了 $\mathrm{Nb_2O_5}$ 含量（摩尔分数）为 7.5% ~ 40% 的 $\mathrm{K_2NbF_7}$-$\mathrm{Nb_2O_5}$ 体系中 ^{19}F、^{93}Nb、^{17}O 的 NMR 光谱。

将 60mg 样品在手套箱中、于干燥氩气气氛下放于高纯度氮化硼坩埚中，并通过螺丝用一个 BN 盖将其紧密密封。连续 $\mathrm{CO_2}$ 激光加热束轴向通过 NMR 探针，可以记录从室温到 1500℃ 高温的 NMR 光谱。实验在氩气气氛下进行以避免坩埚和样品的氧化。将液相样品测试的时间最小化以避免实验中组分的改变。

$\mathrm{Nb_2O_5}$ 含量（摩尔分数）小于 7.5% 时的测量是无法进行的，因为当 $\mathrm{K_2NbF_7}$ 浓度很高时，其会与氮化硼坩埚反应，反应式为

$$3\mathrm{K_2NbF_7} + 5\mathrm{BN} \longrightarrow 3\mathrm{NbN} + 5\mathrm{KBF_4} + \mathrm{KF} + \mathrm{N_2} \tag{10-25}$$

加热后可以在 ^{19}F 的 MAS NMR 光谱上观测到 $\delta = -152.5 \times 10^{-6}$ 处有一个很强的 $\mathrm{KBF_4}$ 信号。

熔融 $\mathrm{K_2NbF_7}$-$\mathrm{Nb_2O_5}$ 混合物的高温 ^{19}F、^{93}Nb 和 ^{17}O NMR 光谱由单一的峰构成，这是由熔体中不同结构体的快速转换所引起的。Lorentzian 型峰表明了偶极-偶极和四极相互作用的完全动力学平均。于是，峰的位置是各结构体各向同性化学位移的加权平均。$\mathrm{K_2NbF_7}$-$\mathrm{Nb_2O_5}$ 熔体中 ^{19}F、^{93}Nb、^{17}O 的化学位移变化与 $n(\mathrm{O})/n(\mathrm{Nb^V})$（摩尔比）的关系如图 10-6 所示。

在图 10-6 中可以观测到直线斜率明显不同的两个独立区域。当 $\mathrm{Nb_2O_5}$ 在 $\mathrm{K_2NbF_7}$ 中溶解时，可以认为发生了下述过程：$\mathrm{K_2NbF_7}$ 电解成阳离子 $\mathrm{K^+}$ 和阴离子 $[\mathrm{NbF_7}]^{2-}$，$\mathrm{Nb_2O_5}$ 按如下机制溶解

$$\mathrm{Nb_2O_5(s)} \longrightarrow \mathrm{NbO_2^+(l)} + \mathrm{NbO_3^-(l)} \tag{10-26}$$

然后，$\mathrm{NbO_2^+}$、$\mathrm{NbO_3^-}$ 和 $[\mathrm{NbF_7}]^{2-}$ 间发生反应，例如

$$[\mathrm{NbO_2}]^+ + [\mathrm{NbF_7}]^{2-} = [\mathrm{NbOF_2}]^+ + [\mathrm{NbOF_5}]^{2-} \tag{10-27}$$

也存在其他的反应。最终，溶液中存在 3 种结构体：$[\mathrm{NbF_7}]^{2-}$、所有含氧和氟结构体（记为 A）以及含氧结构体，上述第三种结构体在 ^{19}F 光谱中没有信号。

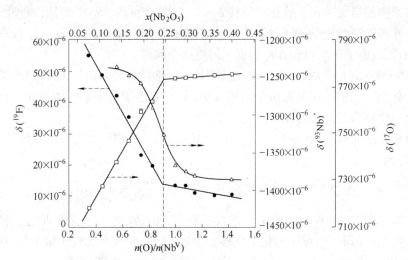

图 10-6 K_2NbF_7-Nb_2O_5 熔体中，^{19}F、^{93}Nb 和 ^{17}O 的 NMR
化学位移变化与 $n(O)/n(Nb^V)$（摩尔比）的关系

在 $0.35 < n(O)/n(Nb^V) < 0.9$ 的范围内，可以用如下方程表示 ^{19}F 化学位移与 $n(O)/n(Nb^V)$ 的关系

$$\delta_{exp}(^{19}F) = a + b\frac{n(O)}{n(Nb^V)} \tag{10-28}$$

然而，K_2NbF_7-Nb_2O_5 熔体中 ^{19}F 的平均化学位移的线性关系也可以仅由两种不同粒子的贡献来表示，一种是 $[NbF_7]^{2-}$，另一种是含氧和氟的粒子

$$\delta_{exp}(^{19}F) = x_1\delta_1(^{19}F) + x_2\delta_2(^{19}F) \tag{10-29}$$

式中，x_1、x_2 是各单种粒子的摩尔分数；$\delta_1(^{19}F)$、$\delta_2(^{19}F)$ 分别是它们的化学位移。假设式（10-29）与式（10-28）相等，并代入关系式 $x_1 + x_2 = 1$，可以得到

$$\delta_{exp}(^{19}F) = a + b\frac{n(O)}{n(Nb^V)} = \delta_1 + (\delta_2 - \delta_1)x_2 \tag{10-30}$$

从式（10-30）可以得出 $a = \delta_1$，$b = \delta_2 - \delta_1$。这说明，参数 a 的值为 $n(O)/n(Nb^V)$ 等于零时，即纯 K_2NbF_7 熔盐中粒子的化学位移。因此，参数 a 代表 $[NbF_7]^{2-}$ 的化学位移。通过参数 b，可以很容易地计算出另一种含氧和氟离子的贡献。把 ^{19}F 的化学位移数代入式（10-28）中，可以得到如下方程

$$\delta_{exp}(^{19}F) = \left[83.3 - 77.0\frac{n(O)}{n(Nb^V)}\right] \times 10^{-6} \tag{10-31}$$

通过 ^{19}F 的 MAS NMR 光谱得到其在室温固态 K_2NbF_7 中的化学位移 $\delta(^{19}F) = 74.5 \times 10^{-6}$，这与参数 $a = 83.3 \times 10^{-6}$ 吻合得很好。

Du 等人（2002）发现在固态时，$[NbOF_5]$ 八面体的四个赤道氟原子的化学位移为 29.7×10^{-6}，而一个轴向氟原子的化学位移值为 -145×10^{-6}。因此，$[NbOF_5]^{2-}$ 中 ^{19}F 的平均化学位移为

$$\delta_{calc}(^{19}F) = \frac{4 \times 29.7 - 145}{5} \times 10^{-6} = -5.24 \times 10^{-6} \tag{10-32}$$

该值与得到的第二种物质的化学位移 $\delta_2 = 6.3 \times 10^{-6}$ 一致。不幸的是，通过 NMR 化学位移测量，并不能清楚地知道 K_2NbF_7 - Nb_2O_5 熔体中存在哪些阴离子。需要采用其他方法，如 EXAFS 或中子散射得到支持数据来解决这个问题。

当 $0.9 < n(O)/n(Nb^V) < 1.4$ 时，可以对 ^{19}F 的化学位移与 $n(O)/n(Nb^V)$ 的关系进行类似的分析。然而，与前述研究范围中知道 $[NbF_7]^{2-}$ 的化学位移参考值不同，该研究范围没有任何化学位移参考值，因此情况更加复杂。

上述分析方法同样可以应用于 ^{93}Nb 的 NMR 光谱。把 ^{93}Nb 的化学位移值代入式（10-28），可以得到

$$\delta_{exp}(^{93}Nb) = \left[-1534.9 + 310.7 \frac{n(O)}{n(Nb^V)} \right] \times 10^{-6} \qquad (10\text{-}33)$$

当然，对于方程（10-33）的解释需要进行轻微的调整。与前述研究范围的情况类似，参数 a 代表 $[NbF_7]^{2-}$ 粒子的化学位移，参数 b 代表所有含铌粒子根据其贡献的加权。然而，我们现在必须在分析中包含 $[NbO_3]^-$ 阴离子，并排除 F^- 离子。同样，参数 $a = -1534.9 \times 10^{-6}$ 与室温下通过 ^{93}Nb 的 MAS NMR 测量得到的纯 K_2NbF_7 的化学位移 $\delta(^{93}Nb) = -1589 \times 10^{-6}$ 吻合得很好。

通过参数 b 的值，计算得到了发生进一步反应生成的含氧和氟结构体的化学位移值 $\delta_2 = -1224.2 \times 10^{-6}$，该值与 Du 等人（2002）得到的 $\delta(NbOF_5) = -1310 \times 10^{-6}$ 吻合得非常好。

与 ^{19}F 化学位移的情况一样，对于图 10-6 中化学位移的第二段线段（$0.9 < n(O)/n(Nb^V) < 1.4$）的线性关系分析遇到了同样的复杂情况。根据 Van 等人（2000）和 Vik 等人（2001）的研究结果，认为熔体中存在 $[NbF_7]^{2-}$、$[NbOF_5]^{2-}$ 和 $[NbOF_4]^{3-}$。

从图 10-6 中可以看出，^{17}O 的化学位移变化与 ^{19}F 和 ^{93}Nb 不同。对实验点进行拟合后，发现 ^{17}O 的化学位移变化符合 Boltzmann 反曲方程，即

$$\delta(^{17}O) = \left\{ 730.32 + \frac{48.15}{1 + \exp\left[\dfrac{n(O)/n(Nb^V) - 0.87799}{0.07743} \right]} \right\} \times 10^{-6} \qquad (10\text{-}34)$$

反曲点在 $n(O)/n(Nb^V) = 0.87799$ 处，这与 ^{19}F 和 ^{93}Nb 化学位移变化转折点一致。

11 复合物理化学分析

对于任何电化学工艺进行有效控制的基础是明晰所用电解质的性质和结构，以及涉及的电化学过程机理。研究的电解质通常为由无机盐和氧化物或含氧化合物组成的多组分系统，电解质中会发生化学反应。熔体中的化学平衡随成分和温度而变化，成分的影响更重要，温度的变化不会对平衡造成很大的影响。

研究者在熔融电解质结构的研究，也就是其离子组成的研究中，使用了物理化学性质分析法，该方法基于熔体相平衡、密度、表面张力、黏度和电导率的测试结果，并结合了X射线相分析，以及对熔体急冷试样分别进行的红外光谱和拉曼光谱研究。在后面的两种测量中，认为急冷试样至少定性地保留了其高温下的组成。在电解质结构的研究中，使用了所谓的"化学方法"。

为了从特定性质与浓度的关系中得到关于电解质结构的结论，使用了下述热力学、统计学和物料平衡计算。

在许多情况下，一种工业电解质的物理化学性质由 3~4 个主要的成分所决定。微量成分仅起微小的作用，例如在铝电解中，主要的电解质成分是冰晶石 Na_3AlF_6、氟化铝和氧化铝。其他成分，如 CaF_2 和 MgF_2 的浓度很低，不会对电解质的性质产生很大的影响，因此仅研究由主要成分组成的体系通常来说已经足够了。

11.1 稀 溶 液

稀溶液的范围中，下述极限定律有效

$$\lim_{x_i \to 1} \frac{\mathrm{d}a_i}{\mathrm{d}x_i} = k_{St} \tag{11-1}$$

式中，a_i 是根据任何适当的模型以摩尔分数 x_is 的形式表示的组分的活度；k_{St} 是代表外来粒子数量的校正系数，外来粒子是指向无限稀释的溶液中所引入的溶质。

稀溶液的研究可以优先选用冰点测定法。对于溶剂熔化温度的降低值，$\Delta_{fus}T$，有如下方程

$$\Delta_{fus}T = \frac{RT_{fus}^2}{\Delta_{fus}H} x_B k_{St} \tag{11-2}$$

式中，T_{fus} 和 $\Delta_{fus}H$ 分别是熔剂的熔化温度和熔化焓；x_B 是溶剂的摩尔分数；R 是气体常数。通过所得的 k_{St} 值可以得出溶剂和溶质之间可能发生的化学反应。

11.2 完 整 系 统

在研究完整系统时，可以使用两种不同的方法。

11.2.1   第一种方法

在第一种方法中，结构（也就是离子组成）是由热力学平衡组分决定的，毕竟系统中发生的化学反应已经结束了。在达到化学平衡之后，假设成分是理想混合的。如果对于给定的化学反应，所计算性质的标准偏差和测定实验误差差别不大，则认为由计算的平衡常数确定的平衡组成而得的电解质结构是合理的。除此之外，还可以获得熔体中存在的化合物的信息，如热稳定性和吉布斯自由能等，这些信息可以通过物质平衡以及理想溶液的有效热力学关系式获得。

通常，这种方法可以用来计算体系在物理上符合理想行为的性质，例如混合吉布斯自由能和摩尔体积。基于测量的 A-B 系统（系统中生成了 AB 中间化合物，AB 在熔化时会部分热分解）的密度进行的平衡组分计算，给出了该方法计算过程的示范。

对于由 x_1 mol 的组分 A 和 x_2 mol 的组分 B 组成的 1 mol 混合物，由于必须考虑 AB 的部分热分解 $AB = A + B$，引入其热分解度 α。

当 $x_2 \leqslant 0.5$ 时，各成分 A、B、AB 的平衡量表述如下（我们假设所有的 B 首先转变为 AB，AB 随后分解为 A 和 B，分解度为 α）

$$n(A) = x_1 - x_2 + \alpha x_2$$

$$n(B) = \alpha x_2$$

$$\frac{n(AB) = x_2 - \alpha x_2}{n(sum) = x_1 + \alpha x_2}$$

单个平衡摩尔分数可以写为

$$x_A = \frac{x_1 - x_2 + \alpha x_2}{x_1 + \alpha x_2} \quad x_B = \frac{\alpha x_2}{x_1 + \alpha x_2} \quad x_{AB} = \frac{x_2 - \alpha x_2}{x_1 + \alpha x_2} \tag{11-3}$$

AB 的分解度与平衡常数的关系如下

$$K = \frac{\alpha(1 - 2x_2 + \alpha x_2)}{(1 - \alpha)(1 - x_2 + \alpha x_2)} = \frac{\alpha_0^2}{1 - \alpha_0^2} \tag{11-4}$$

式中，α_0 是纯 AB 的分解度。对于任何平衡常数和组成，可以计算组分的平衡摩尔分数。

在相图的计算中，将平衡摩尔分数代入 LeChatelier-Shreder 方程，可以计算出每一个组分的初晶温度。对于最优化的相图，通过如下条件可以计算系统的混合吉布斯自由能

$$\sum_{i=1}^{n} [T_i(calc) - T_i(exp)]^2 = min \tag{11-5}$$

将摩尔分数 x_i 转化为质量分数 w_i，并代入到下面的方程中，我们于是对于每一个选择的平衡常数获得了一组密度值

$$\rho(calc) = \left(\frac{w_A}{\rho_A} + \frac{w_B}{\rho_B} + \frac{w_{AB}}{\rho_{AB}} \right)^{-1} \tag{11-6}$$

式中，ρ_A，ρ_B 分别是纯组分 A 和 B 的密度；ρ_{AB} 是纯液态未分解化合物 AB 的密度。

方程式（11-6）是根据比容的加和性得到的。通过下面条件可以得到可接受的 K 值

$$\sum_{i=1}^{n} [\rho_i(calc) - \rho_i(exp)]^2 = min \tag{11-7}$$

11.2.2 第二种方法

第二种方法用于研究实际的体系，在该方法中，假设过剩性质的普适 Redlich-Kister 方程有效。使用如下方程，描述了给定的性质 Y（摩尔体积，表面张力）（以三元体系为例）

$$Y = \sum_{i=1}^{3} A_i \cdot x_i + \sum_{\substack{i,j=1 \\ i \neq j}}^{3} x_i \cdot x_j \sum_{n=0}^{k} B_{nij} \cdot x_j^n + \sum_{a,b,c=1}^{m} C_m \cdot x_1^a \cdot x_2^b \cdot x_3^c \tag{11-8}$$

第一项代表添加剂的行为，第二项代表二元相互作用，第三项代表所有三元组分的相互作用。对于实际溶液的混合过剩摩尔吉布斯自由能，可以认为满足如下方程（以三元体系为例）

$$\Delta G^{ex} = \sum_{\substack{i,j=1 \\ i \neq j}}^{3} \sum_{n=1}^{5} A_{ijn} \cdot x_i \cdot x_j^n + \sum_{\substack{i,j,k=1 \\ i \neq j \neq k}}^{3} B_{ijk} \cdot x_i^a \cdot x_j^b \cdot x_k^c \tag{11-9}$$

式中，a，b 和 c 是 $1 \sim 3$ 中的整数。

对于如黏度和电导率等的传输性质，不能像我们处理标量时一样，从物理上定义其理想行为，不存在全导数，也不能使用简单加和规则。不过，这些性质是热激活的，允许对激活能进行加和。基于这个观点，可以认为这些性质的对数具有加和性，符合"理想"行为。

应该强调电导率有两种形式，即电导率 κ 和摩尔电导率 λ。建议对摩尔电导率使用对数加和，因为浓度对摩尔电导率的影响由于电导率与摩尔体积的乘积而减小。三元体系中的摩尔电导率满足下面方程

$$\lambda = \lambda_1^{x_1} \lambda_2^{x_2} \lambda_3^{x_3} + \sum_{\substack{i,j=1 \\ i \neq j}}^{3} x_i \cdot x_j \sum_{n=0}^{k} A_{nij} \cdot x_j^n + \sum_{a,b,c}^{m} B_m \cdot x_1^a \cdot x_2^b \cdot x_3^c \tag{11-10}$$

使用多元线性回归分析计算了回归方程（式(11-8)～式(11-10)）的系数。略去选择置信水平上的统计非重要项，并将相关项的数量最小化，我们试图得到一个解决方案，可以描述研究性质与浓度的关系，并且拟合的标准偏差与实验误差差别很小。对于统计重要的二元和三元相互作用，我们寻求合适的化学反应，并通过计算它们的标准反应吉布斯自由能来检查其热力学可能性。使用 X 射线相分析和熔体急冷试样的红外光谱分析来确定反应产物。

认为主要的相互作用是组分之间的化学反应，因此称该方法为"化学方法"。然而，范德华键以及联合体的生成也属于相互作用，尽管它们不能通过光谱测量到。

在大多数情况下，化学反应会影响各物理化学性质与成分的关系。考虑一个二元混合物 $AX\text{-}BX_2$，在此混合物中生成了化合物 A_2BX_4。我们来确定一下与没有 BX_4^{2-} 配合阴离子生成的情况相比，单独的物化性质发生了怎样的变化。首先，根据下面反应的吉布斯自由能的负值的大小，生成的 BX_4^{2-} 将会降低组分 AX 和 BX_2 的活度，而生成的化合物 A_2BX_4 的活度增加

$$2AX + BX_2 \Longrightarrow A_2BX_4 \tag{11-11}$$

在 $AX\text{-}BX_2$ 系统的相图中，这个行为表现为共晶温度的降低，或者异分或同分熔融化

合物的生成。

　　配合阴离子团 BX_4^{2-} 的体积比其余离子 A^+、B^{2+} 和 X^- 大，这将增加混合物的摩尔体积。由于具有高淌度的小离子减少，电导率将降低。与 BX_2 相比，BX_4^{2-} 具有更高的共价键比例，因此更易吸附在表面层，表面张力因此降低。由于 BX_4^{2-} 更重，这将增加混合物的黏度。

　　通过对每个性质进行分析，我们得到了关于所研究体系的结构的一个确定图像。当大多数的图像一致时，我们接受该图像作为熔融体系的非常可能结构。然而，这种研究方法得到的结果应该通过一些直接测量方法的研究来证实。

　　Daněk 和 Proks（1999）进行的不同添加化合物的分解度计算，可以作为第一种方法的例子。而 Daněk 等人（2000a）对 LiF-KF-K_2NbF_7-K_2O 体系的复合物理化学分析，可以作为第二种方法的例子。

参 考 文 献

[1] Abdrashitova, E. I. (1980) *J. Non-Cryst. Sol.*, 38, 75.

[2] Ablanov, M., Matsuura, H. & Takagi, R. (1999) *Denki Kagaku*, 67, 839.

[3] Adamkovičová, K., Fellner, P., Kosa, L., Lazor, P., Nerád, I. & Proks, I. (1991) *Thermochim. Acta*, 191, 57.

[4] Adamkovičová, K., Fellner, P., Kosa, L., Nerád, I. & Proks, I. (1992) *Thermochim. Acta*, 209, 77.

[5] Adamkovičová, K., Kosa, L., Nerád, I. & Proks, I. (1996) *Thermochim. Acta*, 287, 1-6.

[6] Adamkovičová, K., Kosa, L., Nerád, I., Proks, I. & Strečko, J. (1995a) *Thermochim. Acta*, 258, 15-18.

[7] Adamkovičová, K., Kosa, L., Nerád, I., Proks, I. & Strečko, J. (1995b) *Thermochim. Acta*, 262, 83-86.

[8] Adamkovičová, K., Kosa, L., Porvaz, Š. & Proks, I. (1985) *Chem. Papers*, 39, 3.

[9] Adamkovičová, K., Kosa, L. & Proks, I. (1980) *Silikáty*, 24, 193.

[10] Adamson, A. W. (1967) *Physical Chemistry of Surfaces*, 2nd Edition. John Wiley & Sons, Inc.

[11] Aghai-Khafri, H., Bros, P. J., & Gaune-Escard, M. (1976) *Chem. Thermodyn.*, 8, 331.

[12] Andersen, B. K. & Kleppa, O. J. (1976) *Acta Chem. Scand.*, 30A, 751.

[13] Andriiko, A. A., Parkhomenko, N. I. & Antishko, A. N. (1988) *Zh. Neorg. Khim.*, 33, 729.

[14] Ansara, I. (1979) *Internat. Metals Rev.*, 1, 20.

[15] Anthony, R. G. & Bloom, H. (1975) *Aust. J. Chem.*, 28, 2587.

[16] Azpeititia, A. G. & Nevel, G. F. (1958) *Z. Angew. Math. Phys.*, 9a, 97.

[17] Azpeititia, A. G. & Nevel, G. F. (1959) *Z. Angew. Math. Phys.*, 10, 15.

[18] Babushkina, O. B., Østvold, T., Volkov, S. V. & Daněk, V. (2000) *Ukrain. Khim. Zh.*, 66, 3.

[19] Bache, Ø. & Ystenes, M. (1989) *Acta Chem. Scand.*, 43, 97.

[20] Badyal, Y. S. & Howe, R. A. (1993) *J. Phys. Condens. Matter*, 5, 7189.

[21] Baes, C. F. (1970) *J. Solid State Chem.*, 1, 159.

[22] Ballone, P., Pastore, G., Thakur, J. S. & Tosi, M. P. (1986) *Physica*, 142B, 294.

[23] Balta, P. & Balta, E. (1971) *Rev. Roum. Chim.*, 16, 1537.

[24] Barin, I. & Knacke, O. (1993) *Thermochemical Properties of Inorganic Substances*, Springer-Verlag, Berlin, Verlag Stahleisen GmbH, Düsseldorf, p. 362, p. 379, p. 516, p. 532.

[25] Barin, I., Knacke, O., & Kubashewski O. (1973, 1977) *Thermochemical Properties of Inorganic Substances*. Springer Verlag, Berlin-New York.

[26] Barton, C. J., Gilpatrick, L. O., Bornmann, J. A., Stone, H. H., McVay, T. N. & Insley, H. (1971) *J. Inorg. Nucl. Chem.*, 33, 337.

[27] Bashforth, F. & Adams, J. C. (1883) *An Attempt to Test the Theories of Capillary Action*, University Press, Cambridge, England.

[28] Bates, J. B. & Quist, A. S. (1975) *Spectrochim. Acta*, 31 (A), 1317.

[29] Belyaev, I. N. & Nesterova, A. K. (1952) *Dokl. Akad. Nauk SSSR*, 86, 949.

[30] Belyaev, I. N. & Sigida, N. P. (1957) *Zh. Neorg. Khim.*, 2, 1119.

[31] Benhenda, S. & Lesourd, J. P. (1980) *Canad. J. Chem.*, 58, 1562.

[32] Bergman, A. G. & Nagomyi, G. I. (1943) *Izv. AN SSSR*, 5, 328.

[33] Berul, S. I. & Nikonova, I. I. (1966) *Zh. Neorg. Khim.*, 11, 910.

[34] Bessada, C., Lacassagne, V., Massiot, D., Florian, P., Coutures, J.-P., Robert, E. & Gilbert, B.

(1999) *Z. Naturforsch.* , 54a, 162.

[35] Biscoe, J. & Waren, B. E. (1938) *J. Am. Ceram. Soc.* , 21, 287.

[36] Blander, M. (1962) *J. Chem. Phys.* , 36, 1092.

[37] Blander, M. (1964) *Molten Salt Chemistry.* Willey, New York, pp. 140 and 255.

[38] Blander, M. & Yosim, J. (1963) *J Chem. Phys.* , 39, 2610.

[39] Bloom, H. (1967) *The Chemistry of Molten Salts*, W. A. Benjamin, Inc. , New York, U. S. A.

[40] Bloom, H. , Spurling, T. H. & Wong, J. (1970) *Austral. J Chem.* , 23, 501.

[41] Boča, M. , Cibulková, J. , Kubíková, B. , Chrenková, M. , & Daněk, V. (2005) *J Molec Liquids*, 116, 29.

[42] Boghosian, S. , Godø, A. , Mediaas, H. , Ravlo, W. & Østvold, T. (1991) *Acta Chem. Scand.* , 45, 145.

[43] Borisoglebskii, Yu. , Vetyukov, M. M. & Abi-Zeid, S. (1978) *Tsvetn. Met.* , 51, 41.

[44] Bottinga, Y. & Richet, P. (1978) *Earth Planet. Sci. Let.* , 40, 382.

[45] Bottinga, Y. & Weill, D. F. (1970) *Am. J Sci.* , 269, 169.

[46] Bratland, D. , Ferro, C. M. & Østvold, T. (1983) *Acta Chem. Scand.* , 37, 487.

[47] Bratland, D. , Grjotheim, K. , Krohn, C. & Motzfeldt, K. (1966) *Acta Chem. Scand.* , 20, 1811.

[48] Bray, P. J. & O' Keefe, J. G. (1963) *Phys. Chem. Glasses*, 4, 37.

[49] Bredig, M. A. (1964) in *Molten Salts Chemistry*, Ed. M. Blander. Interscience, New York.

[50] Bredig, M. A. et al. (1958) *J. Phys. Chem.* , 62, 604; *ibid.* 64, 64 (1960); *ibid.* 64, 1899 (1960); *ibid.* 66, 572 (1962); *ibid.* 71, 764 (1967); *J Electrochem. Soc.* , 112, 506 (1965); Oak Ridge Natl. Lab. (Tech. Rep.) ORNL/ FE, Report No. ORNL/FE-3994, (1966), p. 102.

[51] Brockner, W. , Tørklep, K. & Øye, H. A. (1979) *Ber. Bunsenges. Phys. Chem.* , 83, 12.

[52] Brooker, H. M. & Papatheodorou, G. N. (1983) in *Advances in Molten Salt Chemistry* Vol. 5, Ed. G. Mamantov, Elsevier, New York.

[53] Brooker, M. H. (1995) Proc. Internat. Harald A. Øye Symposium, Eds. Sørlie, M. , Østvold, T. , Huglen, R. , Trondheim, Norway, p. 431.

[54] Brooker, M. H. (1997) *Proc. 9th Internat. Symp.* Light Metals Product. Ed. Thonstad, J. NTNU Trondheim, Norway, p. 325.

[55] Brooker, M. H. , Berg, R. W. , von Bamer, J. H. & Bjerrum, N. J. (2000) *Inorg. Chem.* , 39, 3682, 4725.

[56] Brooker, M. H. , Johnson, J. , Shabana, A. & Wang, J. (1994) *Proc. 9th Internat. Symp. Molten Salts*, Eds. Hussey, C. L. et al. *Electrochem. Soc.* , Pennington NJ. , Vol. 94, p. 227.

[57] Bukhalova, G. A. & Maslennikova, G. N. (1962) *Zh. Neorg. Khim.* , 7, 1408.

[58] Bukhalova, G. A. & Sementsova, D. V. (1967) *Zh. Neorg. Khim.* , 12, 795.

[59] Butler, J. A. V. (1932) *Proc. Roy. Soc. A*, 135, 348.

[60] Calvet, E. & Prat, H. (1955) *Microcalorimetrie*, Masson, Paris; Calvet, E. & Prat, H. (1958), *Recents progres en microcalorimetrie*, Dunod, Paris.

[61] Castiglione, M. J. , Ribeiro, M. C. C. , Wilson, M. & Madden, P. A. (1999) *Z. Naturforsch.* , 54a, 605-610.

[62] Chadwick, J. R. , Atkinson, A. W. & Huckstepp, B. G. (1966) *J. Inorg. Nucl. Chem.* , 28, 1021.

[63] Chapman, S. & Cowling, D. J. (1960) *The Mathematical Theory of Non-Uniform Gases*, University Press, Cambridge, p. 231.

[64] Chernov, R. V. & Ermolenko, P. M. (1973) *Zh. Neorg. Khim.* , 18, 1372.

[65] Chernykh, S. M. & Safonov, V. V. (1979) *Zh. Neorg. Khim.* , 24, 2493.

[66] Chin, D. A. & Hollingshead, E. A. (1966) *J. Electrochem. Soc.*, 113, 736.

[67] Chrenková, M. (2001) private communication.

[68] Chrenková, M., Boča, M., Kuchárik, M. & Daněk, V. (2002) *Chem. Papers*, 56, 283.

[69] Chrenková, M., Cibulková, J., Šimko, F. & Daněk, V. (2005) *Z. phys. Chem.*, 219, 247.

[70] Chrenková, M. & Daněk, V. (1990) *Chem. Papers*, 44, 329.

[71] Chrenková, M. & Daněk, V. (1991) *Chem. Papers*, 45, 213.

[72] Chrenková, M. & Daněk, V. (1992a) *Chem. Papers*, 46, 167.

[73] Chrenková, M. & Daněk, V. (1992b) *Chem. Papers*, 46, 222.

[74] Chrenková, M. & Daněk, V. (1992c) *Chem. Papers*, 46, 378.

[75] Chrenková, M., Daněk, V. & Silný, A. (1994) *Z. anorg. allg. Chem*, 620, 385.

[76] Chrenková, M., Daněk, V. & Silný, A. (2000) *Chem. Papers*, 54, 277.

[77] Chrenková, M., Daněk, V., Silný, A. & Nguyen, D. K. (1998) in *Refractory Metals in Molten Salts. Their Chemistry, Electrochemistry and Technology*, Eds. Kerridge, D. H. & Polyakov, E. G., NATO ASI Series, 3. High Technology Vol. 53, Kluwer Academic Publishers, Dordrecht/Boston/London 1998, pp. 87-101.

[78] Chrenková, M., Danielik, V., Daněk, V. & Silný A. (1999) in *Advances in Molten Salts. From Structural Aspects to Waste Processing.* Ed. Gaune-Escards, M., Begell House Inc., USA, p. 112.

[79] Chrenková, M., Danielik, V., Kubíková B. & Daněk, V. (2003a) *CALPHAD*, 27, 19.

[80] Chrenková, M., Danielik, V., Silný A. & Daněk, V. (2001) *Chem. Papers*, 55, 75.

[81] Chrenková, M., Hura, M. & Daněk, V. (1991a) *Chem. Papers*, 45, 457.

[82] Chrenková, M., Hura, M. & Daněk, V. (1991b) *Chem. Papers*, 45, 739.

[83] Chrenková, M., Patarák, O. & Daněk, V. (1995) *Chem. Papers*, 49, 167.

[84] Chrenková, M., Patarák, O. & Daněk, V. (1996) *Thermochim. Acta*, 273, 157.

[85] Chrenková, M., Vasiljev, R., Silný A., Daněk, V., Kremenetsky, V. & Polyakov, E. (2003b) *J. Molec. Liquids*, 102, 213.

[86] Chrissanthopoulos, A. & Papatheodorou, G. N. (2000) *Phys. Chem. Chem. Phys.*, 2, 3709.

[87] Christensen, E., Wang, X., von, Bamer, J. H., Østvold, T. & Bjerrum, N. J. (1994) *J. Electrochem. Soc.*, 141, 1212.

[88] Cibulková, J. (2005) PhD Thesis. Institute of Inorganic Chemistry, Slovak Academy of Sciences, Bratislava.

[89] Cibulková, J., Vasiljev, R., Daněk, V. & Šimko, F. (2003) *J Chem. Eng. Data*, 48, 938.

[90] Combes, R., Andrade, F. de, Barros, A. de & Ferreira, H. (1980) *Electrochim. Acta*, 25, 371.

[91] Copham, P. M. & Fray, D. J. (1990) *Metall. Trans.*, 21B, 977.

[92] Corbett, J. D., Burkhard, W. J. & Druding, L. F. (1961) *J. Chem Soc.*, 83, 76.

[93] Corbett, J. D. & von Winbush, S. (1955) *J. Am. Chem. Soc.*, p. 3964.

[94] Corbett, J. D., von Winbush, S. & Albers, F. C. (1957) *J. Chem. Soc.*, 79, 3020.

[95] Cutler, A. (1971) *J. Appl. Electrochem.*, 1, 19.

[96] Dai, S., Young, J. P., Begun, G. M., Coffield, G. M. & Mamantov, G. (1992) *Microchem. Acta*, 108, 261.

[97] Dancy, E. A. & Derge, G. J. (1966) *Trans. Met. Soc. AIME*, 236, 1642.

[98] Daněk, V. (1984) *Chem. Papers*, 38, 379.

[99] Daněk, V., Ličko, T., Pánek, Z. (1985a) *Chem. Papers*, 39, 459.

[100] Daněk, V. (1989) *Chem. Papers*, 43, 25.

[101] Daněk, V., Balajka, J. & Matiašovsky K. (1973) *Chem. zvesti*, 27, 748.

[102] Daněk, V. & Cekovský, R. (1992) *Chem. Papers*, 46, 161.

[103] Daněk, V. & Chrenková, M. (1991) *Chem. Papers*, 45, 177.

[104] Daněk, V. & Chrenková, M. (1993) *Chem. Papers*, 47, 339.

[105] Daněk, V. , Chrenková, M. & Hura, M. (1991) *Chem. Papers*, 45, 47.

[106] Daněk, V. , Chrenková, M. , Nguyen, D. K. & Putyera, K. (1997a) *Chem. Papers*, 51, 69.

[107] Daněk, V. , Chrenková, M. , Nguyen, D. K. , Viet, V. , Silný A. , Polyakov, E. & Kremenetsky, V. (2000a) *J Molec. Liquids*, 88, 277.

[108] Daněk, V. , Chrenková, M. & Silný A. (1997) *Coord. Chem. Rev.* , 167, 1.

[109] Daněk, V. , Fellner, P. & Matiašovský, K. (1975) *Z. phys. Chem. Neue Folge*, 94, 1.

[110] Daněk, V. , Gustauson. Ø. T. & Østvold, T. (2000b) *Can. Metall. Quart.* , 39, 153.

[111] Daněk, V. , Hura, M. & Chrenková, M. (1990) *Chem. Papers*, 44, 535.

[112] Daněk, V. & Ličko, T. (1981) *Silikáty*, 25, 153.

[113] Daněk, V. & Ličko, T. (1982) *Chem. Zvesti*, 36, 179.

[114] Daněk, V. , Ličko, T. , Uhrít, M. & Silný, A. (1983) Silikaty, 27, 333.

[115] Daněk, V. , Ličko, T. & Pánek, Z. (1985a) *Chem. Papers*, 39, 459.

[116] Daněk, V. , Ličko, T. & Pánek, Z. (1985b) *Silikáty*, 29, 291.

[117] Daněk, V. , Ličko, T. & Pánek, Z. (1986) *Chem. Papers*, 40, 215.

[118] Daněk, V. & Matiašovský, K. (1977) *Surface Technology*, 5, 65.

[119] Daněk, V. & Matiašovský, K. (1989) *Z. Anorg. Allgem. Chem.* , 570, 184.

[120] Daněk, V. & Nerád, I. (2002) *Chem. Papers*, 56, 241.

[121] Daněk, V. & Nguyen, D. K. (1995) *Chem. Papers*, 49, 64.

[122] Daněk, V. & Østvold, T. (1995) *Acta Chem. Scand.* , 49, 411.

[123] Daněk, V. & Pánek, Z. (1979) *Silikáty*, 23, 1.

[124] Daněk, V. , Patarák, O. & Østvold, T. (1995) *Canad. Metall. Quart.* , 34, 129.

[125] Daněk, V. & Proks, I. (1998) in *Molten Salt Chemistry and Technology*, 5, Ed. Wendt, H. , Trans Tech Publications, Zürich, Switzerland, p. 205.

[126] Daněk, V. & Proks, I. (1999) *J Molec. Liquids*, 83, 65.

[127] Daněk, V. , Votava, I. , Chrenková- Paučírová, M. & Matiašovský, K. (1976) *Chem. zvesti*, 30, 841.

[128] Daněk, V. , Votava, I. & Matiašovský, K. (1976) *Chem. Zvesti*, 30, 377.

[129] Daněk, V. , Votava, I. , Matiašovský, K. & Balajka, J. (1974) *Chem. zvesti*, 28, 728.

[130] Daněk, V. , Chrenková, M. , Nguyen, D. K. , Viet, V. , Silný, A. , Polyakov, E. , Kremonetsky, V. (2000a). *J. Molec. Liquids*, 88, 277.

[131] Davis, H. T. & Rice, S. A. (1964) *J. Chem. Phys.* , 41, 14.

[132] Davis, R. F. & Pask, J. A. (1972) *J. Amer. Ceram. Soc.* , 55, 525.

[133] De Vries, R. C. , Roy, R. & Osborn, E. F. J. (1955) *J Amer. Ceram. Soc.* , 38, 158.

[134] Delimarskii, Yu. K. & Chernov, R. V. (1966) *Ukr. Khim. Zhur.* , 32, 1285.

[135] Denbigh, K. (1966) *The Principles of Chemical Equilibrium*, 2nd Ed. Cambridge University Press, London, p. 283.

[136] Dewing, E. W. (1974) *Can. Met. Quart.* , 13, 607.

[137] Dewing, E. W. (1986) *Proc. Electrochem. Soc.* , 86, 262.

[138] Dewing, E. W. & Desclaux, P. (1977) *Metall. Trans. B*, 8B, 555.

[139] Dewing, E. W. & Yoshida, K. (1976) *Can. Metal. Quart.* , 15, 299.

[140] Di Cicco, A. , Rosolen, M. J. , Marassi, R. , Tossici, R. , Filipponi, A. & Rybicki, J. (1996) *J. Phys. Condens. Matter*, 8, 10779.

[141] Diep, B. Q. (1998) Dr. Ing. Thesis, Department of Electrochemistry, Norwegian University of Science and Technology, Trondheim, Norway.

[142] Dracopoulos, V. , Gilbert, B. , Borresen, B. , Photiadis, G. M. & Papatheodorou, G. N. (1997) *J. Chem. Soc. Faraday Trans.* , 93, 3081.

[143] Dracopoulos, V. , Gilbert, B. & Papatheodorou, G. N. (1998) *J. Chem. Soc. Faraday Trans.* , 94, 1601.

[144] Dracopoulos, V. , Vagelatos, J. & Papatheodorou, G. N. (2001) *J. Chem. Soc. Dalton Trans.* , p. 1117.

[145] Driscoll, K. J. & Fray, D. J. (1993) Fundamental Aspects of Fused Salt Electrorefining of Zinc, Trans IMM, 102, C99.

[146] Druding, L. F. & Corbett, J. D. (1961) *J. Am. Chem. Soc.* , 83, 2462.

[147] Du, L. -S, Schurko, R. W. , Kim, N. & Grey, C. P. (2002) *J. Phys. Chem.* , A, 106, 7876.

[148] Duke, F. R. & Fleming, R. A. (1957) *J. Electrochem. Soc.* , 104, 251.

[149] Eastman, E. D. , Cubicciotti, D. D. & Thurmond, C. D. (1950) in *Temperature-Composition Diagrams of Metal-Metal Halide Systems*, Nat. Nucl. Energy Ser. , Div. IV, Chem. Met. Misc. Mater. , Vol. 19B. Ed. Quill, L. L. , McGraw-Hill Book Co. , Inc. , New York, pp. 6-12.

[150] Eberhart, J. G. (1966) *J. Phys. Chem.* , 70, 1183.

[151] Elagina, E. I. & Palkin, A. P. (1956) *Zh. Neorg. Khim.* , 1, 1042.

[152] Eliášová M. , Proks, I. & Zlatovský I. (1978) *Silikáty*, 22, 97.

[153] Engell, H. J. & Vygen, P. (1968) *Ber. Bunsenges. Phys. Chem.* , 72, 5.

[154] Esin, O. A. (1973) *Izv. AN SSSR, Metal.* 6, 25; (1974) *Zh. Fiz. Khim.* , 48, 2105, 2108.

[155] Fedor, J. (1990) Thesis, Inst. Metal. Mater. , Faculty of Metallurgy, Technical University of Kočice.

[156] Fedor, J. , Bobok, L' . &Vadászász, P. (1991) *Hutnické listy*, 9-10, 64.

[157] Fedorov, P. I. & Fadeev, V. N. (1964) *Zh. Neorg. Khim.* , 9, 378.

[158] Fehrmann, R. , Gaune-Escard, M. & Bjerrum, N. J. (1986) *Inorg. Chem.* , 25, 1132.

[159] Fellner, P. (1984) *Chem. Papers*, 38, 159.

[160] Fellner, P. & Chrenková M. (1987) *Chem. Papers*, 41, 13.

[161] Fellner, P. & Daněk, V (1974) *Chem. Papers*, 28, 724.

[162] Fellner, P. , Kobbeltvedt, O. , Sterten, Å. & Thonstad, J. (1993) *Electrochim. Acta*, 38, 589.

[163] Fellner, P. & Matiašovský, K. (1974) *Chem. zvesti*, 28, 201.

[164] Fernandez, R. , Grjotheim, K. & Østvold, T. (1986) *Light Metals*, 1986, p. 1025.

[165] Femandez, R. & Østvold, T. (1989) *Acta Chem. Scand.* , 43, 151.

[166] Ferraro, J. R. & Nakamoto, K. (1994) Introductory Raman Spectroscopy, Academic Press, London, England.

[167] Fischer, W. , Rahlfs, O. & Benze, B. (1932) *Z. anorg. allg. Chem.* , 205, 1.

[168] Flood, H. , Førland, T. & Grjotheim, K. (1954) *Z. anorg. allg. Chem.* , 276, 289.

[169] Flood, H. & Sørum, H. (1946) *Tidsskr. Kjemi, Bergv. Met.* , 6, 55.

[170] Flory, P. J. (1953) *Principles of Polymer Chemistry*. Cornell University Press, New York.

[171] Fordyce, J. S. & Baum, R. L. (1966) *J Chem. Phys.* , 44, 1166.

[172] Førland, T. (1954) *Jernkontorets Ann.* 138, 455.

[173] Førland, T. (1955) *J Phys. Chem.* , 59, 152; ONR Tech. Rep. 63, Contract N6 on 269 Tash Order 8, The Pensylvania State University, University Park Pa.

[174] Førland, T. (1964) *Thermodynamic Properties of Fused-Salt Systems*, in *Fused Salts*. Ed. Sundheim, B.

R. , McGraw-Hill, New York.

[175] Førland, T. & Ratkje, S. K. (1973) *Acta Chem. Scand.* , 27, 1883.

[176] Francis, A. W. (1933) *Physics*, 4, 403.

[177] Freud, B. B. & Freud, H. Z. (1930) *J Amer. Chem. Soc.* , 52, 1751.

[178] Friedman, L. (1964) *Phys. Rev.* 133A, 1668; 135A, 233.

[179] Friedman, L. & Holstein, T. (1963) *Ann. Phys.* , 21, 494.

[180] Fukushima, K. , Iwadate, Y. , Andou, Y. , Kawashima, T. & Moshinaga, J. (1991) *Z. Naturforsch.* , 46a, 1055.

[181] Gammal El T. & Müllenberg, R. D. (1980) *Archiv. Eisenhüttenwesen*, 51, 221.

[182] Ganapathy, S. , Schramm, S. & Oldfield, E. (1982) *J Chem. Phys.* , 77, 4360.

[183] Gaune-Escard, M. (1972) *Thesis*, Universite de Provence, Marseille.

[184] Gaune-Escard, M. (2002) in *Molten Salts: From Fundamentals to Applications.* Ed. M-Escard, Kluwer Academic Publishers, Netherland, p. 375.

[185] Gaune-Escard, M. , Bogacz, A. , Rycerz, L. & Szczepaniak, W. (1995) *J Therm. Anal.* , 45, 1117.

[186] Gaune-Escard, M. , Bogacz, A. , Rycerz, L. & Szczepaniak, W. (1996a) *J Alloys Comp.* , 235, 143; ibid, 235, 176.

[187] Gaune-Escard, M. , Bogacz, A. , Rycerz, L. & Szczepaniak, W. (1996b) *Thermochim. Acta*, 236, 5 9.

[188] Gaune-Escard, M. , Bogacz, A. , Rycerz, L. & Szczepaniak, W. (1996c) *Thermochim. Acta*, 279, 11.

[189] Gaune-Escard, M. & Bros, J. P. (1974) *Can. Metall. Quart.* , 13, 335.

[190] Gaune-Escard, M. & Rycerz, L. (1997) *Proc. 5th Internat. Symp. Molten Salt Chem. Technol.* , 24-29 August, Dresden.

[191] Gaune-Escard, M. & Rycerz, L. (1999) *Z. Naturforsch.* , 54a, 229; ibid, 54a, 397.

[192] Gaune-Escard, M. & Rycerz, L. (2003) *Monatshefte für Chemie*, 134, 777.

[193] Gaune-Escard, M. , Rycerz, L. , Szczepaniak, W. & Bogacz, A. (1994a) *J Alloys Comp.* , 204, 185; ibid, 204, 189; ibid, 204, 193.

[194] Gaune-Escard, M. , Rycerz, L. , Szczepaniak, W. & Bogacz, A. (1994b) *Thermochim. Acta*, 236, 51; ibid, 236, 59; ibid, 236, 67.

[195] Gendell, J. , Cotts, R. & Sienko, M. J. (1962) *J Chem. Phys.* , 37, 220.

[196] Gentile, A. L. & Foster, W. R. (1963) *J. Amer. Ceram. Soc.* , 46, 74.

[197] Gerasimov, A. D. & Belyaev, A. I. (1958) *Izv. Vyss. Ucheb. Zav.* , *Tsvet. Met.* , p. 50.

[198] Gilbert, B. , Mamantov, G. & Begun, G. M. (1975) *Appl. Spectr.* , 29, 276.

[199] Gilbert, B. , Mamantov, G. & Begun, G. M. (1976) *Inorg. Nucl. Chem. Letters*, 12, 415.

[200] Gilbert, B. & Materne, T. (1990) *Appl. Spectroscopy*, 44, 299.

[201] Gilbert, B. , Robert, E. , Tixhon, E. , Olsen, J. E. & Østvold, T. (1995) *Light Metals*, p. 181.

[202] Gilbert, B. , Robert, E. , Tixhon, E. , Olsen, J. E. & Østvold, T. (1996) *Inorg. Chem.* , 35, 4198.

[203] Grjotheim, K. , Holm, J. L. , Lillebuen, B. & Øye, H. A. (1971) *Trans. Faraday Soc.* , 67, 640.

[204] Grjotheim, K. , Holm, J. L. , Lillebuen, B. & Øye, H. A. (1972) *Acta Chem. Scand.* , 26, 19.

[205] Grjotheim, K. & Krogh-Moe, J. (1954) *K. Norske Vidensk. Selsk. Forh.* , 27, 94.

[206] Grjotheim, K. , Krohn, C. , Malinovsky, M. , Matiašovský, K. & Thonstad, J. (1977) *Aluminium Electrolysis. The Chemistry of the Hall-Héroult Process*, Aluminium-Verlag GmbH, Düsseldorf.

[207] Grjotheim, K. , Krohn, C. , Malinovsky, M. , Matiašovský, K. & Thonstad, J. (1982) *Aluminium E-*

lectrolysis. Fundamentals of the Hall Héroult Process, 2nd Edition. Aluminium Verlag GmbH, Düsseldorf.

[208] Grjotheim, K., Naterstad, T. & Øye, H. A. (1976) *Acta Chem. Scand.*, 30, 429.

[209] Guggenheim, E. A. (1952) *Mixtures*. Oxford at the Clarendon Press, London, p. 181.

[210] Guggenheim, E. A. (1977) *Thermodynamics*, 6th Edition, North-Holland Publishing Comp., Amsterdam, p. 210.

[211] Guzman, J., Grjotheim, K. & Østvold, T. (1986) *Light Metals*, p. 425.

[212] Haarberg, G. M., Osen, K. S., Thonstad, J., Heus, R. J. & Egan, J. J. (1991) *Light Metals*, p. 283.

[213] Haarberg, G. M., Osen, K. S., Thonstad, J., Heus, R. J. & Egan, J. J. (1993) *Metall. Trans. B*, 24B, 729.

[214] Haarberg, G. M. & Thonstad, J. (1989) *J. Appl. Electrochem.*, 19, 789.

[215] Haarberg, G. M., Thonstad, J., Egan, J. J., Oblakowski, R. & Pietrzyk, S. (1998) *Ber. Bunsenges. Phys. Chem.*, 102, 1314.

[216] Haarberg, G. M., Thonstad, J., Pietrzyk, S. & Egan, J. J. (2002) *Light Metals*, p. 1083.

[217] Haendler, H. M., Sennett, P. S. & Wheeler, C. M. (1959) *J Electrochem. Soc.*, 106, 264.

[218] Hamlík, L. (1983) *Sklář keramik*, 33, 180.

[219] Harkins, W. D. & Jordan, H. F. (1930) *J. Am. Chem. Soc.*, 52, 1751.

[220] Hatem, G. & Gaune, P., Bros, J. P., Gehringer, F. & Hayer, E. (1981) *Rev. Sci. Instrum.*, 52, 585.

[221] Hatem, G. & Gaune-Escard, M. (1979) *J Chem. Thermodyn.*, 11, 927.

[222] Hatem, G. & Gaune-Escard, M. (1980) *Proc. 9th Experim. Thermodyn. Conf.*, London, April pp. 16-18.

[223] Hatem, G. & Gaune-Escard, M. (1984) *J Chem. Thermodyn.*, 16, 897.

[224] Hatem, G. & Gaune-Escard, M. (1993) *J. Chem. Thermodyn.*, 25, 219.

[225] Hatem, G., Gaune-Escard, M., Bros, J. P. & Østvold, T. (1988) *Ber. Bunsenges. Phys. Chem.*, 92, 751.

[226] Hatem, G., Gaune-Escard, M. & Pelton, A. D. (1982) *J. Phys. Chem.*, 86, 3039.

[227] Hatem, G., Tabaries, F. & Gaune-Escard, M. (1989) *Thermochim. Acta*, 149, 15.

[228] Haver, F. P., Shanks, D. E., Bixby, D. L. & Wong, M. M. (1976) *USBM Rl*, p. 8133.

[229] Hefeng, Li, Kunquan, L., Zhonghua, W. & Jun, D. (1994) *J. Phys. Cond. Matter*, 6, 3629.

[230] Hehua Zhou (1991) Dr. ing. Thesis No. 63, Institute of Inorganic Chemistry, Norwegian Institute of Technology, Trondheim.

[231] Herron, N., Thom, D. L., Harlow, R. L. & Davidson, F. (1993) *J Am. Chem. Soc.*, 115, 3028.

[232] Herstad, O. & Motzfeldt, K. (1966) *Rev. Haut. Temp. Refract.*, 3, 291.

[233] Herzberg, T. (1983) *MODFIT - A General Computer Program for Non-Linear Parameter Estimation*. Inst. Chem. Eng., University of Trondheim, Norway.

[234] Hildebrand, J. H. (1936) *Solubility of Non-Electrolytes*, 2nd Edition, New York, p. 190.

[235] Hillert, M. (1980) *CALPHAD*, 4, 1.

[236] Hills, G. J. & Djordjevic, S. (1968) *Electrochim. Acta*, 13, 1721.

[237] Hirashima, H. & Yoshida, T. (1972) *Yogyo Kyokai Shi*, 80, 75.

[238] Hoard, J. L. (1939) *J. Am. Chem. Soc.*, 61, 1252.

[239] Holm, J. L. & Kleppa, O. J. (1967) *Inorg. Chem.*, 6, 645.

[240] Holm, J. L., Holm, B. J., Rinnan, B. & Grønvold, F. (1973) *J. Chem. Thermodyn.*, 5, 97.

[241] Holstein, T. (1959) *Ann. Phys.* (*N. Y.*), 8, 343.

[242] Ho, F. K. & Sahai, Y. (1990) *Light Metals*, 717.

[243] Hoshino, H., Tamura, K. & Endo, H. (1979) *Solid State Commun.*, 31, 687.

[244] Hunter, R. G. (1934) *J. Amer. Ceram. Soc.*, 17, 121.

[245] Iida, Y., Furukawa, M. & Morikawa, H. (1997) *Appl. Spectrosc.*, 51, 1426.

[246] Illarionov, V. V., Ozerov, R. P. & Kildisheva, E. V. (1956) *Zh. Neorg. Khim.*, 1, 777.

[247] Illarionov, V. V., Ozerov, R. P. & Kildisheva, E. V. (1957) *Zh. Neorg. Khim.*, 2, 883.

[248] Iwadate, Y., Igarashi, K., Mochinaga, J. & Adashi, T. (1986) *J. Electrochem. Soc.*, 133, 1162.

[249] Iwadate, Y., Iida, T., Fukushima, K., Mochinaga, J. & Gaune-Escard, M. (1994) *Z. Naturforsch.*, 49a, 811.

[250] Iwadate, Y., Iida, T., Fukushima, K., Moshinaga, J., Gaune-Escard, M., Bros, J. P. & Hatem, G. (1993) *Proc. 60th Annual Meeting of the Electrochemical Society of Japan*, Tokyo, p. 116.

[251] Jaenecke, E. (1912) *Z. Phys. Chem.* (*Leipzig*), 80, 1.

[252] *JANAF Thermochemical Tables* (1971) 2nd Edition, Eds. Stuhl, D. P. & Prophet, H., NSRDS, Nat. Bur. Stand., Washington.

[253] Janz, G. J. (1967) *Molten Salt Handbook*, Academic Press, New York-London.

[254] Janz, G. J. (1980) *J Phys. Chem. Ref. Data*, 9, 791.

[255] Janz, G. J. (1991) *Properties of Molten Salts Part* I : *Single Salts Database*. NIST Standard Reference Database 27. Gaitherburg, MD 20899.

[256] Janz, G. J., Dampier, F. W., Lakshminarayan, G. R., Lorenz, P. K. & Tomkins, R. P. T. (1968) *MoltenSalts*, Vol. 1., *Nat. Stand. Ref. Data Syst.* 15. NBS Washington.

[257] Janz, G. J., Krebs, U., Siegenthaler, H. F. & Tomkins, R. P. T. (1972) *J. Phys. Chem. Ref. Data*, 1, 581.

[258] Janz, G. J., Solomons, C., Gardner, H. J., Goodkin, J. & Brown, C. T. (1958) *J. Phys. Chem.*, 62, 823.

[259] Janz, G. J. & Tomkins, R. P. T. (1981) Physical Properties Data Compilations Relevant to Energy Storage IV. Molten Salts: Data on Additional Single and Multi-Component Salt Systems. *Nat. Stand. Ref. Data System*, NBS (U. S.).

[260] Janz, G. J., Tomkins, R. P. T. & Allen, C. B. (1979) *J. Phys. Chem. Ref. Data*, 8, 125.

[261] Janz, G. J., Tomkins, R. P. T., Allen, C. B., Downey, J. P. Jr., Gardner, G. L., Krebs, U. & Singer, S. K. (1975) *J. Phys. Chem. Ref. Data*, 4, 871.

[262] Janz, G. J., Tomkins, R. P. T., Allen, C. B., Downey, J. P. Jr. & Singer, S. K. (1977) *J. Phys. Chem. Ref. Data*, 6, 409.

[263] Julsrud, S. (1979) Dr. techn. Thesis, The University of Trondheim, Norway.

[264] Keller, O. L. Jr. (1963) *Inorg. Chem.*, 2, 783.

[265] Kestin, J. & Moszynski, J. M. (1958) Brown University Providence, Rhode Island Report AF 891/11.

[266] Khalidi, A., Taxil, P., Lanfage, B. & Lanmaze, A. P. (1991) *Mater. Sci. Forum*, 73-75, 421.

[267] Klemm, A. (1984) *Z. Naturforsch.*, 39a, 471.

[268] Klemm, A. & Schäfer, L. (1996) *Z. Naturforsch.*, 51a, 1229.

[269] Kleppa, O. J. (1960) *J. Phys. Chem.*, 64, 1937.

[270] Kleppa, O. J. & Hersh, L. S. (1961) *J. Chem. Phys.*, 34, 351.

[271] Kleppa, O. J. & Julsrud, S. (1980) *Acta Chem. Scand.*, 34A, 655.

[272] Knacke, O., Kubashewski, O. & Hesselmann, K. (1991) *Thermochemical Properties of Inorganic Substances*, 2nd Ed., Springer Verlag, Berlin.

[273] Knapstad, B., Linga, H. & Øye, H. A. (1981) *Ber. Bunsenges. Phys. Chem.*, 85, 1132.

[274] Kogan, V. B. (1968) *Geterogennye ravnovesiya* (Heterogeneous Equilibria). Izd. Khimiya, Leningrad, p. 101, eqn III-50.

[275] Kohn, S. C., Dupree, R., Martuza, M. G. & Henderson, C. M. B. (1991) *Amer. Mineral*, 76, 309.

[276] Kosa, L., Adamkovičová, K. & Proks, I. (1981) *Silikáty*, 25, 199.

[277] Kosa, L., Proks, I., Strečko, J., Adamkovičová, K. & Nerád, I. (1993) *Thermochim. Acta*, 230, 103.

[278] Kosa, L., Žigo, O., Adamkovičová, K. & Proks, I. (1987) *Chem. Papers*, 41, 289.

[279] Krogh-Moe, J. (1958) *Arkiv Kemi*, 12, 475.

[280] Krogh-Moe, J. (1960) *Phys. Chem. Glasses*, 1, 26.

[281] Kubashewski, O. & Alcock, C. B. (1979) *Metallurgical Thermochemistry*, 5th Ed., Pergamon Press, Oxford, 495 pp.

[282] Kubashewski, O. & Evans, E. L. L (1964) *La thermochemie en métallurgie*. Gauthier-Villard, Paris.

[283] Kubíková B., Vasiljev, R., Šimko, F. & Daněk, V. (2003) *Z. phys. Chemie*, 217, 751.

[284] Kuvakin, M. A. (1961) *Zh. Neorg. Khim.*, 6, 2744.

[285] Kvande, H. (1979) *Thermodynamics of the System NaF-AlF$_3$-Al$_2$O$_3$-Al*. The University of Trondheim, Norway, 218 pp.

[286] Kvande, H. (1980) *Electrochim. Acta*, 25, 237.

[287] Kvande, H. (1983) *High Temper. Sci.*, 16, 225.

[288] Kvande, H. (1986) *Light Metals*, p. 451.

[289] Kvande, H. & Wahlbeck, P. G. (1976) *Acta Chem. Scand.*, A30, 297.

[290] Kvist, A. (1966) *Z. Naturforsch.*, 21A, 1601.

[291] Kvist, A. (1967) *Z. Naturforsch.*, 22A, 208.

[292] Kvist, A. & Lundén, A. (1965) *Z. Naturforsch.*, 20, 235.

[293] Lacassagne, V., Bessada, C., Florian, P., Bouvet, S., Ollivier, B., Coutures, J. P. & Massiot, D. (2002) *J. Phys. Chem. B*, 106, 1862.

[294] Lacassagne, V., Bessada, C., Ollivier, B., Massiot, D. & Coutures, J. -P. (1997) C. R. *Acad. Sci.* 11b, 91; Bonafous, L., Ollivier, B., Auger, Y., Chaudret, H., Bessada, C., Massiot, D., Farnan, I. & Coutures, J. -P. (1995) *J. Chem. Phys.* 92, 1867; Bonafous, L., Bessada, C., Massiot, D., Coutures, J. P., Lerolland, B. & Colombet, P. (1998) *Nuclear Magnetic Spectroscopy of Cement-Based Materials*. Eds. Colombet, P., Grimmer, A. R., Zanni, H., Sozzani, P., Springer Verlag, New York, p. 47.

[295] Larson, H. & Chipman, J. (1953) *Trans. Met. Soc. AIME*, 197, 1089.

[296] Laserna, J. J. (1966) *Modern Techniques in Raman Spectroscopy*. John Wiley and Sons, New York.

[297] Lebowitz, J. L., Helfand, E. & Praestgaard, E. (1965) *J. Chem. Phys.*, 43, 774.

[298] Lee, Y. E. & Gaskell, D. R. (1974) *Met. Trans.*, 5, 853.

[299] Levin, E. M., Robbins, C. R. & McMurdie, H. F. (1964, 1969, 1975), *Phase Diagrams for Ceramists*. Am. Ceram. Soc., Columbus, Ohio, + Suppl.

[300] Levy, R., Lupis, C. H. P. & Flinn, P. A. (1976) *Phys. Chem. Glasses*, 17, 94.

[301] Liang, W. W., Lin, P. L. & Pelton, A. D. (1980) *High Temp. Sci.*, 12, 41.

[302] Ličko, T. & Daněk, V. (1982) *Phys. Chem. Glasses*, 23, 67.

[303] Ličko, T. & Daněk, V. (1983) *Silikáty*, 27, 55.

[304] Ličko, T. & Daněk, V. (1986) *Phys. Chem. Glasses*, 27, 22.

[305] Ličko, T., Daněk, V. & Pánek, Z. (1985) *Chem. Papers*, 39, 599.

[306] Lillebuen, B. (1970) *Acta Chem. Scand.*, 24, 3287.

[307] Liška, M. & Daněk, V. (1990) *Ceramics-Silikáty*, 34, 215.

[308] Liška, M. , Hulínová H. , Šimurka, P. & Antalík, J. (1995) *Ceramics-Silikaty*, 39, 20.

[309] Liška, M. , Perichta, P. & Turi Nagy, L. (1995b) *J. Non-Crystal. Solids*, 192, 193, 309.

[310] Lopatin, V. M. , Nikitin, Yu. P. & Barmin, L. N. (1973) *Izv. Vysh. Ucheb. Zaved.* , *Cher. Met.* , p. 17.

[311] Lord Rayleigh (1915) (J. W. Strutt), *Proc. Roy. Soc.* (*London*), A92, 184.

[312] Lubyováá, Ž. , Daněk, V. & Nguyen, D. K. (1997) *Chem. Papers*, 51, 78.

[313] Lukas, H. L. (1982) *CALPHAD*, 6, 229.

[314] Lumsden, J. (1961) *Discuss. Faraday Soc.* , 32, 144.

[315] Lumsden, J. (1964) *Thermodynamics of Molten Salts Mixtures*. Academic Press, London.

[316] Mackenzie, J. D. (1959) *Physico-Chemical Measurements at High Temperatures*. Butterworths, London.

[317] Mackenzie, J. D. & Murphy, W. K. (1960) *J. Chem. Phys.* , 33, 366.

[318] Makyta, M. (1993) *Chem. Papers*, 47, 306.

[319] Makyta, M. & Zatko, P. (1993) *Chem. Papers*, 47, 221.

[320] Margarave, J. L. (1967) *The Characterization of High-Temperature Vapors*. Wiley, New York, 555 pp.

[321] Markov, B. F. & Shumina, L. A. (1956) *Dokl. Akad. Nauk SSSR*, 110, 411.

[322] Massiot, D. , Bessada, C. , Echegut, P. & Coutures, J. P. (1990) *Solid State Ionics*, 37, 223.

[323] Masson, C. R. (1965) *Proc. Roy. Soc. A*, 287, 201.

[324] Masson, C. R. (1968) *J. Am. Ceram. Soc.* , 51, 134.

[325] Masson, C. R. (1977) *J. Non-Cryst. Solids*, 25, 1.

[326] Masson, C. R. , Smith, I. B. & Whiteway, S. G. (1970) *Can. J. Chem.* , 43, 1456.

[327] Matiašovský, K. , Daněk, V. & Makyta, M. (1978) *Koroze a ochrana materiálů*, 20, 63.

[328] Matiašovský, K. , Daněk, V. , Votava, I. & Balajka, J. (1973) *Chemicky průmysl*, 23, 349.

[329] Matiašovský, K. , Grjotheim, K. & Makyta, M. (1988) *Metall.* , 42, 1192.

[330] Matiašovský, K. , Lillebuen, B. & Daněk, V. (1971) *Rev. Roum. Chim.* , 16, 163.

[331] Matiašovský, K. , Malinovský, M. & Daněk, V. (1970) *Electrochim. Acta*, 15, 25.

[332] Matsuoka, A. , Fukushima, K. , Igarashi, K. , Iwadate, Y. & Mochinaga, J. (1993) *Nippon Kagaku Kaishi*, 5, 471.

[333] Maya, L. (1977) *J. Amer. Ceram. Soc.* , 60, 323.

[334] Mayer, S. W. (1963) *J. Chem. Phys.* , 38, 1803.

[335] Mayer, S. W. (1964) *J. Chem. Phys.* , 40, 2429.

[336] McCollum, B. C. , Camp, M. J. & Corbett, J. D. (1973) *Inorg. Chem.* , 12, 778.

[337] McConnell, A. A. , Anderson, J. S. & Rao, C. N. R (1976) *Spectrochim. Acta Ser. A*, 32, 1067.

[338] McMillan, P. (1984) *Am. Miner.* , 69, 645.

[339] Meadowcroft, T. R. & Richardson, F. D. (1965) *Trans. Faraday Soc.* , 61, 54.

[340] Mediaas, H. , Vindstad, J. E. & Østvold, T. (1997) *Acta Chem. Scand.* , 51, 504.

[341] Mehta, O. P. , Lantelme, F. & Chemla, M. (1969) *Electrochim. Acta*, 14, 505.

[342] Mellors, G. W. & Senderoff, S. (1959) *J. Phys. Chem.* , 63, 1110.

[343] Melnichak, M. E. & Kleppa, O. J. (1970) *J. Chem. Phys.* , 52, 1790.

[344] Metallinou, M. M. , Nalbandian, L. , Papatheodorou, G. N. , Voigt, W. , & Emons, H. H. (1991) *Inorg. Chem.* 30, 4260.

[345] Meyer, J. , Hein, K. & Korb, J. (1989) *Neue Hutte*, 34, 185.

[346] Mikkelsen, J. C. Jr. , Boyce, J. B. & Allen, R. (1980) *Rev. Sci. Instrum.* , 51, 388.

[347] Mitra, S. & Seifert, H. J. (1995) *J. Solid State Chem.*, 115, 484.

[348] Mochinaga, J., Fukushima, K., Iwadate, Y., Kuroda, H. & Kawashima, T. (1993) *J. Alloy Comp.*, 193, 33.

[349] Mochinaga, J., Iwadate, Y. & Fukushima, K. (1991a) *Mater. Sci. Forum*, 73-75, 147.

[350] Mochinaga, J., Iwadate, Y. & Igarashi, K. (1991b) *J. Electrochem. Soc.*, 138, 3588.

[351] Mori, K. & Suzuki, K. (1968) *Trans. Iron Steel Inst. Jap.*, 8, 382.

[352] Morinaga, K., Suginohara, Y. & Yanagase, T. (1975) *Nippon Kinzoku Gakhaishi*, 39, 1312.

[353] Morris, D. R. (1975) *Can. Metal. Quart.*, 14, 169.

[354] Motzfeldt, K., Kvande, H. & Wahlbeck, P. G. (1977) *Acta Chem. Scand.*, A31, 444.

[355] Muan, A. & Osborn, E. F. (1965) *Phase Equilibria Among Oxides in Steelmaking*. Addison- Wesley Publishing Co., Reading, Mass.

[356] Mysen, B. & Neuville, D. (1995) *Geochim. Cosmochim. Acta*, 59, 325.

[357] Naik, I. K. & Tien, T. Y. (1978) *J. Phys. Chem. Solids*, 39, 311.

[358] Nakamato, K. (1997) Infrared and Raman Spectra of Inorganic and Coordination Compounds, Part I : Theory and Applications in Inorganic Chemistry, Wiley, New York.

[359] Neilson, G. W. & Adya, A. K. (1977) *Ann. Rep. C; Royal Soc. Chem.*, 93, 101.

[360] Nelder, J. A. & Mead, R. (1964) *Computer*, 7, 29.

[361] Nerád, I. & Daněk, V. (2002) *Chem. Papers*, 56, 77.

[362] Nerád, I., Kosa, L., Mikšíková, E., Šaušová, S. & Adamkovičová, K., (2000) *Proc. 6th Internat. Conf. Molten Slags*, Fluxes and Salts, Stockholm- Helsinki, June 12- 16, Poster Session 3. KTH Stockholm 2000, CD ROM.

[363] Nerád, I., Mikšíková E. & Daněk, V. (2003) *Chem. Papers*, 57, 73.

[364] Nguyen, D. K. & Daněk, V. (2000a) *Chem. Papers*, 54, 131.

[365] Nguyen, D. K. & Daněk, V. (2000b) *Chem. Papers*, 54, 197.

[366] Nguyen, D. K. & Daněk, V. (2000c) *Chem. Papers*, 54, 277.

[367] Nikonova, I. N. & Berul, S. I. (1967) *Zh. Neorg. Khim.*, 12, 2846.

[368] Nurse, R. W., Welch, J. H. & Majumdar, A. J. (1965) *Trans. Br. Ceram. Soc.*, 64, 323.

[369] O' Neil, M. J. (1966) *Anal. Chem.*, 38, 1331.

[370] Ødegard, R., Sterten, Å. & Thonstad, J. (1988) *Metall. Trans. B*, 19B, 444.

[371] Ohno, H., Igarashi, K., Umesaki, N. & Furukawa, K. (1994) *X- Ray Diffraction Analysis of Ionic Liquids*. MoltenSalt Forum, Vol. 3, Trans Tech Publications, Switzerland- Germany- UK- USA.

[372] Ohta, T., Borgen, O., Brockner, W., Fremstad, D., Grjotheim, K., Tørklep, K. & Øye, H. A. (1975) *Ber. Bunsenges. Phys. Chem.*, 79, 335.

[373] Ohta, Y., Miyangana, A., Morigana, K. & Yanagatse, T. (1981) *Jpn. Ins. Met.*, 45, 1036.

[374] Okamoto, Y., Akabori, M., Motohashi, H., Shiwaku, H. & Ogawa, T. (2001) *J. Synchrotron Radiat.*, 8, 1191.

[375] Okamoto, Y., Akaboria, M., Motohashib, H., Itoha, A. & Ogawa, T. (2002) *Nucl. Instr. Meth. Phys. Res. A*, 487, 605.

[376] Okamoto, Y., Hayashi, H. & Ogawa, T. (1999) *Jpn. J. Appl. Phys.*, 38, 156.

[377] Okamoto, Y., Kobayashi, F. & Ogawa, T. (1998) *J. Alloys Comp.*, 271-273, 355.

[378] Olsen, J. E. (1996) Dr. Ing. Thesis, Institute of Inorganic Chemistry, University of Trondheim, Norway.

[379] Olteanu, M. & Pavel, P. M. (1995) *Rev. Roum. Chim.*, 40, 927.

[380] Olteanu, M. & Pavel, P. M. (1996) *Rev. Roum. Chim.*, 41, 913.

[381] Olteanu, M. & Pavel, P. M. (1997) *Rev. Roum. Chim.*, 42, 843.

[382] Olteanu, M. & Pavel, P. M. (1999) *Chem. Papers*, 53, 6.

[383] Osborn, E. F. & Muan, A. (1960) *Phase Equilibrium Diagrams of Oxide Systems*, Plate 1. American Ceramic Society, E. Orton, Jr., Ceramic Foundation.

[384] Ø stvold, T. (1992) *Molten Salt Chemistry. Thermodynamics of Liquid Salt Mixtures and their Vapors.* Dr. Ing. Course 50597, Inst. Inorg. Chem., University of Trondheim.

[385] Ø stvold, T. & Kleppa, O. J. (1969) *Inorg. Chem.*, 8, 78.

[386] Ozerov, R. P. (1957) *Kristallografiya*, 2, 226.

[387] Palkin, A. P. & Belousov, O. K. (1957) *Zh. Neorg. Khim.*, 2, 1620.

[388] Palkin, A. P. & Ostrikova, N. V. (1964) *Zh. Neorg. Khim.*, 9, 2043.

[389] Pánek, Z. & Daněk, V. (1977) *Silikáty*, 21, 97.

[390] Pantony, D. A. & Vasu, K. I. (1968) *J. Inorg. Nucl. Chem.*, 30, 423, 433.

[391] Papatheodorou, et al. (1967) *J. Chem. Phys.*, 47, 2014.

[392] Papatheodorou, G. N. (1975) *Inorg. Nucl. Chem. Lett.*, 11, 483.

[393] Papatheodorou, G. N. (1977) *J. Chem. Phys.*, 66, 2893.

[394] Papatheodorou, G. N. & Dracopoulos, V. (1995) *Chem. Phys. Lett.*, 24, 345.

[395] Papatheodorou, G. N. & Dracopoulos, V. (2000) *Phys. Chem. Chem. Phys.*, 2, 2021.

[396] Papatheodorou, G. N., Kalogrianitis, T. G., Mihopoulos, S. G. & Pavlatou, E. A. (1996) *J. Chem. Phys.*, 105, 2660.

[397] Papatheodorou, G. N. & Kleppa, O. J. (1974a) *J. Phys. Chem.*, 78, 176.

[398] Papatheodorou, G. N. & Østvold, T. (1974b) *J. Phys. Chem.*, 78, 181.

[399] Papatheodorou, G. N. & Yannopoulos, S. N. (2002) in *Molten Salts: From Fundamentals to Applications*, Ed. Gaune-Escard, M., pp. 47-106. Kluwer Academic Publishers, Netherland.

[400] Pargamin, L., Lupis, C. H. P. & Flinn, P. A. (1972) *Met. Trans.*, 3, 2093.

[401] Patarák, O. (1995) PhD Thesis, Institute of Inorganic Chemistry, Slovak Academy of Sciences, Bratislava.

[402] Patarák, O., Daněk, V. (1992) *Chem. Papers*, 46, 91.

[403] Patarák, O., Daněk, V., Chrenková, M. & Silný, A. (1997) *Chem. Papers*, 51, 263.

[404] Patarák, O., Jantákova, Z. & Daněk, V. (1993) *Chem. Papers*, 47, 342.

[405] Pausewang, G. & Rudorf, W. (1969) *Z. Anorg. Allg. Chem.*, 364, 69.

[406] Pavlatou, E. A. & Papatheodorou, G. N. (2000) *Phys. Chem. Chem. Phys.*, 2, 1035.

[407] Pelton, A. D. & Blander, M. (1986) Metall. Trans. B, 17B, 805.

[408] Pelton, A. D., Schmalzried, H. & Sticher, J. (1979a) *J. Phys. Chem. Solids*, 40, 1103.

[409] Pelton, A. D., Schmalzried, H. & Sticher, J. (1979b) *Ber. Bunsenges. Phys. Chem.*, 83, 241.

[410] Percus, J. K. & Yevick, G. J. (1958) *Phys. Rev.*, 110, 1.

[411] Peretz, P., Hatem, G., Gaune-Escard, M. & Hoch, M. (1995) *Thermochim. Acta*, 262, 15.

[412] Petit, G. & Bourlange, C. (1953) *Compt. Rend.*, 237, 457.

[413] Phase Equilibria Diagram Database (1993) NIST, Standard Reference Database 31, Version 2. 1 for Windows 95, American Ceramic Society.

[414] Photiadis, G. M., Borresen, B. & Papatheodorou, G. N. (1998) *J. Chem. Soc. Faraday Trans.*, 94, 1605.

[415] Photiadis, G. M. & Papatheodorou, G. N. (1998) *J. Chem. Soc. Dalton Trans.*, 981.

[416] Photiadis, G. M. & Papatheodorou, G. N. (1999) *J. Chem. Soc. Dalton Trans.*, 3541.

[417] Picard, G. S., Bouyer, F. C., Leroy, M., Bertaut, Y. & Bouvet, S. (1996) *J. Molec. Struct.*, 368, 67.

[418] Polyachenok, O. G. & Novikov, G. I. (1963) *Zh. Neorg. Khim.*, 8, 2819.

[419] Polyakov, E. G., Polyakova, L. P., Makarova, O. V., Kremenetsky, V. G., Christensen, E., von Bamer, J. & Bjerrum, N. J. (1999) in *Advances in Molten Salts. From Structural Aspects to Waste Processing.* Ed. Gaune-Escard, M., Begell House Inc., USA, p. 490.

[420] Porter, A. W. (1933) *Phil. Mag.*, 15, 163.

[421] Pretnar, B. (1968) *Ber. Bunsenges. Phys. Chem.*, 72, 773.

[422] Price, D. L., Saboungi, M. L., Wang, J., Moss, S. C. & Leheny, R. L. (1998) *Phys. Rev.*, B57, 10496.

[423] Prigogine, I. & Defay, R. (1962) *Chemische Thermodynamik* (in German). VEB Deutscher Verlag für Grundschtoffindustrie, Leipzig, p. 377.

[424] Proks, I., Daněk, V., Chrenková, M., Šimko, F. & Pánek, Z. (2002) *Chem. Papers*, 56, 71.

[425] Proks, I., Eliášová, M. & Kosa, L. (1977a) *Silikáty*, 21, 3.

[426] Proks, I., Eliášová, M., Pach, L., Zlatovský, I. (1967) *Chem. Zvesti*, 21, 908.

[427] Proks, I., Eliášová, M., Zlatovský, I. & Zauška, J. (1977b) *Silikáty*, 21, 253.

[428] Puschin, N. & Baskow, A. (1913) *Z. anorg. Chem.*, 81, 356.

[429] Qiao, Z., Xing, X., Peng, M. & Mikula, A. (1996) *J. Phase Equil.*, 17, 502.

[430] Raleigh, D. O. (1963) *J. Chem. Phys.*, 38, 1677.

[431] Randles, J. E. B. (1947) *Discuss. Faraday Soc.*, 1, 11.

[432] Raptis, C. & McGreevy, R. L. (1992) *J. Phys. Condens. Matter.*, 4, 5471.

[433] Ratkje, S. K. & Førland, T. (1976) *Light Metals*, p. 223.

[434] Reding, J. N. (1971) *J. Chem. Eng. Data*, 16, 190.

[435] Redlich, O. & Kister, A. T. (1948) *Ind. Eng. Chem.*, 40, 345.

[436] Reisman, A. & Mineo, J. (1962) *J. Phys. Chem.*, 66, 181.

[437] Reiss, H., Frisch, H. L. & Lebowitz, J. L. (1959) *J. Chem. Phys.*, 31, 369.

[438] Reiss, H., Frisch, H. L., Helfand, E. & Lebowitz, J. L. (1960) *J. Chem. Phys.*, 32, 119.

[439] Reiss, H., Katz, J. & Kleppa, O. J. (1962) *J. Phys. Chem.*, 46, 144.

[440] Reiss, H. & Mayer, S. W. (1961) *J. Chem. Phys.*, 34, 2001.

[441] Ressler, T. (1997) *J. Phys. IV*, 7, C2-269.

[442] Rice, S. A. (1961) *Discuss. Faraday Soc.*, 32, 181.

[443] Richardson, F. D. (1974) in *Physical Chemistry of Melts in Metallurgy*, Vol. 2, p. 441. Academic Press, London.

[444] Richardson, F. D. (1982) *Can. Metal. Quart.*, 21, 111.

[445] Riebling, E. F. (1963) *Rev. Sci. Instr.*, 34, 68, 568.

[446] Rigamonti, A. (1990) in *Structural Phase Transitions* II. Eds. Muller, K. A. & Thomas, H., Springer-Verlag, Berlin, p. 83.

[447] Risbud, S. H. & Pask, J. A. (1978) *J. Mater. Sci.*, 13, 2449.

[448] Robert, E. & Gilbert, B. (2000) *Apll. Spectra.*, 54, 396.

[449] Robert, E., Olsen, J. E., Daněk, V., Tixhon, E., Østvold, T. & Gilbert, B. (1997a) *J. Phys. Chem. B*, 101, 9447.

[450] Robert, E., Olsen, J. E., Gilbert, B. & Østvold, T. (1997b) *Acta Chem. Scand.*, 51, 379.

[451] Robert, E., Lacassagne, V., Bessada, C., Massiot, D., Gilbert, B. & Coutures, J. -P. (1999)

Inorg. Chem. , 38, 214.

[452] Robert, E. , Materne, T. , Tixhon, E. & Gilbert, B. (1993) *Vibrational Spectroscopy*, 6, 71.

[453] Robert, E. & Gilbert, B. (2000) *Apll. Spectr.* , 54, 396.

[454] Roffe, M. & Seifert, H. J. (1997) *J. Alloys Comp.* , 257, 128.

[455] Rolin, M. & Thanh, P. H. (1965) *Rev. Hautes Temper. Refract.* , 2, 175.

[456] Rotenberg, Y. , Boruvka, L. & Neumann, W. (1983) *J. Colloid Interface Sci.* , 93, 169.

[457] Ruff, O. (1929) *Z. angew. Chem.* , 42, 807.

[458] Ruff, O. & Bergdahl, B. (1919) *Z. anorg. allg. Chem.* , 106, 79.

[459] Rycerz, L. & Gaune-Escard, M. (1998) *High Temp. Material Processes*, 2, 483.

[460] Rycerz, L. & Gaune-Escard, M. (1999) *J. Thermal Anal. Calorim.* , 56, 355.

[461] Rycerz, L. & Gaune-Escard, M. (2002) *J. Therm. Anal. Calorimetry*, in press.

[462] Saboungi, M. L. & Blander, M. (1975) *J. Am. Ceram. Soc.* , 58, 1.

[463] Saboungi, M. L. , Lin, P. L. , Cerisier, P. & Pelton, A. D. (1980) *Metall. Trans. B*, 11B, 493.

[464] Saboungi, M. L. , Price, D. L. , Scamhorn, C. & Tosi, M. P. (1991) *Europhys. Lett.* , 15, 283.

[465] Saget, J. P. , Plichon, V. , Badoz-Lambling, J. (1975) *Electrochim. Acta*, 20, 825.

[466] Samsonov, G. V. , Obolonchik, V. A. & Kulichkina, G. N. (1959) *Khim. Nauka Prom.* , 4, 804.

[467] Samsonov, G. V. , Serebryakova, T. I. & Neronov, V. A. (1975), *Boridy*, *Atomizdat*, *Moscow*.

[468] Sangster, J. & Pelton, A. D. (1987) *J. Phys. Chem. Ref. Data*, 16, 506.

[469] Schneider, E. , Wong, J. & Thomas, J. M. (1991) *J. Non-Cryst. Solids*, 136, 1.

[470] Schroedinger, E. (1914) *Ann. Phys.* , 46, 410.

[471] Seifert, H. J. (2002) *J. Therm Anal. Calorim.* , 67, 789.

[472] Seifert, H. J. , Fink, H. & Baumgartner, B. (1993) *J. Solid State Chem.* , 107, 19.

[473] Seifert, H. J. , Fink, H. & Thiel, G. (1985) *J. Less-Common Metals*, 110, 139.

[474] Seifert, H. J. , Fink, H. & Uebach, J. (1988) *J. Therm. Anal.* , 33, 625.

[475] Seifert, H. J. & Sandrock, J. (1990) *Z. Anorg. Allg. Chem.* , 587, 110.

[476] Seifert, H. J. , Sandrock, J. & Thiel, G. (1986) *J. Therm. Anal.* , 31, 1309.

[477] Seifert, H. J. , Sandrock, J. & Thiel, G. (1991) *Z. Anorg. Allg. Chem.* , 598-599, 307.

[478] Seifert, H. J. , Sandrock, J. & Uebach, J. (1987) *Z. Anorg. Allg. Chem.* , 555, 143.

[479] Selivanov, V. G. (1960) *Izv. Vyssh. Ucheb. Zaved. Cvet. Metallurgia* No. 3, 112.

[480] Sholokhovich, M. L. (1955) *Zh. Obshch. Khim.* , 25, 1900.

[481] Sigida, N. P. & Belyaev, I. N. (1957) *Zh. Neorg. Khim.* , 2, 1128.

[482] Silný, A. (1987) private communication.

[483] Silný, A. (1990) *Sdělovací technika*, 38, 101.

[484] Silný, A. , Chrenková, M. , Daněk, V. , Vasiliev, R. , Nguyen, K. D. & Thonstad, J. (2004) *J. Chem. Eng. Data*, 49, 1542.

[485] Silný, A. & Daněk, V. (1993) *Automatizace*, 36, 289.

[486] Silný, A. , Daněk, V. & Chrenková, M. (1995) *Ber. Bunsenges. Phys. Chem.* , 99, 74.

[487] Silný, A. & Utigard, T. A. (1996) *J. Chem. Eng. Data*, 41, 1061.

[488] Silný, A. , Zatko, P. , Makyta, M. & Sýkorová, J. (1993) *Molten Salts Forum* Vol. 1-2, Eds. Sequeira, C. A. C. & Picard, G. S. , Trans. Tech. Publications, Switzerland, p. 155.

[489] Silver, A. H. & Bray, P. J. (1958) *J. Chem. Phys.* , 29, 984.

[490] Šimko, F. (2004) PhD Thesis. Institut of Inorganic Chemistry, Slovak Academy of Sciences, Bratislava, Slovakia.

[491] Skybakmoen, E. , Solheim, A. & Sterten, A. (1997) *Metall. Mater. Trans. B* , 28 , 81.

[492] Smirnov, M. V. , Khokhlov, V. A. , Stepanov, V. P. , Noskevich, E. V. & Antepenko, A. P. (1973a) *Tr. Inst. Elektrokhim. Ural. Nauch. Tsentr. Akad. Nauk SSSR* , 20 , 3.

[493] Smirnov, M. V. , Shumov, Yu. A. & Khokhlov, V. A. (1971) *Tr. Inst. Elektrokhim. Ural. Nauch. Tsentr. Akad. Nauk SSSR* , 17 , 18.

[494] Smirnov, M. V. , Shumov, Yu. A. , Khokhlov, V. A. , Stepanov, V P , Noskevich, E. V. & Antepemko, A. P. (1973b) *Tr. Inst. Elektrokhim. Ural. Nauch. Tsentr. AN SSSR* , 20 , 8.

[495] Smith, M. E. & Van, Eck, E. R. H. (1999) *Prog. Nucl. Magn. Reson. Spectrosc.* , 34 , 159.

[496] Spearing, D. R. , Stebbins, J. F. & Farman, I. (1994) *Phys. Chem. Miner.* , 21 , 373.

[497] Spendley, W. , Hext, G. R. & Himsworth, F. R. (1962) *Technometrics* , 4 , 125.

[498] Speranskaya, E. I. (1938) *Uch. Zap. Kazan. Gos. Univ.* , No. 2 , 436.

[499] Stebbins, J. , Farnan, I. , Dando, N. & Tzeng, S. - Y. (1992) *J. Am. Ceram. Soc.* , 75 , 3001.

[500] Sterten, A. (1980) *Electrochim. Acta* , 25 , 1673.

[501] Stillinger, F. H. , Jr. (1961) *J. Chem. Phys.* , 35 , 1581.

[502] Stortenbeker, W. (1892) *Z. physik. Chem.* , 10 , 183.

[503] Sugden, S. (1921) *J. Chem. Soc.* , 1921 , 1483.

[504] Szyszkowski von, B. (1908) *Z. physik. Chem.* , 64 , 385.

[505] Takagi, R. , Rycerz, L. & Gaune- Escard, M. (1994) *Denki Kagaku* , 62 , 240.

[506] Takeda, Y. , Nakazawa, S. & Yazawa, A. (1980) *Can. Metal. Quart.* , 19 , 297.

[507] Temkin, M. (1945) *Acta Physicochim.* , 20 , 411.

[508] Tate, T. (1864) *Phil. Mag.* 27 , 176.

[509] *Thermodynamic Properties of Inorganic Substances* (1965) (in Russian) . Atomizdat, Moscow.

[510] Thiel, G. & Seifert, H. J. (1988) *Thermochim. Acta* , 133 , 275.

[511] Thiele, E. (1963) *J. Chem. Phys.* , 39 , 474.

[512] Thompson, W. T. , Bale, W. C. & Pelton, A. D. (1987) F*A*C*T (Facility for the Analysis of Chemical Thermodynamics) . Guide to Operations. McGill University Computing Centre, Montreal.

[513] Thonstad, J. (1965) *Can. J. Chem.* , 43 , 3429.

[514] Thonstad, J. , Fellner, P. , Haarberg, G. M. , Híveš J. , Kvande, H. & Sterten, Å. (2001) in *Aluminium Electrolysis. Fundamentals of the Hall- Héroult Process* 3rd Ed. Aluminium - Verlag, Düsseldorf, p. 230.

[515] Thonstad, J. & Oblakowski, R. (1980) *Electrochim. Acta* , 25 , 223.

[516] Tian, A. (1923) *J. Chem. Phys.* , 20 , 132.

[517] Timucin, M. & Morris, A. E. (1970) *Metall. Trans.* , 1 , 3193.

[518] Titova, K. V. , Rosolovskii, V. Ya. (1971) *Zh. Neorg. Khim.* , 16 , 1224.

[519] Tixhon, E. , Robert, E. & Gilbert, B. (1994) *Appl. Spectrosc.* 48 , 1477.

[520] Tobolsky, A. V. (1942) *J. Chem. Phys.* , 10 , 187.

[521] Toop, G. W. (1965) *Trans. AIME* , 233 , 850.

[522] Toropov, N. A. & Bryantsev, B. A. (1965) *Strukturnye prevrashcheniya pri povyshennykh temperaturakh* (Structure changes at elevated temperatures) , p. 205. Moscow- Leningrad, 1965.

[523] Toth, L. M. , Quist, A. S. & Boyd, G. E. (1973) *J. Phys. Chem.* , 77 , 1384 , 2654.

[524] Umland, F. & Voigt, H. P. (1970) *Werkstoffe und Korrosion* , 21 , 249 , 254.

[525] Utigard, T. (1985) *Thesis* , University of Toronto, Canada.

[526] Utigard, T. A. & Toguri, J. M. (1985) *Metall. Trans B* , 16B , 333.

[527] Vadász, P. , Fedor, J. & Bobok, L'. (1993) *Hutnické listy* , No. 2 , 33.

［528］Vadász, P. & Havlík, M.　(1995)　*Ceramics-Silikáty*, 39, 81.

［529］Vadász, P. & Havlík, M.　(1996)　*Chem. listy*, 90, 899.

［530］Vadász, P. & Havlík, M.　(1998)　*Metalurgija*, 37, 165.

［531］Vadász, P. , Havlík, M. & Daněk, V.　(2000)　*Can. Metall. Quart.* , 39, 143.

［532］Vadász, P. , Havlík, M. & Daněk, V.　(2005)　*Central Europ. J. Chem.* , submitted.

［533］Van, V. & Daněk, V.　(2001)　*Thermochim. Acta*, 373, 181.

［534］Van, V. , Madejová J. , Silný, A. & Daněk, V.　(2000)　*Chem. Papers*, 54, 137.

［535］Van, V. , Silný, A. & Daněk, V.　(1999b)　*Electrochem. Commun.* , 8, 354.

［536］Van, V. , Silný, A. , Híveš J. & Daněk, V.　(1999a)　*Electrochem. Commun.* , 7, 295.

［537］Vasu, G.　(1972a)　*Rev. Roum. Chim.* , 17, 1829.

［538］Vasu, G.　(1972b)　*Proc. 3rd Nat. Conf. Pure Appl. Phys. Chem.* , Bucuresti, p. 267.

［539］Verschaffelt, J. E.　(1915)　*Commun. Phys. Lab. Leiden* 143b, c, d; (1916) 149b; (1917) 151; (1919) 153.

［540］Vik, A. F. , Dracopoulos, V. , Papatheodorou, G. N. & Østvold, T.　(2001)　*J. Alloys Comp.* , 321, 284.

［541］von Barner, J. H. , Andersen, K. B. & Berg, R. W.　(1999)　*J. Molec. Liquids*, 83, 141.

［542］von Barner, J. H. , Christensen, E. , Bjerrum, N. J. & Gilbert, B.　(1991)　*Inorg. Chem.* , 30, 561.

［543］von Bues, W.　(1955)　*Z. Anorg. Allg. Chem.* , 279, 104.

［544］Voyiatzis, G. A. , Kalampounia, A. G. & Papatheodorou, G. N.　(1999)　*Phys. Chem. Chem. Phys.* , 1, 4797.

［545］Waddington, T. C.　(1966)　*Trans. Faraday Soc.* , 62, 1482.

［546］Waff, H. S.　(1977)　*Canad. Mineralogist*, 15, 198.

［547］Wagner, C.　(1943)　*Z. phys. Chem.* , 192, 85.

［548］Wang, X. , Peterson, R. D. & Tabereaux, A. T.　(1992)　*Light Metals*, p. 481.

［549］Wang. X. , Peterson, R. D. & Tabereaux, A. T.　(1993)　*Light Metals*, p. 247.

［550］Wang. L. , Tabereaux, A. T. & Richards, N. E.　(1994)　*Light Metals*, p. 177.

［551］Wertheim, M. S.　(1963)　*Phys. Rev. Lett.* , 10, 321.

［552］Wilhelmy, L.　(1863)　*Pogg. Ann.* , 119, 177.

［553］Wilson, M. & Ribeiro, M. C. C.　(1999)　*Mol. Phys.* , 96, 867.

［554］Winterhager, H. & Werner, L.　(1956)　*Präzisions-Messverfahren zur Bestimmung der elektrischen Leitvermögens geschmolzener Salze.* Westdeutscher, Köln.

［555］Xiang, F. N. & Kvande, H.　(1986)　*Acta Chem. Scand.* , A40, 622.

［556］Yamamura, T. , Sato, Y. , Zhu, H. , Endo, M. & Sato, Y.　(1993)　*ISIJ Internat.* , 33, 176.

［557］Yarker, C. A. , Johnson, P. A. V. & Wright, A. C.　(1986)　*J. Non-Cryst. Sol.* , 79, 117.

［558］Yazawa, A.　(1977)　*Erzmetall*, 30, 511.

［559］Yim, E. W. & Feinleib, M.　(1957)　*J. Electrochem. Soc.* 104, 622, 626.

［560］Yoshida, K. , Ishihara, T. & Yokoi, M.　(1986)　*Trans. Soc. AIME*, 242, 231.

［561］Yosim, S. J. , Darnell, A. J. , Gehman, W. G. & Mayer, S. W.　(1959)　*J. Phys. Chem.* , 63, 230.

［562］Yosim, S. J. & Owens, B. B.　(1964)　*J. Chem. Phys.* , 41, 2032.

［563］Yosim, S. J. , Ransom, L. D. , Sallach, R. A. & Topol, L. E.　(1962)　*J. Phys. Chem.* , 66, 28.

［564］Young, J. P.　(1964)　*Anal. Chem.* , 36, 390.

［565］Zarzycki, J.　(1956)　*Proc. 4th Int. Congress Glass*, Paris, 6, 323.

[566] Zatko, P. , Makyta, M. , Sýkorová, J. & Silný, A. (1994) *Chem. Papers*, 48, 10.

[567] Zhang, Y. , Gupta, S. , Sahai, Y. & Rapp, R. A. (2002) *Metall. Mater. Trans. B*, 33, 315.

[568] Zhang, Y. , Wu, X. & Rapp, R. A. (2003) *Metall. Mater. Trans. B*, 34, 235.

[569] Zhanguo, F. & Østvold, T. (1991) *Aluminium*, 67, 287.

[570] Zhemchuzhina, E. A. & Belyaev, A. I. (1960) *Fiz. Khim. Raspl. Solei Shlakov*, Tr. Vses. Soveshch. Akad. Nauk SSSR, Sverdlovsk, p. 207.

[571] Zheng, Ch. & Seifert, H. J. (1998) *J. Solid State Chem.* , 135, 127.

[572] Zhou, H. (1991) Dr. ing. Thesis No. 63, Institute of Inorganic Chemistry, Norwegian Institute of Technology, Trondheim.

[573] Zhou, H. , Herstad, O. & Østvold, T. (1992) *Light Metals*, p. 511.

[574] Zhuxian, Q. & Gang, X. (1989) *Light Metals*, p. 315.

[575] Žigo, O. , Adamkovičová K. , Kosa, L. , Nerád, I. & Proks, I. (1987) *Chem. Papers*, 41, 171.

索　引

声　明

在适用法律所允许的范围内，冶金工业出版社及爱思唯尔公司均不对由任何实际的或者声称的诽谤、侵犯知识产权、侵犯隐私权或产品责任引起的人身及/或财产的损害及/或损失承担任何责任，无论该损害及/或损失是由过失或故意引起的，也无论该损害及/或损失是否是因使用或者操作材料中的任何思想、说明、程序、产品或者方法引起的。